수학 공부는 숙제다!

수학 숙제

중등 1-2

수학숙제
중등 1-2

발행일	2024년 11월 28일
펴낸곳	메가스터디(주)
펴낸이	손은진
개발 책임	배경윤
개발	김민, 신상희
디자인	(주)무닉, 김보연
마케팅	엄재욱, 김세정
제작	이성재, 장병미
주소	서울시 서초구 효령로 304(서초동) 국제전자센터 24층
대표전화	1661.5431(내용 문의 02-6984-6901 / 구입 문의 02-6984-6868,9)
홈페이지	http://www.megastudybooks.com
출판사 신고 번호	제 2015-000159호
출간제안/원고투고	메가스터디북스 홈페이지 <투고 문의>에 등록

메가스터디BOOKS

'메가스터디북스'는 메가스터디㈜의 교육, 학습 전문 출판 브랜드입니다.
초중고 참고서는 물론, 어린이/청소년 교양서, 성인 학습서까지 다양한 도서를 출간하고 있습니다.

KC · 제품명 수학숙제 중등 1-2
· 제조자명 메가스터디㈜ · 제조년월 판권에 별도 표기 · 제조국명 대한민국 · 사용연령 11세 이상
· 주소 및 전화번호 서울시 서초구 효령로 304(서초동) 국제전자센터 24층 / 1661-5431

수학 공부는 숙제다!

"숙제를 잘하면 공부도 잘하게 될까?"
숙제를 하면 배운 내용을 다시 정리하고, 그 과정에서 부족한 부분이나
새로운 사실을 발견할 수 있기 때문에 숙제는 분명 공부에 도움이 됩니다.

수학은 대표적으로 숙제가 많은 과목이지요?
그래서 수학 숙제는 내주는 사람도, 하는 사람도 버거워할 때가 많습니다.
'혹시 숙제로 사용하기에 딱 맞는 교재가 없는 게 아닐까?
그렇다면 처음 중등수학을 시작하는 학생 누구나 쉽게 사용할 수 있는
숙제 교재를 만들어보면 어떨까?'
이것이 메가스터디가 "수학 숙제"라는 교재를 처음 기획한 이유입니다.

숙제는 한 번에 해야 할 양이 너무 많거나 적은 경우 또는
혼자서 할 때 너무 어렵거나 쉬운 경우 부담이 됩니다.
그래서 메가스터디는 중등수학을 시작하는 학생들이 숙제로 풀기에
가장 적합한 문제의 난이도와 분량을 연구하는 것에 공을 들였습니다.
"수학 숙제"는 22개정 교육과정과 시중 진도 교재를 분석하여
각각에 맞는 숙제로 부담없이 효율적으로 사용할 수 있게 했습니다.

수학은 숙제를 제대로 하는 것으로 얼마든지 잘할 수 있습니다.
"수학 공부는 숙제입니다!"

이 책의 구성과 특징

PART 1 숙제
- ✓ 기초·기본 문제(개념별)
- ✓ 한번 더! 기본 문제(개념 모아)

PART 2 테스트
- ✓ 단원 테스트
- ✓ 서술형 테스트

수학 숙제로 내신 성적 올리는 3가지 방법!

1. 문제는 식을 써서 푼다.
2. 틀린 문제는 해설지를 꼭 읽는다.
3. 맞힌 문제는 스스로 선생님이 되어 푸는 방법을 설명해 본다.

PART 1 숙제

step 1 기초·기본 문제

중등수학 1-2를 수학 교육과정에 제시된 내용을 기준으로 개념 45개로 분류한 후, 개념별로 기초 문제(연산 문제 포함), 기본 문제를 담았습니다.
학교, 학원에서 공부한 부분 또는 스스로 공부한 부분에 해당하는 개념만큼을 택하여 숙제로 문제 풀이를 할 수 있게 했습니다.

01번 문제는 빈칸을 채우거나 괄호 안의 알맞은 것에 ○표 하는 문제로 제시하여 꼭 알아야 하는 용어나 기호, 수학적 개념을 확인할 수 있도록 했습니다.

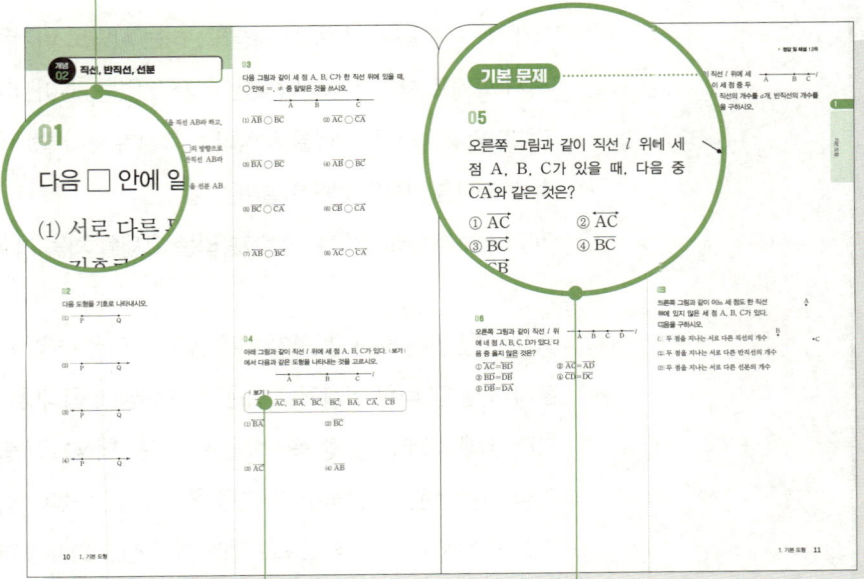

기초 문제 기본기를 다질 수 있는 기초 문제, 연산 문제를 충분히 담았습니다.

기본 문제 공부한 개념을 적용 및 응용하는 연습을 할 수 있는 문제들을 담았습니다.

step 2 한번 더! 기본 문제

2~3개의 개념을 모아 조금 더 실전에 가까운 문제들로 구성하여 내신 시험에 대비할 수 있도록 했습니다.
2개 이상의 개념을 포함한 문제들을 풀어 보며 앞서 공부한 내용들을 제대로 이해했는지 다시 한번 점검할 수 있습니다.

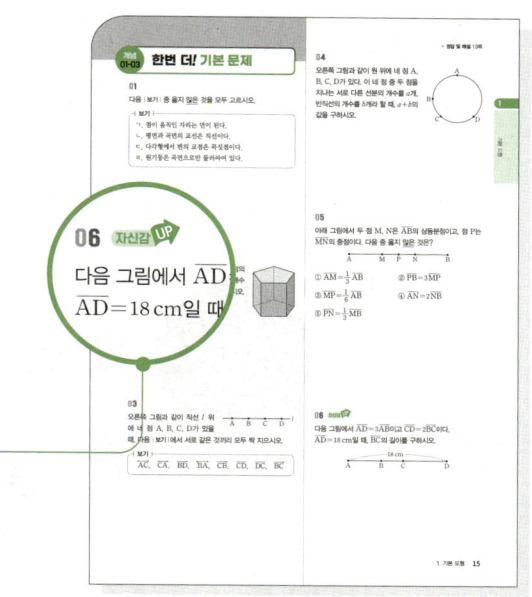

자신감 UP 조금 더 시간을 들여 생각해 보며 풀 수 있는 문제를 제시했습니다. 이 문제를 스스로 해결해 봄으로써 자신감을 얻을 수 있도록 했습니다.

PART 2 테스트

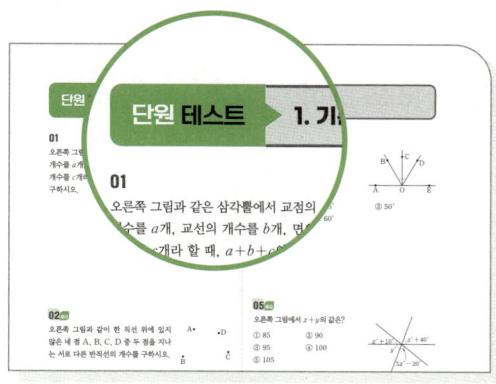

단원별로 **2회** 제공되는 **단원 테스트**

단원별로 **1회** 제공되는 **서술형 테스트**

이 책의 차례

PART 1

숙제

I. 기본 도형
1. 기본 도형 8
2. 작도와 합동 42

II. 평면도형과 입체도형
3. 평면도형의 성질 60
4. 입체도형의 성질 88

III. 통계
5. 대푯값 / 자료의 정리와 해석 118

PART 2

테스트

✓ 단원 테스트 142
✓ 서술형 테스트 174

PART 1

숙제

☑ 기초·기본 문제

☑ 한번 더! 기본 문제

1

기본 도형

개념 01 ｜ 점, 선, 면
개념 02 ｜ 직선, 반직선, 선분
개념 03 ｜ 두 점 사이의 거리 / 선분의 중점
한번 더! 기본 문제

개념 04 ｜ 각
개념 05 ｜ 맞꼭지각
개념 06 ｜ 직교와 수선
한번 더! 기본 문제

개념 07 ｜ 점과 직선의 위치 관계 / 점과 평면의 위치 관계
개념 08 ｜ 평면에서 두 직선의 위치 관계
한번 더! 기본 문제

개념 09 ｜ 공간에서 두 직선의 위치 관계
개념 10 ｜ 공간에서 직선과 평면의 위치 관계 /
　　　　　공간에서 두 평면의 위치 관계
한번 더! 기본 문제

개념 11 ｜ 동위각과 엇각
개념 12 ｜ 평행선의 성질
한번 더! 기본 문제

개념 01 점, 선, 면

01

다음 □ 안에 알맞은 것을 쓰시오.

(1) 점, 선, 면을 도형의 기본 요소라 한다.
이때 점이 움직인 자리는 □이 되고, 선이 움직인 자리는
□이 된다.

(2) 선과 선 또는 선과 면이 만나서 생기는 점을 □이라
하고, 면과 면이 만나서 생기는 선을 □이라 한다.

02

다음 설명 중 옳은 것은 ○표, 옳지 않은 것은 ×표를 ( )
안에 쓰시오.

(1) 점이 움직인 자리는 선이 된다. ( )

(2) 선이 움직인 자리는 면이 된다. ( )

(3) 입체도형은 점, 선, 면으로 이루어져 있다. ( )

(4) 교점은 선과 선이 만나는 경우에만 생긴다. ( )

(5) 평면과 곡면의 교선은 직선이다. ( )

(6) 교선 중에는 곡선도 있다. ( )

03

아래 그림의 직육면체에서 다음을 구하시오.

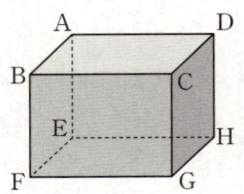

(1) 모서리 AB와 모서리 AD의 교점

(2) 모서리 EF와 면 AEHD의 교점

(3) 면 ABCD와 면 BFGC의 교선

(4) 면 EFGH와 면 CGHD의 교선

04

아래 그림의 사각뿔에서 다음을 구하시오.

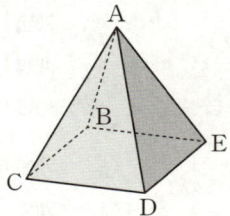

(1) 모서리 BE와 모서리 AE의 교점

(2) 모서리 AD와 면 BCDE의 교점

(3) 면 ABE와 면 ADE의 교선

(4) 면 ACD와 면 BCDE의 교선

05

다음 입체도형에서 교점의 개수와 교선의 개수를 차례로 구하시오.

(1)

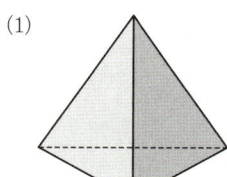

(2)

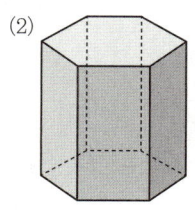

(3)

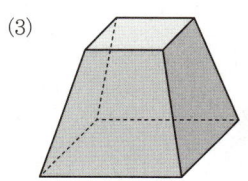

07

오른쪽 그림과 같은 입체도형에서 교점의 개수와 교선의 개수를 차례로 구하면?

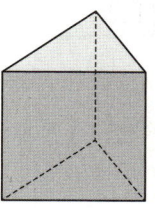

① 4개, 4개
② 4개, 6개
③ 6개, 6개
④ 6개, 9개
⑤ 9개, 9개

08

오른쪽 그림과 같은 입체도형에서 교점의 개수를 a개, 교선의 개수를 b개라 할 때, $a+b$의 값을 구하시오.

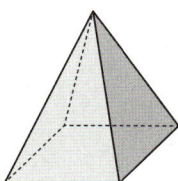

기본 문제

06

다음 중 옳지 <u>않은</u> 것은?

① 점이 움직인 자리는 선이 된다.
② 면과 면이 만나면 직선 또는 곡선이 생긴다.
③ 도형을 구성하는 기본 요소는 점, 선, 면이다.
④ 교점은 선과 선 또는 선과 면이 만나면 생긴다.
⑤ 직육면체에서 교선의 개수와 면의 개수는 같다.

09

오른쪽 그림은 직육면체의 일부를 잘라 낸 입체도형이다. 이 입체도형에서 교점의 개수를 a개, 교선의 개수를 b개, 면의 개수를 c개라 할 때, $a-b+c$의 값을 구하시오.

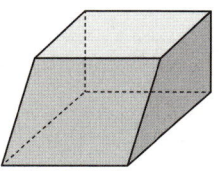

01

다음 □ 안에 알맞은 것을 쓰시오.

(1) 서로 다른 두 점 A, B를 지나는 직선을 직선 AB라 하고, 기호로 □와 같이 나타낸다.

(2) 직선 AB 위의 한 점 □에서 시작하여 점 □의 방향으로 한없이 뻗어 나가는 직선 AB의 부분을 반직선 AB라 하고, 기호로 □와 같이 나타낸다.

(3) 직선 AB 위의 점 A에서 점 □까지의 부분을 선분 AB라 하고, 기호로 □와 같이 나타낸다.

02

다음 도형을 기호로 나타내시오.

(1)

(2)

(3)

(4)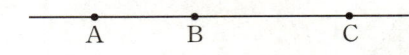

03

다음 그림과 같이 세 점 A, B, C가 한 직선 위에 있을 때, ○ 안에 =, ≠ 중 알맞은 것을 쓰시오.

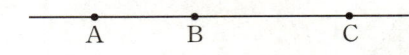

(1) $\overline{AB}$ ○ $\overline{BC}$ (2) $\overline{AC}$ ○ $\overline{CA}$

(3) $\overrightarrow{BA}$ ○ $\overrightarrow{BC}$ (4) $\overrightarrow{AB}$ ○ $\overrightarrow{BC}$

(5) $\overrightarrow{BC}$ ○ $\overrightarrow{CA}$ (6) $\overrightarrow{CB}$ ○ $\overrightarrow{CA}$

(7) $\overleftrightarrow{AB}$ ○ $\overleftrightarrow{BC}$ (8) $\overleftrightarrow{AC}$ ○ $\overleftrightarrow{CA}$

04

아래 그림과 같이 직선 *l* 위에 세 점 A, B, C가 있다. |보기|에서 다음과 같은 도형을 나타내는 것을 고르시오.

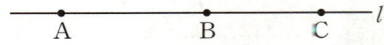

┤ 보기 ├
$\overrightarrow{AB}$, $\overline{AC}$, $\overrightarrow{BA}$, $\overleftarrow{BC}$, $\overline{BC}$, $\overline{BA}$, $\overrightarrow{CA}$, $\overline{CB}$

(1) $\overrightarrow{BA}$ (2) $\overline{BC}$

(3) $\overrightarrow{AC}$ (4) $\overline{AB}$

기본 문제 ⋯⋯⋯⋯⋯⋯⋯⋯⋯⋯⋯⋯⋯⋯

05

오른쪽 그림과 같이 직선 l 위에 세 점 A, B, C가 있을 때, 다음 중 $\overrightarrow{\text{CA}}$와 같은 것은?

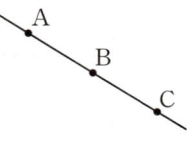

① $\overrightarrow{\text{AC}}$ ② $\overleftrightarrow{\text{AC}}$
③ $\overrightarrow{\text{BC}}$ ④ $\overleftrightarrow{\text{BC}}$
⑤ $\overrightarrow{\text{CB}}$

06

오른쪽 그림과 같이 직선 l 위에 네 점 A, B, C, D가 있다. 다음 중 옳지 않은 것은?

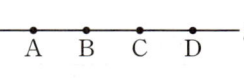

① $\overrightarrow{\text{AC}} = \overrightarrow{\text{BD}}$ ② $\overleftrightarrow{\text{AC}} = \overleftrightarrow{\text{AD}}$
③ $\overrightarrow{\text{BD}} = \overrightarrow{\text{DB}}$ ④ $\overline{\text{CD}} = \overline{\text{DC}}$
⑤ $\overrightarrow{\text{DB}} = \overrightarrow{\text{DA}}$

07

오른쪽 그림과 같이 직선 l 위에 세 점 A, B, C가 있다. 이 세 점 중 두 점을 지나는 서로 다른 직선의 개수를 a개, 반직선의 개수를 b개라 할 때, $a+b$의 값을 구하시오.

```
•——————•————•——— l
A       B    C
```

08

오른쪽 그림과 같이 어느 세 점도 한 직선 위에 있지 않은 세 점 A, B, C가 있다. 다음을 구하시오.

```
              •A

      •B
            •C
```

(1) 두 점을 지나는 서로 다른 직선의 개수

(2) 두 점을 지나는 서로 다른 반직선의 개수

(3) 두 점을 지나는 서로 다른 선분의 개수

01

다음 □ 안에 알맞은 것을 쓰시오.

(1) 서로 다른 두 점 A, B를 잇는 무수히 많은 선 중에서 길이가 가장 짧은 선인 선분 AB의 길이를 두 점 A, B 사이의 □라 한다.

(2) 선분 AB 위의 한 점 M에 대하여 $\overline{\text{AM}}=\overline{\text{MB}}$일 때, 점 M을 선분 AB의 □이라 한다.

02

아래 그림을 보고 다음을 구하시오.

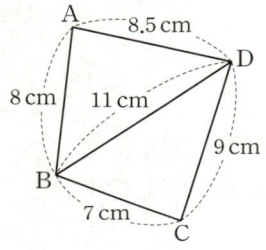

(1) 두 점 A, B 사이의 거리

(2) 두 점 B, C 사이의 거리

(3) 두 점 B, D 사이의 거리

(4) 두 점 C, D 사이의 거리

(5) 두 점 A, D 사이의 거리

03

다음 그림에서 점 M이 선분 AB의 중점일 때, □ 안에 알맞은 수를 쓰시오.

(1)
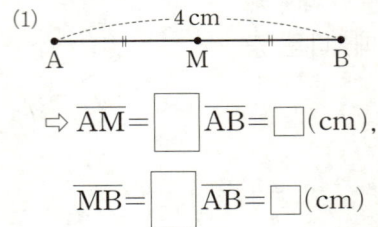

⇨ $\overline{\text{AM}}=\boxed{}\overline{\text{AB}}=\boxed{}$ (cm),

$\overline{\text{MB}}=\boxed{}\overline{\text{AB}}=\boxed{}$ (cm)

(2)
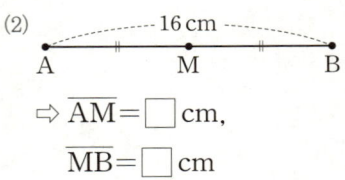

⇨ $\overline{\text{AM}}=\boxed{}$ cm,

$\overline{\text{MB}}=\boxed{}$ cm

(3)
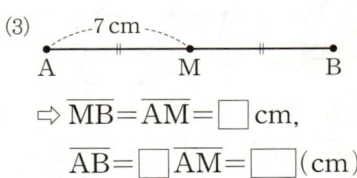

⇨ $\overline{\text{MB}}=\overline{\text{AM}}=\boxed{}$ cm,

$\overline{\text{AB}}=\boxed{}\overline{\text{AM}}=\boxed{}$ (cm)

(4)
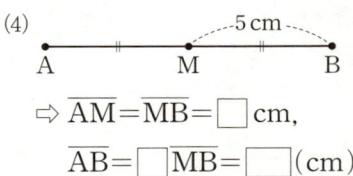

⇨ $\overline{\text{AM}}=\overline{\text{MB}}=\boxed{}$ cm,

$\overline{\text{AB}}=\boxed{}\overline{\text{MB}}=\boxed{}$ (cm)

04

다음 그림에서 두 점 M, N이 선분 AB의 삼등분점일 때, □ 안에 알맞은 수를 쓰시오.

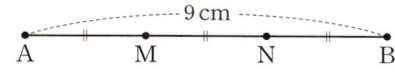

(1) $\overline{AM}=\overline{MN}=\overline{NB}=\boxed{}\overline{AB}=\boxed{}$ (cm)

(2) $\overline{AN}=\boxed{}\overline{AM}=\boxed{}$ (cm)

05

다음 그림에서 두 점 M, N이 선분 AB의 삼등분점일 때, □ 안에 알맞은 수를 쓰시오.

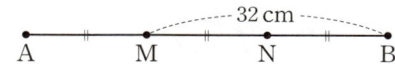

(1) $\overline{AM}=\overline{MN}=\overline{NB}=\boxed{}\overline{MB}=\boxed{}$ (cm)

(2) $\overline{AB}=\boxed{}\overline{AM}=\boxed{}$ (cm)

06

다음 그림에서 점 M은 선분 AB의 중점이고 점 N은 선분 MB의 중점일 때, □ 안에 알맞은 수를 쓰시오.

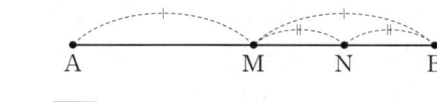

(1) $\overline{MB}=\boxed{}\overline{AB}$

(2) $\overline{MN}=\boxed{}\overline{MB}$

(3) $\overline{AB}=\boxed{}\overline{MB}=2\times\boxed{}\overline{MN}=\boxed{}\overline{MN}$

07

아래 그림에서 점 M은 선분 AB의 중점이고, 점 N은 선분 AM의 중점이다. $\overline{AB}=20$ cm일 때, 다음을 구하시오.

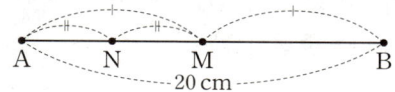

(1) $\overline{AM}$의 길이

(2) $\overline{AN}$의 길이

(3) $\overline{NB}$의 길이

08

아래 그림에서 점 M은 선분 AB의 중점이고, 점 N은 선분 MB의 중점이다. $\overline{NB}=4$ cm일 때, 다음을 구하시오.

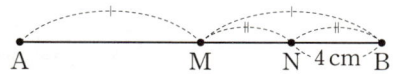

(1) $\overline{MN}$의 길이

(2) $\overline{AM}$의 길이

(3) $\overline{AB}$의 길이

기본 문제

09

오른쪽 그림에서 점 M이 $\overline{AB}$
의 중점일 때, 다음 중 옳지 않은
것은?

① $\overline{AM}=\overline{MB}$　　　　② $\overline{AB}=2\overline{AM}$

③ $\overline{MB}=\dfrac{1}{2}\overline{AB}$　　　　④ $\overline{AM}=\dfrac{\overline{AM}+\overline{MB}}{2}$

⑤ $\overline{AB}+\overline{MB}=\dfrac{3}{2}\overline{AM}$

10

다음 그림에서 점 M은 $\overline{AB}$의 중점이고, 점 N은 $\overline{AM}$의 중점
이다. $\overline{AN}=a\overline{AB}$일 때, 상수 a의 값을 구하시오.

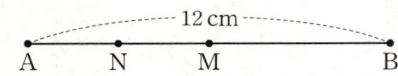

11

다음 그림에서 $\overline{AB}=12\,cm$이고 $\overline{AB}$의 중점을 M, $\overline{AM}$의
중점을 N이라 할 때, $\overline{NM}$의 길이를 구하시오.

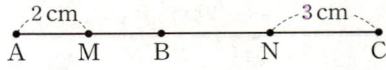

12

다음 그림에서 점 M은 $\overline{AB}$의 중점이고, 점 N은 $\overline{BC}$의 중점
이다. $\overline{AM}=2\,cm$, $\overline{NC}=3\,cm$일 때, $\overline{MN}$의 길이를 구하시오.

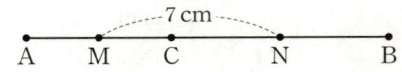

13

다음 그림에서 $\overline{AC}=2\overline{AM}$, $\overline{CB}=2\overline{CN}$이고 $\overline{MN}=7\,cm$
일 때, $\overline{AB}$의 길이는?

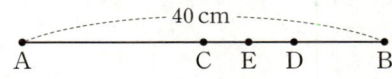

① $11\,cm$　　　② $12\,cm$　　　③ $13\,cm$

④ $14\,cm$　　　⑤ $15\,cm$

14

다음 그림과 같이 길이가 $40\,cm$인 $\overline{AB}$ 위에 세 점 C, D, E
가 있다. 점 C는 $\overline{AB}$의 중점, 점 D는 $\overline{CB}$의 중점, 점 E는
$\overline{CD}$의 중점일 때, $\overline{EB}$의 길이를 구하시오.

개념
01~03

한번 더! 기본 문제

01

다음 |보기| 중 옳지 <u>않은</u> 것을 모두 고르시오.

┤ 보기 ├

ㄱ. 점이 움직인 자리는 면이 된다.
ㄴ. 평면과 곡면의 교선은 직선이다.
ㄷ. 다각형에서 변의 교점은 꼭짓점이다.
ㄹ. 원기둥은 곡면으로만 둘러싸여 있다.

02

오른쪽 그림과 같은 입체도형에서 교점의 개수를 a개, 교선의 개수를 b개, 면의 개수를 c개라 할 때, $a+b+c$의 값을 구하시오.

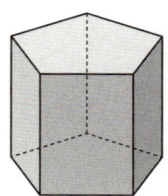

03

오른쪽 그림과 같이 직선 l 위에 네 점 A, B, C, D가 있을 때, 다음 |보기|에서 서로 같은 것끼리 모두 짝 지으시오.

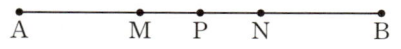

┤ 보기 ├

$\overleftrightarrow{AC}$, $\overrightarrow{CA}$, $\overrightarrow{BD}$, $\overrightarrow{BA}$, $\overrightarrow{CB}$, $\overleftrightarrow{CD}$, $\overrightarrow{DC}$, $\overrightarrow{BC}$

04

오른쪽 그림과 같이 원 위에 네 점 A, B, C, D가 있다. 이 네 점 중 두 점을 지나는 서로 다른 선분의 개수를 a개, 반직선의 개수를 b라 할 때, $a+b$의 값을 구하시오.

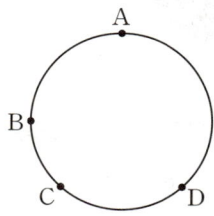

05

아래 그림에서 두 점 M, N은 $\overline{AB}$의 삼등분점이고, 점 P는 $\overline{MN}$의 중점이다. 다음 중 옳지 <u>않은</u> 것은?

A   M   P   N   B

① $\overline{AM}=\dfrac{1}{3}\overline{AB}$ ② $\overline{PB}=3\overline{MP}$

③ $\overline{MP}=\dfrac{1}{6}\overline{AB}$ ④ $\overline{AN}=2\overline{NB}$

⑤ $\overline{PN}=\dfrac{1}{3}\overline{MB}$

06 자신감 UP

다음 그림에서 $\overline{AD}=3\overline{AB}$이고 $\overline{CD}=2\overline{BC}$이다. $\overline{AD}=18\,cm$일 때, $\overline{BC}$의 길이를 구하시오.

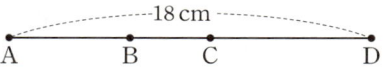

01

다음 □ 안에 알맞은 것을 쓰시오.

(1) 한 점 O에서 시작하는 두 반직선 OA, OB로 이루어진
도형을 □ AOB라 하고, 기호로 □ 또는 ∠BOA
또는 ∠O와 같이 나타낸다.

(2) 각의 분류는 다음과 같다.

① 각의 두 변이 꼭짓점을 중심으로 서로 반대쪽에 있고
한 직선을 이룰 때의 각, 즉 크기가 180°인 각을 □
이라 한다.

② 평각의 크기의 $\frac{1}{2}$인 각, 즉 크기가 90°인 각을 □
이라 한다.

③ 크기가 0°보다 크고 90°보다 작은 각을 □이라 한다.

④ 크기가 90°보다 크고 180°보다 작은 각을 □이라
한다.

02

아래 그림에서 ∠a, ∠b, ∠c를 각각 세 점 A, B, C를 사용
하여 나타내려고 한다. 다음 □ 안에 알맞은 것을 쓰시오.

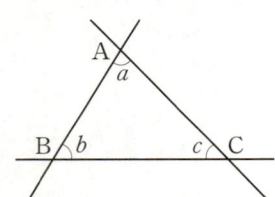

(1) ∠a= □ = □

(2) ∠b= □ = □

(3) ∠c= □ = □

03

아래 그림을 보고 다음 각을 평각, 직각, 예각, 둔각으로 분류
하시오.

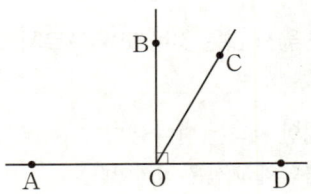

(1) ∠AOB

(2) ∠AOC

(3) ∠AOD

(4) ∠BOC

(5) ∠COD

04

다음 각을 |보기|에서 모두 고르시오.

┤ 보기 ├
45°, 15°, 110°, 96°, 90°, 132°, 180°, 83°

(1) 예각

(2) 직각

(3) 둔각

(4) 평각

05

다음 그림에서 ∠x의 크기를 구하시오.

(1)

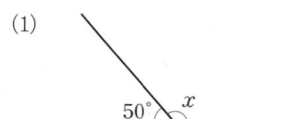

(2)

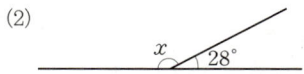

(3)

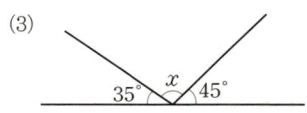

(4)

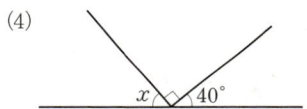

기본 문제

06

다음 중 둔각인 것은?

① 0°　　　　② 40°　　　　③ 90°

④ 140°　　　⑤ 180°

07

오른쪽 그림에서 x의 값을
구하시오.

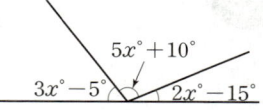

08

오른쪽 그림에서 $\overline{AE} \perp \overline{CO}$이고
∠BOD=90°, ∠BOC=75°일
때, ∠x, ∠y의 크기를 각각 구
하시오.

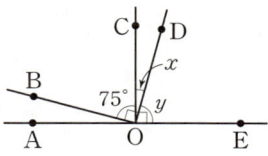

09

오른쪽 그림에서
∠a : ∠b : ∠c=3 : 1 : 2일 때,
∠c의 크기는?

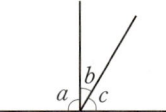

① 30°　　　　② 45°

③ 50°　　　　④ 60°

⑤ 75°

01

아래 그림을 보고 다음 ☐ 안에 알맞은 것을 쓰시오.

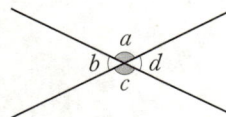

(1) 두 직선이 한 점에서 만날 때 생기는 네 개의 각 $\angle a$, $\angle b$, $\angle c$, $\angle d$를 두 직선의 ☐ 이라 한다.

(2) 두 직선의 교각 중에서 서로 마주 보는 각 $\angle a$와 $\angle c$, $\angle b$와 $\angle d$를 ☐ 이라 한다.

02

아래 그림과 같이 세 직선이 한 점 O에서 만날 때, 다음 각의 맞꼭지각을 구하시오.

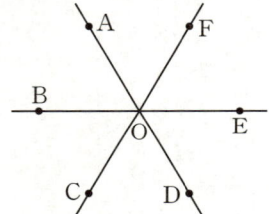

(1) $\angle AOF$

(2) $\angle BOD$

(3) $\angle COE$

(4) $\angle DOF$

(5) $\angle EOF$

03

다음 그림에서 $\angle x$, $\angle y$의 크기를 각각 구하시오.

(1)

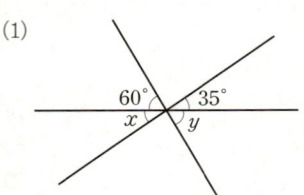

(2)

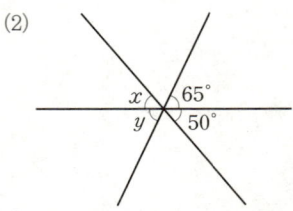

04

다음 그림에서 x의 값을 구하시오.

(1)

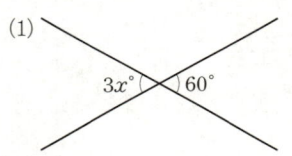

(2)

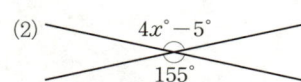

(3)

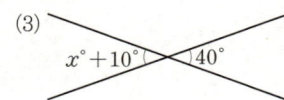

(4)

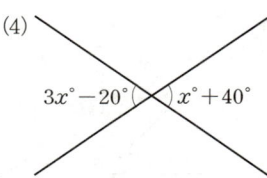

$3x° - 20°$ $x° + 40°$

(5)

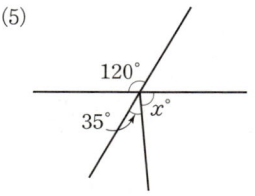

$120°$
$35°$ $x°$

(6)

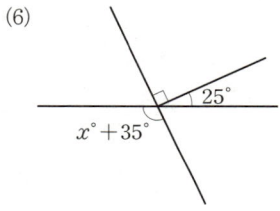

$25°$
$x° + 35°$

05

다음 그림에서 $\angle x$, $\angle y$의 크기를 각각 구하시오.

(1)

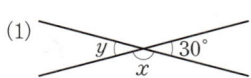

y $30°$
x

(2)

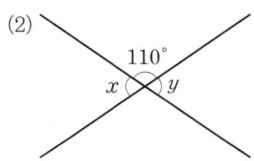

$110°$
x y

(3)

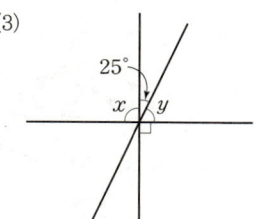

$25°$
x y

(4)

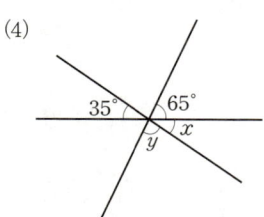

$35°$ $65°$
y x

(5)

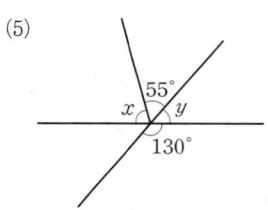

$55°$
x y
$130°$

(6)

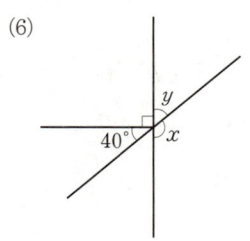

y
$40°$ x

정답 및 해설 14쪽

기본 문제 ····································

06

오른쪽 그림에서 x의 값을
구하시오.

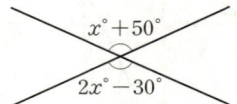

09

오른쪽 그림에서 x의 값을
구하시오.

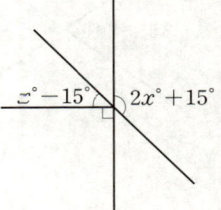

07

오른쪽 그림에서 y의 값을
구하시오.

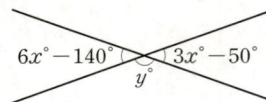

10

오른쪽 그림에서 x의 값을
구하시오.

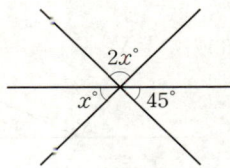

08

오른쪽 그림에서 $\angle x - \angle y$의 값은?

① 55°   ② 60°
③ 65°   ④ 70°
⑤ 75°

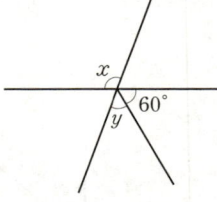

11

오른쪽 그림과 같이 세 직선이 한
점 O에서 만날 때 생기는 맞꼭지각
은 모두 몇 쌍인가?

① 3쌍   ② 4쌍
③ 5쌍   ④ 6쌍
⑤ 7쌍

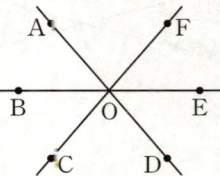

개념 06 수직과 수선

01

다음 □ 안에 알맞은 것을 쓰시오.

(1) 두 직선 AB와 CD의 교각이 직각일 때, 이 두 직선은 □한다고 하고, 기호로 $\overleftrightarrow{AB}$ □ $\overleftrightarrow{CD}$와 같이 나타낸다.

(2) 선분 AB의 중점 M을 지나고 선분 AB에 수직인 직선 l을 선분 AB의 □이라 한다.

(3) 직선 l 위에 있지 않은 한 점 P에서 직선 l에 수선을 그어 생기는 교점 H를 점 P에서 직선 l에 내린 □이라 한다. 이때 점 P와 직선 l 사이의 거리는 $\overline{PH}$의 길이이다.

02

오른쪽 그림에서 $\angle AOC = 90°$, $\overline{AO} = \overline{BO}$일 때, 다음 □ 안에 알맞은 것을 쓰시오.

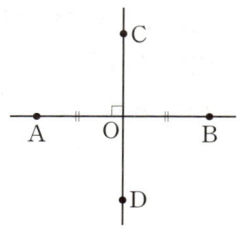

(1) $\overleftrightarrow{AB}$와 $\overleftrightarrow{CD}$는 □한다.

(2) 점 O는 점 A에서 $\overleftrightarrow{CD}$에 내린 □이다.

(3) 점 C에서 $\overleftrightarrow{AB}$에 내린 수선의 발은 점 □이다.

(4) 점 B와 $\overleftrightarrow{CD}$ 사이의 거리를 나타내는 선분은 □이다.

(5) $\overline{AB} \perp \overline{CD}$, $\overline{AO} = \overline{BO}$이므로 $\overleftrightarrow{CD}$는 $\overline{AB}$의 □이다.

03

아래 그림과 같은 한 눈금의 길이가 1인 모눈종이 위의 네 점 A, B, C, D에 대하여 다음 물음에 답하시오.

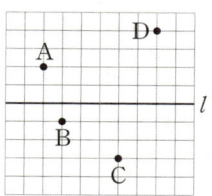

(1) 네 점 A, B, C, D에서 직선 l에 내린 수선의 발 P, Q, R, S를 각각 모눈종이 위에 나타내시오.

(2) 네 점 A, B, C, D 중 직선 l과의 거리가 가장 먼 점과 가장 가까운 점을 차례로 구하시오.

04

아래 그림과 같은 사다리꼴 ABCD에서 다음을 구하시오.

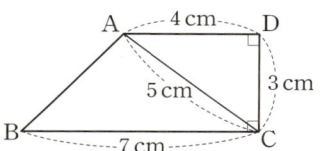

(1) 점 A에서 $\overline{CD}$에 내린 수선의 발

(2) 점 A와 $\overline{CD}$ 사이의 거리

(3) 점 C와 $\overline{AD}$ 사이의 거리

(4) 점 B와 $\overline{CD}$ 사이의 거리

(5) 점 D에서 $\overline{BC}$에 내린 수선의 발

05

아래 그림과 같은 삼각형 ABC에서 다음을 구하시오.

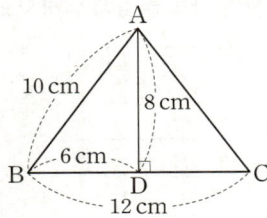

(1) 점 A에서 $\overline{BC}$에 내린 수선의 발

(2) 점 A와 $\overline{BC}$ 사이의 거리

(3) 점 B와 $\overline{AD}$ 사이의 거리

기본 문제

06

오른쪽 그림에서 점 P와 직선 l 사이의 거리를 나타내는 것은?

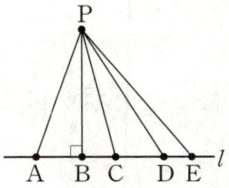

① $\overline{PA}$ ② $\overline{PB}$
③ $\overline{PC}$ ④ $\overline{PD}$
⑤ $\overline{PE}$

07

오른쪽 그림과 같은 사다리꼴 ABCD에 대하여 다음 중 옳지 않은 것은?

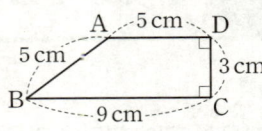

① 변 BC와 변 CD는 직교한다.
② 변 AB는 변 BC의 수선이다.
③ 점 A와 변 BC 사이의 거리는 3 cm이다.
④ 점 A와 변 CD 사이의 거리는 5 cm이다.
⑤ 점 A에서 변 CD에 내린 수선의 발은 점 D이다.

08

오른쪽 그림과 같은 직각삼각형 ABC에서 점 A와 변 BC 사이의 거리를 x cm, 점 C와 변 AB 사이의 거리를 y cm라 할 때, $x+y$의 값을 구하시오.

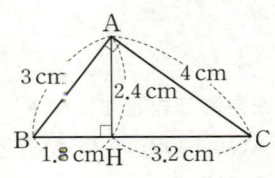

09

오른쪽 그림에 대한 설명으로 옳은 것을 다음 |보기|에서 모두 고르시오.

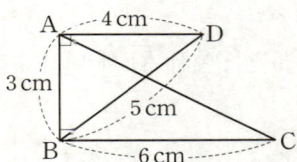

| 보기 |

ㄱ. 점 A와 $\overline{BC}$ 사이의 거리는 3 cm이다.
ㄴ. $\overleftrightarrow{AB}$는 $\overleftrightarrow{AD}$의 수선이다.
ㄷ. 점 D와 $\overline{BC}$ 사이의 거리는 5 cm이다.
ㄹ. 점 C에서 $\overline{AB}$에 내린 수선의 발은 점 B이다.

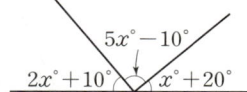

한번 더! 기본 문제
개념 04~06

01

오른쪽 그림에서 x의 값을
구하시오.

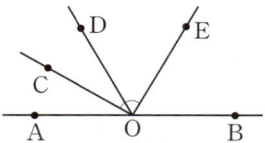

02

오른쪽 그림에서
$\angle AOC = \angle COD$이고
$\angle DOE = \angle EOB$일 때,
$\angle COE$의 크기를 구하시오.

03

오른쪽 그림에서 x의 값을
구하시오.

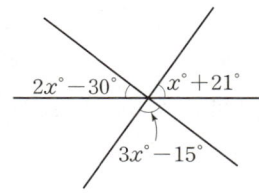

04

오른쪽 그림에서 x, y의 값을
각각 구하시오.

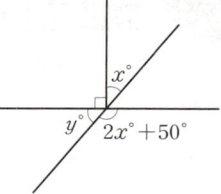

05

오른쪽 그림에서 $\overleftrightarrow{AB} \perp \overleftrightarrow{CD}$이고
$\overline{CO} = \overline{DO}$일 때, 다음 중 옳지 않은
것은?

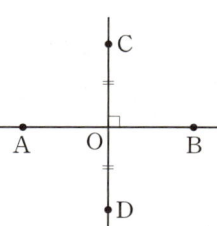

① $\angle AOD = 90°$
② $\overleftrightarrow{AB}$는 $\overleftrightarrow{CD}$의 수선이다.
③ 점 O는 $\overline{CD}$의 중점이다.
④ 점 D와 $\overleftrightarrow{AB}$ 사이의 거리는 $\overline{CD}$의 길이이다.
⑤ 점 C에서 $\overleftrightarrow{AB}$에 내린 수선의 발은 점 O이다.

06 자신감 UP

오른쪽 그림과 같이 좌표평면 위에
5개의 점 A, B, C, D, E가 있을
때, 다음 물음에 답하시오.

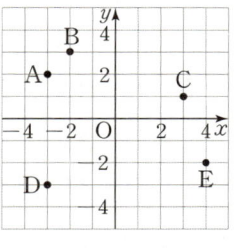

(1) 5개의 점 A, B, C, D, E 중 x축
과의 거리가 가장 가까운 점과
그 거리를 차례로 구하시오.

(2) 5개의 점 A, B, C, D, E 중 y축과의 거리가 가장 먼 점과
그 거리를 차례로 구하시오.

개념 07 점과 직선의 위치 관계 / 점과 평면의 위치 관계

01

다음 ( ) 안의 알맞은 것에 ○표 하시오.

(1) 오른쪽 그림에서
  ① 점 A는 직선 l 위에 (있다, 있지 않다).
  ② 점 B는 직선 l 위에 (있다, 있지 않다).

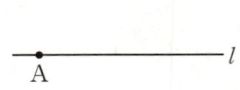

(2) 오른쪽 그림에서
  ① 점 A는 평면 P 위에 (있다, 있지 않다).
  ② 점 B는 평면 P 위에 (있다, 있지 않다).

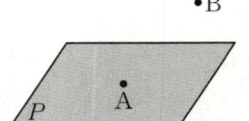

02

아래 그림에서 다음을 모두 구하시오.

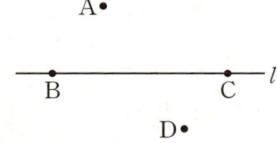

(1) 직선 l 위에 있는 점

(2) 직선 l 위에 있지 않은 점

03

아래 그림에서 다음을 모두 구하시오.

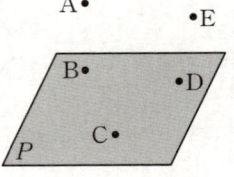

(1) 평면 P 위에 있는 점

(2) 평면 P 위에 있지 않은 점

04

아래 그림과 같은 직사각형에서 다음을 모두 구하시오.

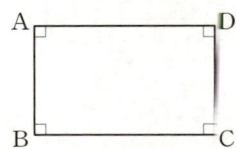

(1) 변 AB 위에 있는 꼭짓점

(2) 점 D를 지나는 변

(3) 점 C를 지나지 않는 변

(4) 변 AD 위에 있지 않은 꼭짓점

05

아래 그림과 같은 직육면체에서 다음을 모두 구하시오.

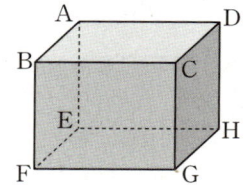

(1) 면 BFGC 위에 있는 꼭짓점

(2) 꼭짓점 E를 포함하는 면

(3) 두 꼭짓점 C, D를 동시에 포함하는 면

(4) 면 EFGH 밖에 있는 꼭짓점

06

아래 그림과 같은 사각뿔에서 다음을 모두 구하시오.

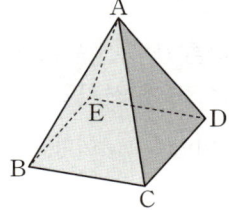

(1) 모서리 AE 위에 있는 꼭짓점

(2) 면 BCDE 위에 있지 않은 꼭짓점

(3) 점 C를 포함하는 면

(4) 두 꼭짓점 A, D를 동시에 포함하는 면

기본 문제

07

오른쪽 그림에 대한 설명으로 다음 중 옳지 <u>않은</u> 것은?

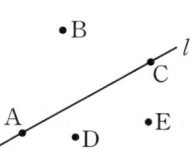

① 점 A는 직선 l 위에 있다.
② 점 B는 직선 l 위에 있다.
③ 직선 l은 점 D를 지나지 않는다.
④ 점 E는 직선 l 위에 있지 않다.
⑤ 직선 l은 두 점 A, C를 지난다.

08

오른쪽 그림에서 직선 l 위에 있는 점을 모두 구하시오.

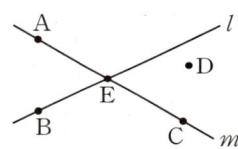

09

오른쪽 그림과 같은 삼각기둥에서 모서리 AC 밖에 있는 꼭짓점의 개수를 a개, 면 DEF 위에 있는 꼭짓점의 개수를 b개 라 할 때, $a+b$의 값을 구하시오.

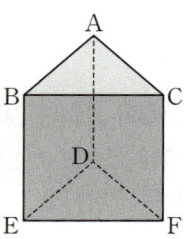

01

다음 □ 안에 알맞은 것을 쓰시오.

(1) 한 평면 위의 두 직선 l, m이 서로 만나지 않을 때, 두 직선 l, m은 □하다고 한다.

(2) 한 평면 위에 있는 두 직선 l, m의 위치 관계는 '□에서 만난다.', '일치한다.', '□하다.' 의 세 가지 경우가 있다.
이때 한 평면에서 두 직선이 평행하면 두 직선은 만나지 않고, 두 직선이 일치하면 두 직선은 한 직선으로 생각한다.

02

오른쪽 그림과 같은 직사각형에서 다음을 모두 구하시오.

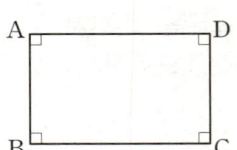

(1) 변 AB와 평행한 변

(2) 변 AB와 한 점에서 만나는 변

(3) 변 AD와 평행한 변

(4) 변 AD와 한 점에서 만나는 변

03

오른쪽 그림과 같은 정육각형의 각 변을 연장한 직선에 대하여 다음을 모두 구하시오.

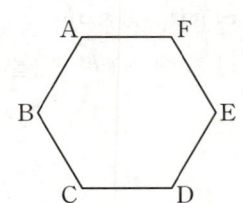

(1) 직선 AF와 평행한 직선

(2) 직선 AB와 만나지 않는 직선

(3) 직선 BC와 한 점에서 만나는 직선

(4) 교점이 점 F인 두 직선

04

아래 그림과 같은 평행사변형 ABCD에 대한 다음 설명 중 옳은 것은 ○표, 옳지 않은 것은 ×표를 ( ) 안에 쓰시오.

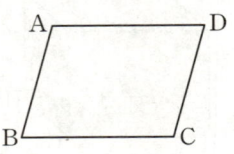

(1) $\overline{AB}$와 $\overline{AD}$는 한 점에서 만난다. ( )

(2) $\overline{BC} /\!/ \overline{CD}$ ( )

(3) $\overline{AB} /\!/ \overline{CD}$ ( )

(4) $\overline{AB} \perp \overline{BC}$ ( )

05

한 평면 위의 서로 다른 세 직선 l, m, n에 대하여 다음 □ 안에 $/\!/$, $\perp$ 중 알맞은 기호를 쓰시오.

(1) $l /\!/ m$이고 $m /\!/ n$이면 l □ n이다.

(2) $l /\!/ m$이고 $m \perp n$이면 l □ n이다.

(3) $l \perp m$이고 $l /\!/ n$이면 m □ n이다.

(4) $l \perp m$이고 $l \perp n$이면 m □ n이다.

기본 문제 ....

06

다음 중 한 평면 위의 두 직선의 위치 관계가 <u>아닌</u> 것은?

① 만난다.
② 일치한다.
③ 평행하다.
④ 수직으로 만난다.
⑤ 평행하지도 않고, 만나지도 않는다.

07

오른쪽 그림과 같은 사다리꼴
ABCD에 대한 설명으로 다음 중
옳은 것은?

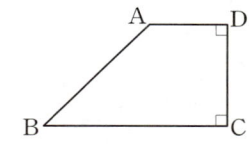

① $\overline{AB}$와 $\overline{BC}$는 수직으로 만난다.
② $\overleftrightarrow{AD}$와 $\overleftrightarrow{BC}$는 한 점에서 만난다.
③ $\overleftrightarrow{AB}$와 $\overleftrightarrow{CD}$는 만나지 않는다.
④ $\overline{AD}$와 $\overline{CD}$는 한 점에서 만난다.
⑤ $\overline{CD}$에 수직인 선분은 $\overline{AD}$뿐이다.

08

오른쪽 그림과 같은 정사각형 ABCD
의 각 변과 대각선에 대한 설명으로 다
음 중 옳지 <u>않은</u> 것은?

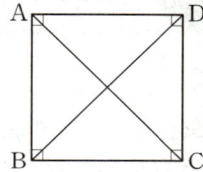

① $\overline{AB}$와 $\overline{BC}$는 한 점에서 만난다.
② $\overleftrightarrow{AD}$와 $\overleftrightarrow{BC}$는 평행하다.
③ $\overleftrightarrow{AC}$와 $\overleftrightarrow{CD}$는 만나지 않는다.
④ $\overleftrightarrow{AB}$와 $\overleftrightarrow{AD}$는 한 점에서 만난다.
⑤ $\overleftrightarrow{AB}$와 $\overleftrightarrow{CD}$는 만나지 않는다.

09

오른쪽 그림과 같은 정팔각형의 각 변
을 연장한 직선 중에서 $\overleftrightarrow{AH}$와 한 점에
서 만나는 직선의 개수를 구하시오.

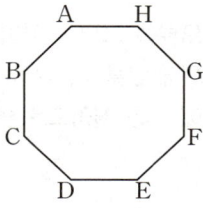

10

오른쪽 그림에 대한 설명으로 다음 중
옳은 것을 모두 고르면? (정답 2개)

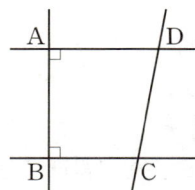

① $\overleftrightarrow{AB}$와 $\overleftrightarrow{BC}$는 수직이다.
② $\overleftrightarrow{AB}$와 $\overleftrightarrow{CD}$는 평행하다.
③ $\overleftrightarrow{AD}$와 $\overleftrightarrow{BC}$는 한 점에서 만난다.
④ 점 A에서 $\overleftrightarrow{CD}$에 내린 수선의 발은 점 D이다.
⑤ 점 B와 $\overleftrightarrow{AD}$ 사이의 거리는 $\overline{AB}$의 길이이다.

개념 07-08 한번 더! 기본 문제

01

오른쪽 그림에 대한 설명으로 다음 중 옳지 <u>않은</u> 것은?

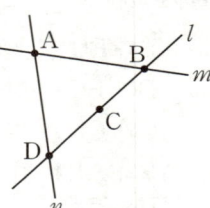

① 직선 l은 점 B를 지난다.
② 점 C는 직선 l 위에 있다.
③ 점 B는 직선 n 위에 있다.
④ 점 D는 두 직선 l, n의 교점이다.
⑤ 점 A는 두 직선 m, n의 교점이다.

02

오른쪽 그림과 같이 직선 l이 평면 P 위에 있을 때, 5개의 점 A, B, C, D, E 에 대한 설명으로 옳지 <u>않은</u> 것을 다음 | 보기 |에서 모두 고르시오.

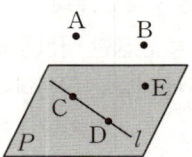

┤ 보기 ├
ㄱ. 두 점 C, D만 평면 P 위에 있다.
ㄴ. 직선 l 위에 있지 않은 점은 3개이다.
ㄷ. 평면 P 위에 있지 않은 점은 점 A, 점 B, 점 E이다.
ㄹ. 점 E는 평면 P 위에 있지만 직선 l 위에 있지는 않다.

03

오른쪽 그림과 같은 사각뿔에서 모서리 AE 위에 있지 않은 꼭짓점의 개수를 a개, 면 ABC 위에 있는 꼭짓점의 개수를 b개라 할 때, $a+b$의 값을 구하시오.

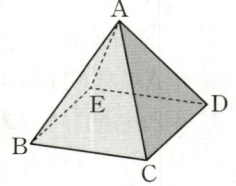

04

오른쪽 그림과 같은 직사각형 ABCD에 대한 설명으로 다음 중 옳지 <u>않은</u> 것은?

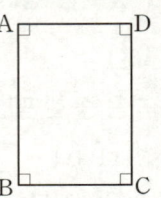

① $\overleftrightarrow{AB} /\!/ \overleftrightarrow{CD}$
② $\overleftrightarrow{AD} \perp \overleftrightarrow{CD}$
③ $\overleftrightarrow{BC}$와 $\overleftrightarrow{CD}$는 한 점에서 만난다.
④ 점 D는 $\overleftrightarrow{AD}$와 $\overleftrightarrow{CD}$의 교점이다.
⑤ $\overleftrightarrow{CD}$ 위에 있는 꼭짓점은 점 B, 점 C의 2개이다.

05

오른쪽 그림과 같은 정육각형의 각 변을 연장한 직선 중에서 $\overleftrightarrow{EF}$와 평행한 직선의 개수를 a개, $\overleftrightarrow{EF}$와 한 점에서 만나는 직선의 개수를 b개라 할 때, $b-a$의 값을 구하시오.

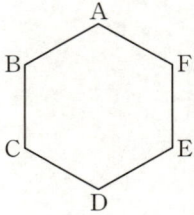

06 자신감 UP

한 평면 위의 서로 다른 세 직선 l, m, n에 대한 설명으로 다음 중 옳지 <u>않은</u> 것을 모두 고르면? (정답 2개)

① $l /\!/ m$, $m \perp n$이면 $l \perp n$이다.
② $l /\!/ m$, $m /\!/ n$이면 $l /\!/ n$이다.
③ $l \perp m$, $m \perp n$이면 $l /\!/ n$이다.
④ $l \perp m$, $l \perp n$이면 $m \perp n$이다.
⑤ $l \perp m$, $m /\!/ n$이면 $l /\!/ n$이다.

개념 09 공간에서 두 직선의 위치 관계

01

다음 □ 안에 알맞은 것을 쓰시오.

(1) 공간에서 두 직선이 서로 만나지도 않고 평행하지도 않을 때, 두 직선은 □□에 있다고 한다.

(2) 공간에서 두 직선의 위치 관계는
'한 점에서 만난다.', '□□한다.', '평행하다.',
'□□에 있다.'
의 네 가지 경우가 있다.
이때 공간에서 두 직선이 한 점에서 만나거나 일치하거나 평행하면 두 직선은 한 평면 위에 있고, 두 직선이 꼬인 위치에 있으면 두 직선은 한 평면 위에 있지 않다.

03

아래 그림과 같은 삼각기둥에서 다음을 모두 구하시오.

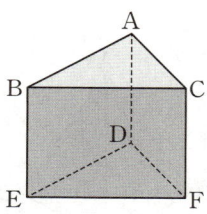

(1) 모서리 AB와 한 점에서 만나는 모서리

(2) 모서리 AB와 평행한 모서리

(3) 모서리 AB와 꼬인 위치에 있는 모서리

02

다음 그림과 같은 직육면체에서 두 모서리 l, m의 위치 관계를 |보기|에서 고르시오.

┤ 보기 ├
ㄱ. 한 점에서 만난다.　　ㄴ. 일치한다.
ㄷ. 평행하다.　　　　　　ㄹ. 꼬인 위치에 있다.

(1)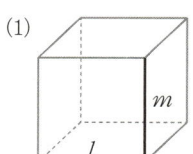

(2)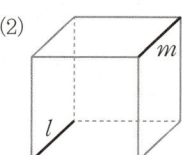

(3)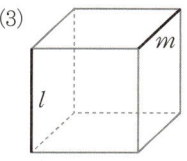

04

아래 그림과 같은 직육면체에서 다음을 모두 구하시오.

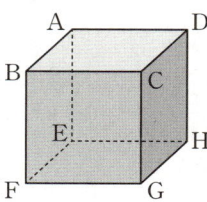

(1) 모서리 BC와 평행한 모서리

(2) 모서리 BC와 수직으로 만나는 모서리

(3) 모서리 BC와 꼬인 위치에 있는 모서리

05

아래 그림과 같은 삼각뿔에서 다음 모서리와 꼬인 위치에 있는 모서리를 구하시오.

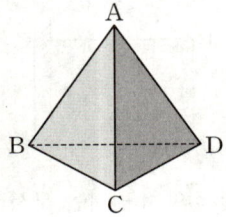

(1) 모서리 AC

(2) 모서리 BC

(3) 모서리 CD

07

오른쪽 그림과 같은 직육면체에 대한 설명으로 다음 중 옳은 것은?

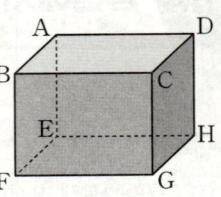

① $\overline{AB}$와 $\overline{CD}$는 서로 수직이다.
② $\overline{AD}$와 $\overline{FG}$는 꼬인 위치에 있다.
③ $\overline{BF}$와 $\overline{EH}$는 한 점에서 만난다.
④ $\overline{CD}$와 $\overline{EF}$는 평행하다.
⑤ $\overline{CD}$와 $\overline{DH}$는 만나지 않는다.

08

오른쪽 그림과 같은 사각뿔에서 모서리 AB와 만나지도 않고 평행하지도 않은 모서리를 모두 고르면? (정답 2개)

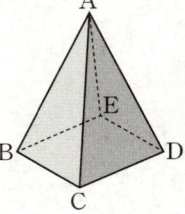

① $\overline{AD}$ ② $\overline{BC}$
③ $\overline{BE}$ ④ $\overline{CD}$
⑤ $\overline{DE}$

기본 문제

06

오른쪽 그림과 같은 정육면체에서 모서리 AB와 꼬인 위치에 있는 모서리는?

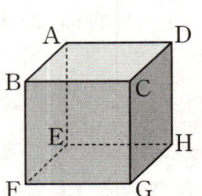

① $\overline{AD}$ ② $\overline{BF}$
③ $\overline{CG}$ ④ $\overline{EF}$
⑤ $\overline{GH}$

09

오른쪽 그림과 같은 정육면체에서 $\overline{AD}$와 평행한 모서리의 개수를 a개, $\overline{AC}$와 수직으로 만나는 모서리의 개수를 b개라 할 때, $a+b$의 값을 구하시오.

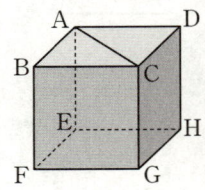

개념 10 공간에서 직선과 평면의 위치 관계 / 공간에서 두 평면의 위치 관계

01

다음 □ 안에 알맞은 것을 쓰시오.

(1) 공간에서 직선과 평면의 위치 관계는
'□된다.', '한 점에서 만난다.', '평행하다.'
의 세 가지 경우가 있다.

(2) 공간에서 두 평면의 위치 관계는
'□한다.', '한 □에서 만난다.', '평행하다.'
의 세 가지 경우가 있다.

02

아래 그림과 같은 삼각기둥에서 다음을 모두 구하시오.

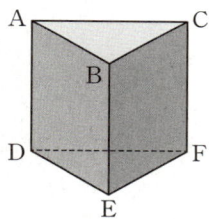

(1) 면 ABC에 포함되는 모서리

(2) 모서리 EF를 포함하는 면

(3) 면 DEF와 평행한 모서리

(4) 면 BEFC와 한 점에서 만나는 모서리

03

아래 그림과 같은 직육면체에서 다음을 모두 구하시오.

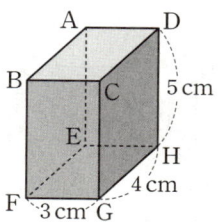

(1) 면 ABCD와 수직인 모서리

(2) 면 BFGC와 평행한 모서리

(3) 면 ABFE와 한 점에서 만나는 모서리

(4) 모서리 CG와 수직인 면

(5) 모서리 FG와 평행한 면

(6) 모서리 GH를 포함하는 면

(7) 점 G와 면 AEHD 사이의 거리

(8) 점 A와 면 EFGH 사이의 거리

04

아래 그림과 같은 직육면체에서 다음을 모두 구하시오.

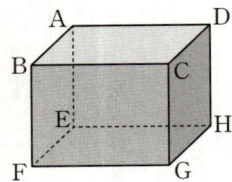

(1) 면 ABCD와 만나는 면

(2) 면 ABCD와 평행한 면

(3) 면 BFGC와 수직인 면

(4) 면 BFGC와 면 CGHD의 교선

05

아래 그림과 같이 밑면이 정오각형인 오각기둥에서 다음을 구하시오.

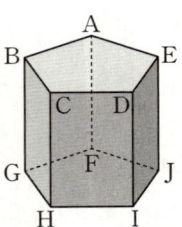

(1) 면 ABCDE와 평행한 면의 개수

(2) 면 CHID와 수직인 면의 개수

(3) 면 ABCDE와 한 모서리에서 만나는 면의 개수

06

아래 그림과 같은 삼각기둥에 대한 설명으로 다음 중 옳은 것은 ○표, 옳지 <u>않은</u> 것은 ×표를 (   ) 안에 쓰시오.

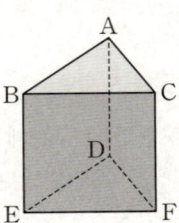

(1) 면 ABC와 면 BEFC의 교선은 $\overline{BC}$이다.   (   )

(2) 면 ABED와 한 모서리에서 만나는 면은 3개이다.
                                                    (   )

(3) 면 ADFC와 평행한 면은 1개이다.   (   )

(4) 면 DEF와 면 ADFC는 수직으로 만난다.   (   )

07

서로 다른 세 평면 P, Q, R에 대하여 다음 □ 안에 ∥, ⊥ 중 알맞은 것을 쓰시오.

(1) 오른쪽 그림과 같이 $P \parallel Q$이고
    $Q \parallel R$이면 $P \,\square\, R$이다.

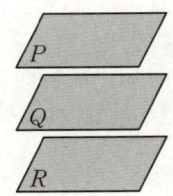

(2) 오른쪽 그림과 같이 $Q \parallel R$이고
    $P \perp Q$이면 $P \,\square\, R$이다.

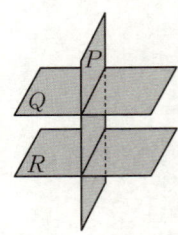

기본 문제

08

오른쪽 그림과 같은 정육면체에서 면 CGHD와 수직인 모서리가 <u>아닌</u> 것은?

① $\overline{AD}$ 　　② $\overline{BC}$
③ $\overline{BF}$ 　　④ $\overline{EH}$
⑤ $\overline{FG}$

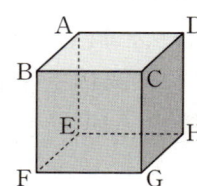

09

오른쪽 그림과 같은 직육면체에서 점 C와 면 ABFE 사이의 거리는?

① 2 cm 　　② 3 cm
③ 4 cm 　　④ 5 cm
⑤ 6 cm

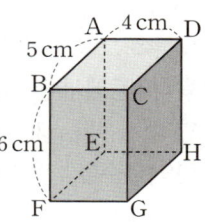

10

다음 그림과 같은 삼각기둥에서 면 ACFD에 포함되는 모서리의 개수를 a개, 면 DEF와 수직인 모서리의 개수를 b개라 할 때, $a+b$의 값을 구하시오.

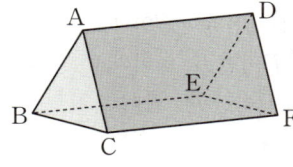

11

다음 중 공간에서 두 평면의 위치 관계가 될 수 <u>없는</u> 것은?

① 한 직선에서 만난다. 　　② 일치한다.
③ 평행하다. 　　④ 직교한다.
⑤ 꼬인 위치에 있다.

12

오른쪽 그림과 같이 밑면이 직각삼각형인 삼각기둥에서 면 ADEB와 수직인 면을 모두 구하시오.

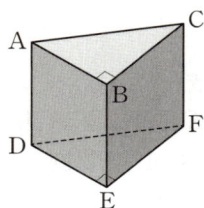

13

오른쪽 그림과 같은 직육면체에서 면 AEGC와 수직인 면을 모두 고르면? (정답 2개)

① 면 ABCD 　　② 면 ABFE
③ 면 AEHD 　　④ 면 CGHD
⑤ 면 EFGH

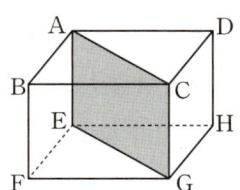

한번 더! 기본 문제

01

오른쪽 그림과 같은 삼각뿔에 대하여
다음 중 모서리 AB와의 위치 관계가
나머지 넷과 다른 하나는?

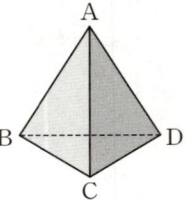

① $\overline{\text{AC}}$ ② $\overline{\text{AD}}$
③ $\overline{\text{BC}}$ ④ $\overline{\text{BD}}$
⑤ $\overline{\text{CD}}$

02

오른쪽 그림과 같은 정육면체에서 $\overline{\text{BD}}$
와 꼬인 위치에 있는 모서리의 개수를
구하시오.

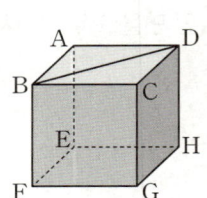

03

오른쪽 그림과 같은 삼각기둥에 대한
설명으로 다음 중 옳은 것을 모두
고르면? (정답 2개)

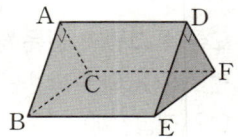

① 모서리 AB와 모서리 AD는
두 점에서 만난다.
② 모서리 AB와 모서리 AC는 수직이다.
③ 모서리 AB와 모서리 DE는 꼬인 위치에 있다.
④ 모서리 AD와 모서리 CF는 일치한다.
⑤ 모서리 BE와 모서리 CF는 평행하다.

04

오른쪽 그림과 같은 정육면체에 대한
설명으로 다음 중 옳지 <u>않은</u> 것은?

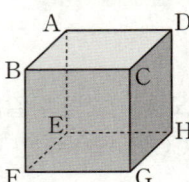

① 모서리 CG와 평행한 면은 2개이다.
② 모서리 BC는 면 BFGC에 포함된다.
③ 면 ABCD와 모서리 GH는 평행
하다.
④ 면 BFGC와 모서리 CD는 수직이다.
⑤ 모서리 CD와 면 EFGH는 꼬인 위치에 있다.

05

오른쪽 그림과 같이 밑면이 정육각형인
육각기둥에서 면 ABCDEF와 수직인
면의 개수를 x개, 면 BHIC와 평행한
면의 개수를 y개라 할 때, $x+y$의 값을
구하시오.

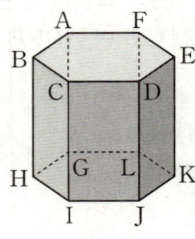

06 자신감 UP

공간에서 서로 다른 세 직선 l, m, n과 서로 다른 세 평면 P,
Q, R에 대하여 다음 |보기|에서 옳은 것을 모두 고르시오.

┤ 보기 ├

ㄱ. $l \perp m$, $l /\!/ P$이면 $m /\!/ P$이다.
ㄴ. $l \perp P$, $m \perp P$이면 $l /\!/ m$이다.
ㄷ. $P \perp Q$, $Q \perp R$이면 $P /\!/ R$이다.
ㄹ. $P /\!/ Q$, $Q \perp R$이면 $P \perp R$이다.

개념 11 동위각과 엇각

01

다음 □ 안에 알맞은 것을 쓰시오.

(1) 서로 다른 두 직선이 다른 한 직선과 만날 때, 서로 같은
위치에 있는 두 각을 ☐ 이라 한다.

(2) 서로 다른 두 직선이 다른 한 직선과 만날 때, 서로 엇갈린
위치에 있는 두 각을 ☐ 이라 한다.

02

오른쪽 그림과 같이 서로 다른 두 직
선 l, m이 다른 한 직선 n과 만날
때, 다음을 구하시오.

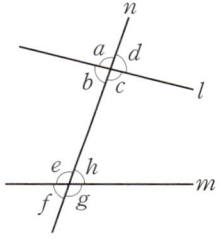

(1) $\angle a$의 동위각

(2) $\angle d$의 동위각

(3) $\angle c$의 동위각

(4) $\angle f$의 동위각

(5) $\angle c$의 엇각

(6) $\angle b$의 엇각

03

아래 그림과 같이 세 직선이 만날 때, 다음 중 옳은 것은 ○표,
옳지 <u>않은</u> 것은 ×표를 ( ) 안에 쓰시오.

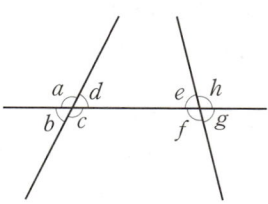

(1) $\angle a$와 $\angle e$는 동위각이다. ( )

(2) $\angle d$와 $\angle e$는 엇각이다. ( )

(3) $\angle b$의 동위각은 $\angle f$이다. ( )

(4) $\angle c$의 엇각은 $\angle f$이다. ( )

04

아래 그림과 같이 서로 다른 두 직선 l, m이 다른 한 직선 n과
만날 때, 다음을 구하시오.

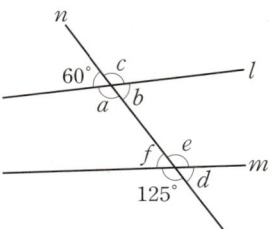

(1) $\angle a$의 동위각의 크기   (2) $\angle b$의 동위각의 크기

(3) $\angle e$의 동위각의 크기   (4) $\angle a$의 엇각의 크기

(5) $\angle e$의 엇각의 크기   (6) $\angle f$의 엇각의 크기

기본 문제

05

오른쪽 그림과 같이 세 직선이 만날 때, 다음 중 엇각끼리 바르게 짝 지어진 것은?

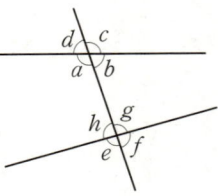

① $\angle a$와 $\angle e$ ② $\angle b$와 $\angle g$

③ $\angle c$와 $\angle f$ ④ $\angle e$와 $\angle d$

⑤ $\angle h$와 $\angle b$

06

오른쪽 그림과 같이 세 직선이 만날 때, $\angle x$의 엇각의 크기를 구하시오.

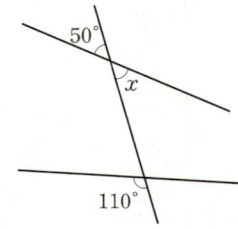

07

오른쪽 그림과 같이 세 직선이 만날 때, $\angle a$의 동위각의 크기와 $\angle d$의 엇각의 크기의 합을 구하시오.

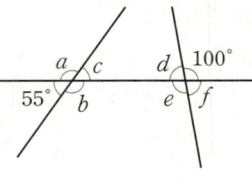

08

오른쪽 그림과 같이 두 직선 l, m이 다른 한 직선 n과 만날 때, 다음 중 옳지 않은 것은?

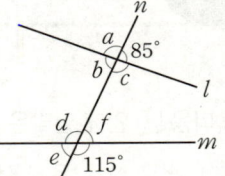

① $\angle a$의 동위각의 크기는 115°이다.

② $\angle b$의 동위각의 크기는 65°이다.

③ $\angle c$의 엇각의 크기는 115°이다.

④ $\angle d$의 엇각의 크기는 85°이다.

⑤ $\angle e$의 동위각의 크기는 85°이다.

09

오른쪽 그림과 같이 세 직선이 만날 때, 다음을 모두 구하시오.

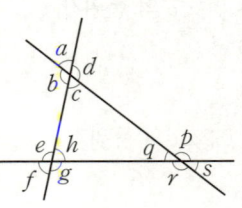

(1) $\angle a$의 동위각

(2) $\angle h$의 엇각

(3) $\angle q$의 동위각

개념 12 평행선의 성질

01

다음 □ 안에 알맞은 것을 쓰시오.

(1) 서로 다른 두 직선이 다른 한 직선과 만날 때, 두 직선이 □하면 동위각과 엇각의 크기는 각각 같다.

(2) 서로 다른 두 직선이 다른 한 직선과 만날 때, 동위각과 엇각의 크기가 각각 같으면 두 직선은 □하다.

02

다음 그림에서 $l /\!/ m$일 때, $\angle x$의 크기를 구하시오.

(1)
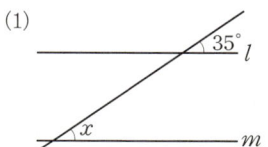

(2)
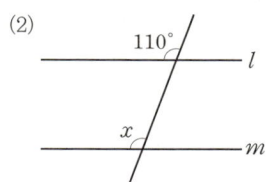

(3)
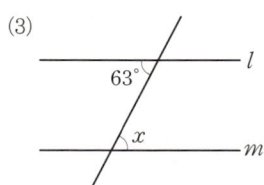

(4)
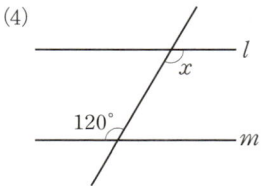

03

다음 그림에서 $l /\!/ m$일 때, $\angle x$, $\angle y$의 크기를 각각 구하시오.

(1)
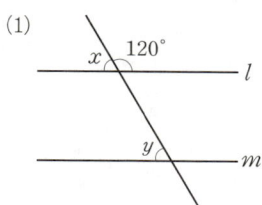

(2)
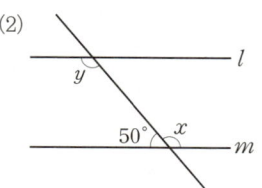

04

다음 그림에서 $l /\!/ m$일 때, □ 안에 알맞은 것을 쓰고, $\angle x$의 크기를 구하시오.

(1)
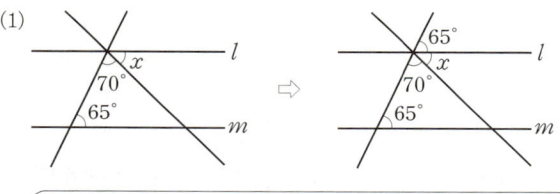

$l /\!/ m$이므로 $70° + \angle x + \boxed{} = 180°$

$\therefore \angle x = \boxed{}$

(2)
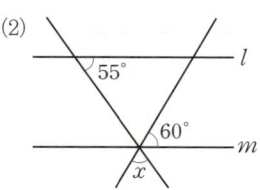

(3)
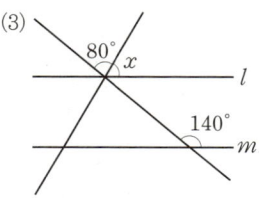

05

다음 그림에서 $l /\!/ m$일 때, $\angle x$, $\angle y$의 크기를 각각 구하시오.

(1)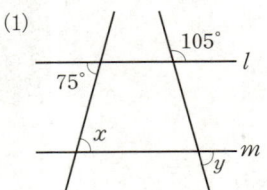

(2)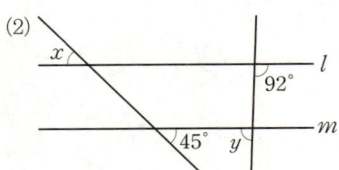

(3)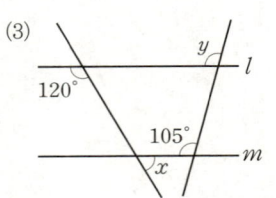

06

다음 그림에서 두 직선 l, m이 평행하면 ○표, 평행하지 않으면 ×표를 ( ) 안에 쓰시오.

(1)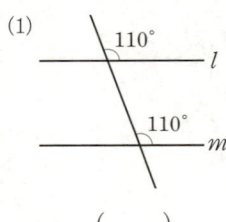

( )

(2)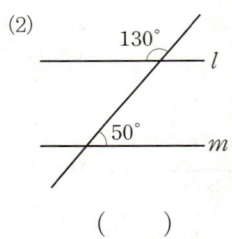

( )

(3)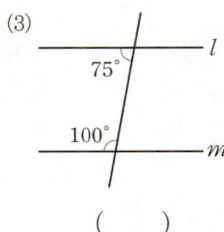

( )

(4)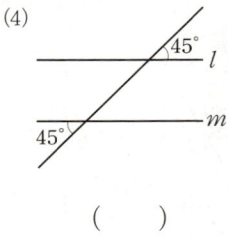

( )

07

다음 그림에서 $l /\!/ m$일 때, ☐ 안에 알맞은 것을 쓰고, $\angle x$의 크기를 구하시오.

(1) 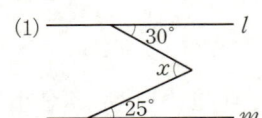 ⇨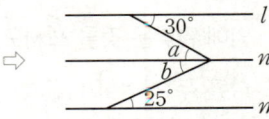

두 직선 l, m에 평행한 직선 n을 그으면
$\angle a = \boxed{}$(엇각), $\angle b = \boxed{}$(엇각)
∴ $\angle x = \angle a + \angle b = \boxed{}$

(2)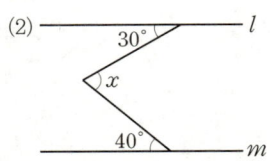

(3)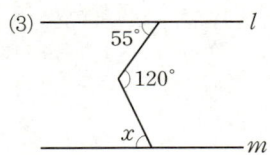

08

다음 그림에서 $l /\!/ m$일 때, ☐ 안에 알맞은 것을 쓰고, $\angle x$의 크기를 구하시오.

(1) 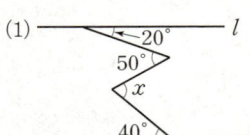 ⇨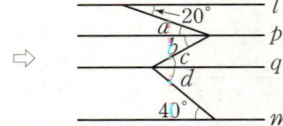

두 직선 l, m에 평행한 직선 p, q를 각각 그으면
$\angle a = \boxed{}$(엇각), $\angle b = 50° - \angle a = \boxed{}$
$\angle c = \angle b = \boxed{}$(엇각), $\angle d = \boxed{}$(엇각)
∴ $\angle x = \angle c + \angle d = \boxed{}$

(2)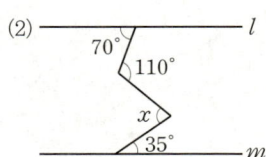

기본 문제

09

오른쪽 그림에서 $l /\!/ m$일 때,
$\angle x - \angle y$의 값을 구하시오.

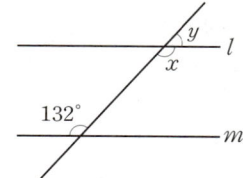

10

오른쪽 그림에서 $l /\!/ m$일 때, $\angle x$,
$\angle y$의 크기를 각각 구하면?

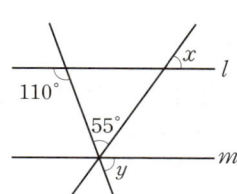

① $\angle x = 55°$, $\angle y = 65°$
② $\angle x = 55°$, $\angle y = 70°$
③ $\angle x = 60°$, $\angle y = 50°$
④ $\angle x = 70°$, $\angle y = 65°$
⑤ $\angle x = 70°$, $\angle y = 70°$

11

다음 중 두 직선 l, m이 평행하지 않은 것은?

① 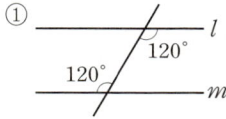 ②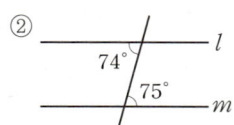

③ 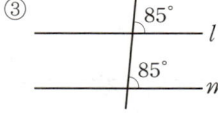 ④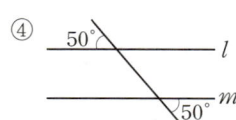

⑤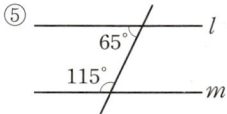

12

오른쪽 그림에서 $l /\!/ m$일 때,
$\angle x$의 크기를 구하시오.

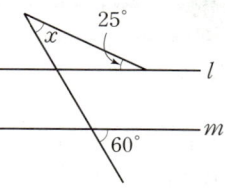

13

다음 그림에서 $l /\!/ m$일 때, $\angle x$의 크기를 구하시오.

(1)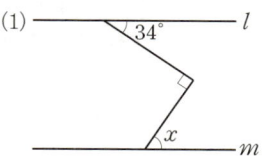

(2)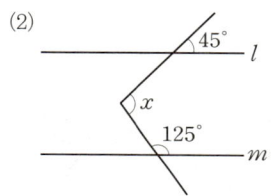

14

다음 그림에서 $l /\!/ m$일 때, $\angle x$의 크기를 구하시오.

(1)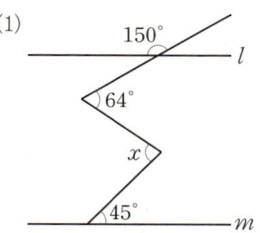

(2)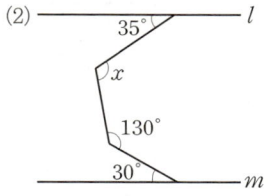

한번 더! 기본 문제

01

오른쪽 그림과 같이 세 직선이 만날 때, 다음 중 옳지 <u>않은</u> 것은?

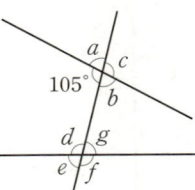

① ∠a와 ∠d는 동위각이다.
② ∠b와 ∠d는 엇각이다.
③ ∠d와 엇각의 크기는 75°이다.
④ ∠g와 동위각의 크기는 75°이다.
⑤ ∠e의 동위각의 크기는 105°이다.

02 자신감 UP

오른쪽 그림과 같이 세 직선이 만날 때, ∠x의 모든 동위각의 크기의 합을 구하시오.

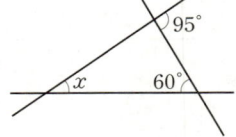

03

오른쪽 그림에서 $l /\!/ m$일 때, x의 값을 구하시오.

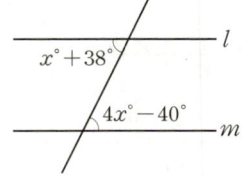

04

오른쪽 그림에서 $l /\!/ m$일 때, ∠x의 크기는?

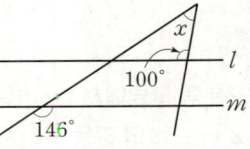

① 40° ② 42°
③ 44° ④ 46°
⑤ 48°

05

오른쪽 그림에서 $l /\!/ m$일 때, ∠x의 크기는?

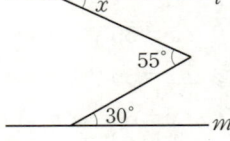

① 15° ② 20°
③ 25° ④ 30°
⑤ 35°

06

오른쪽 그림에서 $l /\!/ m$일 때, ∠x의 크기는?

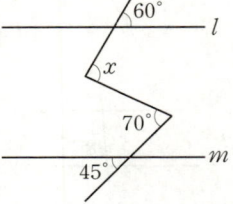

① 70° ② 75°
③ 80° ④ 85°
⑤ 95°

2

작도와 합동

개념 13 | 작도

개념 14 | 삼각형

한번 더! 기본 문제

개념 15 | 삼각형의 작도

개념 16 | 삼각형이 하나로 정해지는 조건

한번 더! 기본 문제

개념 17 | 도형의 합동

개념 18 | 삼각형의 합동 조건

한번 더! 기본 문제

개념 13 작도

01

다음 □ 안에 알맞은 것을 쓰시오.

> 눈금 없는 자와 컴퍼스만을 사용하여 도형을 그리는 것을 □라 한다.

02

작도에 대한 다음 설명 중 옳은 것은 ○표, 옳지 않은 것은 ×표를 ( ) 안에 쓰시오.

(1) 선분을 그리거나 선분을 연장할 때는 눈금 있는 자를 사용한다. ( )

(2) 주어진 선분의 길이를 재어서 다른 직선 위로 옮길 때는 눈금 없는 자를 사용한다. ( )

(3) 두 선분의 길이를 비교할 때는 컴퍼스를 사용한다. ( )

(4) 선분을 연장할 때는 컴퍼스를 사용한다. ( )

(5) 원을 그릴 때는 컴퍼스를 사용한다. ( )

03

다음은 선분 AB와 길이가 같은 선분 CD를 작도하는 과정이다. □ 안에 알맞은 것을 쓰시오.

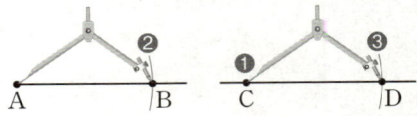

> ❶ 눈금 없는 자로 직선을 긋고 그 위에 점 □를 잡는다.
> ❷ 컴퍼스를 사용하여 □의 길이를 잰다.
> ❸ 점 □를 중심으로 하고 반지름의 길이가 □인 원을 그려 직선과의 교점을 □라 하면 $\overline{AB}$와 길이가 같은 $\overline{CD}$가 작도된다.

04

다음은 선분 AB를 점 B의 방향으로 연장하여 길이가 선분 AB의 2배가 되는 선분 AC를 작도하는 과정이다. □ 안에 알맞은 것을 쓰시오.

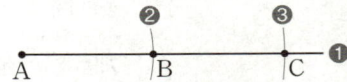

> ❶ □□□□□를 사용하여 $\overline{AB}$를 점 B의 방향으로 연장한다.
> ❷ □□□□를 사용하여 $\overline{AB}$의 길이를 잰다.
> ❸ 점 □를 중심으로 하고 반지름의 길이가 □인 원을 그려 $\overline{AB}$의 연장선과의 교점을 C라 하면 길이가 $\overline{AB}$의 2배가 되는 $\overline{AC}$가 작도된다.

05

다음 그림은 ∠XOY와 크기가 같고 반직선 PQ를 한 변으로 하는 각을 작도하는 과정이다. □ 안에 알맞은 것을 쓰시오.

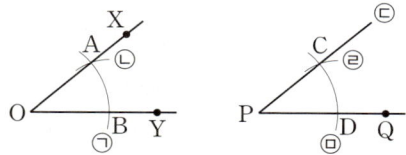

(1) 작도 순서는 ㉠ → □ → □ → □ → ㉢이다.

(2) $\overline{OA}$ = □ = $\overline{PC}$ = □

(3) $\overline{AB}$ = □

(4) ∠XOY = □

06

다음은 크기가 같은 각의 작도를 이용하여 직선 l 밖의 한 점 P를 지나면서 직선 l과 평행한 직선 PD를 작도하는 과정이다. □ 안에 알맞은 것을 쓰시오.

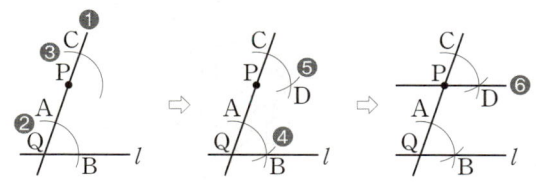

❶ 점 P를 지나는 직선을 그어 직선 l과의 교점을 □라 한다.

❷ 점 Q를 중심으로 하는 적당한 원을 그려 $\overrightarrow{PQ}$, 직선 l과의 교점을 각각 □, □라 한다.

❸ 점 P를 중심으로 하고 반지름의 길이가 $\overline{QA}$인 원을 그려 $\overrightarrow{PQ}$와의 교점을 □라 한다.

❹ 컴퍼스를 사용하여 두 점 A, B 사이의 거리를 잰다.

❺ 점 C를 중심으로 하고 반지름의 길이가 □인 원을 그려 ❸에서 그린 원과의 교점을 □라 한다.

❻ $\overrightarrow{PD}$를 그으면 직선 l과 평행한 직선 PD가 작도된다.

07

다음 그림은 직선 l 밖의 한 점 P를 지나면서 직선 l과 평행한 직선을 작도하는 과정이다. □ 안에 알맞은 것을 쓰시오.

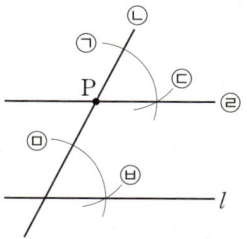

(1) 작도 순서는 ㉡ → ㉤ → □ → □ → □ → ㉣이다.

(2) 이 작도는 '서로 다른 두 직선이 다른 한 직선과 만날 때, □의 크기가 같으면 두 직선은 평행하다.'는 성질을 이용한 것이다.

08

다음 그림은 직선 l 밖의 한 점 P를 지나면서 직선 l과 평행한 직선을 작도하는 과정이다. □ 안에 알맞은 것을 쓰시오.

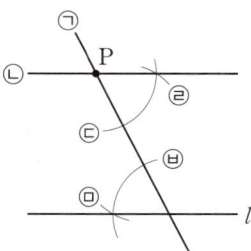

(1) 작도 순서는 ㉠ → ㉽ → □ → □ → □ → ㉡이다.

(2) 이 작도는 '서로 다른 두 직선이 다른 한 직선과 만날 때, □의 크기가 같으면 두 직선은 평행하다.'는 성질을 이용한 것이다.

기본 문제

09

다음 중 (가), (나), (다)에 알맞은 것을 바르게 짝 지은 것은?

> • [(가)] : 눈금 없는 자와 컴퍼스만을 사용하여 도형을 그리는 것
> • 작도에서 [(나)]는 주어진 선분의 길이를 재어서 옮기거나 원을 그릴 때 사용한다.
> • 작도에서 [(다)]는 두 점을 연결하는 선분을 그리거나 선분을 연장할 때 사용한다.

	(가)	(나)	(다)
①	작도	컴퍼스	눈금 있는 자
②	작도	컴퍼스	눈금 없는 자
③	작도	눈금 없는 자	컴퍼스
④	컴퍼스	눈금 있는 자	각도기
⑤	각도기	컴퍼스	눈금 없는 자

10

다음 중 작도에 대한 설명으로 옳지 않은 것을 모두 고르면?

(정답 2개)

① 눈금 없는 자와 컴퍼스만을 사용하여 도형을 그리는 것을 작도라 한다.
② 선분을 연장할 때는 눈금 없는 자를 사용한다.
③ 두 선분의 길이를 비교할 때는 눈금 없는 자를 사용한다.
④ 선분의 길이를 재어서 다른 직선 위로 옮길 때는 컴퍼스를 사용한다.
⑤ 주어진 각과 크기가 같은 각을 작도할 때는 각도기를 사용한다.

11

다음 그림은 선분 AB와 길이가 같은 선분 PQ를 작도하는 과정이다. 작도 순서를 나열하시오.

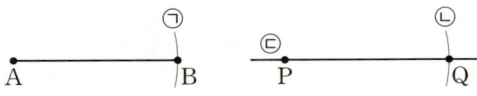

12

다음 그림과 같이 반직선 AB 위에 $2\overline{AB}=\overline{AC}$인 점 C를 작도할 때 사용하는 도구는?

① 각도기
② 삼각자
③ 컴퍼스
④ 눈금 없는 자
⑤ 눈금 있는 자

13

아래 그림은 ∠XOY와 크기가 같고 $\overrightarrow{PR}$를 한 변으로 하는 각을 작도한 것이다. 다음 중 나머지 넷과 길이가 다른 하나는?

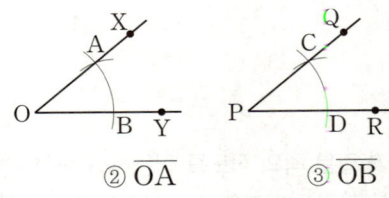

① $\overline{AB}$
② $\overline{OA}$
③ $\overline{OB}$
④ $\overline{PC}$
⑤ $\overline{PD}$

14

오른쪽 그림은 직선 l 밖의 한 점 P를 지나면서 직선 l과 평행한 직선 m을 작도한 것이다. 다음 중 옳지 않은 것은?

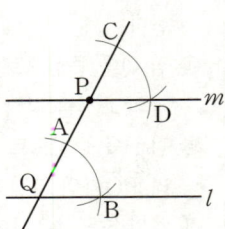

① $\overline{AB}=\overline{CD}$
② $\overline{PC}=\overline{QA}$
③ $\overline{QA}=\overline{PD}$
④ $\overline{QA}=\overline{QB}$
⑤ $\overline{CD}=\overline{PD}$

개념 14 삼각형

01

다음 □ 안에 알맞은 것을 쓰시오.

(1) 삼각형 ABC를 기호로 [ ]와 같이 나타낸다.

이때 오른쪽 그림과 같은 △ABC에서 변 BC와 마주 보는 ∠A를 변 BC의 [ ]이라 하고, ∠A와 마주 보는 변 BC를 ∠A의 [ ]이라 한다.

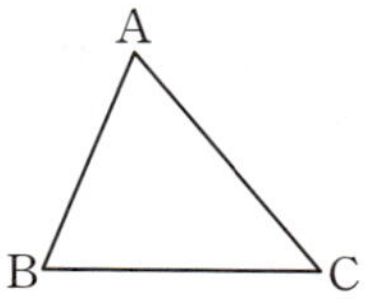

(2) 삼각형에서 한 변의 길이는 나머지 두 변의 길이의 합보다 작다.

⇨ (가장 긴 변의 길이)[ ](나머지 두 변의 길이의 합)

02

아래 그림의 △ABC에서 다음을 구하시오.

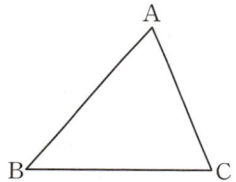

(1) ∠A의 대변

(2) ∠B의 대변

(3) ∠C의 대변

(4) $\overline{AB}$의 대각

(5) $\overline{BC}$의 대각

(6) $\overline{AC}$의 대각

03

아래 그림의 △ABC에서 다음을 구하시오.

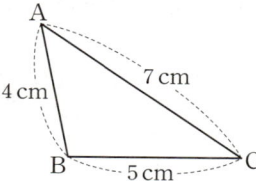

(1) ∠A의 대변의 길이

(2) ∠B의 대변의 길이

(3) ∠C의 대변의 길이

04

아래 그림의 △ABC에서 다음을 구하시오.

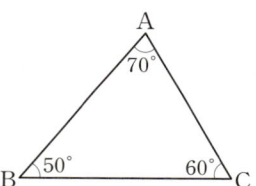

(1) $\overline{AB}$의 대각의 크기

(2) $\overline{BC}$의 대각의 크기

(3) $\overline{AC}$의 대각의 크기

05

세 변의 길이가 다음과 같을 때, 주어진 세 변으로 삼각형을 만들 수 있으면 ○표, 만들 수 없으면 ×표를 (　) 안에 쓰시오.

(1) 1 cm, 2 cm, 5 cm　　　　　　　　　　(　　)

(2) 2 cm, 4 cm, 6 cm　　　　　　　　　　(　　)

(3) 4 cm, 5 cm, 8 cm　　　　　　　　　　(　　)

(4) 4 cm, 4 cm, 7 cm　　　　　　　　　　(　　)

(5) 5 cm, 5 cm, 5 cm　　　　　　　　　　(　　)

(6) 6 cm, 6 cm, 12 cm　　　　　　　　　(　　)

(7) 6 cm, 7 cm, 8 cm　　　　　　　　　　(　　)

(8) 7 cm, 3 cm, 11 cm　　　　　　　　　(　　)

기본 문제

06

다음 중 삼각형의 세 변의 길이가 될 수 <u>없는</u> 것은?

① 2 cm, 3 cm, 4 cm　　② 5 cm, 5 cm, 6 cm

③ 5 cm, 6 cm, 8 cm　　④ 7 cm, 8 cm, 16 cm

⑤ 8 cm, 10 cm, 12 cm

07

삼각형의 세 변의 길이가 4 cm, 6 cm, x cm일 때, 다음 중 x의 값이 될 수 <u>없는</u> 것은?

① 3　　　　　　② 5　　　　　　③ 7

④ 9　　　　　　⑤ 11

08

삼각형의 세 변의 길이가 x, $x+5$, $x+9$일 때, 다음 중 x의 값이 될 수 <u>없는</u> 것은?

① 4　　　　　　② 5　　　　　　③ 6

④ 7　　　　　　⑤ 8

한번 더! 기본 문제

01

다음 |보기|에서 작도에 대한 설명으로 옳은 것을 모두 고르시오.

┤ 보기 ├

ㄱ. 작도할 때는 눈금 없는 자와 컴퍼스만을 사용한다.
ㄴ. 두 점을 지나는 선분을 그을 때는 눈금 있는 자를 사용한다.
ㄷ. 선분의 길이를 재어서 옮길 때는 컴퍼스를 사용한다.
ㄹ. 각의 크기를 측정할 때는 눈금 없는 자를 사용한다.

02

다음은 선분 AB를 한 변으로 하는 정삼각형을 작도하는 과정이다. (개), (내)에 알맞은 것을 구하시오.

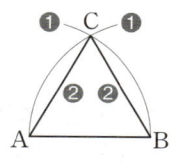

❶ 점 A와 점 B를 각각 중심으로 하고 반지름의 길이가 [(개)]인 두 원을 그려 두 원의 교점을 C라 한다.
❷ 점 A와 점 C, 점 B와 점 C를 각각 연결하면 삼각형 ABC는 [(내)]이다.

03

아래 그림은 ∠XOY와 크기가 같고 반직선 PQ를 한 변으로 하는 각을 작도한 것이다. 다음 |보기|에서 옳은 것을 모두 고르시오.

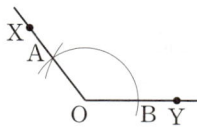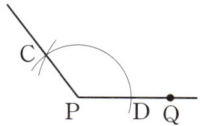

┤ 보기 ├

ㄱ. $\overline{OA}=\overline{OB}$
ㄴ. $\overline{OX}=\overline{PQ}$
ㄷ. $\overline{AB}=\overline{CD}$
ㄹ. ∠AOB=∠CPD

04

오른쪽 그림은 직선 l 밖의 한 점 P를 지나면서 직선 l과 평행한 직선 m을 작도한 것이다. 다음 중 옳지 않은 것은?

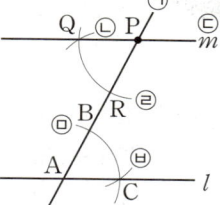

① $\overleftrightarrow{AC}$ // $\overrightarrow{QP}$
② $\overline{BC}=\overline{QR}$
③ ∠BAC=∠QPR
④ 작도 순서는 ㉠ → ㉣ → ㉡ → ㉤ → ㉥ → ㉢이다.
⑤ '서로 다른 두 직선이 다른 한 직선과 만날 때, 엇각의 크기가 같으면 두 직선은 평행하다.'는 성질을 이용한 것이다.

05

삼각형의 두 변의 길이가 4 cm, 8 cm일 때, 나머지 한 변의 길이가 될 수 있는 것을 다음 |보기|에서 모두 고르시오.

┤ 보기 ├

ㄱ. 4 cm
ㄴ. 7 cm
ㄷ. 10 cm
ㄹ. 13 cm

06 자신감 UP

삼각형의 세 변의 길이가 4 cm, x cm, 12 cm일 때, x의 값이 될 수 있는 자연수의 개수를 구하시오.

삼각형의 작도

01

다음과 같은 세 가지 경우에 삼각형을 하나로 작도할 수 있다. ☐ 안에 알맞은 것을 쓰시오.

(1) 세 변의 ☐☐☐가 주어지는 경우

(2) 두 변의 길이와 그 ☐☐☐☐의 크기가 주어지는 경우

(3) 한 변의 길이와 그 ☐☐☐☐의 크기가 주어지는 경우

02

다음과 같이 변의 길이 또는 각의 크기가 주어졌을 때, 오른쪽 그림과 같은 △ABC를 하나로 작도할 수 있으면 ○표, 작도할 수 없으면 ×표를 ( ) 안에 쓰시오.

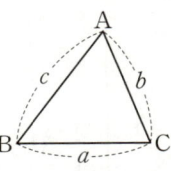

(1)

( )

(2)
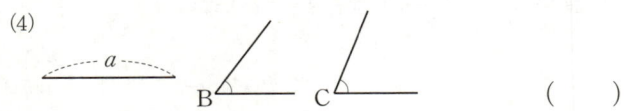
( )

(3)

( )

(4)

( )

03

다음은 세 변의 길이가 주어질 때, △ABC를 작도하는 과정이다. ☐ 안에 알맞은 것을 쓰시오.

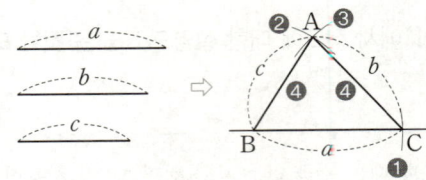

❶ 직선을 긋고, 그 위에 길이가 ☐인 $\overline{BC}$를 작도한다.

❷ 점 ☐를 중심으로 하고 반지름의 길이가 c인 원을 그린다.

❸ 점 C를 중심으로 하고 반지름의 길이가 ☐인 원을 그려 ❷에서 그린 원과의 교점을 ☐라 한다.

❹ 점 ☐와 점 B, 점 A와 점 ☐를 각각 이으면 △ABC가 작도된다.

04

다음은 두 변의 길이와 그 끼인각의 크기가 주어질 때, △ABC를 작도하는 과정이다. ☐ 안에 알맞은 것을 쓰시오.

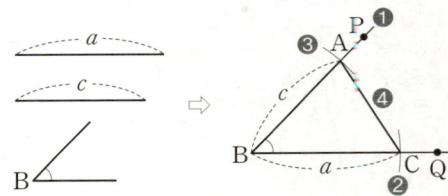

❶ ☐와 크기가 같은 ∠PBQ를 작도한다.

❷ 점 B를 중심으로 하고 반지름의 길이가 ☐인 원을 그려 $\overrightarrow{BQ}$와의 교점을 ☐라 한다.

❸ 점 ☐를 중심으로 하고 반지름의 길이가 c인 원을 그려 $\overrightarrow{BP}$와의 교점을 ☐라 한다.

❹ 점 ☐와 점 C를 이으면 △ABC가 작도된다.

05

다음은 한 변의 길이와 그 양 끝 각의 크기가 주어질 때, △ABC를 작도하는 과정이다. □ 안에 알맞은 것을 쓰시오.

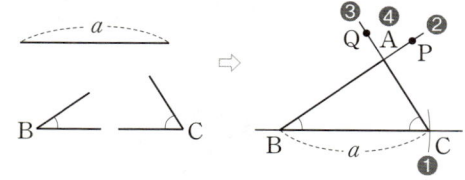

❶ 직선을 긋고, 그 위에 길이가 □인 $\overline{BC}$를 작도한다.

❷ □와 크기가 같은 ∠PBC를 작도한다.

❸ ∠C와 크기가 같은 □를 작도한다.

❹ $\overrightarrow{BP}$, $\overrightarrow{CQ}$의 교점을 □라 하면 △ABC가 작도된다.

기본 문제

06

다음 그림은 세 변의 길이 a, b, c가 주어질 때, 길이가 c인 변이 직선 l 위에 있도록 △ABC를 작도하는 과정이다. 작도 순서로 옳은 것은?

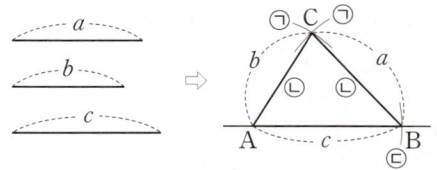

① ㉠ → ㉡ → ㉢
② ㉠ → ㉢ → ㉡
③ ㉡ → ㉠ → ㉢
④ ㉢ → ㉠ → ㉡
⑤ ㉢ → ㉡ → ㉠

07

아래 그림과 같이 변 AB의 길이와 ∠A, ∠B의 크기가 주어졌을 때, 다음 중 △ABC를 작도하는 순서로 옳지 **않은** 것은?

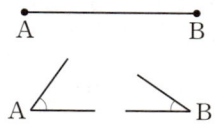

① ∠A → $\overline{AB}$ → ∠B
② ∠A → ∠B → $\overline{AB}$
③ $\overline{AB}$ → ∠A → ∠B
④ $\overline{AB}$ → ∠B → ∠A
⑤ ∠B → $\overline{AB}$ → ∠A

08

다음 그림과 같이 변 AC, 변 BC의 길이와 ∠C의 크기가 주어졌을 때, △ABC를 작도하는 순서 중 가장 마지막인 것은?

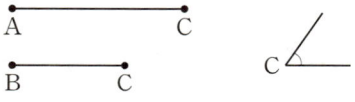

① ∠A를 작도한다.
② ∠C를 작도한다.
③ $\overline{AB}$를 작도한다.
④ $\overline{AC}$를 작도한다.
⑤ $\overline{BC}$를 작도한다.

삼각형이 하나로 정해지는 조건

01

다음과 같은 세 가지 경우에 삼각형이 하나로 정해진다. □ 안에 알맞은 것을 쓰시오.

(1) □ 변의 길이가 주어지는 경우

(2) □ 변의 길이와 그 끼인각의 크기가 주어지는 경우

(3) □ 변의 길이와 그 양 끝 각의 크기가 주어지는 경우

02

다음과 같은 조건이 주어질 때 △ABC가 하나로 정해지는 것은 그 조건을 |보기|에서 고르고, △ABC가 하나로 정해지지 <u>않는</u> 것은 ×표를 (   ) 안에 쓰시오.

┤ 보기 ├
ㄱ. 세 변의 길이가 주어질 때
ㄴ. 두 변의 길이와 그 끼인각의 크기가 주어질 때
ㄷ. 한 변의 길이와 그 양 끝 각의 크기가 주어질 때

(1) $\overline{AB}=5\,cm$, $\overline{BC}=4\,cm$, $\overline{AC}=8\,cm$ (   )

(2) $\overline{AB}=3\,cm$, $\overline{BC}=4\,cm$, $\angle C=45°$ (   )

(3) $\angle B=40°$, $\overline{BC}=3\,cm$, $\angle C=50°$ (   )

(4) $\angle A=35°$, $\angle B=65°$, $\angle C=80°$ (   )

(5) $\overline{AB}=4\,cm$, $\overline{AC}=5\,cm$, $\angle A=30°$ (   )

(6) $\overline{BC}=3\,cm$, $\angle A=30°$, $\angle C=80°$ (   )

(7) $\overline{AB}=3\,cm$, $\overline{BC}=10\,cm$, $\overline{AC}=5\,cm$ (   )

03

아래 그림과 같은 △ABC에서 $\overline{AB}$의 길이가 주어질 때, 다음 중 △ABC가 하나로 정해지기 위해 필요한 나머지 두 조건인 것은 ○표, 나머지 두 조건이 <u>아닌</u> 것은 ×표를 (   ) 안에 쓰시오.

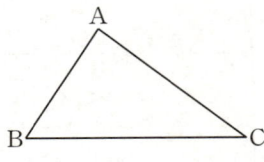

(1) $\overline{BC}$, $\overline{AC}$ (   )

(2) $\angle A$, $\angle B$ (   )

(3) $\overline{AC}$, $\angle B$ (   )

(4) $\overline{AC}$, $\angle A$ (   )

(5) $\angle B$, $\angle C$ (   )

기본 문제

04

다음 조건을 이용하여 오른쪽 그림과 같은 △ABC를 하나로 작도할 수 <u>없는</u> 것을 모두 고르면? (정답 2개)

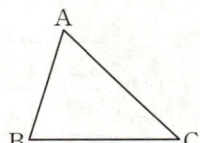

① $\overline{AB}$, $\overline{AC}$, $\angle A$
② $\overline{AB}$, $\overline{BC}$, $\overline{AC}$
③ $\overline{AC}$, $\angle A$, $\angle B$
④ $\angle A$, $\angle B$, $\angle C$
⑤ $\overline{BC}$, $\overline{AC}$, $\angle B$

05

다음 중 △ABC가 하나로 정해지는 것을 모두 고르면?

(정답 2개)

① $\overline{AB}=3\,cm$, $\overline{BC}=6\,cm$, $\overline{AC}=4\,cm$

② $\overline{AB}=5\,cm$, $\overline{BC}=6\,cm$, $\angle C=75°$

③ $\overline{BC}=8\,cm$, $\overline{AC}=7\,cm$, $\angle B=40°$

④ $\overline{BC}=6\,cm$, $\angle A=30°$, $\angle C=60°$

⑤ $\angle A=45°$, $\angle B=45°$, $\angle C=90°$

06

△ABC에서 $\overline{AB}$의 길이와 $\overline{AC}$의 길이가 주어졌을 때, 다음 |보기| 중 △ABC가 하나로 정해지기 위해 필요한 나머지 한 조건이 될 수 있는 것을 모두 고르시오.

(단, $\overline{AB}+\overline{AC}>\overline{BC}$이고, $\overline{BC}$가 가장 긴 변이다.)

┤ 보기 ├

ㄱ. $\overline{BC}$　　　　　ㄴ. $\angle A$

ㄷ. $\angle B$　　　　　ㄹ. $\angle C$

07

△ABC에서 $\angle C$의 크기와 다음 |보기|의 조건이 더 주어졌을 때, △ABC가 하나로 정해지지 <u>않는</u> 것을 고르시오.

┤ 보기 ├

ㄱ. $\overline{AC}$, $\overline{BC}$　　　　　ㄴ. $\angle A$, $\angle B$

ㄷ. $\angle A$, $\overline{AC}$　　　　　ㄹ. $\angle B$, $\overline{AB}$

08

△ABC에서 $\overline{AB}=4\,cm$, $\angle B=50°$일 때, 다음 |보기| 중 △ABC가 하나로 정해지기 위해 필요한 나머지 한 조건이 <u>아닌</u> 것을 고르시오.

┤ 보기 ├

ㄱ. $\angle A=45°$　　　　　ㄴ. $\angle C=70°$

ㄷ. $\overline{BC}=6\,cm$　　　　　ㄹ. $\overline{AC}=3\,cm$

09

다음과 같은 조건이 주어졌을 때 만들어지는 △ABC의 개수를 구하시오.

⑴ $\angle A=20°$, $\angle B=60°$, $\angle C=100°$

⑵ $\overline{AB}=3\,cm$, $\overline{BC}=4\,cm$, $\overline{AC}=8\,cm$

⑶ $\overline{AB}=5\,cm$, $\overline{AC}=6\,cm$, $\angle A=45°$

개념 15~16 한번 더! **기본 문제**

01

다음 그림과 같이 두 변 AB, AC의 길이와 ∠A의 크기가 주어졌을 때, △ABC를 작도하는 순서로 옳지 <u>않은</u> 것은?

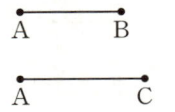
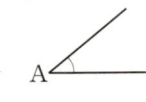

① ∠A → $\overline{AB}$ → $\overline{AC}$
② ∠A → $\overline{AC}$ → $\overline{AB}$
③ $\overline{AB}$ → ∠A → $\overline{AC}$
④ $\overline{AB}$ → $\overline{AC}$ → ∠A
⑤ $\overline{AC}$ → ∠A → $\overline{AB}$

02

다음은 세 변의 길이가 주어졌을 때, 길이가 a인 변이 직선 l 위에 있도록 삼각형을 작도하는 과정이다. (개), (나), (다)에 알맞은 것을 바르게 짝 지은 것은?

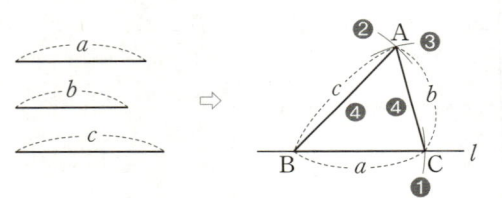

❶ 직선 l 위에 길이가 [(개)]인 $\overline{BC}$를 작도한다.
❷ 점 B를 중심으로 하고 반지름의 길이가 [(나)]인 원을 그린다.
❸ 점 C를 중심으로 하고 반지름의 길이가 b인 원을 그려 ❷에서 그린 원과의 교점을 [(다)]라 한다.
❹ 점 A와 점 B, 점 A와 점 C를 각각 이으면 △ABC가 작도된다.

	(개)	(나)	(다)
①	a	b	C
②	a	c	C
③	a	c	A
④	b	c	A
⑤	c	a	A

03

△ABC에서 $\overline{BC}$의 길이가 주어졌을 때, 다음 중 △ABC가 하나로 정해지기 위해 필요한 조건이 <u>아닌</u> 것은?

① $\overline{AB}$, $\overline{AC}$
② $\overline{AB}$, ∠B
③ $\overline{AC}$, ∠A
④ ∠B, ∠C
⑤ ∠A, ∠C

04

다음 |보기|에서 △ABC가 하나로 정해지는 것을 모두 고른 것은?

| 보기 |
ㄱ. ∠A=75°, ∠C=90°, $\overline{AC}$=4 cm
ㄴ. $\overline{AB}$=4 cm, $\overline{BC}$=5 cm, $\overline{AC}$=10 cm
ㄷ. $\overline{AB}$=3 cm, $\overline{BC}$=4 cm, ∠B=50°
ㄹ. $\overline{AB}$=5 cm, $\overline{BC}$=6 cm, ∠C=30°

① ㄱ, ㄴ
② ㄱ, ㄷ
③ ㄴ, ㄷ
④ ㄴ, ㄹ
⑤ ㄷ, ㄹ

05 자신감 UP

△ABC에서 $\overline{AC}$=8 cm, ∠A=80°일 때, △ABC가 하나로 정해지기 위해 필요한 나머지 한 조건이 될 수 있는 것을 다음 |보기|에서 모두 고르시오.

| 보기 |
ㄱ. ∠B=40°
ㄴ. ∠C=100°
ㄷ. $\overline{AB}$=7 cm
ㄹ. $\overline{BC}$=7 cm

개념 17 도형의 합동

01

다음 □ 안에 알맞은 것을 쓰시오.

(1) 한 도형 P를 모양과 크기를 바꾸지 않고 다른 도형 Q에 완전히 포갤 수 있을 때, 이 두 도형을 서로 □이라 하고, 기호로 P□Q와 같이 나타낸다.

(2) 합동인 두 도형에서 서로 포개어지는 꼭짓점과 꼭짓점, 변과 변, 각과 각은 서로 □한다고 하며, 서로 대응하는 꼭짓점을 □, 대응하는 변을 □, 대응하는 각을 □이라 한다.
이때 서로 합동인 두 도형은 대응변의 길이와 대응각의 크기가 각각 같다.

02

다음 그림에서 서로 합동인 도형을 찾아 기호 ≡를 사용하여 나타내시오.

(1)

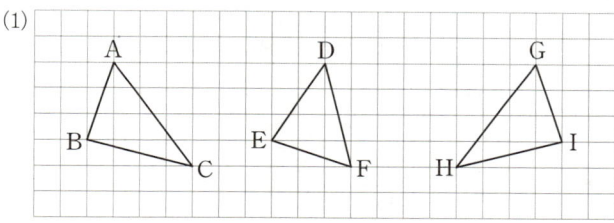

(2)

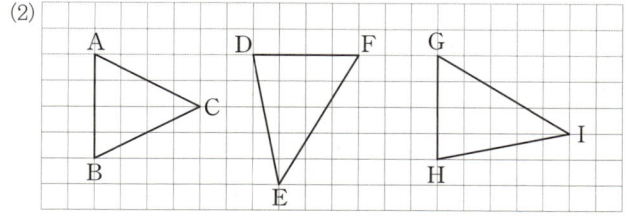

03

아래 그림에서 △ABC≡△DEF일 때, 다음을 구하시오.

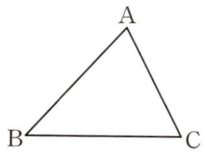 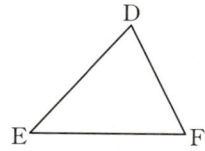

(1) 점 A의 대응점

(2) 점 F의 대응점

(3) 변 BC의 대응변

(4) 변 DE의 대응변

(5) ∠B의 대응각

(6) ∠D의 대응각

04

다음 그림에서 △ABC≡△DEF일 때, x, y, z의 값을 각각 구하시오.

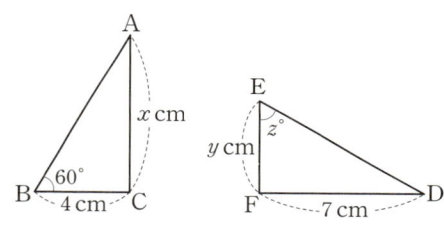

05

다음 그림에서 사각형 ABCD와 사각형 EFGH가 서로 합동일 때, a, b, c의 값을 각각 구하시오.

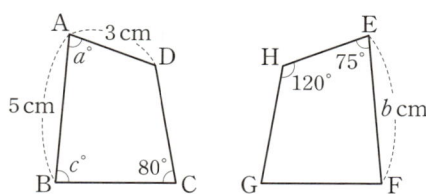

06

다음 설명 중 옳은 것은 ○표, 옳지 않은 것은 ×표를 ( ) 안에 쓰시오.

(1) 서로 합동인 두 도형의 모양은 같다. ( )

(2) 넓이가 같은 두 도형은 서로 합동이다. ( )

(3) 서로 합동인 두 도형은 대응변의 길이가 같다. ( )

(4) 반지름의 길이가 같은 두 원은 서로 합동이다. ( )

(5) 한 변의 길이가 같은 두 정삼각형은 서로 합동이다. ( )

(6) 둘레의 길이가 같은 두 사각형은 서로 합동이다. ( )

기본 문제 ·······································

07

다음 중 서로 합동인 두 도형에 대한 설명으로 옳지 않은 것은?

① 넓이가 같다.
② 서로 완전히 포갤 수 있다.
③ 대응각의 크기가 같다.
④ 대응변의 길이가 같다.
⑤ 모양은 같으나 크기는 다를 수도 있다.

08

아래 그림에서 △ABC≡△DEF일 때, 다음 중 옳지 않은 것은?

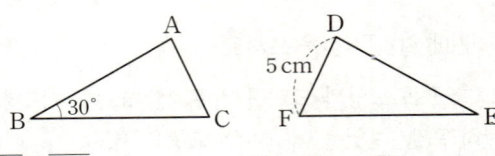

① $\overline{AB}=\overline{DE}$　　② ∠B＝∠D
③ ∠C＝∠F　　　④ $\overline{AC}=5\,cm$
⑤ ∠E＝30°

09

아래 그림에서 사각형 ABCD와 사각형 EFGH가 서로 합동일 때, 다음 중 옳지 않은 것을 모두 고르면? (정답 2개)

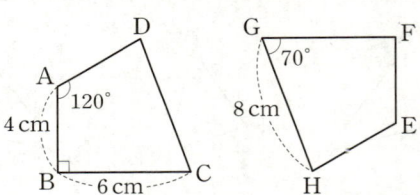

① $\overline{CD}=8\,cm$　　② $\overline{EH}=4\,cm$
③ $\overline{FG}=6\,cm$　　④ ∠D＝70°
⑤ ∠E＝120°

개념 18 삼각형의 합동 조건

01

아래 그림의 △ABC와 △DEF는 다음 각 경우에 서로 합동이다. □ 안에 알맞은 것을 쓰시오.

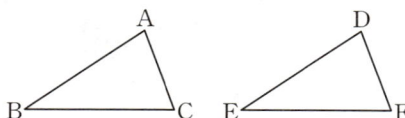

(1) 대응하는 세 변의 길이가 각각 같을 때, 즉
$\overline{AB}=\overline{DE}$, $\overline{BC}=\overline{EF}$, $\overline{AC}=$ □ 이면
△ABC≡△DEF (□ 합동)

(2) 대응하는 두 변의 길이가 각각 같고, 그 끼인각의 크기가 같을 때, 즉
$\overline{AB}=\overline{DE}$, $\overline{BC}=\overline{EF}$, $\angle B=$ □ 이면
△ABC≡△DEF (□ 합동)

(3) 대응하는 한 변의 길이가 같고, 그 양 끝 각의 크기가 각각 같을 때, 즉
$\overline{BC}=\overline{EF}$, $\angle B=\angle E$, $\angle C=$ □ 이면
△ABC≡△DEF (□ 합동)

02

다음 그림의 두 삼각형이 서로 합동일 때, □ 안에 알맞은 것을 쓰시오.

(1)
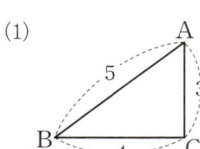 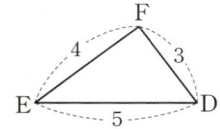

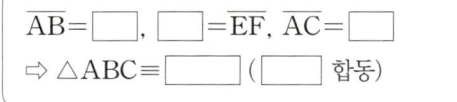

$\overline{AB}=$ □ , □ $=\overline{EF}$, $\overline{AC}=$ □
⇨ △ABC≡ □ (□ 합동)

(2)
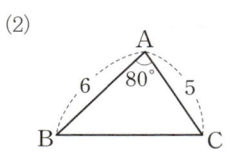 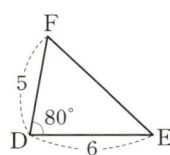

$\overline{AB}=$ □ , □ $=\overline{DF}$, $\angle A=$ □
⇨ △ABC≡ □ (□ 합동)

(3)
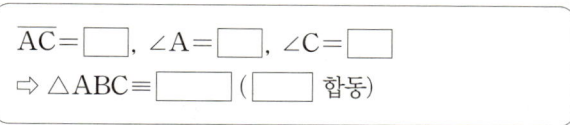

$\overline{AC}=$ □ , $\angle A=$ □ , $\angle C=$ □
⇨ △ABC≡ □ (□ 합동)

03

다음 |보기| 중 서로 합동인 두 삼각형을 찾아 □ 안에 알맞은 것을 쓰시오.

┤ 보기 ├

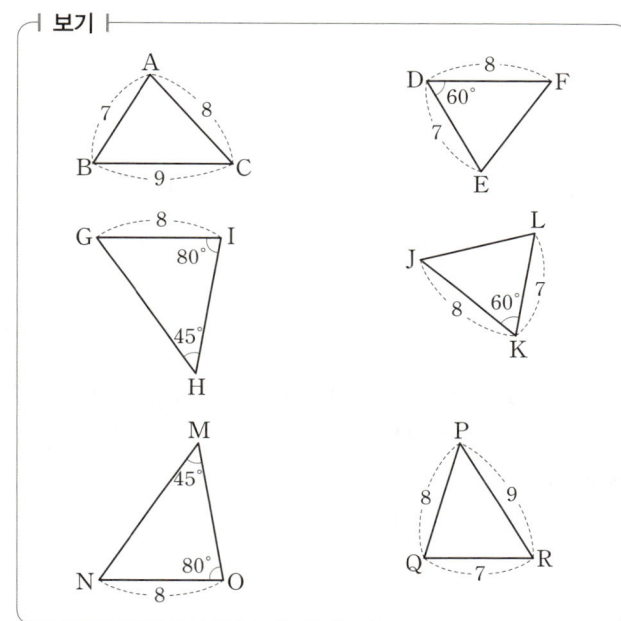

(1) △ABC≡ □ (□ 합동)

(2) △DEF≡ □ (□ 합동)

(3) △GHI≡ □ (□ 합동)

04

△ABC와 △DEF가 다음 조건을 만족시킬 때, 두 삼각형이 서로 합동이면 ○표, 합동이 아니면 ×표를 ( ) 안에 쓰시오.

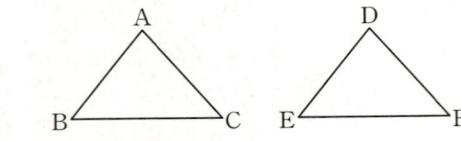

(1) $\overline{AB}=\overline{DE}$, $\overline{BC}=\overline{EF}$, $\overline{AC}=\overline{DF}$ ( )

(2) ∠A = ∠D, ∠B = ∠E, ∠C = ∠F ( )

(3) $\overline{AB}=\overline{DE}$, $\overline{BC}=\overline{EF}$, ∠B = ∠E ( )

(4) $\overline{BC}=\overline{EF}$, ∠B = ∠E, ∠A = ∠D ( )

05

다음 그림과 같은 △ABC와 △DEF가 서로 합동이 되기 위해 필요한 나머지 한 조건을 구하고, 그때의 합동 조건을 말하시오.

(1) $\overline{AB}=\overline{DE}$, $\overline{BC}=\overline{EF}$

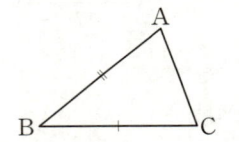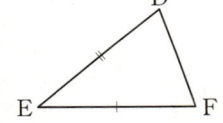

① 나머지 한 조건이 $\overline{AC}=\boxed{}$이면 _____ 합동
② 나머지 한 조건이 ∠B = $\boxed{}$이면 _____ 합동

(2) $\overline{AB}=\overline{DE}$, ∠B = ∠E

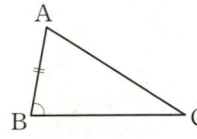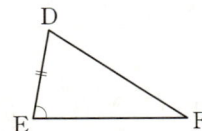

① 나머지 한 조건이 $\overline{BC}=\boxed{}$이면 _____ 합동
② 나머지 한 조건이 ∠A = $\boxed{}$이면 _____ 합동
③ 나머지 한 조건이 ∠C = $\boxed{}$이면 _____ 합동

06

다음은 아래 그림의 사각형 ABCD에서 $\overline{AB}=\overline{CB}$, $\overline{AD}=\overline{CD}$일 때, △ABD≡△CBD임을 설명하는 과정이다. □ 안에 알맞은 것을 쓰시오.

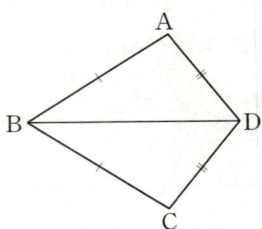

△ABD와 △CBD에서
$\overline{AB}=\overline{CB}$, $\overline{AD}=\overline{CD}$, $\boxed{}$는 공통
따라서 대응하는 세 변의 길이가 각각 같으므로
△ABD≡$\boxed{}$ ($\boxed{}$ 합동)

07

다음은 아래 그림과 같이 점 M이 $\overline{AD}$와 $\overline{BC}$의 교점이고 $\overline{AB}/\!/\overline{CD}$, $\overline{MB}=\overline{MC}$일 때, △AMB≡△DMC임을 설명하는 과정이다. □ 안에 알맞은 것을 쓰시오.

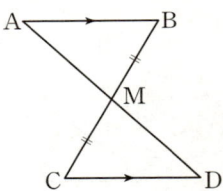

△AMB와 △DMC에서
$\overline{MB}=\overline{MC}$, ∠B = $\boxed{}$ (엇각),
∠AMB = $\boxed{}$ (맞꼭지각)
따라서 대응하는 한 변의 길이가 같고, 그 양 끝 각의 크기가 각각 같으므로
△AMB≡$\boxed{}$ ($\boxed{}$ 합동)

기본 문제

08

다음 중 |보기|의 삼각형과 합동인 삼각형은?

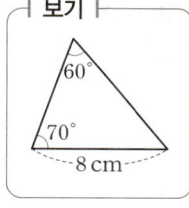
┤ 보기 ├
60°
70°
8 cm

①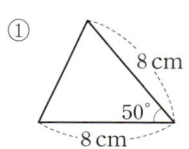
8 cm
50°
8 cm

②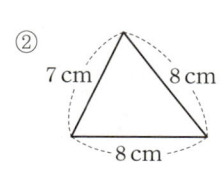
7 cm 8 cm
8 cm

③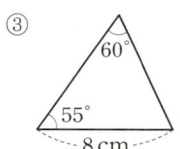
60°
55°
8 cm

④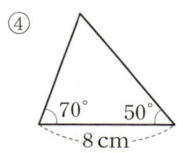
70° 50°
8 cm

⑤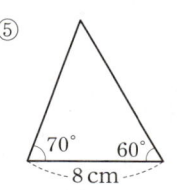
70° 60°
8 cm

09

다음 |보기|에서 합동인 두 삼각형을 모두 찾아 짝 짓고, 그때의 합동 조건을 말하시오.

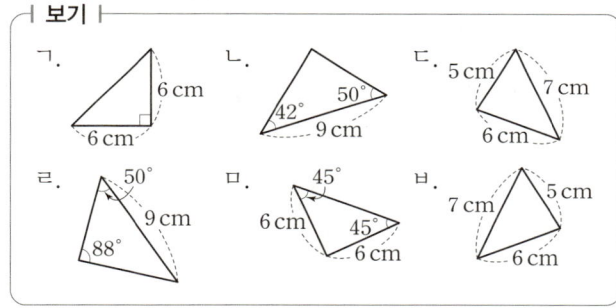
┤ 보기 ├
ㄱ. 6 cm, 6 cm
ㄴ. 50°, 42°, 9 cm
ㄷ. 5 cm, 7 cm, 6 cm
ㄹ. 50°, 9 cm, 88°
ㅁ. 45°, 6 cm, 45°, 6 cm
ㅂ. 7 cm, 5 cm, 6 cm

10

오른쪽 그림에서
∠B=∠F, ∠C=∠E
일 때, 다음 중
△ABC≡△DFE가 되기 위해 필요한 나머지 한 조건이 될 수 있는 것을 모두 고르면? (정답 2개)

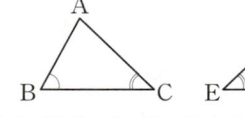
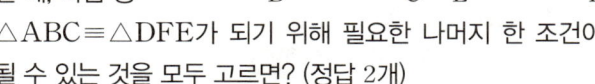

① $\overline{AB}=\overline{EF}$
② $\overline{AC}=\overline{DE}$
③ $\overline{BC}=\overline{FE}$
④ ∠A=∠D
⑤ ∠C=∠F

11

다음은 오른쪽 그림과 같이 점 O가 $\overline{AC}$와 $\overline{BD}$의 교점이고 $\overline{OA}=\overline{OC}$, $\overline{OB}=\overline{OD}$일 때, △OAB≡△OCD임을 설명하는 과정이다. (가), (나), (다)에 알맞은 것을 구하시오.

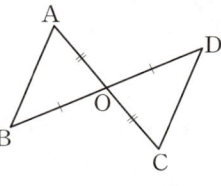

┌─────────────────────────┐
△OAB와 △OCD에서
$\overline{OA}=\overline{OC}$, OB= (가) ,
∠AOB= (나) (맞꼭지각)
∴ △OAB≡△OCD ((다) 합동)
└─────────────────────────┘

12

다음은 ∠XOY의 이등분선 위의 한 점 P에서 $\overrightarrow{OX}$, $\overrightarrow{OY}$에 내린 수선의 발을 각각 A, B라 할 때, △AOP≡△BOP임을 설명하는 과정이다. ①~⑤에 들어갈 것으로 옳지 않은 것은?

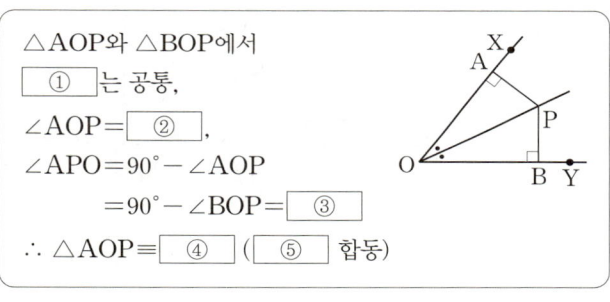

┌─────────────────────────┐
△AOP와 △BOP에서
① 는 공통,
∠AOP= ② ,
∠APO=90°−∠AOP
   =90°−∠BOP= ③
∴ △AOP≡ ④ (⑤ 합동)
└─────────────────────────┘

① $\overline{OP}$
② ∠BOP
③ ∠PBO
④ △BOP
⑤ ASA

13

오른쪽 그림과 같은 사각형 ABCD에 대하여 다음 |보기|에서 옳지 않은 것을 모두 고르시오.

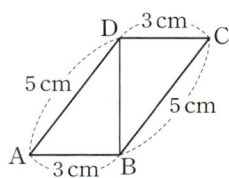

┤ 보기 ├
ㄱ. ∠ABD=∠CDB
ㄴ. ∠ADB=∠CDB
ㄷ. ∠BAD=∠DCB
ㄹ. $\overline{AD}=\overline{BD}$

개념
17~18 ## 한번 더! 기본 문제

01

다음 |보기|에서 두 도형이 서로 합동인 것을 모두 고르시오.

┤ 보기 ├
ㄱ. 넓이가 같은 두 반원
ㄴ. 넓이가 같은 두 정사각형
ㄷ. 둘레의 길이가 같은 두 직사각형
ㄹ. 한 변의 길이가 같은 두 마름모
ㅁ. 두 변의 길이가 같은 두 이등변삼각형

02

다음 그림에서 사각형 ABCD와 사각형 EFGH가 서로 합동일 때, ∠E의 크기와 $\overline{FG}$의 길이를 차례로 구하시오.

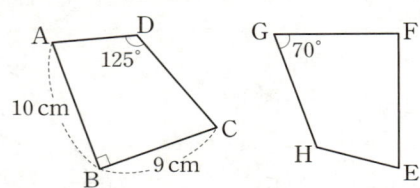

03

오른쪽 그림에서 $\overline{BC}=\overline{EF}$, ∠B=∠E일 때, 다음 중 △ABC와 △DEF가 SAS 합동이 되기 위해 필요한 나머지 한 조건은?

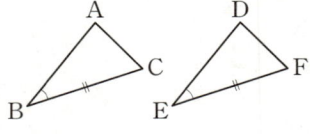

① ∠A=∠F   ② ∠C=∠F
③ $\overline{AB}=\overline{DE}$ ④ $\overline{AB}=\overline{EF}$
⑤ $\overline{AC}=\overline{DF}$

04

오른쪽 그림에서 $\overline{OA}=\overline{OC}$, ∠OAD=∠OCB일 때, △AOD와 합동인 삼각형을 찾고, 그때의 합동 조건을 말하시오.

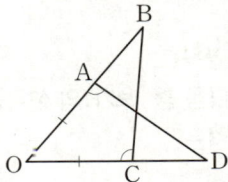

05

다음 서로 합동인 두 삼각형 중 △ABC와의 합동 조건이 ASA 합동이 <u>아닌</u> 것은?

①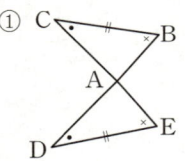

②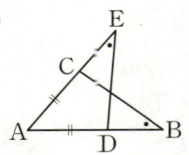

③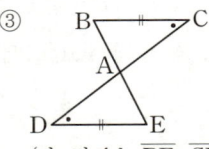
(단, 점 A는 $\overline{BE}$, $\overline{CD}$의 교점)

④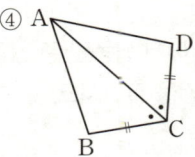

⑤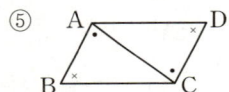

06 자신감 UP

오른쪽 그림과 같이 선분 AB의 수직이등분선 l 위에 점 P가 있을 때, 다음 중 옳지 <u>않은</u> 것은?

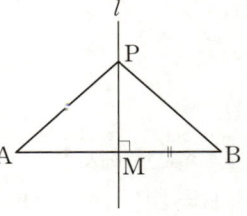

① $\overline{AM}=\overline{BM}$
② $\overline{PA}=\overline{PB}$
③ ∠AMP=∠BMP
④ ∠PAM=∠PBM
⑤ △PAM≡△PBM

3

평면도형의 성질

개념 19 | 다각형 / 정다각형

개념 20 | 다각형의 대각선

한번 더! 기본 문제

개념 21 | 삼각형의 내각과 외각

개념 22 | 다각형의 내각과 외각

개념 23 | 정다각형의 내각과 외각

한번 더! 기본 문제

개념 24 | 원과 부채꼴

개념 25 | 부채꼴의 성질 (1)

개념 26 | 부채꼴의 성질 (2)

한번 더! 기본 문제

개념 27 | 원의 둘레의 길이와 넓이

개념 28 | 부채꼴의 호의 길이와 넓이

한번 더! 기본 문제

개념 19 다각형 / 정다각형

01

다음 □ 안에 알맞은 것을 쓰시오.

(1) 세 개 이상의 선분으로 둘러싸인 평면도형을 ☐이라 한다. 이때 다각형의 이웃하는 두 변으로 이루어진 각 중에서 안쪽에 있는 각을 ☐, 다각형의 각 꼭짓점에 이웃하는 두 변 중에서 한 변과 다른 한 변의 연장선이 이루는 각을 ☐이라 한다.

(2) 모든 변의 길이가 같고 모든 내각의 크기가 같은 다각형을 ☐이라 한다.

02

다음 중 다각형인 것은 ○표, 다각형이 <u>아닌</u> 것은 ×표를 ( ) 안에 쓰시오.

(1)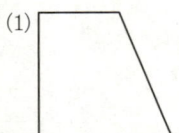

( )

(2)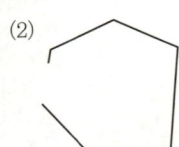

( )

(3)

( )

(4)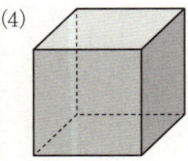

( )

03

오른쪽 그림의 사각형 ABCD에 대하여 다음 □ 안에 알맞은 것을 쓰시오.

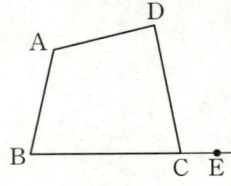

(1) ∠A, ∠B, ∠BCD, ∠D는 사각형 ABCD의 ☐이고, ∠DCE는 ☐이다.

(2) ∠BCD + ∠DCE = ☐°

04

다음 그림의 다각형에서 ∠A의 외각을 표시하고, 그 크기를 구하시오.

(1)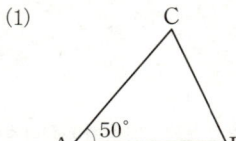

(2)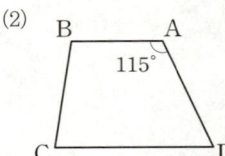

05

오른쪽 그림의 오각형 ABCDE에서 다음 각의 크기를 구하시오.

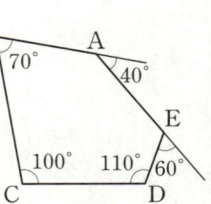

(1) ∠A의 내각

(2) ∠B의 외각

(3) ∠C의 외각

(4) ∠D의 외각

(5) ∠E의 내각

06

다음 설명 중 옳은 것은 ○표, 옳지 <u>않은</u> 것은 ×표를 ( ) 안에 쓰시오.

(1) 정다각형은 모든 변의 길이가 같다. ( )

(2) 세 변의 길이가 모두 같은 삼각형은 정삼각형이다. ( )

(3) 모든 변의 길이가 같은 다각형은 정다각형이다. ( )

(4) 네 내각의 크기가 모두 같은 사각형은 정사각형이다. ( )

<hr>

기본 문제

07

다음 중 다각형인 것은?

① 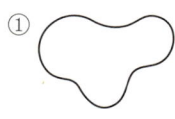 ②  ③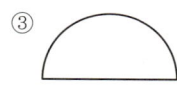

④ 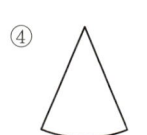 ⑤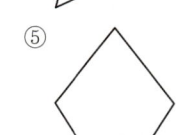

08

다음 중 다각형이 <u>아닌</u> 것을 모두 고르면? (정답 2개)

① 원 ② 삼각형 ③ 사각형
④ 오각뿔 ⑤ 사다리꼴

09

오른쪽 그림의 사각형 ABCD 에서 $\angle x + \angle y$의 값은?

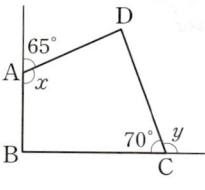

① 210° ② 215°
③ 220° ④ 225°
⑤ 230°

10

다음 |조건|을 모두 만족시키는 다각형의 이름을 말하시오.

┤ 조건 ├─────
㉮ 모든 변의 길이가 같다.
㉯ 모든 내각의 크기가 같다.
㉰ 10개의 선분으로 둘러싸여 있다.

11

다음 중 정다각형에 대한 설명으로 옳지 <u>않은</u> 것은?

① 모든 변의 길이가 같다.
② 모든 내각의 크기가 같다.
③ 모든 외각의 크기가 같다.
④ 꼭짓점의 개수가 5개인 정다각형은 정오각형이다.
⑤ 네 변의 길이가 모두 같은 사각형은 정사각형이다.

01

다음 □ 안에 알맞은 것을 쓰시오.

(1) 다각형에서 서로 이웃하지 않는 두 꼭짓점을 이은 선분을 □□□이라 한다.

(2) n각형의 한 꼭짓점에서 그을 수 있는 대각선의 개수는 (□)개이고, n각형의 대각선의 개수는 □□□ 개 이다.

02

다음 다각형의 주어진 한 꼭짓점에서 그을 수 있는 대각선을 모두 그리고, 표를 완성하시오.

다각형	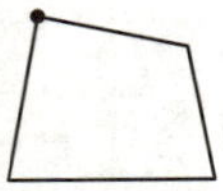 사각형	 오각형	 육각형
꼭짓점의 개수			
한 꼭짓점에서 그을 수 있는 대각선의 개수			
대각선의 개수			

03

다음 □ 안에 알맞은 수를 쓰고, 주어진 다각형의 한 꼭짓점에서 그을 수 있는 대각선의 개수와 다각형의 대각선의 개수를 차례로 구하시오.

(1) 칠각형

> 한 꼭짓점에서 그을 수 있는 대각선의 개수는
> $7-□=□$(개)
> 대각선의 개수는
> $\dfrac{7×□}{2}=□$(개)

(2) 팔각형

(3) 십일각형

(4) 십오각형

04

다각형의 대각선의 개수가 다음과 같을 때, □ 안에 알맞은 것을 쓰고, 다각형의 이름을 말하시오.

(1) 27개

> 구하는 다각형을 n각형이라 하면
> $\dfrac{n(n-□)}{2}=27$
> $n(n-□)=54=9×6$ ∴ $n=□$
> 따라서 구하는 다각형은 □□□이다.

(2) 35개

(3) 54개

(4) 77개

기본 문제

05

십삼각형의 한 꼭짓점에서 그을 수 있는 대각선의 개수는?

① 9개　　　② 10개　　　③ 11개
④ 12개　　　⑤ 13개

06

한 꼭짓점에서 그을 수 있는 대각선의 개수가 14개인 다각형의 이름을 말하시오.

07

십육각형의 한 꼭짓점에서 그을 수 있는 대각선의 개수를 a개, 십육각형의 대각선의 개수를 b개라 할 때, $a+b$의 값을 구하시오.

08

한 꼭짓점에서 그을 수 있는 대각선의 개수가 17개인 다각형의 대각선의 개수를 구하시오.

09

대각선의 개수가 152개인 다각형에 대하여 다음 물음에 답하시오.

(1) 다각형의 이름을 말하시오.
(2) 다각형의 한 꼭짓점에서 대각선을 모두 그었을 때 만들어지는 삼각형의 개수를 구하시오.

10

다음 |조건|을 모두 만족시키는 다각형의 이름을 말하시오.

┤ 조건 ├
㈎ 모든 변의 길이와 모든 내각의 크기가 각각 같다.
㈏ 대각선의 개수는 135개이다.

한번 더! 기본 문제

01

다음 중 옳지 <u>않은</u> 것은?

① 변의 개수가 6개인 다각형은 육각형이다.
② 꼭짓점의 개수가 4개인 다각형은 사각형이다.
③ 팔각형은 8개의 선분으로 둘러싸여 있다.
④ 다각형은 2개 이상의 선분으로 둘러싸인 평면도형이다.
⑤ 한 다각형에서 변의 개수와 꼭짓점의 개수는 항상 같다.

02

오른쪽 그림의 사각형 ABCD에서
∠A의 외각의 크기와 ∠D의 외각의
크기의 합을 구하시오.

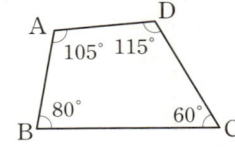

03

다음 |조건|을 모두 만족시키는 다각형의 이름을 말하시오.

┤ 조건 ├
㈎ 꼭짓점의 개수는 8개이다.
㈏ 모든 변의 길이가 같다.
㈐ 모든 외각의 크기가 같다.

04

다음 중 옳지 <u>않은</u> 것을 모두 고르면? (정답 2개)

① 정다각형은 모든 외각의 크기가 같다.
② 세 내각의 크기가 같은 삼각형은 정삼각형이다.
③ 네 변의 길이가 같은 사각형은 마름모이다.
④ 정다각형은 모든 대각선의 길이가 같다.
⑤ 정다각형은 한 내각의 크기와 한 외각의 크기가 같다.

05

어떤 다각형의 내부의 한 점에서 각 꼭짓점에 선분을 그었을
때 생기는 삼각형의 개수가 7개이다. 이 다각형의 이름과 대
각선의 개수를 차례로 구하면?

① 칠각형, 14개   ② 칠각형, 17개
③ 구각형, 14개   ④ 구각형, 17개
⑤ 구각형, 27개

06 자신감 UP

오른쪽 그림과 같이 원탁에 5명의
학생이 둘러앉아 있다. 자신의 왼쪽
과 오른쪽에 앉은 두 사람을 제외한
모든 사람과 서로 한 번씩 악수를 할
때, 다음을 구하시오.

⑴ 유안이가 악수를 한 횟수
⑵ 5명의 학생이 악수를 한 총 횟수

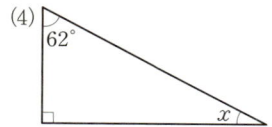
(4)

개념 21 삼각형의 내각과 외각

01

다음 □ 안에 알맞은 것을 쓰시오.

(1) 삼각형의 세 내각의 크기의 합은 □ 이다.

(2) 삼각형의 한 외각의 크기는 그와 이웃하지 않는 두 □ 의 크기의 합과 같다.

03

다음 □ 안에 알맞은 것을 쓰고, 주어진 그림에서 ∠x의 크기를 구하시오.

(1)

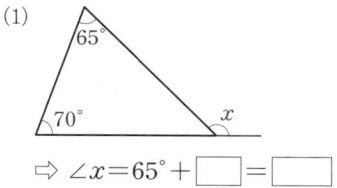

⇨ ∠$x=65°+$ □ $=$ □

02

다음 □ 안에 알맞은 것을 쓰고, 주어진 그림에서 ∠x의 크기를 구하시오.

(1)

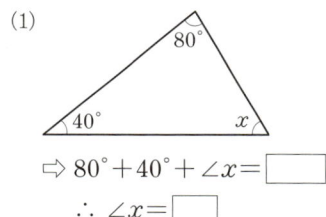

⇨ $80°+40°+∠x=$ □

∴ ∠$x=$ □

(2)

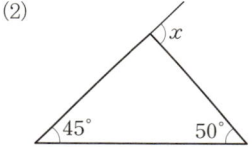

(2)

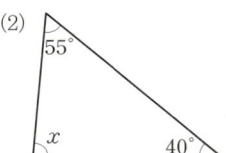

(3)

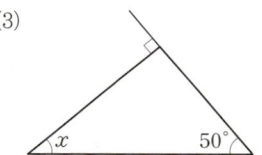

(3)

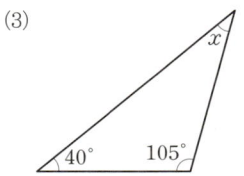

(4)

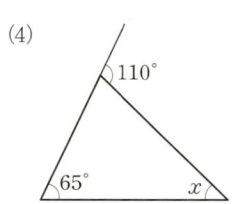

04

다음 그림과 같은 삼각형 ABC에서 x의 값을 구하시오.

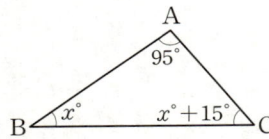

05

오른쪽 그림에서 $\overline{AE}$와 $\overline{BD}$의 교점을 C라 할 때, ∠x의 크기는?

① 38°　　② 39°
③ 40°　　④ 41°
⑤ 42°

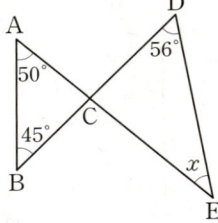

06

삼각형의 세 내각의 크기의 비가 2 : 3 : 4일 때, 가장 작은 내각의 크기와 가장 큰 내각의 크기를 차례로 구하시오.

07

다음 그림과 같은 삼각형 ABC에서 ∠x의 크기를 구하시오.

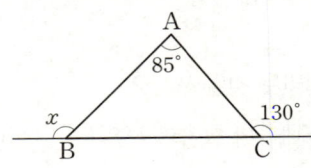

08

오른쪽 그림과 같은 삼각형 ABC에서 $\overline{AC}=\overline{CD}=\overline{DB}$이고 ∠B=35°일 때, ∠$x$의 크기를 구하시오.

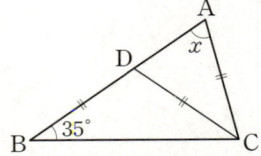

09

다음 그림과 같은 삼각형 ABC에 대하여 물음에 답하시오.

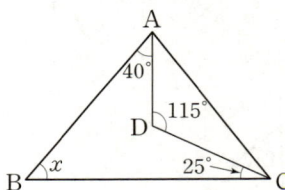

(1) △ADC에서 ∠DAC＋∠DCA의 값을 구하시오.
(2) (1)을 이용하여 △ABC에서 ∠x의 크기를 구하시오.

개념 22 다각형의 내각과 외각

01

다음 □ 안에 알맞은 것을 쓰시오.

(1) n각형의 한 꼭짓점에서 대각선을 모두 그어 만들 수 있는 삼각형의 개수가 (____)개이므로 n각형의 내각의 크기의 합은 $180° \times ($ ____ $)$이다.

(2) 다각형의 외각의 크기의 합은 항상 ____이다.

02

다음 표를 완성하시오.

다각형	사각형	오각형	칠각형
한 꼭짓점에서 대각선을 모두 그어 만들 수 있는 삼각형의 개수			
내각의 크기의 합			

03

다음 다각형의 내각의 크기의 합을 구하시오.

(1) 구각형

(2) 십일각형

(3) 십이각형

(4) 십팔각형

04

다각형의 내각의 크기의 합이 다음과 같을 때, □ 안에 알맞은 것을 쓰고, 다각형의 이름을 말하시오.

(1) 720°

구하는 다각형을 n각형이라 하면
$180° \times (n -$ □ $) = 720°$
$n -$ □ $= 4$ ∴ $n =$ □
따라서 구하는 다각형은 □이다.

(2) 1080°

(3) 1440°

(4) 1980°

05

다음 □ 안에 알맞은 것을 쓰고, 주어진 그림에서 ∠x의 크기를 구하시오.

(1)
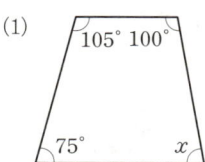

사각형의 내각의 크기의 합은
$180° \times ($ □ $- 2) =$ □ 이므로
$105° + 75° + ∠x + 100° =$ □
∴ ∠$x =$ □

(2)

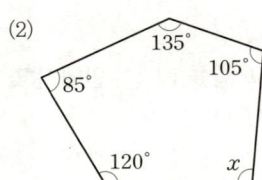

(3)

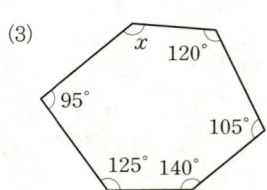

(4)

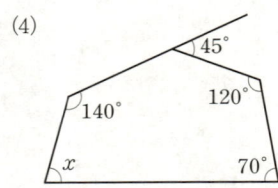

06

다음 다각형의 외각의 크기의 합을 구하시오.

(1) 팔각형

(2) 십각형

(3) 십이각형

(4) 십팔각형

다음 □ 안에 알맞은 것을 쓰고, 주어진 그림에서 ∠x의 크기를 구하시오.

(1)

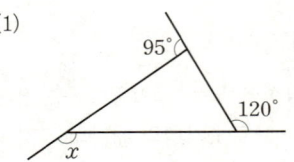

다각형의 외각의 크기의 합은 □ 이므로

$95° + ∠x + 120° = $ □

$∴ ∠x = $ □

(2)

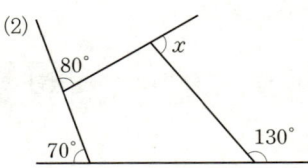

(3)

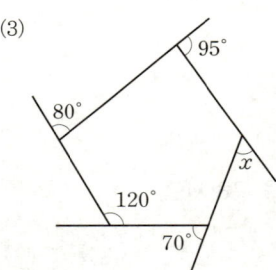

(4)

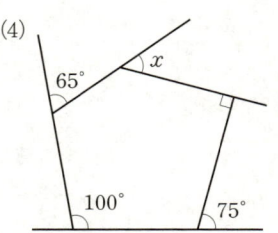

기본 문제 ·········

08

다음은 삼각형의 내각의 크기의 합이 180°임을 이용하여 십각형의 내각의 크기의 합을 구하는 과정이다. (가), (나), (다)에 알맞은 것을 구하시오.

> 오른쪽 그림과 같이 십각형의 내부의 한 점에서 각 꼭짓점에 선분을 그으면 [(가)]개의 삼각형이 생긴다.
> 이때 내부의 한 점에 모인 각의 크기의 합은 [(나)]이다.
> 따라서 십각형의 내각의 크기의 합은
> $180° \times$ [(가)] $-$ [(나)] $=$ [(다)]

09

내각의 크기의 합이 2340°인 다각형의 꼭짓점의 개수는?

① 13개   ② 14개   ③ 15개
④ 16개   ⑤ 17개

10

한 꼭짓점에서 그을 수 있는 대각선의 개수가 11개인 다각형에 대하여 다음 물음에 답하시오.

(1) 다각형의 이름을 말하시오.
(2) 다각형의 내각의 크기의 합을 구하시오.

11

오른쪽 그림에서 $\angle x + \angle y$의 값을 구하시오.

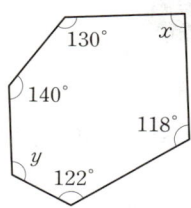

12

오른쪽 그림의 오각형 ABCDE에 대하여 다음 물음에 답하시오.

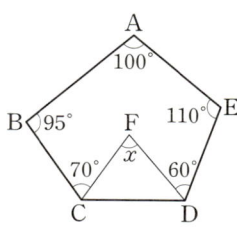

(1) 오각형의 내각의 크기의 합을 이용하여 $\angle FCD + \angle FDC$의 값을 구하시오.
(2) (1)을 이용하여 $\triangle FCD$에서 $\angle x$의 크기를 구하시오.

13

오른쪽 그림에서
$\angle a + \angle b + \angle c + \angle d + \angle e + \angle f$
의 값을 구하시오.

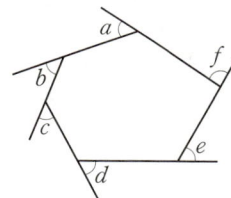

14

오른쪽 그림에서 $\angle x$, $\angle y$의 크기를 각각 구하시오.

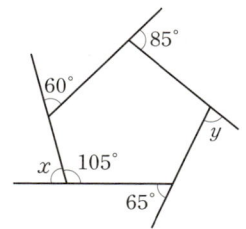

정다각형의 내각과 외각

01

다음 □ 안에 알맞은 것을 쓰시오.

정다각형의 모든 내각과 모든 외각의 크기는 각각 같으므로
내각의 크기의 합과 외각의 크기의 합을 각각 꼭짓점의 개수
로 나누면 한 내각 또는 한 외각의 크기를 구할 수 있다.

따라서 정n각형의 한 내각의 크기는 □□□□□□ 이고,

정n각형의 한 외각의 크기는 □ 이다.

02

다음 정다각형의 한 내각의 크기를 구하시오.

(1) 정오각형

(2) 정구각형

(3) 정십각형

(4) 정십오각형

03

정다각형의 한 내각의 크기가 다음과 같을 때, □ 안에 알맞
은 것을 쓰고, 정다각형의 이름을 말하시오.

(1) 120°

구하는 정다각형을 정n각형이라 하면

$$\frac{180° \times (n-2)}{n} = 120°$$

$$180° \times n - 360° = \boxed{} \times n$$

$$\boxed{} \times n = 360° \qquad \therefore n = \boxed{}$$

따라서 구하는 정다각형은 □□□□□ 이다.

(2) 135°

(3) 150°

04

다음 정다각형의 한 외각의 크기를 구하시오.

(1) 정삼각형

(2) 정오각형

(3) 정구각형

(4) 정십이각형

05

정다각형의 한 외각의 크기가 다음과 같을 때, □ 안에 알맞은 것을 쓰고, 정다각형의 이름을 말하시오.

(1) 60°

> 구하는 정다각형을 정n각형이라 하면
> $\dfrac{360°}{n} = \boxed{}$ ∴ $n = \boxed{}$
> 따라서 구하는 정다각형은 $\boxed{}$이다.

(2) 45°

(3) 20°

기본 문제

06

정이십각형의 한 내각의 크기를 $a°$, 한 외각의 크기를 $b°$라 할 때, $a-b$의 값을 구하시오.

07

내각의 크기의 합이 1440°인 정다각형의 한 외각의 크기는?

① 30°   ② 36°   ③ 40°
④ 45°   ⑤ 50°

08

한 외각의 크기가 24°인 정다각형의 내각의 크기의 합을 구하시오.

09

다음 중 정팔각형에 대한 설명으로 옳지 <u>않은</u> 것을 모두 고르면? (정답 2개)

① 한 꼭짓점에서 그을 수 있는 대각선의 개수는 5개이다.
② 대각선의 개수는 16개이다.
③ 내각의 크기의 합은 1080°이다.
④ 한 내각의 크기는 135°이다.
⑤ 한 외각의 크기는 40°이다.

10

한 내각의 크기가 160°인 정다각형의 대각선의 개수는?

① 90개   ② 104개   ③ 119개
④ 135개   ⑤ 152개

한번 더! 기본 문제

01

오른쪽 그림과 같은 삼각형 ABC
에서 ∠ABC의 크기는?

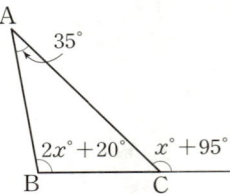

① $100°$ ② $105°$

③ $110°$ ④ $115°$

⑤ $120°$

02 자신감 UP

오른쪽 그림에서 다음을
구하시오.

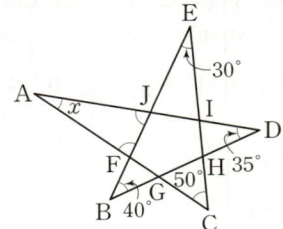

(1) ∠AFJ의 크기

(2) ∠AJF의 크기

(3) ∠x의 크기

03

오른쪽 그림에서 ∠x의 크기는?

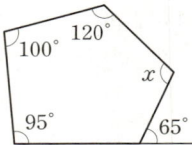

① $95°$ ② $100°$

③ $105°$ ④ $110°$

⑤ $115°$

04

오른쪽 그림에서 x의 값을
구하시오.

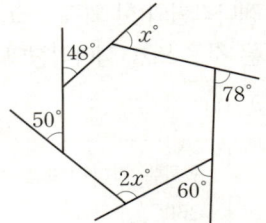

05

대각선의 개수가 54개인 정다각형에 대하여 다음을 구하시오.

(1) 한 내각의 크기

(2) 한 외각의 크기

06

한 꼭짓점에서 한 내각의 크기와 한 외각의 크기의 비가 4 : 1
인 정다각형은?

① 정사각형   ② 정오각형   ③ 정육각형

④ 정팔각형   ⑤ 정십각형

개념 24 원과 부채꼴

01

오른쪽 그림을 보고 다음 ☐ 안에 알 맞은 것을 쓰시오.

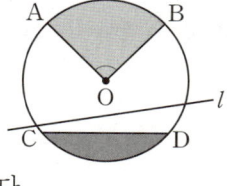

(1) 원 위의 두 점 A, B를 양 끝 점으로 하는 원의 일부분을 ☐ AB라 하고, 기호로 ☐ 와 같이 나타낸다.

(2) 원 위의 두 점을 지나는 직선 l을 ☐ 이라 하고, 원 위의 두 점 C, D를 이은 선분을 ☐ CD라 한다.

(3) 원에서 두 반지름 OA, OB와 호 AB로 이루어진 도형을 ☐ AOB라 한다. 이때 ∠AOB를 부채꼴 AOB의 ☐ 또는 호 AB에 대한 중심각이라 하고, 호 AB를 ∠AOB에 대한 호라 한다.

(4) 원에서 현 CD와 호 CD로 이루어진 도형을 ☐ 이라 한다.

02

다음을 원 O 위에 나타내시오.

(1) 호 AB

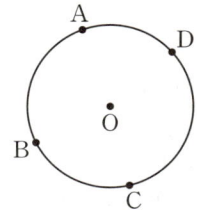

(2) 현 CD

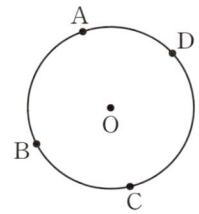

(3) 부채꼴 BOC

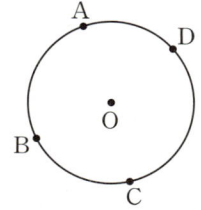

(4) 호 AD와 현 AD로 이루어진 활꼴

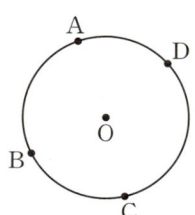

03

아래 그림의 원 O에서 다음을 기호로 나타내시오.
(단, 세 점 A, O, C는 한 직선 위에 있다.)

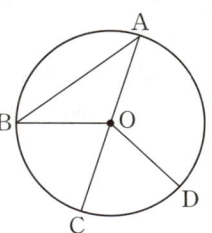

(1) ∠BOC에 대한 호

(2) ∠AOB에 대한 현

(3) $\overarc{CD}$에 대한 중심각

(4) 부채꼴 AOD의 중심각

(5) 원 O에서 길이가 가장 긴 현

04

다음 설명 중 옳은 것은 ○표, 옳지 않은 것은 ×표를 ( ) 안에 쓰시오.

(1) 원은 평면 위의 한 점으로부터 일정한 거리에 있는 모든 점들로 이루어진 도형이다. ( )

(2) 호는 원 위의 두 점을 이은 선분이다. ( )

(3) 원의 중심을 지나는 현은 지름이다. ( )

(4) 활꼴은 두 반지름과 호로 이루어진 도형이다. ( )

06

다음 물음에 답하시오.

(1) 한 원에서 부채꼴과 활꼴이 같아질 때의 부채꼴의 중심각의 크기를 구하시오.

(2) 한 원에서 길이가 가장 긴 현은 어떤 선분인지 말하시오.

07

원 O에서 부채꼴 AOB의 반지름의 길이와 현 AB의 길이가 같을 때, 이 부채꼴 AOB의 중심각의 크기는?

① 45° ② 60° ③ 90°
④ 120° ⑤ 180°

기본 문제

05

오른쪽 그림과 같은 원 O에서 세 점 C, O, E가 한 직선 위에 있을 때, 다음 중 옳은 것을 모두 고르면? (정답 2개)

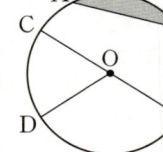

① $\overline{AB} = \overline{CE}$
② $\overline{CO} = \overline{DO}$
③ $\overline{AB}$, $\overline{CE}$는 호이다.
④ $\overset{\frown}{CD}$에 대한 중심각은 ∠COD이다.
⑤ 색칠한 도형을 부채꼴이라 한다.

08

다음 |보기|에서 옳은 것을 모두 고르시오.

┤ 보기 ├
ㄱ. 원 위의 두 점을 잡았을 때 나누어지는 원의 두 부분은 호이다.
ㄴ. 한 원에서 길이가 가장 긴 현은 지름이다.
ㄷ. 부채꼴은 지름과 호로 이루어진 도형이다.
ㄹ. 중심각의 크기가 180°인 부채꼴은 반원이다.

개념 25 부채꼴의 성질(1)

01

한 원 또는 합동인 두 원에 대하여 다음 □ 안에 알맞은 것을 쓰고, ( ) 안의 알맞은 것에 ○표 하시오.

(1) □의 크기가 같은 두 부채꼴의 호의 길이와 넓이는 각각 같다.

호의 길이 또는 넓이가 각각 같은 두 부채꼴의 중심각의 크기는 (같다, 같지 않다).

(2) 부채꼴의 호의 길이와 넓이는 각각 중심각의 크기에 (정비례한다, 정비례하지 않는다).

(3)

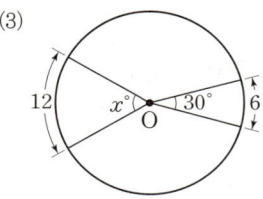

(4)

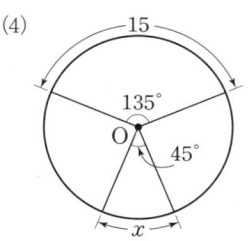

02

다음 그림의 원 O에서 x의 값을 구하시오.

(1)

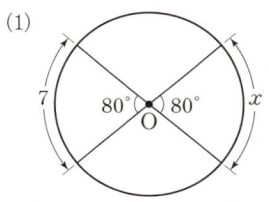

(2)

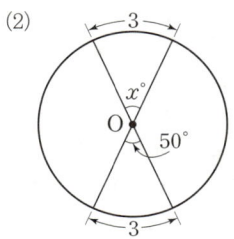

(5)

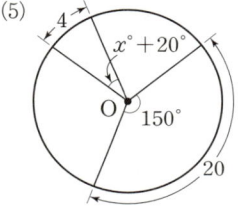

(6)

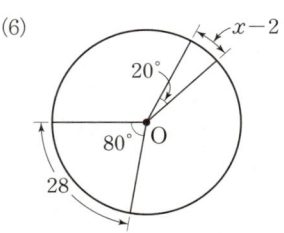

03

다음 그림의 원 O에서 x, y의 값을 각각 구하시오.

(1)

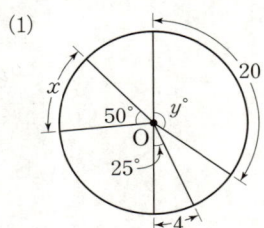

(2)

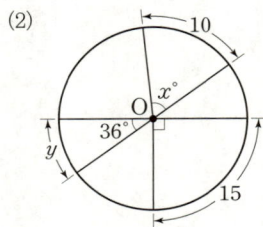

(3)

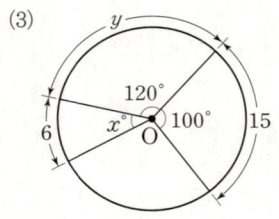

04 다음 그림의 원 O에서 x의 값을 구하시오.

(1)

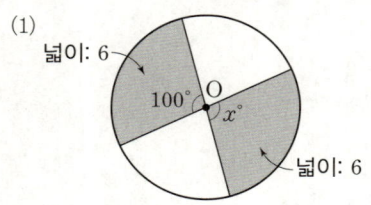

(2)

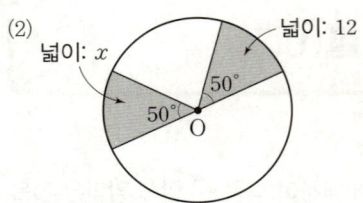

넓이: x ⠀⠀ 넓이: 12

(3)

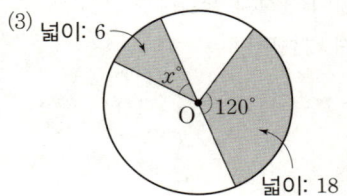

넓이: 6 ⠀⠀ 넓이: 18

(4)

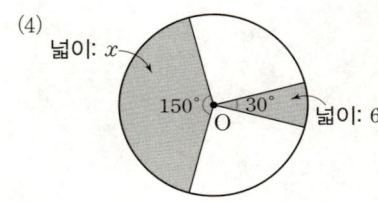

넓이: x ⠀⠀ 넓이: 6

(5)

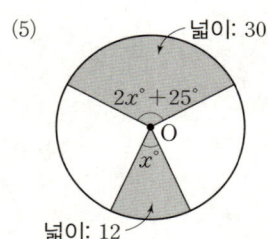

넓이: 30

넓이: 12

기본 문제

05

오른쪽 그림의 원 O에서 x의
값은?

① 48 　 ② 50

③ 52 　 ④ 54

⑤ 56

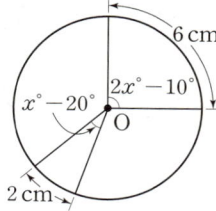

06

오른쪽 그림의 원 O에서
x, y의 값을 각각 구하면?

① $x=12$, $y=60$

② $x=15$, $y=60$

③ $x=15$, $y=80$

④ $x=18$, $y=60$

⑤ $x=18$, $y=80$

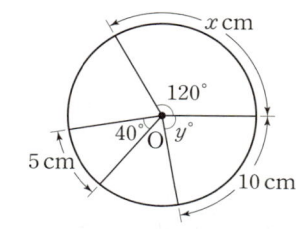

07

오른쪽 그림의 원 O에서
$\widehat{AB} : \widehat{BC} : \widehat{AC}=2 : 4 : 3$일 때,
$\angle AOC$의 크기는?

① 80° 　 ② 100°

③ 120° 　 ④ 140°

⑤ 160°

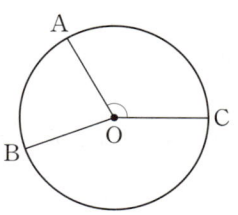

08

원 O에서 중심각의 크기가 60°인 부채꼴의 호의 길이가
5 cm일 때, 원 O의 둘레의 길이를 구하시오.

09

오른쪽 그림의 원 O에서 $\overline{AB} /\!/ \overline{CD}$
이고 $\widehat{AB}=4$ cm일 때, 다음 물음
에 답하시오.

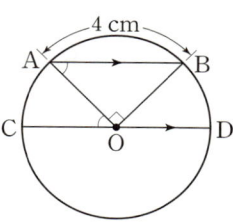

(1) $\angle OAB$의 크기를 구하시오.

(2) $\angle AOC$의 크기를 구하시오.

(3) $\widehat{AC}$의 길이를 구하시오.

10

오른쪽 그림의 원 O에서 $\angle AOB=100°$,
$\angle COD=40°$이다. 부채꼴 COD의 넓
이가 12 cm²일 때, 부채꼴 AOB의 넓
이는?

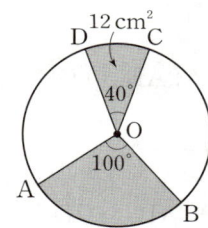

① 15 cm² 　 ② 20 cm²

③ 25 cm² 　 ④ 30 cm²

⑤ 35 cm²

11

오른쪽 그림의 원 O에서
$\angle AOB : \angle BOC : \angle AOC$
$=9 : 7 : 8$
이고 원의 넓이가 216 cm²일 때,
부채꼴 AOB의 넓이를 구하시오.

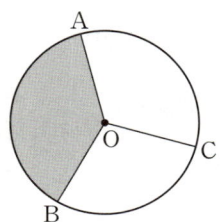

01

한 원 또는 합동인 두 원에 대하여 다음 □ 안에 알맞은 것을 쓰고, ( ) 안의 알맞은 것에 ○표 하시오.

(1) □□□□의 크기가 같은 두 현의 길이는 같다.

길이는 같은 두 현의 중심각의 크기는 (같다, 같지 않다).

(2) 현의 길이는 중심각의 크기에

(정비례한다, 정비례하지 않는다).

02

오른쪽 그림의 원 O에서
∠AOB=∠COD=∠DOE일 때,
다음 ○ 안에 >, =, < 중 알맞은
것을 쓰시오.

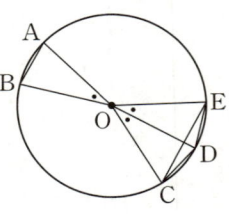

(1) $\overset{\frown}{AB}$ ○ $\overset{\frown}{CD}$

(2) $2\overset{\frown}{AB}$ ○ $\overset{\frown}{CE}$

(3) $\overline{AB}$ ○ $\overline{CD}$

(4) $2\overline{AB}$ ○ $\overline{CE}$

(5) △COD ○ △DOE

(6) 2△AOB ○ △COE

03

다음 그림의 원 O에서 x의 값을 구하시오.

(1)

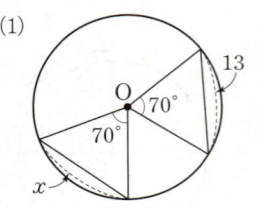

(2)

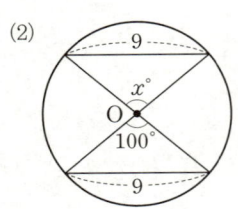

04

다음 중 한 원 또는 합동인 두 원에 대한 설명으로 옳은 것은 ○표, 옳지 <u>않은</u> 것은 ×표를 ( ) 안에 쓰시오.

(1) 호의 길이는 중심각의 크기에 정비례한다. ( )

(2) 부채꼴의 넓이는 중심각의 크기에 정비례한다. ( )

(3) 크기가 같은 두 중심각에 대한 부채꼴의 호의 길이는 같다.
( )

(4) 현의 길이는 중심각의 크기에 정비례한다. ( )

(5) 크기가 같은 두 중심각에 대한 현의 길이는 같다.
( )

기본 문제

05

오른쪽 그림의 원 O에서
∠AOB=∠COD이고
$\overline{OA}$=12 cm, $\overline{AB}$=9 cm일 때,
$\overline{CD}$의 길이를 구하시오.

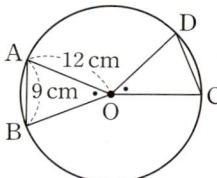

06

오른쪽 그림의 원 O에서
$\overline{AB}$=$\overline{CD}$=$\overline{DE}$이고 ∠COE=86°
일 때, ∠x의 크기를 구하시오.

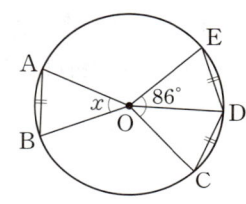

07

오른쪽 그림과 같이 반지름의 길이가
4 cm인 원 O에서 $\overline{AB}$=7 cm이고
∠AOB=∠COD일 때, 색칠한 부분
의 둘레의 길이를 구하시오.

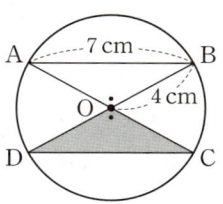

08

오른쪽 그림의 원 O에서 △ABC가 정
삼각형일 때, 호 BC에 대한 중심각의 크
기를 구하시오.

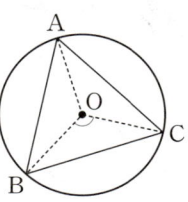

09

다음 중 한 원 또는 합동인 두 원에 대한 설명으로 옳지 <u>않은</u>
것은?

① 호의 길이는 중심각의 크기에 정비례한다.
② 현의 길이는 중심각의 크기에 정비례한다.
③ 길이가 같은 호에 대한 중심각의 크기는 같다.
④ 길이가 같은 현에 대한 중심각의 크기는 같다.
⑤ 부채꼴의 넓이는 중심각의 크기에 정비례한다.

10

오른쪽 그림의 원 O에서
∠AOB=∠BOC=∠DOE일 때,
다음 중 옳지 <u>않은</u> 것을 모두 고르면?

(정답 2개)

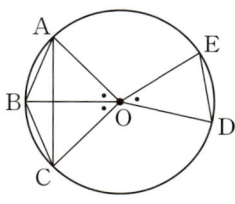

① $\overline{AB}$=$\overline{BC}$=$\overline{DE}$

② $\overline{DE}$=$\frac{1}{2}$$\overline{AC}$

③ $\overparen{DE}$=$\frac{1}{2}$$\overparen{AC}$

④ △AOB=△BOC

⑤ △AOC=2△DOE

한번 더! 기본 문제

01

오른쪽 그림의 원 O에 대한 설명으로 옳지 않은 것은? (단, 세 점 A, O, C는 한 직선 위에 있다.)

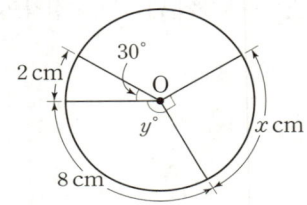

① $\overline{OA}=\overline{OB}=\overline{OC}$
② $\overline{AB}$는 현, $\overline{OC}$는 반지름이다.
③ ∠AOB는 호 AB에 대한 중심각이다.
④ $\overline{AC}$는 이 원에서 길이가 가장 긴 현이다.
⑤ $\overline{AB}$와 $\overarc{AB}$로 둘러싸인 도형은 부채꼴이다.

02

오른쪽 그림의 원 O에서 $x+y$의 값을 구하시오.

03

오른쪽 그림의 반원 O에서 $\overarc{AC}$의 길이가 $\overarc{BC}$의 길이의 4배일 때, ∠BOC의 크기는?

① 32°　　② 34°　　③ 36°
④ 38°　　⑤ 40°

04

오른쪽 그림의 원 O에서 부채꼴 AOB의 넓이가 28 cm², 부채꼴 COD의 넓이가 7 cm²일 때, x의 값을 구하시오.

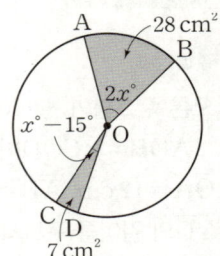

05

 자신감 UP

오른쪽 그림과 같이 반지름의 길이가 6 cm인 원 O에서 $\overarc{AB}=\overarc{BC}$이고 $\overline{AB}=5$ cm일 때, 색칠한 부분의 둘레의 길이를 구하시오.

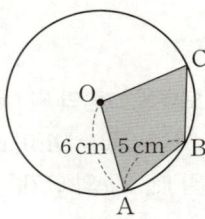

06

오른쪽 그림의 원 O에서 ∠AOB=$\frac{1}{3}$∠COD일 때, 다음 중 옳은 것을 모두 고르면? (정답 2개)

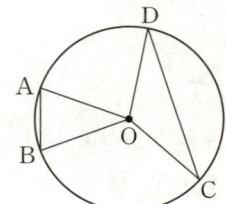

① $\overline{AB} /\!/ \overline{CD}$
② $\overline{AB}=\frac{1}{3}\overline{CD}$
③ $\overarc{CD}=3\overarc{AB}$
④ △COD=3△AOB
⑤ (부채꼴 COD의 넓이)=3×(부채꼴 AOB의 넓이)

개념 27 원의 둘레의 길이와 넓이

01

다음 □ 안에 알맞은 것을 쓰시오.

(1) 원에서 지름의 길이에 대한 원의 둘레의 길이의 비율을 □이라 하고, 이를 기호로 □와 같이 나타내며, '파이'라 읽는다.

(2) 반지름의 길이가 r인 원의 둘레의 길이를 l, 넓이를 S라 하면

⇨ $l =$ □ , $S =$ □

02

다음 원의 둘레의 길이 l과 넓이 S를 각각 구하시오.

(1)

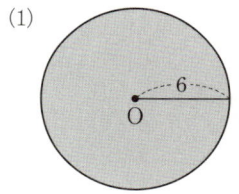

(2)

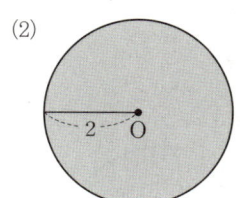

(3)

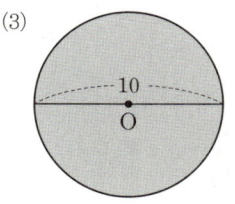

03

원의 둘레의 길이가 다음과 같을 때, □ 안에 알맞은 것을 쓰고, 원의 반지름의 길이를 구하시오.

(1) 16π

원의 반지름의 길이를 r이라 하면
$2\pi \times$ □ $= 16\pi$ ∴ $r =$ □
따라서 원의 반지름의 길이는 □이다.

(2) 14π

(3) 22π

04

원의 넓이가 다음과 같을 때, □ 안에 알맞은 것을 쓰고, 원의 반지름의 길이를 구하시오.

(1) 49π

원의 반지름의 길이를 $r \, (r > 0)$이라 하면
$\pi \times$ □$^2 = 49\pi$, $r^2 = 49$
이때 $49 =$ □ $\times$ □이므로 $r =$ □
따라서 원의 반지름의 길이는 □이다.

(2) 16π

(3) 64π

05

다음은 오른쪽 그림에서 색칠한 부분의 둘레의 길이와 넓이를 각각 구하는 과정이다. □ 안에 알맞은 수를 쓰시오.

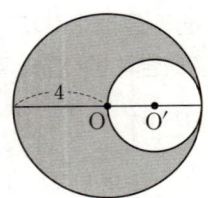

(색칠한 부분의 둘레의 길이)
= (원 O의 둘레의 길이) + (원 O'의 둘레의 길이)
$= 2\pi \times \boxed{} + 2\pi \times \boxed{}$
$= \boxed{} + 4\pi = \boxed{}$
(색칠한 부분의 넓이)
= (원 O의 넓이) − (원 O'의 넓이)
$= \pi \times \boxed{}^2 - \pi \times \boxed{}^2$
$= 16\pi - \boxed{} = \boxed{}$

06

지름의 길이가 18 cm인 원의 둘레의 길이와 넓이를 차례로 구하시오.

07

오른쪽 그림과 같이 지름의 길이가 20 cm인 반원 O의 넓이를 구하시오.

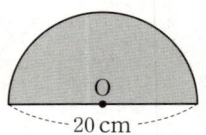

08

넓이가 121π cm²인 원의 반지름의 길이는?

① 8 cm   ② 9 cm   ③ 10 cm
④ 11 cm   ⑤ 12 cm

09

둘레의 길이가 24π cm인 원의 넓이는?

① 64π cm²   ② 81π cm²   ③ 100π cm²
④ 121π cm²   ⑤ 144π cm²

10

오른쪽 그림에서 색칠한 부분의 둘레의 길이와 넓이를 차례로 구하시오.

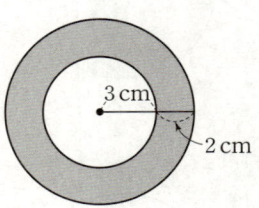

개념 28 부채꼴의 호의 길이와 넓이

01

다음 □ 안에 알맞은 것을 쓰시오.

(1) 반지름의 길이가 r, 중심각의 크기가 $x°$인 부채꼴의 호의 길이를 l, 넓이를 S라 하면

$\Rightarrow l=2\pi r\times\boxed{}$, $S=\pi r^2\times\boxed{}$

(2) 반지름의 길이가 r, 호의 길이가 l인 부채꼴의 넓이를 S라 하면

$\Rightarrow S=\boxed{}$

02

다음 □ 안에 알맞은 수를 쓰고, 주어진 부채꼴의 둘레의 길이 l과 넓이 S를 각각 구하시오.

(1)
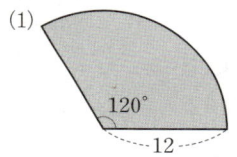

$\Rightarrow l=2\pi\times\boxed{}\times\dfrac{\boxed{}}{360}=\boxed{}$

$S=\pi\times\boxed{}^2\times\dfrac{\boxed{}}{360}=\boxed{}$

(2)
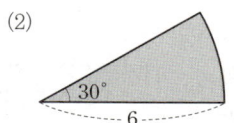

(3)
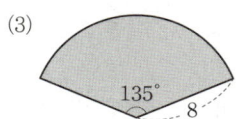

(4)
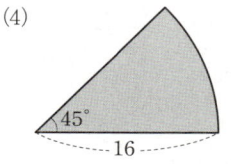

03

다음 □ 안에 알맞은 수를 쓰고, 주어진 부채꼴의 반지름의 길이를 구하시오.

(1)
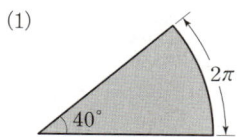

부채꼴의 반지름의 길이를 r이라 하면

$2\pi\times r\times\dfrac{\boxed{}}{360}=2\pi$ $\quad\therefore r=\boxed{}$

따라서 부채꼴의 반지름의 길이는 $\boxed{}$이다.

(2)
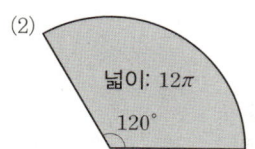

04

다음 □ 안에 알맞은 것을 쓰고, 주어진 부채꼴의 중심각의 크기를 구하시오.

(1)
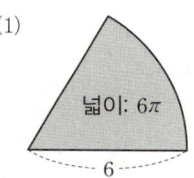

부채꼴의 중심각의 크기를 $x°$라 하면

$\pi\times\boxed{}^2\times\dfrac{x}{360}=6\pi$ $\quad\therefore x=\boxed{}$

따라서 부채꼴의 중심각의 크기는 $\boxed{}$이다.

(2)
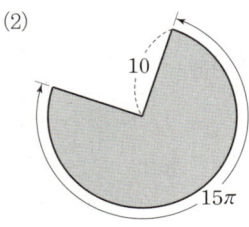

05

다음 □ 안에 알맞은 수를 쓰고, 주어진 부채꼴의 넓이를 구하시오.

(1)

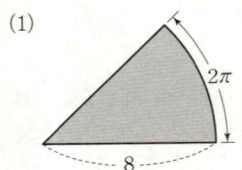

⇨ (부채꼴의 넓이)$= \dfrac{1}{2} \times \boxed{} \times 2\pi = \boxed{}$

(2)

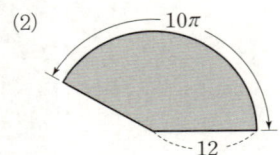

(3)

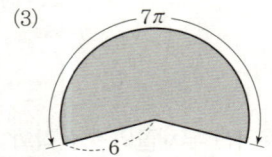

06

다음 □ 안에 알맞은 수를 쓰고, 주어진 부채꼴의 반지름의 길이를 구하시오.

(1)

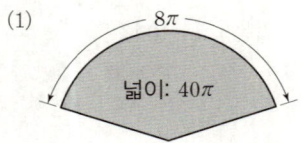

부채꼴의 반지름의 길이를 r이라 하면

$\dfrac{1}{2} \times r \times \boxed{} = 40\pi$ $\therefore r = \boxed{}$

따라서 부채꼴의 반지름의 길이는 $\boxed{}$이다.

(2)

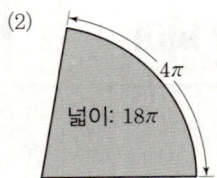

넓이: 18π

07

다음은 오른쪽 그림에서 색칠한 부분의 넓이를 구하는 과정이다. □ 안에 알맞은 수를 쓰시오.

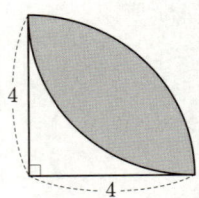

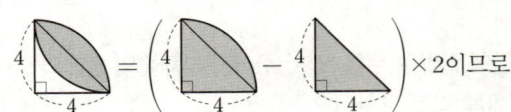

(색칠한 부분의 넓이)

$= \left(\pi \times \boxed{}^2 \times \dfrac{90}{360} - \dfrac{1}{2} \times \boxed{} \times \boxed{} \right) \times 2$

$= \left(\boxed{} \right) \times 2 = \boxed{}$

08

다음은 오른쪽 그림에서 색칠한 부분의 넓이를 구하는 과정이다. □ 안에 알맞은 수를 쓰시오.

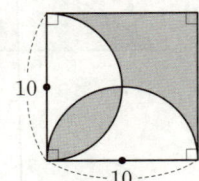

오른쪽 그림과 같이 도형을 이동시키면
(색칠한 부분의 넓이)

$= \dfrac{1}{2} \times \boxed{} \times \boxed{} = \boxed{}$

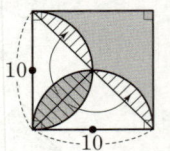

09

오른쪽 그림과 같은 부채꼴의 둘레의
길이와 넓이를 차례로 구하시오.

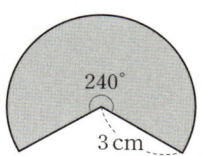

10

다음을 구하시오.

(1) 중심각의 크기가 80°이고 호의 길이가 8π cm인 부채꼴의
반지름의 길이

(2) 반지름의 길이가 12 cm이고 넓이가 48π cm²인 부채꼴의
중심각의 크기

11

반지름의 길이가 5 cm이고 호의 길이가 6π cm인 부채꼴의
넓이는?

① 12π cm² ② 15π cm² ③ 18π cm²

④ 21π cm² ⑤ 24π cm²

12

오른쪽 그림에서 색칠한 부분의 둘레
의 길이와 넓이를 차례로 구하시오.

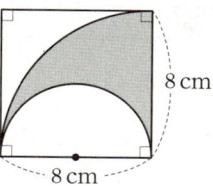

13

오른쪽 그림에서 색칠한 부분의
넓이를 구하시오.

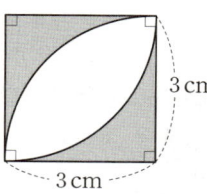

14

오른쪽 그림에서 색칠한 부분의
넓이를 구하시오.

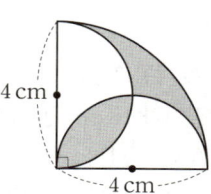

3

평면도형의 성질

개념 27~28 한번 더! 기본 문제

01
오른쪽 그림에서 색칠한 부분의 둘레의
길이와 넓이를 차례로 구하시오.

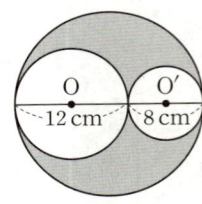

04
오른쪽 그림과 같은 부채꼴에서 색칠
한 부분의 둘레의 길이를 구하시오.

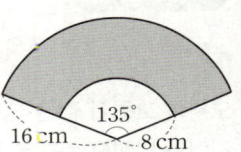

02
오른쪽 그림에서 색칠한 부분의
넓이는?

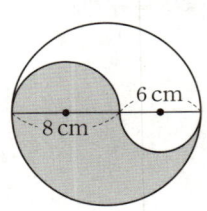

① $24\pi \text{ cm}^2$ ② $28\pi \text{ cm}^2$
③ $32\pi \text{ cm}^2$ ④ $36\pi \text{ cm}^2$
⑤ $40\pi \text{ cm}^2$

05
오른쪽 그림과 같이 한 변의 길이가 6 cm
인 정육각형에서 색칠한 부채꼴의 넓이를
구하시오.

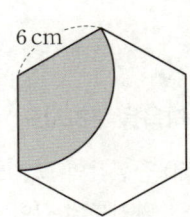

03
오른쪽 그림과 같이 지름 AB의
길이가 18 cm인 원에서
$\overline{\text{AM}}=\overline{\text{MN}}=\overline{\text{NB}}$일 때, 색칠한
부분의 둘레의 길이를 구하시오.

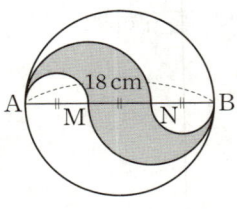

06 자신감 UP
오른쪽 그림과 같이 한 변의 길이가
10 cm인 정사각형 ABCD에서 색
칠한 부분의 넓이는?

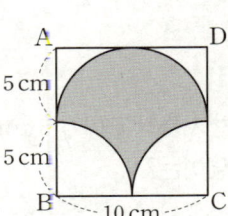

① 35 cm^2 ② 40 cm^2
③ 45 cm^2 ④ 50 cm^2
⑤ 55 cm^2

4

입체도형의 성질

개념 29 | 다면체

개념 30 | 정다면체

한번 더! 기본 문제

개념 31 | 회전체

개념 32 | 회전체의 성질과 전개도

한번 더! 기본 문제

개념 33 | 기둥의 겉넓이

개념 34 | 기둥의 부피

한번 더! 기본 문제

개념 35 | 뿔의 겉넓이

개념 36 | 뿔의 부피

한번 더! 기본 문제

개념 37 | 구의 겉넓이

개념 38 | 구의 부피

한번 더! 기본 문제

01

다음 □ 안에 알맞은 것을 쓰시오.

(1) 다각형인 면으로만 둘러싸인 입체도형을 □□□□라 한다.

(2) 다면체의 종류는 다음과 같다.

　① 두 밑면은 서로 평행하고 합동인 다각형이며, 옆면은
　　모두 직사각형인 다면체를 □□□이라 한다.

　② 밑면은 다각형이고, 옆면은 모두 삼각형인 다면체를
　　□□이라 한다.

　③ 각뿔을 밑면에 평행한 평면으로 잘라서 생기는 두 다
　　면체 중 각뿔이 아닌 쪽의 도형을 □□□라 한다.

02

다음 중 다면체인 것은 ○표, 다면체가 <u>아닌</u> 것은 ×표를
( ) 안에 쓰시오.

(1)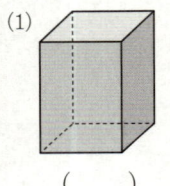
(　)

(2)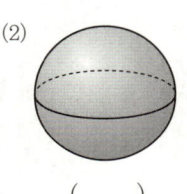
(　)

(3)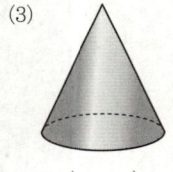
(　)

(4)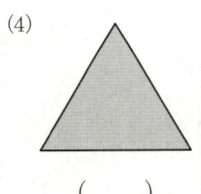
(　)

(5)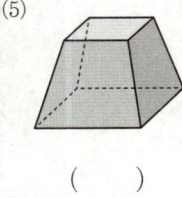
(　)

(6)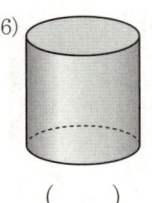
(　)

03

다음 다면체는 몇 면체인지 말하시오.

(1) 오각기둥

(2) 오각뿔

(3) 오각뿔대

04

오른쪽 그림의 각뿔대에 대하여 다음 물음에
답하시오.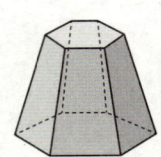

(1) 면의 개수를 구하시오.

(2) 밑면을 이루는 다각형의 모양을 말하시오.

(3) 옆면을 이루는 다각형의 모양을 말하시오.

05

다음 입체도형을 보고 표를 완성하시오.

	삼각기둥	삼각뿔	삼각뿔대
겨냥도			
면의 개수			
모서리의 개수			
꼭짓점의 개수			
옆면의 모양			

06

다음을 만족시키는 다면체를 |보기|에서 모두 고르시오.

┌ 보기 ├─────────────────────────
ㄱ. 사각뿔   ㄴ. 오각기둥   ㄷ. 오각뿔
ㄹ. 칠각뿔대   ㅁ. 칠각기둥   ㅂ. 팔각뿔
└─────────────────────────────

(1) 밑면이 1개인 다면체

(2) 밑면의 모양이 오각형인 다면체

(3) 두 밑면이 평행하면서 그 모양이 합동인 다면체

(4) 옆면의 모양이 직사각형이 아닌 사다리꼴인 다면체

(5) 면의 개수가 9개인 다면체

(6) 모서리의 개수가 21개인 다면체

(7) 꼭짓점의 개수가 10개인 다면체

기본 문제

07

다음 중 다면체가 <u>아닌</u> 것을 모두 고르면? (정답 2개)

① 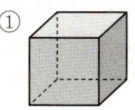   ② 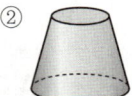   ③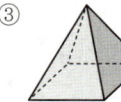

④    ⑤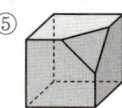

08

다음 다면체 중 면의 개수가 가장 많은 것은?

① 팔각뿔   ② 사각뿔대   ③ 오각기둥
④ 육각뿔   ⑤ 팔각뿔대

09

다음 중 다면체와 그 다면체가 몇 면체인지 짝 지은 것으로
옳지 <u>않은</u> 것은?

① 삼각뿔대 – 오면체   ② 사각기둥 – 육면체
③ 육각뿔 – 팔면체   ④ 육각기둥 – 팔면체
⑤ 칠각뿔대 – 구면체

4

입체도형의 성질

10

다음 다면체 중 모서리의 개수가 가장 많은 것은?

① 육각기둥　② 육각뿔　③ 사각뿔대
④ 칠각뿔대　⑤ 팔각뿔

11

다음 다면체 중 꼭짓점의 개수가 나머지 넷과 다른 하나는?

① 정육면체　② 오각뿔　③ 사각기둥
④ 사각뿔대　⑤ 칠각뿔

12

오각기둥의 모서리의 개수를 a개, 삼각뿔의 면의 개수를 b개, 육각뿔대의 꼭짓점의 개수를 c개라 할 때, $a+b+c$의 값을 구하시오.

13

다음 중 다면체와 그 옆면의 모양을 짝 지은 것으로 옳은 것은?

① 오각기둥 – 오각형　② 사각뿔 – 직사각형
③ 육각뿔대 – 사다리꼴　④ 삼각뿔대 – 삼각형
⑤ 칠각뿔 – 사각형

14

다음 표의 ①~⑤에 들어갈 것으로 옳지 않은 것은?

다면체	면의 개수	모서리의 개수	꼭짓점의 개수
육각기둥	①	18개	②
사각뿔	5개	③	5개
삼각뿔대	④	9개	⑤

① 8개　② 12개　③ 8개
④ 4개　⑤ 6개

15

다음 |조건|을 모두 만족시키는 다면체는?

┤ 조건 ├
㈎ 구면체이다.
㈏ 두 밑면은 서로 평행하다.
㈐ 옆면의 모양은 사다리꼴이다.

① 육각기둥　② 칠각뿔　③ 육각뿔대
④ 칠각뿔대　⑤ 팔각뿔

개념 30 정다면체

01

다음 □ 안에 알맞은 것을 쓰시오.

(1) 다음 조건을 모두 만족시키는 다면체를 정다면체라 한다.
　① 모든 면이 합동인 □□□□□이다.
　② 각 꼭짓점에 모인 □의 개수가 같다.

(2) 정다면체는 정사면체, 정육면체, 정팔면체, 정십이면체, □□□□□의 다섯 가지뿐이다.

02

다음 중 정다면체에 대한 설명으로 옳은 것은 ○표, 옳지 <u>않은</u> 것은 ×표를 ( ) 안에 쓰시오.

(1) 정다면체는 모든 면이 합동인 정다각형으로 이루어져 있다.
　　　　　　　　　　　　　　　　　　　　　( )

(2) 정다면체의 각 꼭짓점에 모인 면의 개수는 같다. ( )

(3) 정다면체의 종류는 무수히 많다. 　　　　　　( )

(4) 정다면체는 각 꼭짓점에 모인 면의 개수가 3개 이상이다.
　　　　　　　　　　　　　　　　　　　　　( )

(5) 정다면체의 한 면이 될 수 있는 다각형은 정삼각형, 정사각형, 정육각형이다. 　　　　　　　　　　( )

(6) 정다면체의 각 꼭짓점에 모인 각의 크기의 합은 360°보다 작다. 　　　　　　　　　　　　　　　　( )

03

다음을 만족시키는 정다면체를 |보기|에서 모두 고르시오.

┌ 보기 ├─────────────────────
　ㄱ. 정사면체　　　ㄴ. 정육면체　　　ㄷ. 정팔면체
　ㄹ. 정십이면체　　ㅁ. 정이십면체
└────────────────────────

(1) 면의 모양이 정삼각형이다.

(2) 면의 모양이 정오각형이다.

(3) 각 꼭짓점에 모인 면의 개수가 3개이다.

(4) 각 꼭짓점에 모인 면의 개수가 4개이다.

04

다음 그림의 전개도로 만든 정다면체에 대하여 물음에 답하시오.

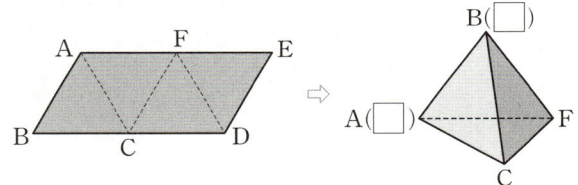

(1) 정다면체의 이름을 말하시오.

(2) □ 안에 알맞은 것을 쓰시오.

(3) 점 A와 겹치는 점을 구하시오.

(4) $\overline{BC}$와 겹치는 모서리를 구하시오.

05

다음 중 정다면체가 <u>아닌</u> 것은?

① 정사면체　　② 정육면체　　③ 정십면체

④ 정십이면체　　⑤ 정이십면체

06

다음 중 정다면체와 그 면의 모양을 짝 지은 것으로 옳지 <u>않은</u> 것은?

① 정사면체 – 정삼각형

② 정육면체 – 정사각형

③ 정팔면체 – 정삼각형

④ 정십이면체 – 정사각형

⑤ 정이십면체 – 정삼각형

07

다음 |조건|을 모두 만족시키는 정다면체의 이름을 말하시오.

┌ **조건** ┠─────────────────────

㈎ 각 꼭짓점에 모인 면의 개수는 3개이다.

㈏ 각 면의 모양은 모두 합동인 정오각형이다.

08

다음 정다면체 중 꼭짓점의 개수가 가장 많은 것은?

① 정사면체　　② 정육면체　　③ 정팔면체

④ 정십이면체　　⑤ 정이십면체

09

다음 중 정육면체의 전개도가 될 수 <u>없는</u> 것은?

① 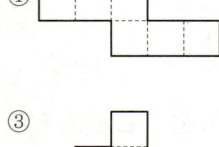　　②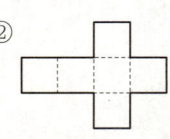

③ 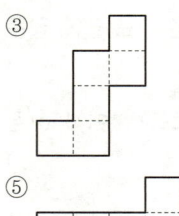　　④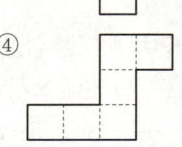

⑤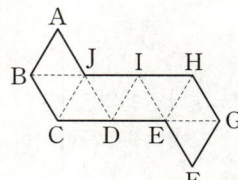

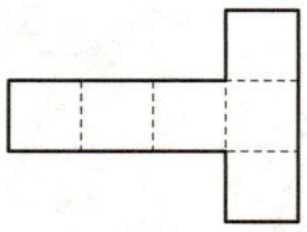

10

오른쪽 그림의 전개도로 만들어지는 정다면체에 대하여 다음 물음에 답하시오.

(1) 이 정다면체의 이름을 말하시오.

(2) $\overline{BC}$와 겹치는 모서리를 구하시오.

(3) 점 A와 겹치는 점을 구하시오.

개념 29~30 한번 더! 기본 문제

01

다음 중 다면체와 그 모서리의 개수를 짝 지은 것으로 옳지 않은 것은?

① 삼각뿔대 – 9개　　② 오각기둥 – 15개
③ 육각뿔 – 12개　　④ 칠각기둥 – 14개
⑤ 팔각뿔대 – 24개

02

다음 |보기|에서 다면체의 옆면의 모양이 삼각형인 것을 모두 고르시오.

┤ 보기 ├
ㄱ. 삼각기둥　　ㄴ. 삼각뿔　　ㄷ. 오각뿔
ㄹ. 육각기둥　　ㅁ. 육각뿔대　　ㅂ. 팔각뿔

03

다음 중 다면체에 대한 설명으로 옳은 것을 모두 고르면?
(정답 2개)

① 육각기둥은 팔면체이다.
② 사면체는 사각형인 면이 있다.
③ 팔각뿔의 꼭짓점의 개수는 10개이다.
④ 각뿔대의 옆면의 모양은 사다리꼴이다.
⑤ 각기둥의 두 밑면은 서로 평행하지 않다.

04

다음 |조건|을 모두 만족시키는 정다면체의 꼭짓점의 개수를 구하시오.

┤ 조건 ├
㉮ 모서리의 개수는 30개이다.
㉯ 모든 면은 합동인 정삼각형이다.

05

오른쪽 그림과 같이 각 면이 모두 합동인 정삼각형으로 이루어진 입체도형이 정다면체가 아닌 이유를 설명하시오.

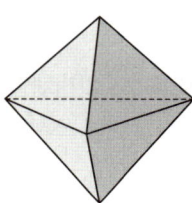

06 자신감 UP

오른쪽 그림의 전개도로 정사면체를 만들 때, $\overline{DE}$와 꼬인 위치에 있는 모서리는?

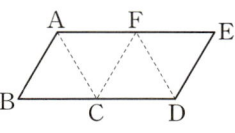

① $\overline{AC}$　　② $\overline{AF}$　　③ $\overline{BC}$
④ $\overline{BF}$　　⑤ $\overline{CF}$

회전체

01

다음 ☐ 안에 알맞은 것을 쓰시오.

(1) 평면도형을 한 직선을 축으로 하여 1회전 시킬 때 생기는 입체도형을 ☐☐☐라 한다. 이때 회전시킬 때 축이 되는 직선을 ☐☐☐이라 하고, 회전체에서 옆면을 만드는 선분을 모선이라 한다.

(2) 원뿔을 밑면에 평행한 평면으로 잘라서 생기는 두 입체도형 중 원뿔이 아닌 쪽의 도형을 ☐☐☐라 한다.

02

다음 중 회전체인 것은 ○표, 회전체가 <u>아닌</u> 것은 ×표를 ( ) 안에 쓰시오.

(1)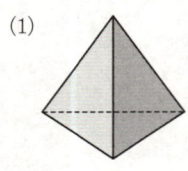
( )

(2)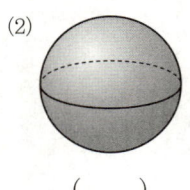
( )

(3)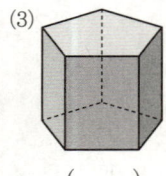
( )

(4)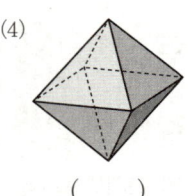
( )

(5)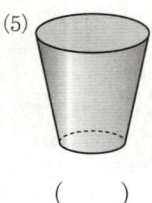
( )

(6)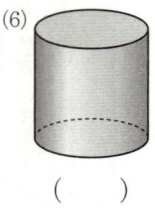
( )

03

다음 그림과 같은 평면도형을 직선 l을 회전축으로 하여 1회전 시킬 때 생기는 회전체를 그리고, 그 회전체의 이름을 말하시오.

(1)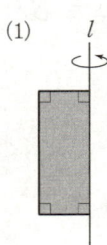

(2)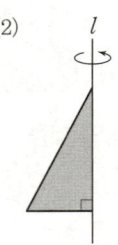

(3)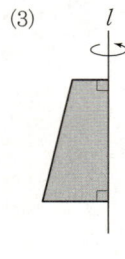

(4)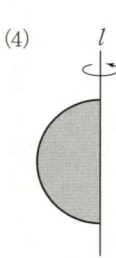

04

다음 그림과 같은 평면도형을 직선 *l*을 회전축으로 하여 1회전 시킬 때 생기는 회전체로 옳은 것은 ○표, 옳지 않은 것은 ×표를 ( ) 안에 쓰시오.

(1)

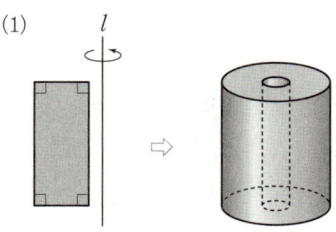

( )

(2)

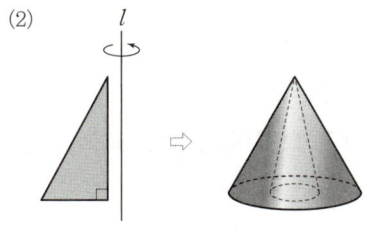

( )

(3)

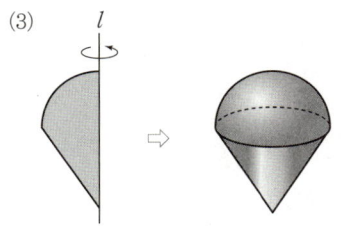

( )

(4)

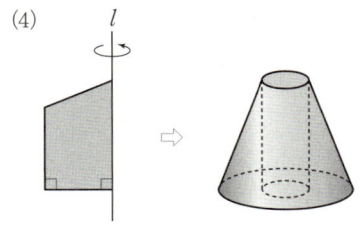

( )

05

다음 중 회전축을 갖는 입체도형이 아닌 것은?

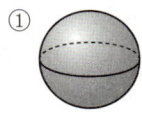 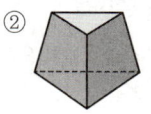 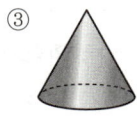

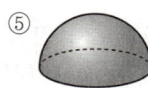

06

오른쪽 그림과 같은 평면도형을 직선 *l*을 회전축으로 하여 1회전 시킬 때 생기는 입체도형은?

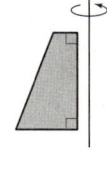

①  ②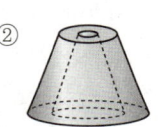

③ 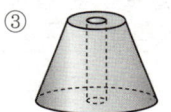 ④ 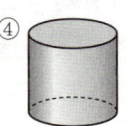 ⑤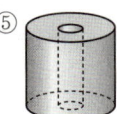

07

오른쪽 그림과 같은 입체도형은 다음 중 어느 평면도형을 1회전 시킨 것인가?

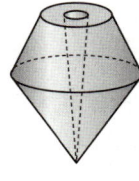

① 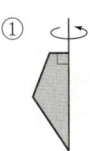 ②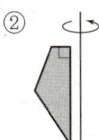

③ 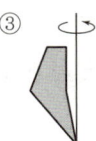 ④ 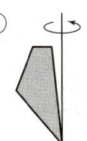 ⑤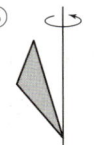

01

다음 □ 안에 알맞은 것을 쓰시오.

(1) 회전체를 회전축에 수직인 평면으로 자른 단면은 항상 □이다.

(2) 회전체를 회전축을 포함하는 평면으로 자른 단면은 모두 □이고, 회전축에 대하여 선대칭도형이다.

02

다음 표의 빈칸에 알맞은 것을 | 보기 |에서 골라 쓰시오.

┤ 보기 ├

직사각형, 이등변삼각형, 원,
사다리꼴, 직각삼각형, 마름모

회전체	회전축에 수직인 평면으로 자른 단면의 모양	회전축을 포함하는 평면으로 자른 단면의 모양
원기둥		
원뿔		
원뿔대		
구		

03

다음 중 옳은 것은 ○표, 옳지 <u>않은</u> 것은 ×표를 ( ) 안에 쓰시오.

(1) 회전체를 회전축에 수직인 평면으로 자른 단면은 항상 원이다. ( )

(2) 회전체를 회전축을 포함하는 평면으로 자른 단면은 모두 합동이지만 선대칭도형은 아니다. ( )

(3) 원뿔을 회전축에 수직인 평면으로 자른 단면은 모두 합동이다. ( )

(4) 원기둥을 회전축을 포함하는 평면으로 자른 단면은 직사각형이다. ( )

(5) 구는 어떤 평면으로 잘라도 그 단면이 항상 원이다. ( )

(6) 원뿔대를 회전축에 수직인 평면으로 자른 단면은 사다리꼴이다. ( )

04

다음 그림은 어떤 회전체의 전개도인지 말하시오.

(1)
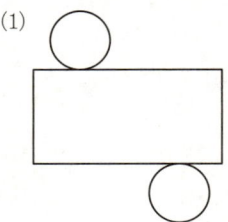

(2)
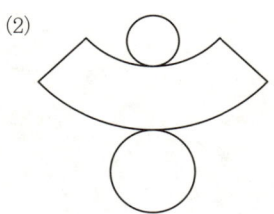

(3)
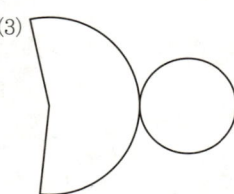

05

다음 그림은 원기둥과 그 전개도이다. ☐ 안에 알맞은 것을
쓰시오.

(1)

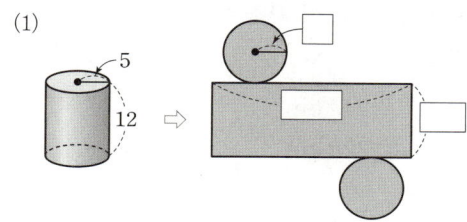

⇨ (옆면인 직사각형의 가로의 길이)

= (밑면인 원의 ☐의 길이)

= 2π × ☐ = ☐

(옆면인 직사각형의 세로의 길이)

= (원기둥의 ☐) = ☐

(2)

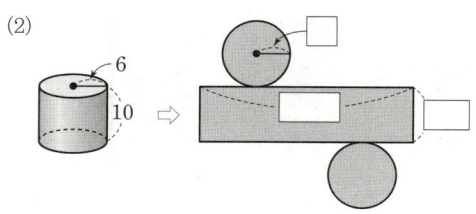

06

다음 그림은 원뿔과 그 전개도이다. ☐ 안에 알맞은 것을 쓰
시오.

(1)

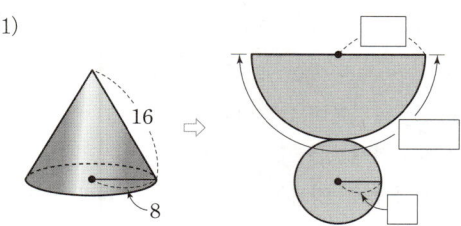

⇨ (옆면인 부채꼴의 호의 길이)

= (밑면인 원의 ☐의 길이)

= 2π × ☐ = ☐

(옆면인 부채꼴의 반지름의 길이)

= (원뿔의 ☐의 길이) = ☐

(2)

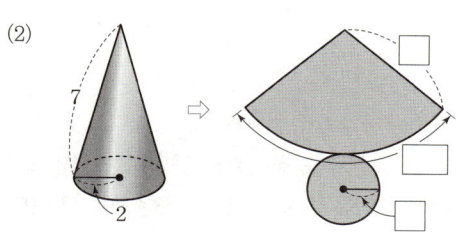

07

다음 그림은 원뿔대와 그 전개도이다. ☐ 안에 알맞은 것을
쓰시오.

(1)

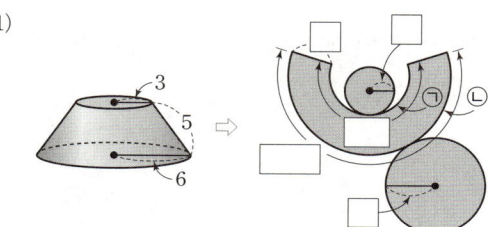

⇨ (㉠의 길이)

= (두 밑면 중 작은 원의 둘레의 길이)

= 2π × ☐ = ☐

(㉡의 길이)

= (두 밑면 중 큰 원의 둘레의 길이)

= 2π × ☐ = ☐

(2)

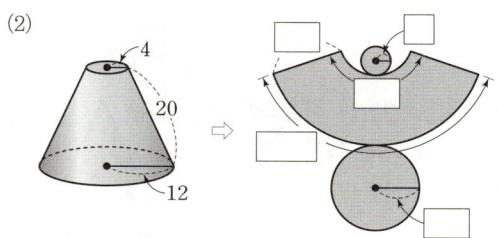

기본 문제

08

다음 중 회전체와 그 회전체를 회전축을 포함하는 평면으로 자를 때 생기는 단면의 모양을 짝 지은 것으로 옳은 모두 고르면?

(정답 2개)

① 구 – 원
② 반구 – 원
③ 원기둥 – 직사각형
④ 원뿔 – 부채꼴
⑤ 원뿔대 – 평행사변형

09

다음 중 회전축에 수직인 평면으로 자를 때 생기는 단면이 모두 합동인 회전체는?

①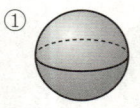
②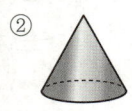
③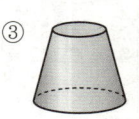
④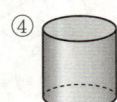
⑤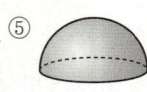

10

오른쪽 그림과 같은 원뿔을 회전축을 포함하는 평면으로 자를 때 생기는 단면의 넓이를 구하시오.

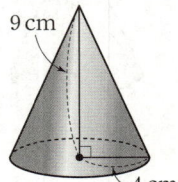

9 cm
4 cm

11

오른쪽 그림과 같은 직사각형을 직선 l을 회전축으로 하여 1회전 시킬 때 생기는 입체도형을 회전축에 수직인 평면으로 자를 때 생기는 단면의 넓이는?

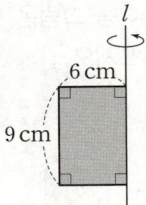

6 cm
9 cm

① $20\pi \text{ cm}^2$
② $24\pi \text{ cm}^2$
③ $28\pi \text{ cm}^2$
④ $32\pi \text{ cm}^2$
⑤ $36\pi \text{ cm}^2$

12

오른쪽 그림의 전개도로 만들어지는 원기둥에서 밑면인 원의 반지름의 길이를 구하시오.

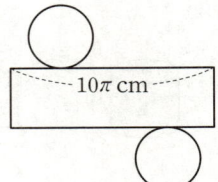

$10\pi \text{ cm}$

13

다음 |보기| 중 옳은 것을 고르시오.

┤ 보기 ├

ㄱ. 모든 회전체는 회전축이 1개이다.
ㄴ. 모든 회전체는 전개도를 그릴 수 있다.
ㄷ. 구의 단면이 가장 큰 경우는 구의 중심을 지나는 평면으로 자를 때이다.
ㄹ. 구를 회전축에 수직인 평면으로 자를 때 생기는 단면은 모두 합동이다.

한번 더! 기본 문제

01

다음 그림과 같은 평면도형을 직선 l을 회전축으로 하여 1회전 시킬 때 생기는 입체도형으로 옳지 않은 것을 모두 고르면? (정답 2개)

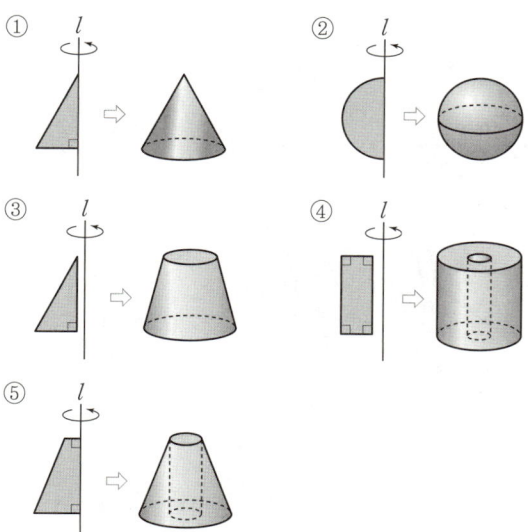

02 자신감 UP

오른쪽 그림과 같은 사다리꼴 ABCD의 변 또는 대각선을 회전축으로 하여 1회전 시켜 원뿔대를 만들려고 할 때, 다음 중 회전축이 될 수 있는 것은?

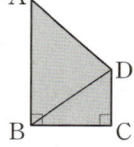

① $\overline{AB}$ ② $\overline{BC}$ ③ $\overline{BD}$
④ $\overline{CD}$ ⑤ $\overline{DA}$

03

다음 중 어떤 평면으로 잘라도 그 단면이 항상 원이 되는 회전체는?

① 원기둥 ② 원뿔 ③ 원뿔대
④ 구 ⑤ 반구

04

오른쪽 그림과 같은 평면도형을 직선 l을 회전축으로 하여 1회전 시킬 때 생기는 입체도형을 회전축을 포함하는 평면으로 자를 때 생기는 단면의 넓이를 구하시오.

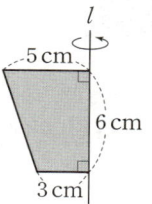

05

오른쪽 그림과 같은 전개도에서 부채꼴의 반지름의 길이는 12 cm이고 중심각의 크기는 90°일 때, 이 전개도로 만들어지는 원뿔의 밑면인 원의 반지름의 길이를 구하시오.

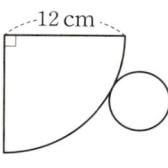

06

다음 중 옳지 않은 것을 모두 고르면? (정답 2개)

① 구의 전개도는 그릴 수 없다.
② 원뿔대의 두 밑면은 평행하고 서로 합동이다.
③ 구, 원기둥, 원뿔, 육각뿔대는 모두 회전체이다.
④ 회전체를 회전축에 수직인 평면으로 자른 단면의 모양은 항상 원이다.
⑤ 반구를 회전축을 포함하는 평면으로 자른 단면은 반원이다.

개념 33 기둥의 겉넓이

01

다음 □ 안에 알맞은 것을 쓰시오.

> (기둥의 겉넓이)＝(밑넓이)×2＋(옆넓이)
> 특히, 밑면의 반지름의 길이가 r, 높이가 h인 원기둥의
> 겉넓이를 S라 하면
> $S＝$(밑넓이)×2＋(옆넓이)
> $＝2\pi r^2＋$ ☐

02

다음 그림과 같은 각기둥과 그 전개도에 대하여 물음에 답하시오.

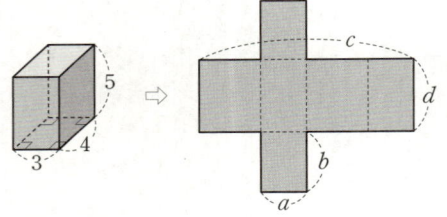

(1) a, b, c, d의 값을 각각 구하시오.

(2) 각기둥의 밑넓이를 구하시오.

(3) 각기둥의 옆넓이를 구하시오.

(4) 각기둥의 겉넓이를 구하시오.

03

다음 그림과 같은 각기둥의 겉넓이를 구하시오.

(1)

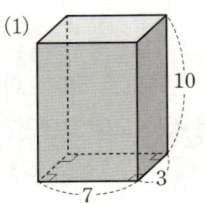

(2)

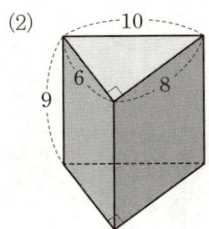

04

다음 그림과 같은 원기둥과 그 전개도에 대하여 물음에 답하시오.

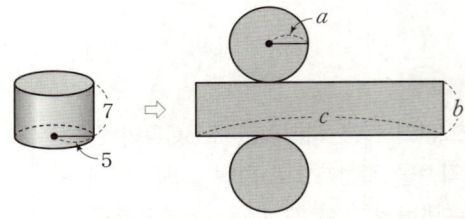

(1) a, b, c의 값을 각각 구하시오.

(2) 원기둥의 밑넓이를 구하시오.

(3) 원기둥의 옆넓이를 구하시오.

(4) 원기둥의 겉넓이를 구하시오.

05

다음 그림과 같은 원기둥의 겉넓이를 구하시오.

(1)

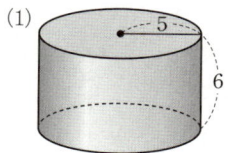

(2)

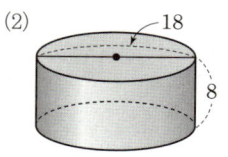

기본 문제

06

오른쪽 그림과 같은 사각기둥의
겉넓이를 구하시오.

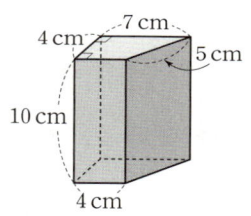

07

다음 그림과 같은 전개도로 만들어지는 사각기둥의 겉넓이를
구하시오.

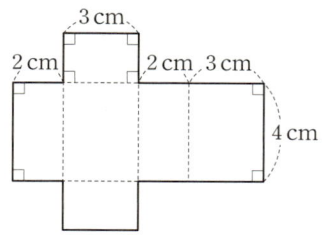

08

겉넓이가 $150\,cm^2$인 정육면체의 한 모서리의 길이를 구하
시오.

09

오른쪽 그림과 같은 원기둥의 겉넓이는?

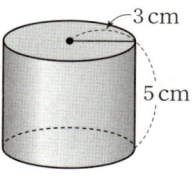

① $48\pi\,cm^2$ ② $52\pi\,cm^2$

③ $56\pi\,cm^2$ ④ $60\pi\,cm^2$

⑤ $64\pi\,cm^2$

10

밑면의 둘레의 길이가 $8\pi\,cm$이고 높이가 $10\,cm$인 원기둥
의 겉넓이는?

① $100\pi\,cm^2$ ② $112\pi\,cm^2$ ③ $124\pi\,cm^2$

④ $136\pi\,cm^2$ ⑤ $148\pi\,cm^2$

01

다음 □ 안에 알맞은 것을 쓰시오.

(기둥의 부피) = (밑넓이) × (높이)
특히, 밑면의 반지름의 길이가 r, 높이가 h인 원기둥의
부피를 V라 하면
V = (밑넓이) × (높이)
　 = ☐

02

다음 그림과 같은 각기둥에 대하여 물음에 답하시오.

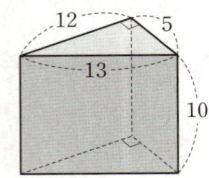

(1) 각기둥의 밑넓이를 구하시오.

(2) 각기둥의 높이를 구하시오.

(3) 각기둥의 부피를 구하시오.

03

다음 그림과 같은 각기둥의 부피를 구하시오.

(1)
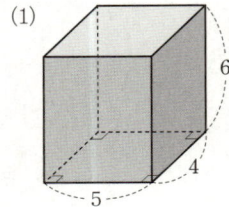

(2)
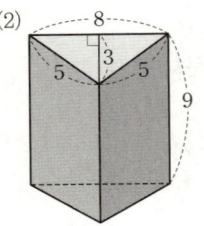

(3)
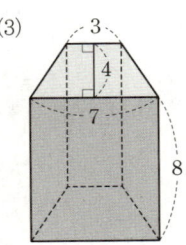

04

다음 그림과 같은 원기둥에 대하여 물음에 답하시오.

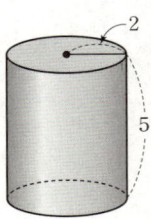

(1) 원기둥의 밑넓이를 구하시오.

(2) 원기둥의 높이를 구하시오.

(3) 원기둥의 부피를 구하시오.

05

다음 그림과 같은 원기둥의 부피를 구하시오.

(1)
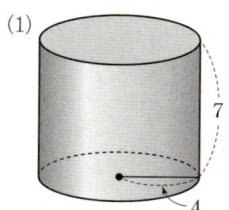
7
4

(2)
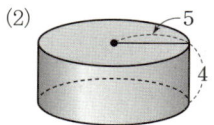
5
4

(3)
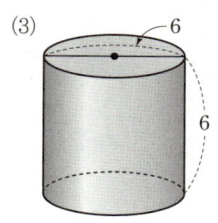
6
6

07

오른쪽 그림과 같은 삼각기둥의 부피는?

① 36 cm^3 ② 42 cm^3

③ 48 cm^3 ④ 54 cm^3

⑤ 60 cm^3

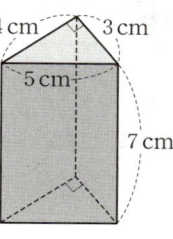
4 cm 3 cm
5 cm
7 cm

08

오른쪽 그림과 같은 원기둥의 부피는?

① $192\pi \text{ cm}^3$ ② $200\pi \text{ cm}^3$

③ $208\pi \text{ cm}^3$ ④ $216\pi \text{ cm}^3$

⑤ $224\pi \text{ cm}^3$

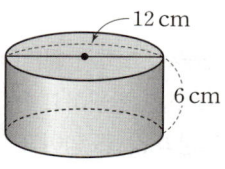
12 cm
6 cm

기본 문제

06

다음 그림과 같은 사각기둥의 부피는?

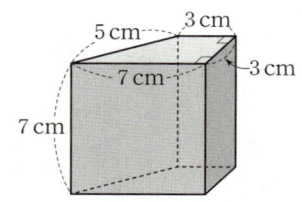
5 cm 3 cm
7 cm 3 cm
7 cm

① 103 cm^3 ② 105 cm^3 ③ 107 cm^3

④ 109 cm^3 ⑤ 111 cm^3

09

오른쪽 그림과 같이 밑면의 반지름의 길이가 9 cm인 원기둥의 부피가 $405\pi \text{ cm}^3$일 때, 이 원기둥의 높이를 구하시오.

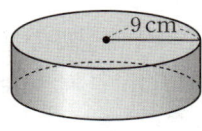
9 cm

4

입체도형의 성질

한번 더! 기본 문제

01

오른쪽 그림과 같은 삼각기둥의 겉넓이
가 216 cm²일 때, h의 값을 구하시오.

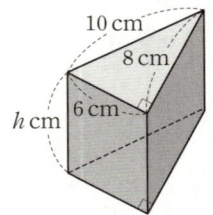

02

오른쪽 그림은 밑면이 반지름의 길이가
5 cm인 반원이고 높이가 8 cm인 기둥
모양의 입체도형이다. 이 입체도형의 겉넓
이를 구하시오.

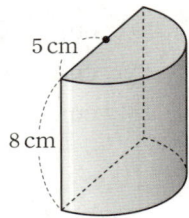

03

오른쪽 그림과 같은 삼각기둥의 부피가
540 cm³일 때, 이 삼각기둥의 높이는?

① 7 cm   ② 8 cm
③ 9 cm   ④ 10 cm
⑤ 11 cm

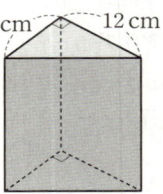

04

오른쪽 그림의 전개도로 만들어
지는 각기둥의 겉넓이와 부피를
차례로 구하시오.

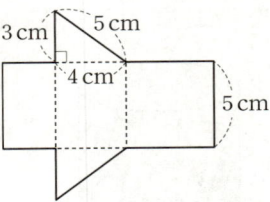

05

오른쪽 그림과 같이 원기둥의 가운데에
원기둥 모양의 구멍이 뚫린 입체도형
에 대하여 다음을 구하시오.

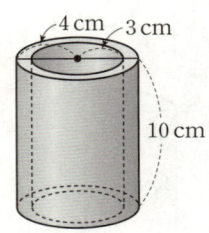

(1) 큰 원기둥의 부피
(2) 작은 원기둥의 부피
(3) 가운데에 원기둥 모양의 구멍이 뚫린
　　입체도형의 부피

06 자신감UP

다음 그림과 같은 두 원기둥 모양의 그릇 A, B에 물을 가득
담으려고 한다. 두 그릇 A, B 중 어느 쪽에 얼마만큼의 물을
더 담을 수 있는지 구하시오.

(단, 그릇의 두께는 생각하지 않는다.)

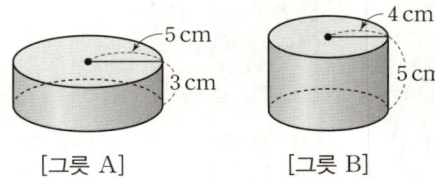

[그릇 A]   [그릇 B]

개념 35 뿔의 겉넓이

01

다음 ☐ 안에 알맞은 것을 쓰시오.

> (뿔의 겉넓이)=(밑넓이)+(옆넓이)
> 특히, 밑면의 반지름의 길이가 r, 모선의 길이가 l인 원뿔의
> 겉넓이를 S라 하면
> S=(밑넓이)+(옆넓이)
> $\quad = \pi r^2 + \dfrac{1}{2} \times l \times \boxed{}$
> $\quad = \pi r^2 + \boxed{}$

02

다음 그림과 같은 각뿔과 그 전개도에 대하여 물음에 답하시오.
(단, 옆면은 모두 합동이다.)

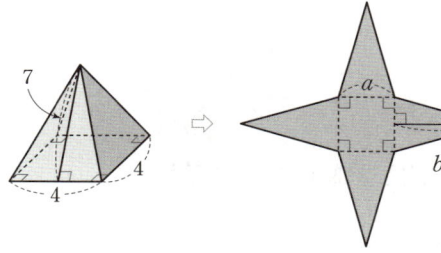

(1) a, b의 값을 각각 구하시오.

(2) 각뿔의 밑넓이를 구하시오.

(3) 각뿔의 옆넓이를 구하시오.

(4) 각뿔의 겉넓이를 구하시오.

03

다음 그림과 같은 각뿔의 겉넓이를 구하시오.
(단, 옆면은 모두 합동이다.)

(1)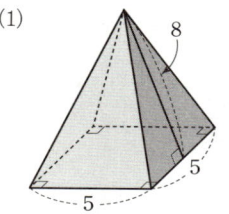

(2)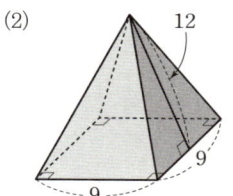

04

다음 그림과 같은 원뿔과 그 전개도에 대하여 물음에 답하시오.

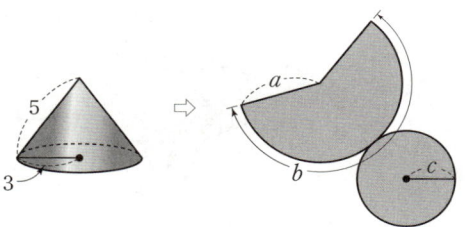

(1) a, b, c의 값을 각각 구하시오.

(2) 원뿔의 밑넓이를 구하시오.

(3) 원뿔의 옆넓이를 구하시오.

(4) 원뿔의 겉넓이를 구하시오.

05

다음 그림과 같은 원뿔의 겉넓이를 구하시오.

(1)

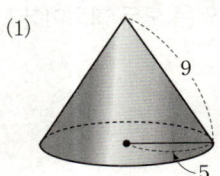

(2)

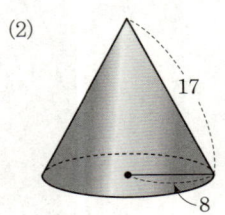

06

다음 그림과 같은 각뿔대와 그 전개도에 대하여 물음에 답하시오. (단, 옆면은 모두 합동이다.)

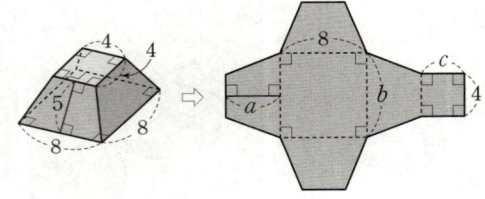

(1) a, b, c의 값을 각각 구하시오.

(2) 각뿔대의 두 밑넓이의 합을 구하시오.

(3) 각뿔대의 옆넓이를 구하시오.

(4) 각뿔대의 겉넓이를 구하시오.

07

다음 그림과 같은 원뿔대와 그 전개도에 대하여 물음에 답하시오.

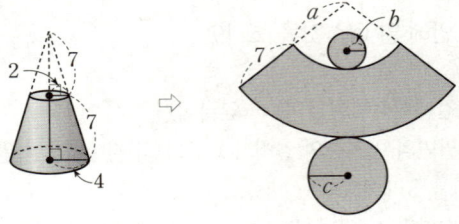

(1) a, b, c의 값을 각각 구하시오.

(2) 원뿔대의 두 밑넓이의 합을 구하시오.

(3) 원뿔대의 옆넓이를 구하시오.

(4) 원뿔대의 겉넓이를 구하시오.

08

다음 그림과 같은 뿔대의 겉넓이를 구하시오.

(1)

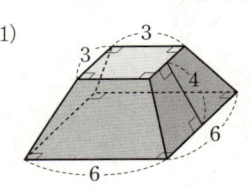

(단, 옆면은 모두 합동이다.)

(2)

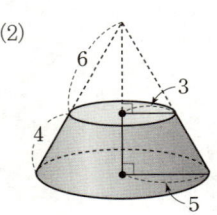

기본 문제 ·············

09

오른쪽 그림과 같이 밑면은 정사각형
이고 옆면은 모두 합동인 사각뿔의
겉넓이는?

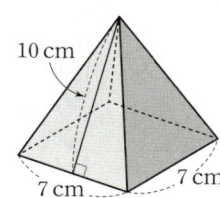

① 186 cm² ② 189 cm²
③ 192 cm² ④ 195 cm²
⑤ 198 cm²

10

오른쪽 그림의 전개도로 만들어지는
입체도형의 겉넓이를 구하시오.

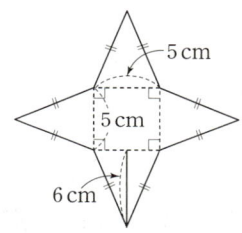

11

오른쪽 그림과 같은 원뿔의 겉넓이는?

① 90π cm² ② 92π cm²
③ 94π cm² ④ 96π cm²
⑤ 98π cm²

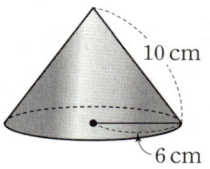

12

오른쪽 그림과 같이 밑면의 반지름의 길
이가 5 cm인 원뿔의 겉넓이가 65π cm²
일 때, 이 원뿔의 모선의 길이는?

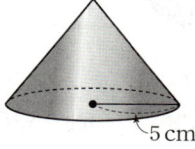

① 7 cm ② 8 cm
③ 10 cm ④ 12 cm
⑤ 15 cm

13

오른쪽 그림과 같이 두 밑면은 모두
정사각형이고 옆면은 모두 합동인 사
각뿔대의 겉넓이는?

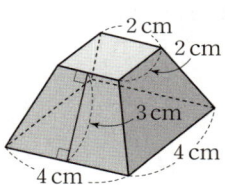

① 48 cm² ② 52 cm²
③ 56 cm² ④ 60 cm²
⑤ 64 cm²

14

오른쪽 그림과 같은 원뿔대의 겉넓이는?

① 81π cm² ② 90π cm²
③ 99π cm² ④ 108π cm²
⑤ 117π cm²

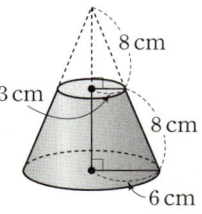

뿔의 부피

01

다음 ☐ 안에 알맞은 것을 쓰시오.

> (뿔의 부피)=$\frac{1}{3}$×(기둥의 부피)
>
> $\qquad$ =$\frac{1}{3}$×(밑넓이)×(높이)
>
> 특히, 밑면의 반지름의 길이가 r, 높이가 h인 원뿔의
> 부피를 V라 하면
>
> $V=\frac{1}{3}$×(밑넓이)×(높이)
>
> $\qquad$ = ☐

02

다음 그림과 같은 각뿔에 대하여 물음에 답하시오.

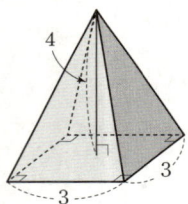

(1) 각뿔의 밑넓이를 구하시오.

(2) 각뿔의 높이를 구하시오.

(3) 각뿔의 부피를 구하시오.

03

다음 그림과 같은 각뿔의 부피를 구하시오.

(1)

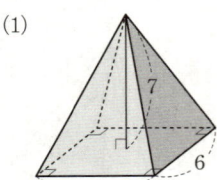

(2)

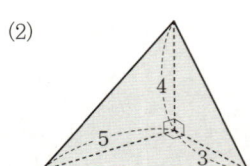

04

다음 그림과 같은 원뿔에 대하여 물음에 답하시오.

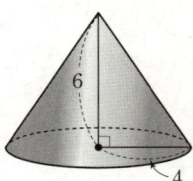

(1) 원뿔의 밑넓이를 구하시오.

(2) 원뿔의 높이를 구하시오.

(3) 원뿔의 부피를 구하시오.

4

05

다음 그림과 같은 원뿔의 부피를 구하시오.

(1)

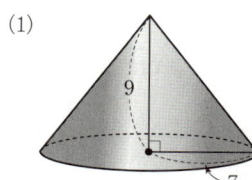

(2)

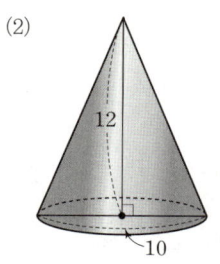

06

다음 그림과 같은 사각뿔대에 대하여 물음에 답하시오.

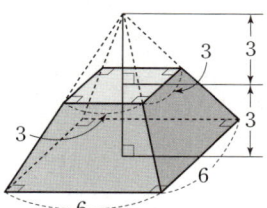

(1) 큰 사각뿔의 부피를 구하시오.

(2) 작은 사각뿔의 부피를 구하시오.

(3) 사각뿔대의 부피를 구하시오.

07

다음 그림과 같은 원뿔대에 대하여 물음에 답하시오.

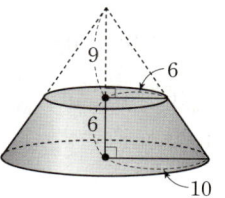

(1) 큰 원뿔의 부피를 구하시오.

(2) 작은 원뿔의 부피를 구하시오.

(3) 원뿔대의 부피를 구하시오.

08

다음 그림과 같은 뿔대의 부피를 구하시오.

(1)

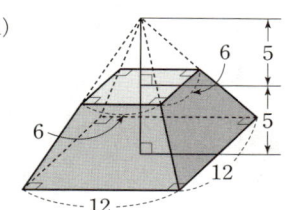

(2)

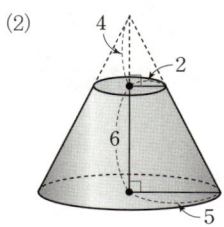

• 정답 및 해설 44쪽

기본 문제 ⋯⋯⋯⋯⋯⋯

09

오른쪽 그림과 같은 사각뿔의 부피는?

① 38 cm³ ② 40 cm³
③ 48 cm³ ④ 54 cm³
⑤ 60 cm³

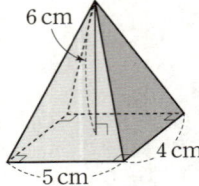

10

오른쪽 그림과 같이 한 변의 길이가 9 cm인 정사각형을 밑면으로 하는 사각뿔의 부피가 270 cm³일 때, 이 사각뿔의 높이를 구하시오.

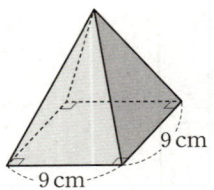

11

오른쪽 그림과 같은 원뿔의 부피는?

① 92π cm³ ② 94π cm³
③ 96π cm³ ④ 98π cm³
⑤ 100π cm³

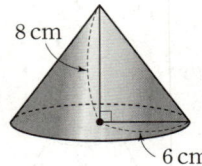

12

밑면의 반지름의 길이가 5 cm인 원뿔의 부피가 50π cm³일 때, 이 원뿔의 높이는?

① 6 cm ② 7 cm ③ 8 cm
④ 9 cm ⑤ 10 cm

13

오른쪽 그림과 같이 두 밑면은 모두 정사각형이고, 옆면은 모두 합동인 사각뿔대의 부피는?

① 72 cm³ ② 76 cm³
③ 80 cm³ ④ 84 cm³
⑤ 88 cm³

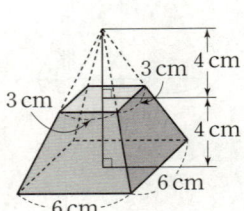

14

오른쪽 그림과 같은 평면도형을 직선 *l*을 회전축으로 하여 1회전 시킬 때 생기는 입체도형의 부피를 구하시오.

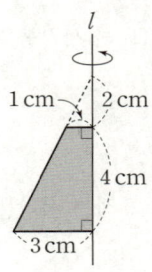

한번 더! 기본 문제

01

오른쪽 그림과 같이 옆면이 모두 합동인 사각뿔의 겉넓이가 132 cm²일 때, x의 값을 구하시오.

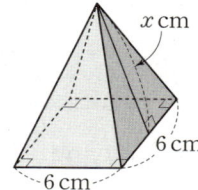

02

오른쪽 그림의 전개도로 만들어지는 원뿔의 겉넓이는?

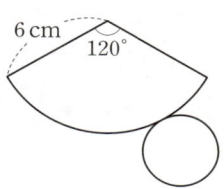

① 12π cm²   ② 14π cm²
③ 16π cm²   ④ 18π cm²
⑤ 20π cm²

03 자신감 UP

오른쪽 그림은 원기둥 위에 원뿔대를 올려 놓은 모양의 입체도형이다. 이 입체도형의 겉넓이를 구하시오.

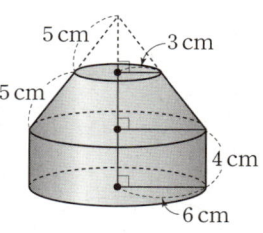

04

오른쪽 그림과 같이 한 모서리의 길이가 6 cm인 정육면체를 세 꼭짓점 B, G, D를 지나는 평면으로 자를 때 생기는 삼각뿔 G−BCD에 대하여 다음을 구하시오.

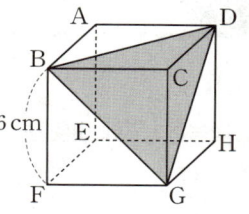

(1) 삼각뿔 G−BCD의 밑면인 △BCD의 넓이
(2) 삼각뿔 G−BCD의 부피

05

오른쪽 그림과 같이 밑면의 반지름의 길이가 6 cm, 높이가 12 cm인 원뿔 모양의 그릇에 1초에 3π cm³씩 물을 넣을 때, 다음을 구하시오.
  (단, 그릇의 두께는 생각하지 않는다.)

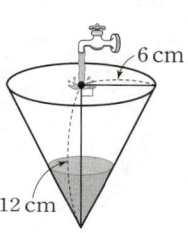

(1) 그릇의 부피
(2) 빈 그릇에 물을 가득 채우는 데 걸리는 시간

06

오른쪽 그림에서 위쪽 작은 원뿔과 아래쪽 원뿔대의 부피의 비를 가장 간단한 자연수의 비로 나타내시오.

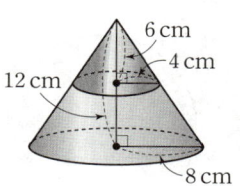

01

다음 □ 안에 알맞은 것을 쓰시오.

반지름의 길이가 r인 구의 겉넓이를 S라 하면
$S=\boxed{}$

02

다음 그림과 같은 구의 겉넓이를 구하시오.

(1)

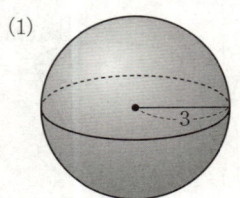

(2)

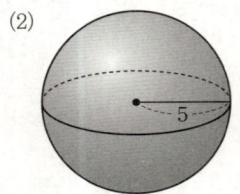

(3)

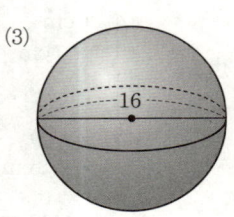

03

다음 그림과 같은 반구에 대하여 □ 안에 알맞은 수를 쓰고, 겉넓이를 구하시오.

(1)

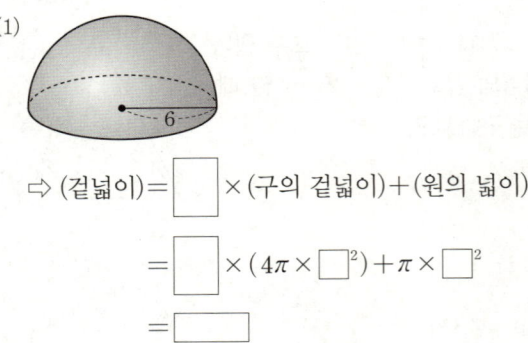

$\Rightarrow$ (겉넓이) $=\boxed{}\times$(구의 겉넓이)$+$(원의 넓이)

$\quad\quad\quad\quad=\boxed{}\times(4\pi\times\boxed{}^2)+\pi\times\boxed{}^2$

$\quad\quad\quad\quad=\boxed{}$

(2)

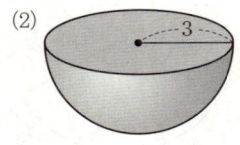

(3)

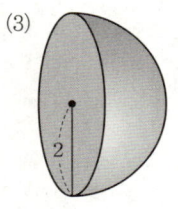

(4)

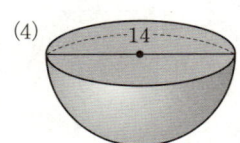

기본 문제 ··············

04

오른쪽 그림과 같이 반지름의 길이가
4 cm인 구의 겉넓이는?

① $48\pi\,\mathrm{cm}^2$ ② $52\pi\,\mathrm{cm}^2$

③ $56\pi\,\mathrm{cm}^2$ ④ $60\pi\,\mathrm{cm}^2$

⑤ $64\pi\,\mathrm{cm}^2$

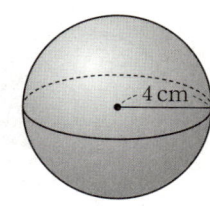

05

겉넓이가 $144\pi\,\mathrm{cm}^2$인 구의 반지름의 길이를 구하시오.

06

오른쪽 그림과 같이 지름의 길이가
10 cm인 반구의 겉넓이는?

① $65\pi\,\mathrm{cm}^2$ ② $70\pi\,\mathrm{cm}^2$

③ $75\pi\,\mathrm{cm}^2$ ④ $80\pi\,\mathrm{cm}^2$

⑤ $85\pi\,\mathrm{cm}^2$

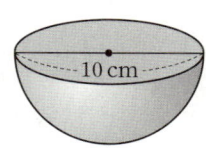

07

오른쪽 그림과 같이 지름의 길이가 18 cm
인 반원을 직선 l을 회전축으로 하여 1회전
시킬 때 생기는 입체도형의 겉넓이를 구하
시오.

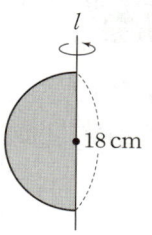

08

오른쪽 그림은 반지름의 길이가 4 cm
인 구의 $\dfrac{1}{4}$을 잘라 내고 남은 입체도형
이다. 이 입체도형의 겉넓이를 구하시오.

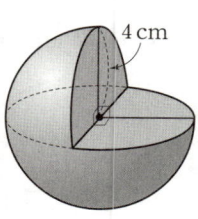

09

오른쪽 그림은 반구 2개와 원기둥 1개
를 붙여서 만든 입체도형이다. 이 입체
도형의 겉넓이를 구하시오.

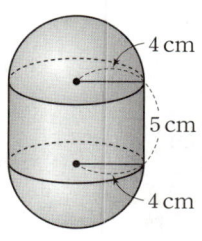

01

다음 ☐ 안에 알맞은 것을 쓰시오.

반지름의 길이가 r인 구의 부피를 V라 하면

$V = $ ☐

02

다음 그림과 같은 구의 부피를 구하시오.

(1)
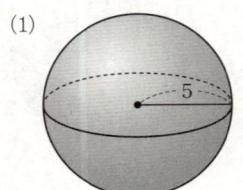

(2)
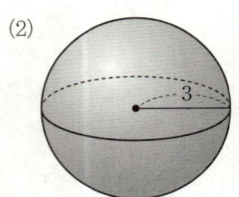

(3)
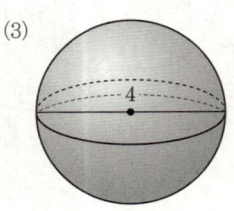

03

다음 그림과 같은 반구에 대하여 ☐ 안에 알맞은 수를 쓰고, 부피를 구하시오.

(1)
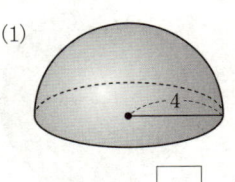

$\Rightarrow$ (부피) $=$ ☐ $\times$ (구의 부피)

$= $ ☐ $\times \left(\dfrac{4}{3}\pi \times$ ☐$^3 \right)$

$= $ ☐

(2)
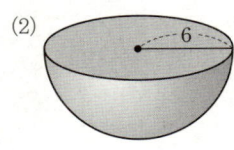

(3)
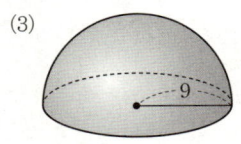

(4)
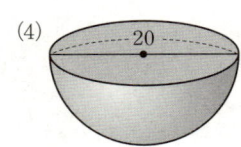

기본 문제

04

오른쪽 그림과 같이 지름의 길이가
12 cm인 구의 부피는?

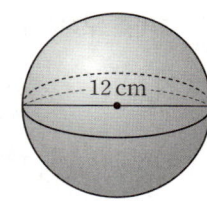

① $256\pi \,\mathrm{cm}^3$ ② $264\pi \,\mathrm{cm}^3$

③ $272\pi \,\mathrm{cm}^3$ ④ $280\pi \,\mathrm{cm}^3$

⑤ $288\pi \,\mathrm{cm}^3$

05

겉넓이가 $36\pi \,\mathrm{cm}^2$인 구의 부피는?

① $36\pi \,\mathrm{cm}^3$ ② $45\pi \,\mathrm{cm}^3$ ③ $54\pi \,\mathrm{cm}^3$

④ $63\pi \,\mathrm{cm}^3$ ⑤ $72\pi \,\mathrm{cm}^3$

06

오른쪽 그림과 같이 반지름의 길이가
5 cm인 구를 사등분한 입체도형의 부
피를 구하시오.

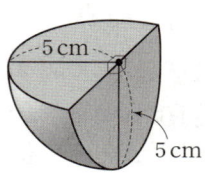

07

오른쪽 그림은 반지름의 길이가 9 cm
인 구의 $\dfrac{1}{4}$을 잘라 내고 남은 입체도형
이다. 이 입체도형의 부피를 구하시오.

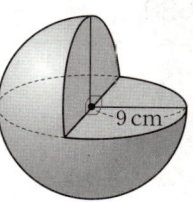

08

오른쪽 그림은 원기둥 위에 반구를 붙
여서 만든 입체도형이다. 이 입체도형
의 부피는?

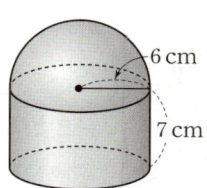

① $384\pi \,\mathrm{cm}^3$ ② $388\pi \,\mathrm{cm}^3$

③ $392\pi \,\mathrm{cm}^3$ ④ $396\pi \,\mathrm{cm}^3$

⑤ $400\pi \,\mathrm{cm}^3$

09

오른쪽 그림과 같은 부채꼴을 직선 l을 회
전축으로 하여 1회전 시킬 때 생기는 입체
도형의 부피를 구하시오.

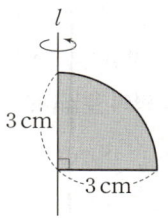

한번 더! 기본 문제

01

오른쪽 그림과 같이 반지름의 길이가
8 cm인 반구의 겉넓이는?

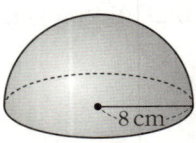

① 184π cm²   ② 192π cm²

③ 200π cm²   ④ 208π cm²

⑤ 216π cm²

02

오른쪽 그림은 반지름의 길이가 6 cm
인 구의 $\frac{1}{8}$ 을 잘라 내고 남은 입체도형
이다. 이 입체도형의 겉넓이를 구하시오.

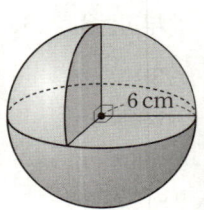

03

오른쪽 그림과 같은 평면도형을 직선 l을 회
전축으로 하여 1회전 시킬 때 생기는 입체도
형의 겉넓이는?

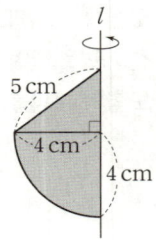

① 48π cm²   ② 50π cm²

③ 52π cm²   ④ 54π cm²

⑤ 56π cm²

04

오른쪽 그림과 같은 평면도형을 직선 l을 회전
축으로 하여 1회전 시킬 때 생기는 입체도형
의 부피를 구하시오.

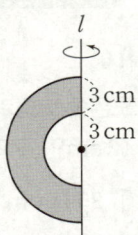

05

오른쪽 그림과 같이 밑면의 반지름의 길이
가 6 cm인 원기둥 모양의 그릇에 물이 가
득 담겨 있다. 이 그릇에 꼭 맞는 공을 넣었
다가 뺐을 때, 그릇에 남아 있는 물의 양은?
(단, 그릇의 두께는 생각하지 않는다.)

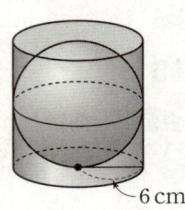

① 108π cm³   ② 120π cm³   ③ 132π cm³

④ 144π cm³   ⑤ 156π cm³

06 자신감 UP

반지름의 길이가 2 cm인 쇠구슬 여러 개 녹여서 반지름의 길
이가 4 cm인 쇠구슬 한 개를 만들려고 한다. 반지름의 길이
가 2 cm인 쇠구슬은 최소 몇 개가 필요한지 구하시오.
(단, 쇠구슬은 구 모양으로 생각한다.)

5

대푯값 / 자료의 정리와 해석

개념 39 | 대푯값

한번 더! 기본 문제

개념 40 | 줄기와 잎 그림

개념 41 | 도수분포표

한번 더! 기본 문제

개념 42 | 히스토그램

개념 43 | 도수분포다각형

한번 더! 기본 문제

개념 44 | 상대도수

개념 45 | 상대도수의 분포를 나타낸 그래프

한번 더! 기본 문제

01

다음 □ 안에 알맞은 것을 쓰시오.

(1) 자료를 수량으로 나타낸 것을 ▢이라 한다.

(2) 자료 전체의 중심 경향이나 특징을 대푯값이라 하고, 대푯값에는 다음의 3가지가 있다.

① 평균: 변량의 총합을 변량의 개수로 나눈 값

② ▢: 자료의 변량을 작은 값부터 크기순으로 나열할 때, 한가운데에 있는 값

③ ▢: 자료의 변량 중에서 가장 많이 나타나는 값

02

다음 자료의 평균을 구하시오.

(1) 3, 2, 5, 9, 6

(2) 7, 2, 4, 8, 9

(3) 4, 7, 13, 5, 11

(4) 6, 4, 3, 5, 8, 10

(5) 2, 5, 10, 3, 6, 4

(6) 12, 3, 4, 10, 5, 8

03

다음 자료의 중앙값을 구하시오.

(1) 10, 5, 11, 4, 6

(2) 7, 10, 12, 3, 14, 8

(3) 7, 4, 8, 10, 5, 3

(4) 6, 2, 10, 8, 4, 11, 7

(5) 8, 7, 5, 9, 8, 11, 8

(6) 12, 16, 20, 11, 14, 19, 18, 13

04

다음 자료의 최빈값을 구하시오.

(1) 2, 7, 8, 4, 5, 4

(2) 3, 5, 6, 10, 5, 3

(3) 3, 6, 8, 9, 2, 5

(4) 2, 10, 4, 6, 8, 4, 9, 2, 10, 4, 2

(5) 사과, 레몬, 포도, 수박, 레몬

(6) 노랑, 빨강, 노랑, 파랑, 노랑, 파랑, 노랑, 파랑

05

다음 물음에 답하시오.

(1) 다음 자료의 평균이 6일 때, x의 값을 구하시오.

$$4, \quad 5, \quad 7, \quad x$$

(2) 다음 자료는 4개의 수를 작은 값부터 크기순으로 나열한 것이다. 이 자료의 중앙값이 11일 때, x의 값을 구하시오.

$$9, \quad x, \quad 13, \quad 16$$

(3) 다음 자료의 최빈값이 4일 때, x의 값을 구하시오.

$$4, \quad 1, \quad x, \quad 8, \quad 1, \quad 4$$

기본 문제

06

다음 표는 효준이가 중간고사에서 받은 과목별 점수를 조사하여 나타낸 것이다. 효준이가 받은 과목별 점수의 평균을 구하시오.

과목	수학	국어	영어	과학
점수(점)	92	86	94	96

07

다음은 어느 도시의 6개월 동안의 월평균 강수량을 조사하여 나타낸 자료이다. 물음에 답하시오.

(단위: mm)

$$23, \quad 20, \quad 35, \quad 39, \quad 37, \quad 230$$

(1) 이 자료의 평균을 구하시오.

(2) 이 자료의 중앙값을 구하시오.

(3) 이 자료의 최빈값을 구하시오.

(4) 평균, 중앙값, 최빈값 중에서 이 자료의 대푯값으로 가장 적절한 것은 어느 것인지 말하시오.

08

다음은 10명의 학생의 제기차기 횟수를 조사하여 나타낸 자료이다. 제기차기 횟수의 평균이 7회일 때, 중앙값과 최빈값의 합을 구하시오.

(단위: 회)

$$4, \quad 6, \quad 8, \quad 9, \quad a, \quad 10, \quad 9, \quad 4, \quad 8, \quad 6$$

09

연수는 4회에 걸친 미술 실기 시험에서 각각 9점, 18점, 11점, x점을 받았다. 미술 실기 점수의 중앙값이 13점일 때, x의 값을 구하시오.

한번 더! 기본 문제

01

다음 표는 윤수네 반 학생 20명의 영어 듣기 평가 점수를 조사하여 나타낸 것이다. 영어 듣기 평가 점수의 평균은?

점수(점)	12	14	16	18	20
학생 수(명)	1	3	4	9	3

① 15점   ② 15.5점   ③ 16점
④ 16.5점   ⑤ 17점

02

다음 자료 중 중앙값이 가장 큰 것은?

① 2, 2, 3, 7, 7   ② 2, 2, 5, 6, 6, 7
③ 2, 3, 3, 5, 6, 7   ④ 2, 3, 4, 5, 6, 7, 8
⑤ 3, 3, 5, 5, 7, 7, 9

03

다음은 사격 선수 20명의 사격 점수를 조사하여 나타낸 자료이다. 사격 점수의 최빈값은?

(단위: 점)

4,	8,	7,	9,	5,	6,	7,	8,	5,	7
10,	10,	6,	8,	7,	5,	4,	9,	7,	8

① 4점   ② 5점   ③ 6점
④ 7점   ⑤ 8점

04

다음 자료의 평균이 5일 때, 최빈값은?

$$4, \quad 5, \quad 3, \quad 7, \quad x, \quad 6, \quad 3$$

① 3   ② 5   ③ 6
④ 3, 5   ⑤ 3, 7

05

다음은 어느 중학교 앞 문구점에서 3일 동안 판매한 체육복의 치수를 조사하여 나타낸 자료이다. 이 문구점에서 가장 많이 준비해야 할 체육복의 치수를 대푯값을 이용하여 정하려고 한다. 이 자료의 대푯값으로 가장 적절한 것을 말하고, 가장 많이 준비해야 할 체육복의 치수를 구하시오.

(단위: 호)

100,	85,	90,	90,	95
95,	90,	90,	100,	90

06 자신감 UP

다음 자료의 최빈값이 7일 때, x의 값과 이 자료의 중앙값을 각각 구하시오.

$$2, \quad 3, \quad 9, \quad 6, \quad x, \quad 7$$

개념 40 줄기와 잎 그림

01

다음 □ 안에 알맞은 것을 쓰시오.

> 줄기와 잎을 이용하여 자료를 나타낸 그림을
> [   ]이라 한다.
> 이때 [   ]는 중복되는 수를 한 번만 쓰고, □은 중복되는
> 수를 중복된 횟수만큼 쓴다.

02

다음은 어느 바둑 강습반 회원의 나이를 조사하여 나타낸 자료이다. 물음에 답하시오.

(단위: 세)

25,	31,	33,	26,	46,	32
38,	27,	31,	40,	37,	27

(1) 다음 줄기와 잎 그림을 완성하시오.

(2 | 5는 25세)

줄기	잎
2	5
3	
4	

(2) 잎이 가장 많은 줄기와 잎이 가장 적은 줄기를 차례로 구하시오.

(3) 나이가 5번째로 많은 회원의 나이를 구하시오.

03

다음은 지현이네 반 학생들의 2단 뛰기 줄넘기 횟수를 조사하여 나타낸 자료이다. 물음에 답하시오.

(단위: 회)

24,	16,	38,	27,	15,	43
46,	37,	40,	32,	27,	25

(1) 다음 줄기와 잎 그림을 완성하시오.

(1 | 5는 15회)

줄기	잎
1	5
2	
3	
4	

(2) 줄기 2에 해당하는 잎을 모두 구하시오.

(3) 2단 뛰기 줄넘기 횟수가 가장 많은 학생의 기록을 구하시오.

04

다음은 해진이네 반 학생들의 몸무게를 조사하여 나타낸 줄기와 잎 그림이다. 물음에 답하시오.

(3 | 5는 35 kg)

줄기	잎
3	5 7
4	2 6 8
5	0 3 6 7 9 9
6	1 4 5 6 8

(1) 해진이네 반 전체 학생 수를 구하시오.

(2) 몸무게가 가장 적게 나가는 학생의 몸무게를 구하시오.

(3) 몸무게가 58 kg 이상인 학생 수를 구하시오.

기본 문제

05

다음은 승우네 반 학생들의 키를 조사하여 나타낸 자료이다. 물음에 답하시오.

(단위: cm)

142,	135,	162,	136,	140
139,	156,	151,	147,	150
147,	164,	138,	141,	147

(1) 다음 줄기와 잎 그림을 완성하시오.

(13|5는 135 cm)

줄기	잎
13	5

(2) 승우의 키가 150 cm일 때, 승우보다 키가 큰 학생 수를 구하시오.

(3) 키가 가장 큰 학생과 가장 작은 학생의 키의 차를 구하시오.

06

오른쪽은 윤진이네 반 학생들의 제기차기 횟수를 조사하여 나타낸 줄기와 잎 그림이다. 제기차기 횟수가 6번째로 많은 학생의 제기차기 횟수를 a회, 제기차기 횟수가 30회 초과인 학생 수를 b명이라 할 때, $a+b$의 값을 구하시오.

(1|2는 12회)

줄기	잎			
1	2	5	8	
2	1	3	3	7	9
3	0	2	5	8
4	3	6		
5	7			

07

오른쪽은 어느 마라톤 대회의 참가자들의 나이를 조사하여 나타낸 줄기와 잎 그림이다. 다음 물음에 답하시오.

(1|5는 15세)

줄기	잎				
1	5	8			
2	1	5	6	9	9
3	0	1	5	7	8	8
4	2	3	6		

(1) 마라톤 대회의 전체 참가자 수를 구하시오.

(2) 나이가 15세 이상 25세 이하인 참가자 수를 구하시오.

(3) 나이가 15세 이상 25세 이하인 참가자는 전체의 몇 % 인지 구하시오.

08

아래는 정화네 반 학생들의 사회 점수를 조사하여 나타낸 줄기와 잎 그림이다. 다음 중 옳지 않은 것은?

(6|0은 60점)

줄기	잎					
6	0	4	8			
7	2	2	5	5	6	7
8	0	4	4	4	5	8	9
9	0	2	5	7		

① 잎이 가장 많은 줄기는 8이다.
② 정화네 반 전체 학생 수는 20명이다.
③ 사회 점수가 72점인 학생 수는 2명이다.
④ 사회 점수가 90점 이상인 학생 수는 4명이다.
⑤ 사회 점수가 7번째로 높은 학생의 점수는 84점이다.

개념 41 도수분포표

01

다음 □ 안에 알맞은 것을 쓰시오.

(1) 변량을 일정한 간격으로 나눈 구간을 □, 변량을 나눈 구간의 너비를 □ 라 하고, 각 계급에 속하는 변량의 개수를 □ 라 한다.

(2) 자료를 몇 개의 계급으로 나누고, 각 계급의 도수를 나타낸 표를 □ 라 한다.

02

다음은 선우네 반 학생들의 수학 점수를 조사하여 나타낸 자료이다. 물음에 답하시오.

(단위: 점)

| 64, | 71, | 88, | 72, | 62, | 76, | 82, | 78 |
| 85, | 61, | 89, | 75, | 97, | 76, | 83, | 70 |

(1) 가장 작은 변량과 가장 큰 변량을 차례로 구하시오.

(2) 계급의 크기를 10점으로 하는 다음 도수분포표를 완성하시오.

수학 점수(점)	학생 수(명)	
$60^{이상} \sim 70^{미만}$	///	3
합계		16

03

다음은 성찬이네 동아리 학생들의 통학 시간을 조사하여 나타낸 자료이다. 물음에 답하시오.

(단위: 분)

| 6, | 23, | 33, | 28, | 13, | 20, | 16, | 24 |
| 36, | 29, | 27, | 22, | 17, | 17, | 9, | 15 |

(1) 다음 도수분포표를 완성하시오.

통학 시간(분)	학생 수(명)	
$0^{이상} \sim 10^{미만}$	//	2
10 ~ 20		
20 ~ 30		
30 ~ 40		
합계		

(2) 계급의 크기를 구하시오.

(3) 계급의 개수를 구하시오.

(4) 도수가 가장 큰 계급을 구하시오.

(5) 통학 시간이 17분인 학생이 속하는 계급의 도수를 구하시오.

(6) 통학 시간이 10분 이상 30분 미만인 학생 수를 구하시오.

(7) 통학 시간이 4번째로 긴 학생이 속하는 계급을 구하시오.

04

다음은 어느 독서 동호회 회원 30명이 6개월 동안 읽은 책의 수를 조사하여 나타낸 도수분포표이다. A의 값을 구하시오.

책의 수(권)	회원 수(명)
$0^{이상} \sim 6^{미만}$	3
6 ~ 12	4
12 ~ 18	11
18 ~ 24	A
24 ~ 30	3
합계	30

05

다음은 민지네 반 학생 30명의 오래 매달리기 기록을 조사하여 나타낸 도수분포표이다. 물음에 답하시오.

오래 매달리기 기록(초)	학생 수(명)
$0^{이상} \sim 10^{미만}$	2
10 ~ 20	6
20 ~ 30	A
30 ~ 40	8
40 ~ 50	2
합계	30

(1) A의 값을 구하시오.

(2) 오래 매달리기 기록이 10초 이상 30초 미만인 학생 수를 구하시오.

(3) 오래 매달리기 기록이 37초인 학생이 속하는 계급의 도수를 구하시오.

(4) 오래 매달리기 기록이 20초 미만인 학생 수를 구하시오.

06

다음은 서경이네 반 학생 25명의 하루 동안의 TV 시청 시간을 조사하여 나타낸 도수분포표이다. 물음에 답하시오.

TV 시청 시간(분)	학생 수(명)
$30^{이상} \sim 60^{미만}$	2
60 ~ 90	5
90 ~ 120	7
120 ~ 150	
150 ~ 180	3
합계	25

(1) 120분 이상 150분 미만인 계급의 도수를 구하시오.

(2) TV 시청 시간이 30분 이상 90분 미만인 학생 수를 구하시오.

(3) TV 시청 시간이 30분 이상 90분 미만인 학생은 전체의 몇 %인지 구하시오.

(4) TV 시청 시간이 120분 이상인 학생 수를 구하시오.

(5) TV 시청 시간이 120분 이상인 학생은 전체의 몇 %인지 구하시오.

기본 문제

07

다음 |보기|에서 옳은 것을 모두 고르시오.

┌ 보기 ┐
ㄱ. 계급의 양 끝 값의 합을 계급의 크기라 한다.
ㄴ. 각 계급에 속하는 변량의 개수를 도수라 한다.
ㄷ. 도수분포표를 보면 계급, 계급의 크기, 도수의 총합을 알 수 있다.

08

다음은 어느 반 학생 30명의 점심 식사 시간을 조사하여 나타낸 도수분포표이다. 도수가 가장 작은 계급과 도수가 가장 큰 계급을 차례로 구하시오.

점심 식사 시간(분)	학생 수(명)
$5^{이상} \sim 10^{미만}$	1
10 ~ 15	7
15 ~ 20	11
20 ~ 25	8
25 ~ 30	3
합계	30

09

오른쪽은 재현이네 반 학생 20명의 체육 실기 점수를 조사하여 나타낸 도수분포표이다. 계급의 개수를 a개, 계급의 크기를 b점, 체육 실기 점수가 36점인 학생이 속하는 계급의 도수를 c명이라 할 때, $a+b+c$의 값을 구하시오.

실기 점수(점)	학생 수(명)
$0^{이상} \sim 10^{미만}$	2
10 ~ 20	5
20 ~ 30	3
30 ~ 40	8
40 ~ 50	2
합계	20

10

오른쪽은 세희네 반 학생 35명의 2분 동안의 줄넘기 횟수를 조사하여 나타낸 도수분포표이다. 다음 중 옳지 않은 것은?

줄넘기 횟수(회)	학생 수(명)
$0^{이상} \sim 30^{미만}$	4
30 ~ 60	8
60 ~ 90	A
90 ~ 120	8
120 ~ 150	3
합계	35

① A의 값은 12이다.
② 계급의 크기는 30회이다.
③ 줄넘기 횟수가 90회 이상인 학생 수는 8명이다.
④ 도수가 가장 큰 계급은 60회 이상 90회 미만이다.
⑤ 줄넘기 횟수가 13번째로 적은 학생이 속한 계급은 60회 이상 90회 미만이다.

11

오른쪽은 경준이네 반 학생 25명의 겨울방학 동안의 도서관 방문 횟수를 조사하여 나타낸 도수분포표이다. 방문 횟수가 15회 이상 20회 미만인 학생은 전체의 몇 %인지 구하시오.

방문 횟수(회)	학생 수(명)
$10^{이상} \sim 15^{미만}$	5
15 ~ 20	
20 ~ 25	10
25 ~ 30	2
합계	25

12

오른쪽은 어느 중학교 1학년 학생 40명의 수학 점수를 조사하여 나타낸 도수분포표이다. 수학 점수가 60점 이상 70점 미만인 학생이 전체의 25 %일 때, 다음 물음에 답하시오.

수학 점수(점)	학생 수(명)
$50^{이상} \sim 60^{미만}$	3
60 ~ 70	
70 ~ 80	16
80 ~ 90	
90 ~ 100	4
합계	40

⑴ 수학 점수가 60점 이상 70점 미만인 학생 수를 구하시오.
⑵ 수학 점수가 80점 이상 90점 미만인 학생 수를 구하시오.

한번 더! 기본 문제

01

아래는 기현이네 반 학생들의 공 던지기 기록을 조사하여 나타낸 줄기와 잎 그림이다. 다음 중 옳지 <u>않은</u> 것을 모두 고르면? (정답 2개)

(1|0은 10 m)

줄기	잎
1	0 2 4 8
2	1 3 4 5 6 7
3	2 3 5 7 8 8 9
4	0 4 6 7 9

① 잎이 가장 적은 줄기는 1이다.
② 공을 가장 멀리 던진 학생의 기록은 49 m이다.
③ 공 던지기 기록이 37 m 이상인 학생 수는 8명이다.
④ 기현이네 반 전체 학생 수는 22명이다.
⑤ 공 던지기 기록이 5번째로 짧은 학생의 기록은 23 m이다.

02

다음은 현우네 반 학생들의 하루 동안의 독서 시간을 조사하여 나타낸 줄기와 잎 그림이다. 물음에 답하시오.

(0|2는 2분)

잎(남학생)	줄기	잎(여학생)
5 4	0	2 5 6
6 3 2	1	3 4 6 7
9 4 4 2 0	2	2 2 3 9
6 4 2	3	5 8

(1) 독서 시간이 15분 이상 32분 이하인 학생 수를 구하시오.

(2) 독서 시간이 남학생 중 3번째로 긴 학생이 현우이고, 여학생 중 3번째로 긴 학생이 연희일 때, 현우와 연희 중 어느 쪽의 독서 시간이 몇 분 더 긴지 구하시오.

03

다음은 어느 마을 사람들의 한 달 동안의 마을 회관 방문 횟수를 조사하여 나타낸 자료이다. 이 자료를 도수분포표로 나타낼 때, A, B, C, D, E의 값을 각각 구하시오.

(단위: 회)

4,	12,	9,	14,	6
8,	6,	11,	9,	10
12,	3,	10,	13,	18
16,	17,	10,	7,	5

방문 횟수(회)	사람 수(명)
0^{이상} ~ 5^{미만}	A
5 ~ 10	B
10 ~ 15	C
15 ~ 20	D
합계	E

04

오른쪽은 영어 말하기 대회에 참가한 학생 25명의 점수를 조사하여 나타낸 도수분포표이다. 다음 |보기|에서 옳은 것을 모두 고르시오.

점수(점)	학생 수(명)
50^{이상} ~ 60^{미만}	2
60 ~ 70	4
70 ~ 80	9
80 ~ 90	6
90 ~ 100	4
합계	25

┤ 보기 ├
ㄱ. 계급의 개수는 10개이다.
ㄴ. 가장 작은 변량은 50점이다.
ㄷ. 점수가 80점 이상인 학생 수는 10명이다.
ㄹ. 60점 이상 70점 미만인 계급의 도수는 4명이다.

06 자신감 UP

오른쪽은 민욱이네 반 학생들의 가슴 둘레를 조사하여 나타낸 도수분포표이다. 가슴 둘레가 80 cm 이상인 학생이 전체의 50 %일 때, 가슴 둘레가 75 cm 이상 80 cm 미만인 학생 수를 구하시오.

가슴 둘레(cm)	학생 수(명)
65^{이상} ~ 70^{미만}	2
70 ~ 75	5
75 ~ 80	
80 ~ 85	13
85 ~ 90	2
합계	

개념 42 히스토그램

01

다음 □ 안에 알맞은 것을 쓰시오.

(1) 가로축에는 계급을, 세로축에는 도수를 표시하여 직사각형 모양으로 나타낸 그래프를 □□□□□이라 한다.

(2) 히스토그램에서 각 직사각형의 넓이는 세로의 길이인 각 계급의 □□에 정비례한다. 또 직사각형의 넓이의 합은 계급의 크기와 도수의 총합의 곱과 같다.

02

다음은 수민이네 반 학생들이 일주일 동안 편의점에 방문한 횟수를 조사하여 나타낸 도수분포표이다. 이 도수분포표를 히스토그램으로 나타내시오.

횟수(회)	학생 수(명)
$2^{이상} \sim 4^{미만}$	1
4 ~ 6	4
6 ~ 8	7
8 ~ 10	10
10 ~ 12	3
합계	25

⇩

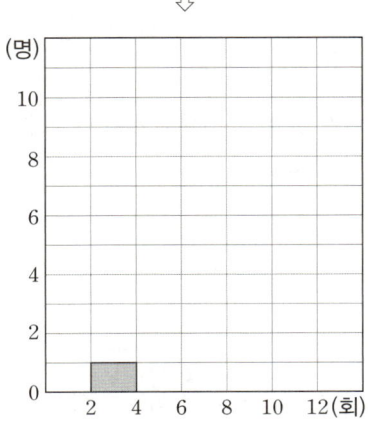

03

다음은 재훈이네 반 학생들의 키를 조사하여 나타낸 도수분포표이다. 이 도수분포표를 히스토그램으로 나타내시오.

키(cm)	학생 수(명)
$140^{이상} \sim 150^{미만}$	3
150 ~ 160	5
160 ~ 170	11
170 ~ 180	4
180 ~ 190	2
합계	25

⇩

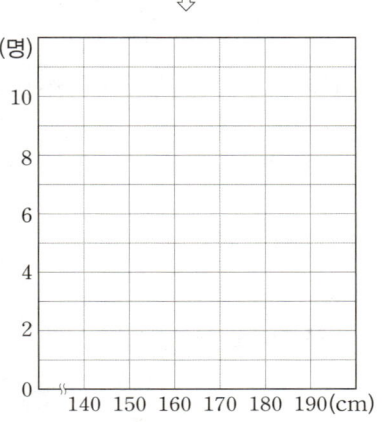

04

아래는 정환이네 반 학생들의 영어 점수를 조사하여 나타낸 히스토그램이다. 다음을 구하시오.

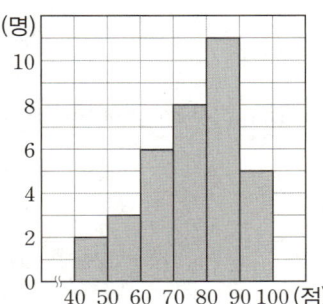

(1) 계급의 크기

(2) 계급의 개수

(3) 정환이네 반 전체 학생 수

(4) 도수가 가장 작은 계급

(5) 도수가 가장 큰 계급

05

다음은 주현이네 반 학생들의 100 m 달리기 기록을 조사하여 나타낸 히스토그램이다. 물음에 답하시오.

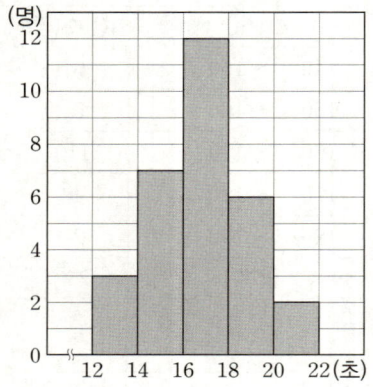

(1) 계급의 크기와 계급의 개수를 차례로 구하시오.

(2) 도수가 가장 큰 계급을 구하시오.

(3) 주현이네 반 전체 학생 수를 구하시오.

(4) 달리기 기록이 16초 이상 20초 미만인 학생 수를 구하시오.

(5) 달리기 기록이 16초 이상 20초 미만인 학생은 전체의 몇 % 인지 구하시오.

06

다음은 준영이네 반 학생들의 1분 동안의 윗몸일으키기 횟수를 조사하여 나타낸 히스토그램이다. 물음에 답하시오.

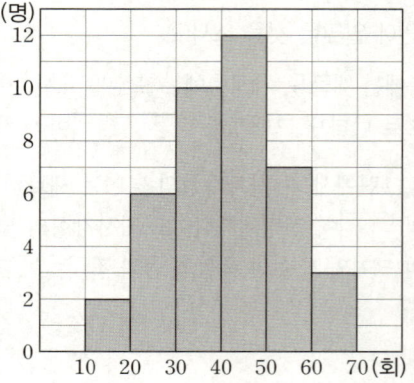

(1) 도수가 10명인 계급을 구하시오.

(2) 도수가 가장 작은 계급을 구하시오.

(3) 윗몸일으키기 횟수가 7번째로 적은 학생이 속하는 계급의 도수를 구하시오.

(4) 윗몸일으키기 횟수가 5번째로 많은 학생이 속하는 계급의 도수를 구하시오.

(5) 윗몸일으키기 횟수가 50회 이상인 학생은 전체의 몇 % 인지 구하시오.

기본 문제 ···

07

다음은 여행 동호회 회원들의 6개월 동안의 여행 횟수를 조사하여 나타낸 히스토그램이다. 도수가 가장 큰 계급의 도수를 a명, 계급의 크기를 b회, 계급의 개수를 c개라 할 때, $a+b+c$의 값을 구하시오.

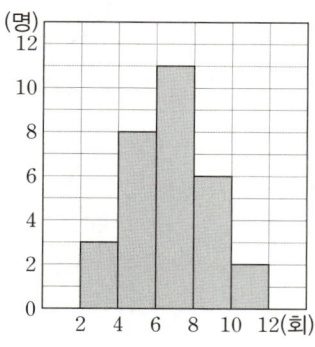

08

오른쪽은 주영이네 동아리 학생들이 하루 동안 걷는 시간을 조사하여 나타낸 히스토그램이다. 하루 동안 걷는 시간이 10번째로 긴 학생이 속하는 계급을 구하시오.

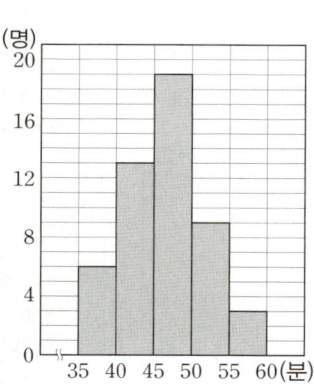

09

오른쪽은 진주네 반 학생들의 1분 동안의 팔굽혀펴기 횟수를 조사하여 나타낸 히스토그램이다. 다음 중 오른쪽 히스토그램을 통해 알 수 없는 것은?

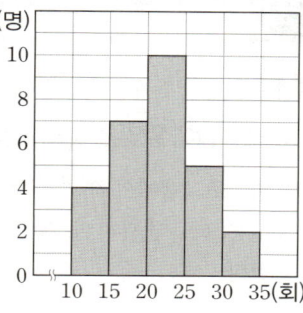

① 도수가 가장 큰 계급
② 진주네 반 전체 학생 수
③ 팔굽혀펴기를 29회 한 학생이 속하는 계급
④ 팔굽혀펴기 횟수가 5번째로 적은 학생이 속하는 계급
⑤ 팔굽혀펴기를 가장 적게 한 학생의 팔굽혀펴기 횟수

10

오른쪽은 정수네 반 학생들의 국어 서술형 평가 점수를 조사하여 나타낸 히스토그램이다. 이 히스토그램에서 직사각형의 넓이의 합을 구하시오.

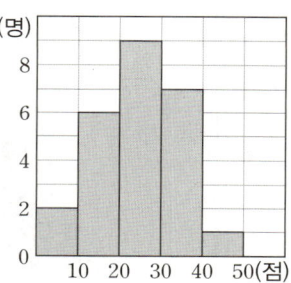

11

다음은 주말 농장에서 재배한 파프리카 40개의 무게를 조사하여 나타낸 히스토그램인데 일부가 찢어져 보이지 않는다. 무게가 140 g 이상 150 g 미만인 파프리카는 전체의 몇 % 인지 구하시오.

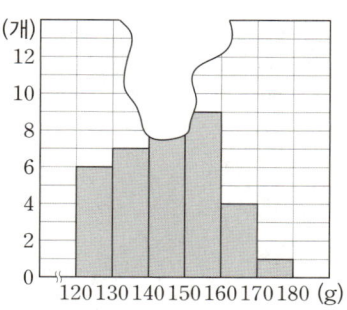

도수분포다각형

01

다음 □ 안에 알맞은 것을 쓰시오.

(1) 히스토그램에서 각 직사각형의 윗변의 중앙의 점을 차례로 선분으로 연결하여 그린 그래프를 [   ]이라 한다.

(2) 도수분포다각형에서 도수분포다각형과 가로축으로 둘러싸인 부분의 넓이는 [   ]의 각 직사각형의 넓이의 합과 같다.

02

다음 히스토그램에 도수분포다각형을 그리시오.

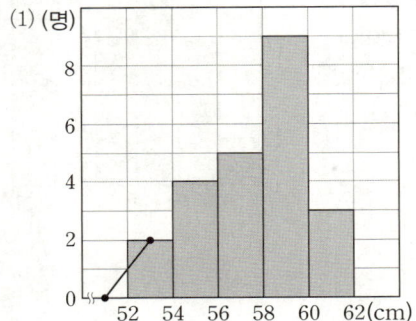

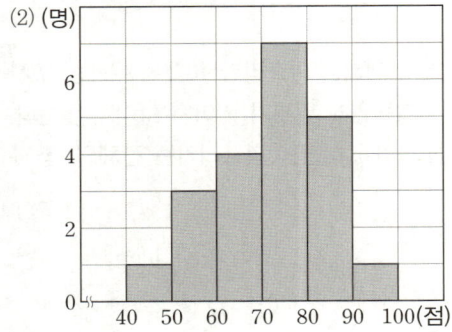

03

아래는 세하네 반 학생들의 하루 동안의 SNS 접속 횟수를 조사하여 나타낸 도수분포다각형이다. 다음을 구하시오.

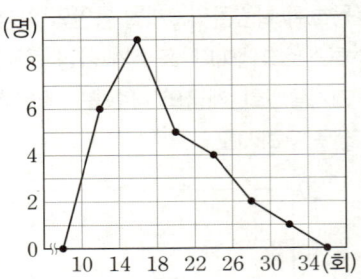

(1) 계급의 크기

(2) 계급의 개수

(3) 세하네 반 전체 학생 수

(4) 도수가 가장 큰 계급

(5) SNS 접속 횟수가 25회인 학생이 속한 계급의 도수

04

다음은 어느 프로야구팀 선수들의 한 달 동안의 안타 개수를 조사하여 나타낸 히스토그램과 도수분포다각형이다. 도수분포다각형과 가로축으로 둘러싸인 부분의 넓이를 구하려고 할 때, □ 안에 알맞은 수를 쓰시오.

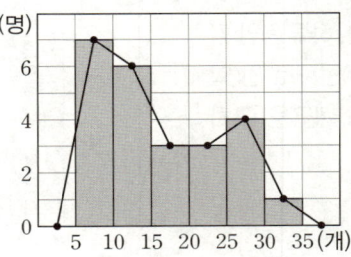

(도수분포다각형과 가로축으로 둘러싸인 부분의 넓이)
= (히스토그램의 각 직사각형의 넓이의 합)
= (계급의 크기) × (도수의 총합)
= □ × (7+6+3+3+4+ □)
= □

05

다음은 윤주네 반 학생들의 100 m 달리기 기록을 조사하여 나타낸 도수분포다각형이다. 물음에 답하시오.

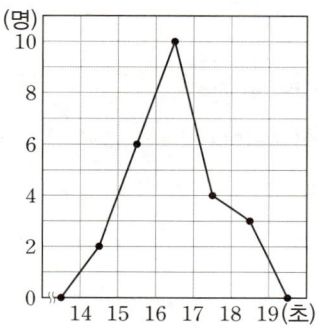

(1) 계급의 크기를 구하시오.

(2) 계급의 개수를 구하시오.

(3) 윤주네 반 전체 학생 수를 구하시오.

(4) 도수가 6명인 계급을 구하시오.

(5) 도수가 가장 작은 계급을 구하시오.

(6) 달리기 기록이 16초 미만인 학생 수를 구하시오.

06

다음은 민속놀이 축제에서 제기차기 행사에 참가한 참가자들의 제기차기 횟수를 조사하여 나타낸 도수분포다각형이다. 물음에 답하시오.

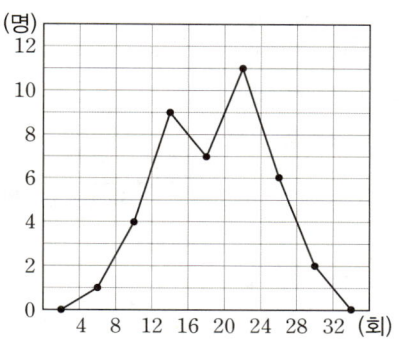

(1) 계급의 크기와 계급의 개수를 차례로 구하시오.

(2) 도수가 가장 큰 계급을 구하시오.

(3) 제기차기 행사 전체 참가자 수를 구하시오.

(4) 도수가 9명인 계급을 구하시오.

(5) 제기차기 횟수가 8번째로 많은 참가자가 속하는 계급을 구하시오.

(6) 제기차기 횟수가 24회 이상인 참가자는 전체의 몇 %인지 구하시오.

07

오른쪽은 윤정이네 반 학생들의 과학 점수를 조사하여 나타낸 도수분포다각형이다. 과학 점수가 6번째로 낮은 학생이 속하는 계급을 구하시오.

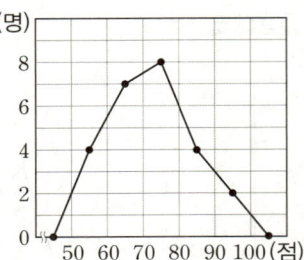

08

다음은 채윤이네 학교 1학년 학생들의 1500 m 달리기 기록을 조사하여 나타낸 도수분포표와 도수분포다각형이다. 물음에 답하시오.

기록(분)	학생 수(명)
4^{이상} ~ 5^{미만}	5
5 ~ 6	A
6 ~ 7	18
7 ~ 8	B
8 ~ 9	9
합계	C

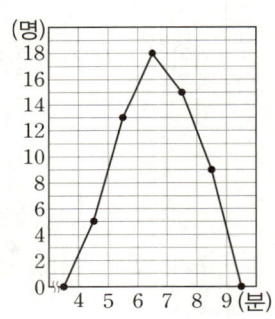

⑴ A, B, C의 값을 각각 구하시오.

⑵ 1500 m 달리기 기록이 8분 45초인 학생이 속하는 계급의 도수를 구하시오.

⑶ 1500 m 달리기 기록이 15번째로 빠른 학생이 속하는 계급의 도수를 구하시오.

09

오른쪽은 강희네 반 학생들의 1년 동안 자란 키를 조사하여 나타낸 도수분포다각형이다. 1년 동안 자란 키가 10 cm 이상인 학생은 전체의 몇 %인지 구하시오.

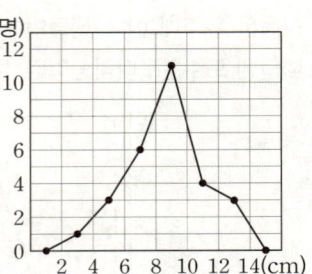

10

오른쪽은 진원이네 반 학생들의 몸무게를 조사하여 나타낸 도수분포다각형이다. 도수분포다각형과 가로축으로 둘러싸인 부분의 넓이를 구하시오.

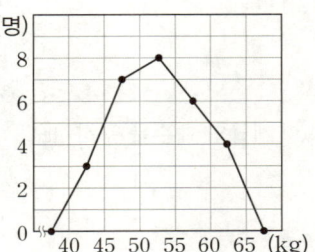

11

다음은 댄스 동아리 학생 45명의 한 학기 동안의 댄스 연습 시간을 조사하여 나타낸 도수분포다각형인데 일부가 찢어져 보이지 않는다. 댄스 연습 시간이 25시간 이상 35시간 미만인 학생 수를 구하시오.

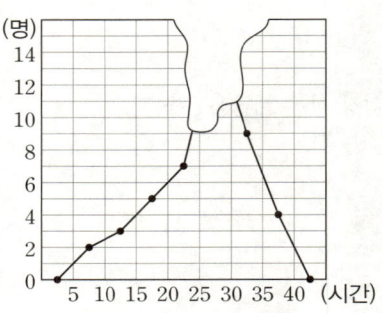

한번 더! 기본 문제

개념 42~43

01

오른쪽은 어느 동호회 회원들의 하루 동안의 평균 수면 시간을 조사하여 나타낸 히스토그램이다. 다음 중 옳은 것은?

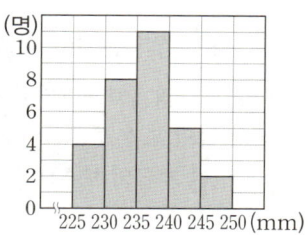

① 계급의 크기는 4시간이다.
② 전체 회원 수는 30명이다.
③ 평균 수면 시간이 7시간 이상인 회원은 전체의 30 %이다.
④ 평균 수면 시간이 7시간 이상 8시간 미만인 회원 수는 10명이다.
⑤ 평균 수면 시간이 5번째로 적은 회원이 속하는 계급의 도수는 7명이다.

02

오른쪽은 영진이네 반 학생들의 발 길이를 조사하여 나타낸 히스토그램이다. 도수가 가장 작은 계급과 도수가 가장 큰 계급의 직사각형의 넓이의 비를 가장 간단한 자연수의 비로 나타내시오.

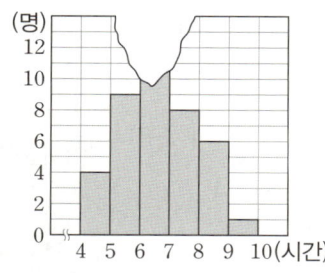

03 자신감 UP

오른쪽은 어느 스포츠 클럽 회원들의 일주일 동안의 운동 시간을 조사하여 나타낸 히스토그램인데 일부가 찢어져 보이지 않는다. 운동 시간이 7시간 이상 8시간 미만인 회원이 전체의 20 %일 때, 다음 물음에 답하시오.

(1) 스포츠 클럽 전체 회원 수를 구하시오.
(2) 운동 시간이 6시간 이상 7시간 미만인 회원 수를 구하시오.
(3) 운동 시간이 6시간 이상 7시간 미만인 회원은 전체의 몇 %인지 구하시오.

04

오른쪽은 미혜네 반 학생들의 사회 점수를 조사하여 나타낸 도수분포다각형이다. 다음 중 옳은 것을 모두 고르면? (정답 2개)

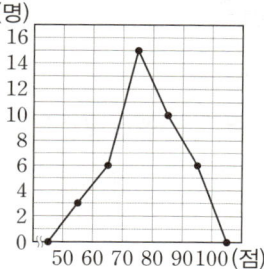

① 계급의 개수는 6개이다.
② 전체 학생 수는 50명이다.
③ 점수가 80점 이상인 학생은 전체의 40 %이다.
④ 도수가 가장 큰 계급은 90점 이상 100점 미만이다.
⑤ 점수가 4번째로 낮은 학생이 속하는 계급은 60점 이상 70점 미만이다.

05

아래는 윤지네 반 학생들의 한 달 동안의 저축액을 조사하여 나타낸 도수분포다각형이다. 다음 삼각형 A, B, C, D, E, F 중 넓이가 같은 것끼리 바르게 짝 지어진 것은?

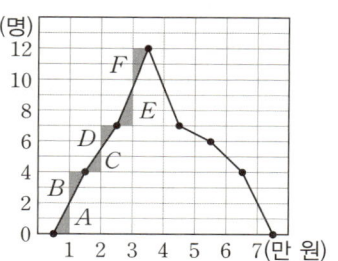

① A와 E
② B와 C
③ C와 D
④ D와 E
⑤ D와 F

06

오른쪽은 던지기 대회 참가자 30명의 던지기 기록을 조사하여 나타낸 도수분포다각형인데 얼룩이 생겨 일부가 보이지 않는다. 기록이 30 m 이상 35 m 미만인 참가자는 전체의 몇 %인지 구하시오.

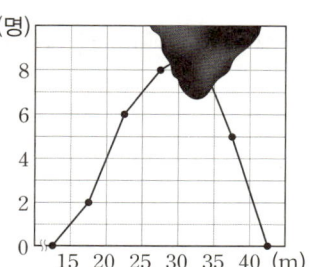

상대도수

01

다음 □ 안에 알맞은 것을 쓰시오.

(1) 전체 도수에 대한 각 계급의 도수의 비율을 □□□□라
한다.

⇨ (어떤 계급의 상대도수)$=\dfrac{(그\ 계급의\ 도수)}{(□□□□)}$

(2) 각 계급의 상대도수의 총합은 항상 □이고, 상대도수는
□ 이상이고 □ 이하인 수이다.
이때 각 계급의 상대도수는 그 계급의 □□에 정비례한다.

02

다음은 어느 학교 독서반 학생들이 지난 학기 동안 읽은 책
의 수를 조사하여 나타낸 상대도수의 분포표이다. 물음에 답
하시오.

책의 수(권)	도수(명)	상대도수
5^{이상} ~ 10^{미만}	2	
10 ~ 15	4	
15 ~ 20	9	
20 ~ 25	3	
25 ~ 30	2	
합계	20	

(1) 각 계급의 상대도수를 구하여 위의 표를 완성하시오.

(2) 상대도수가 가장 큰 계급을 구하시오.

03

다음은 해준이네 학교 1학년 학생 50명의 영어 점수를 조사
하여 나타낸 상대도수의 분포표이다. 물음에 답하시오.

영어 점수(점)	도수(명)	상대도수
50^{이상} ~ 60^{미만}	13	
60 ~ 70	17	
70 ~ 80	9	
80 ~ 90	4	
90 ~ 100	7	
합계	50	

(1) 각 계급의 상대도수를 구하여 위의 표를 완성하시오.

(2) 상대도수가 가장 작은 계급을 구하시오.

04

다음 □ 안에 알맞은 수를 쓰고, 물음에 답하시오.

(1) 어떤 계급의 상대도수가 0.25이고 도수의 총합이 20일 때,
이 계급의 도수를 구하시오.
⇨ (어떤 계급의 도수)
= (도수의 총합) × (그 계급의 상대도수)
= 20 × □ = □

(2) 어떤 계급의 상대도수가 0.15이고 도수의 총합이 400일 때,
이 계급의 도수를 구하시오.

(3) 어떤 계급의 도수가 15이고 상대도수가 0.3일 때, 도수의
총합을 구하시오.
⇨ (도수의 총합)$=\dfrac{(그\ 계급의\ 도수)}{(어떤\ 계급의\ 상대도수)}$
$=\dfrac{15}{□}=□$

(4) 어떤 계급의 도수가 12이고 상대도수가 0.06일 때, 도수의
총합을 구하시오.

05

다음은 어느 중학교 1학년 학생 50명을 대상으로 어떤 과제를 하기 위해 인터넷을 사용한 시간을 조사하여 나타낸 상대도수의 분포표이다. 물음에 답하시오.

인터넷 사용 시간(시간)	도수(명)	상대도수
$0^{이상} \sim 0.5^{미만}$		0.1
0.5 ~ 1		0.16
1 ~ 1.5		
1.5 ~ 2		0.26
2 ~ 2.5		0.08
합계	50	

(1) 위의 상대도수의 분포표를 완성하시오.

(2) 인터넷 사용 시간이 2시간 이상 2.5시간 미만인 학생은 전체의 몇 %인지 구하시오.

(3) 인터넷 사용 시간이 1시간 미만인 학생은 전체의 몇 %인지 구하시오.

06

다음은 희정이네 반 학생 40명의 오래 매달리기 기록을 조사하여 나타낸 상대도수의 분포표이다. 물음에 답하시오.

오래 매달리기 기록(초)	도수(명)	상대도수
$0^{이상} \sim 10^{미만}$	4	0.1
10 ~ 20	A	0.2
20 ~ 30	12	B
30 ~ 40	10	C
40 ~ 50	6	0.15
합계	40	D

(1) A, B, C, D의 값을 각각 구하시오.

(2) 오래 매달리기 기록이 30초 이상 40초 미만인 학생은 전체의 몇 %인지 구하시오.

(3) 오래 매달리기 기록이 40초 이상인 학생은 전체의 몇 %인지 구하시오.

(4) 오래 매달리기 기록이 9번째로 긴 학생이 속하는 계급의 상대도수를 구하시오.

07

다음은 현진이네 동아리 학생들의 과학 점수를 조사하여 나타낸 상대도수의 분포표이다. 물음에 답하시오.

과학 점수(점)	도수(명)	상대도수
$50^{이상} \sim 60^{미만}$	8	0.16
60 ~ 70	A	B
70 ~ 80	15	0.3
80 ~ 90	10	0.2
90 ~ 100	6	0.12
합계	C	D

(1) A, B, C, D의 값을 각각 구하시오.

(2) 과학 점수가 50점 이상 70점 미만인 학생은 전체의 몇 %인지 구하시오.

(3) 과학 점수가 10번째로 낮은 학생이 속하는 계급의 상대도수를 구하시오.

기본 문제

08

다음 중 도수의 총합이 다른 두 자료의 분포 상태를 비교할 때 가장 편리한 것은?

① 줄기와 잎 그림 ② 상대도수
③ 도수분포표 ④ 히스토그램
⑤ 도수분포다각형

09

오른쪽은 재석이네 반 학생들의 1분당 맥박 수를 조사하여 나타낸 히스토그램이다. 도수가 가장 큰 계급의 상대도수는?

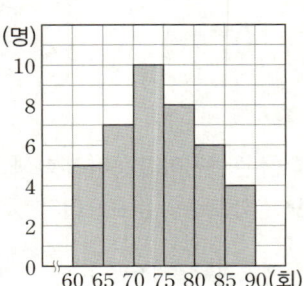

① 0.2 ② 0.25
③ 0.3 ④ 0.35
⑤ 0.4

10

오른쪽은 한 상자에 들어 있는 감귤 30개의 무게를 조사하여 나타낸 도수분포표이다. 60 g 이상 65 g 미만인 계급의 상대도수를 구하시오.

감귤 무게(g)	감귤 수(개)
40^{이상} ~ 45^{미만}	1
45 ~ 50	5
50 ~ 55	10
55 ~ 60	6
60 ~ 65	
65 ~ 70	2
합계	30

11

어느 중학교 1학년 전체 학생 수는 200명이고, 45 kg 이상 50 kg 미만인 계급의 상대도수는 0.12이다. 몸무게가 45 kg 이상 50 kg 미만인 학생 수를 구하시오.

12

다음은 승원이네 반 학생 40명의 국어 점수를 조사하여 나타낸 상대도수의 분포표이다. 물음에 답하시오.

국어 점수(점)	도수(명)	상대도수
50^{이상} ~ 60^{미만}	6	0.15
60 ~ 70	8	A
70 ~ 80	B	0.35
80 ~ 90	10	C
90 ~ 100	D	0.05
합계	40	E

(1) A, B, C, D, E의 값을 각각 구하시오.
(2) 국어 점수가 60점 이상 80점 미만인 학생은 전체의 몇 %인지 구하시오.

13

오른쪽은 동준이네 반 학생 20명의 한 달 동안의 독서 시간을 조사하여 나타낸 상대도수의 분포표이다. 한 달 동안의 독서 시간이 6시간 미만인 학생 수를 구하시오.

독서 시간(시간)	상대도수
0^{이상} ~ 3^{미만}	0.2
3 ~ 6	0.25
6 ~ 9	0.35
9 ~ 12	0.15
12 ~ 15	0.05
합계	1

개념 45 상대도수의 분포를 나타낸 그래프

01

다음 □ 안에 알맞은 것을 쓰시오.

도수의 총합이 다른 두 집단의 분포 상태를 비교할 때는 각 계급의 도수를 비교하는 것보다 □를 비교하는 것이 더 편리하다. 이때 두 자료의 그래프를 함께 나타내어 보면 두 자료의 분포 상태를 한눈에 비교할 수 있다.

02

다음은 어느 가게에서 파는 딸기의 무게를 조사하여 나타낸 상대도수의 분포표이다. 이 상대도수의 분포표를 히스토그램 모양의 그래프로 나타내시오.

딸기 무게(g)	상대도수
$10^{이상} \sim 20^{미만}$	0.05
20 ~ 30	0.15
30 ~ 40	0.45
40 ~ 50	0.2
50 ~ 60	0.15
합계	1

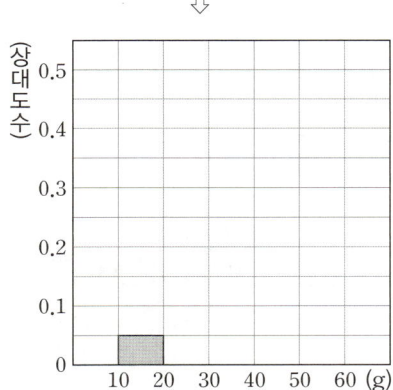

03

다음은 민영이네 동아리 학생들의 여름 방학 동안의 체육관 방문 횟수를 조사하여 나타낸 상대도수의 분포표이다. 이 상대도수의 분포표를 도수분포다각형 모양의 그래프로 나타내시오.

방문 횟수(회)	상대도수
$3^{이상} \sim 6^{미만}$	0.15
6 ~ 9	0.25
9 ~ 12	0.3
12 ~ 15	0.2
15 ~ 18	0.1
합계	1

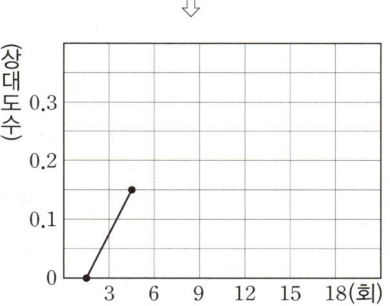

04

다음은 지민이네 반 학생 20명의 스마트폰에 설치된 앱의 개수에 대한 상대도수의 분포를 나타낸 그래프이다. 물음에 답하시오.

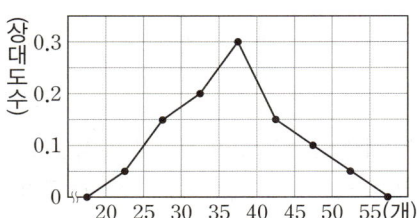

(1) 25개 이상 30개 미만인 계급의 도수를 구하시오.

(2) 상대도수가 가장 큰 계급의 도수를 구하시오.

(3) 설치된 앱의 개수가 45개 이상인 학생은 전체의 몇 %인지 구하시오.

05

다음은 어느 중학교 1학년과 2학년 학생들의 수학 점수를 조사하여 나타낸 상대도수의 분포표이다. 물음에 답하시오.

수학 점수(점)	1학년		2학년	
	도수(명)	상대도수	도수(명)	상대도수
50^{이상} ~ 60^{미만}	30	0.15	30	0.12
60 ~ 70	40	0.2		0.24
70 ~ 80				
80 ~ 90	60		70	
90 ~ 100		0.1	10	0.04
합계	200	1		1

(1) 위의 상대도수의 분포표를 완성하시오.

(2) (1)에서 완성한 상대도수의 분포표를 도수분포다각형 모양의 그래프로 나타내시오.

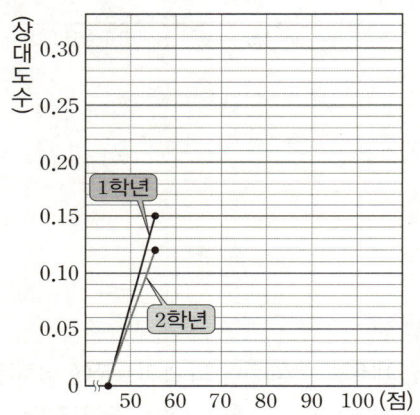

(3) 1학년과 2학년 중에서 수학 점수가 80점 이상 90점 미만인 학생의 비율은 어느 학년이 더 높은지 구하시오.
   ⇨ 80점 이상 90점 미만인 계급의 상대도수는
   1학년: _____, 2학년: _____
   따라서 수학 점수가 80점 이상 90점 미만인 학생의 비율은 _____이 더 높다.

06

다음은 어느 미술관의 하루 동안의 관람객의 나이에 대한 상대도수의 분포를 나타낸 그래프이다. 상대도수가 가장 큰 계급의 관람객 수가 28명일 때, 물음에 답하시오.

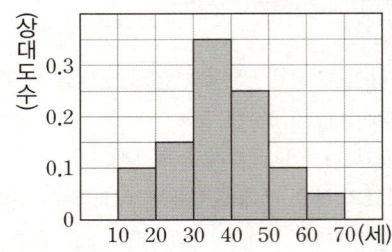

(1) 전체 관람객 수를 구하시오.

(2) 나이가 50세 이상 60세 미만인 관람객 수를 구하시오.

(3) 나이가 30세 미만인 관람객은 전체의 몇 %인지 구하시오.

07

다음은 A반과 B반 학생들의 한 학기 동안의 등산 횟수에 대한 상대도수의 분포를 나타낸 그래프이다. 물음에 답하시오.

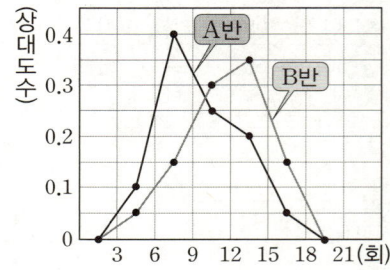

(1) A반의 상대도수가 B반의 상대도수보다 큰 계급을 모두 구하시오.

(2) A반과 B반 중에서 등산 횟수가 12회 이상 15회 미만인 학생의 비율은 어느 쪽이 더 높은지 구하시오.

(3) A반과 B반 중에서 등산 횟수가 대체적으로 더 많은 편인 곳은 어느 쪽인지 구하시오.

기본 문제 ∙∙∙

08

다음은 어느 놀이기구 이용객 40명의 놀이기구 이용 전 대기 시간에 대한 상대도수의 분포를 나타낸 그래프이다. 대기 시간이 40분 이상 50분 미만인 이용객 수를 구하시오.

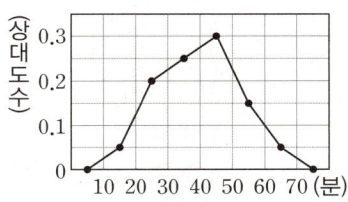

09

오른쪽은 어느 지역에서 일별로 측정한 봄철 기온에 대한 상대도수의 분포를 나타낸 그래프이다. 상대도수가 가장 큰 계급의 도수가 12일일 때, 22 ℃ 이상 24 ℃ 미만인 계급의 도수를 구하시오.

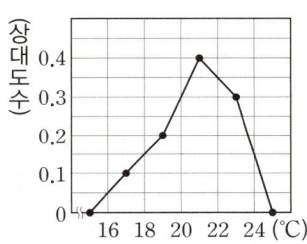

10

다음은 농구부 학생 50명의 키에 대한 상대도수의 분포를 나타낸 그래프이다. 키가 10번째로 큰 학생이 속하는 계급의 상대도수를 구하시오.

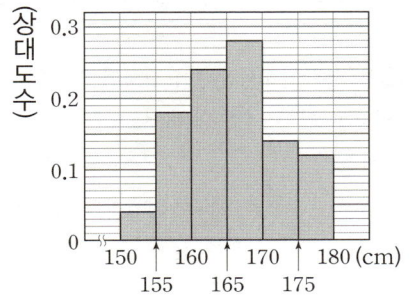

11

오른쪽은 어느 중학교 1학년 학생 50명의 통학 시간에 대한 상대도수의 분포를 나타낸 그래프이다. 다음 중 옳지 않은 것은?

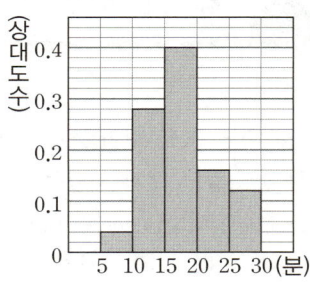

① 계급의 크기는 5분이다.
② 통학 시간이 15분 미만인 학생 수는 16명이다.
③ 도수가 가장 작은 계급의 도수는 2명이다.
④ 통학 시간이 20분 이상 30분 미만인 학생은 전체의 26 % 이다.
⑤ 통학 시간이 15번째로 짧은 학생이 속하는 계급은 10분 이상 15분 미만이다.

12

아래는 어느 중학교 1학년 남학생과 여학생의 100 m 달리기 기록에 대한 상대도수의 분포를 나타낸 그래프이다. 다음 중 옳은 것을 모두 고르면? (정답 2개)

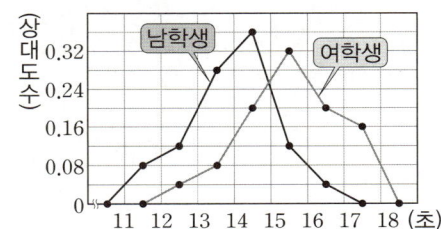

① 남학생의 기록이 여학생의 기록보다 대체적으로 더 좋은 편이다.
② 기록이 12.5초 미만인 남학생은 1학년 학생 전체의 10 % 이다.
③ 전체 여학생 수가 50명이면 기록이 13초 이상 14초 미만인 여학생 수는 14명이다.
④ 남학생의 기록 중 도수가 가장 큰 계급은 14초 이상 15초 미만이다.
⑤ 기록이 12초 이상 13초 미만인 학생의 비율은 여학생이 남학생보다 더 높다.

5
대푯값 / 자료의 정리와 해석

개념 44~45 한번 더! 기본 문제

01

오른쪽은 어느 병원을 찾은 환자들의 대기 시간을 조사하여 나타낸 도수분포다각형이다. 대기 시간이 30분 이상 35분 미만인 계급의 상대도수를 구하시오.

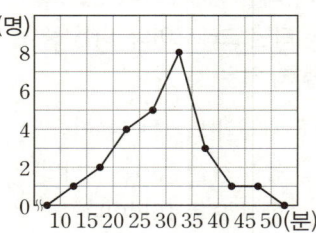

02

오른쪽은 희현이네 반 학생 40명의 1분 동안의 팔굽혀펴기 기록을 조사하여 나타낸 상대도수의 분포표이다. 기록이 30회 이상 40회 미만인 학생 수를 구하시오.

기록(회)	상대도수
0^{이상} ~ 10^{미만}	0.4
10 ~ 20	0.2
20 ~ 30	0.25
30 ~ 40	
40 ~ 50	0.05
합계	1

03

오른쪽은 여러 가지 과일의 100 g당 열량에 대한 상대도수의 분포를 나타낸 그래프이다. 열량이 60 kcal 이상인 과일의 개수가 30개일 때, 조사한 과일의 전체 개수를 구하시오.

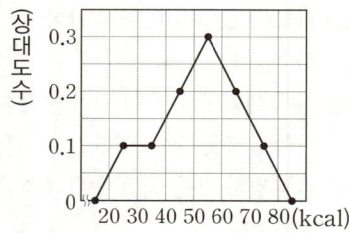

04 자신감 UP

다음은 어느 반 학생들이 1년 동안 관람한 영화 편수에 대한 상대도수의 분포를 나타낸 그래프인데 일부가 찢어져 보이지 않는다. 관람한 영화 편수가 8편 이상 10편 미만인 학생이 18명일 때, 물음에 답하시오.

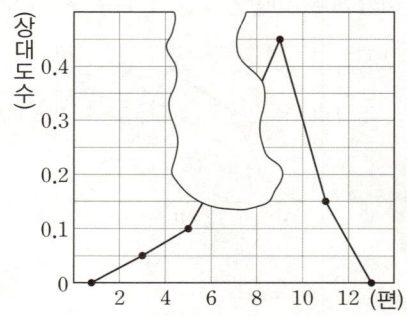

(1) 전체 학생 수를 구하시오.
(2) 6편 이상 8편 미만인 계급의 상대도수를 구하시오.
(3) 관람한 영화 편수가 6편 이상 8편 미만인 학생 수를 구하시오.

05

아래는 어느 중학교 1학년 학생 200명과 2학년 학생 150명의 여름 방학 동안의 봉사 활동 시간에 대한 상대도수의 분포를 나타낸 그래프이다. 다음 |보기|에서 옳은 것을 모두 고른 것은?

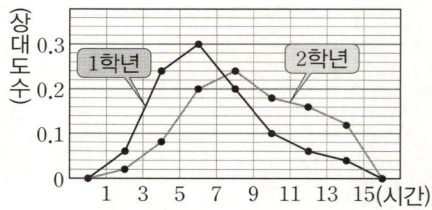

┤ 보기 ├

ㄱ. 2학년이 1학년보다 봉사 활동 시간이 대체적으로 더 긴 편이다.
ㄴ. 1학년과 2학년 각각의 그래프와 가로축으로 둘러싸인 부분의 넓이는 서로 같다.
ㄷ. 봉사 활동 시간이 7시간 이상 9시간 미만인 학생 수는 1학년이 2학년보다 4명 더 많다.

① ㄱ   ② ㄷ   ③ ㄱ, ㄴ
④ ㄴ, ㄷ   ⑤ ㄱ, ㄴ, ㄷ

PART 2 테스트

- ✓ 단원 테스트
- ✓ 서술형 테스트

01

오른쪽 그림과 같은 삼각뿔에서 교점의 개수를 a개, 교선의 개수를 b개, 면의 개수를 c개라 할 때, $a+b+c$의 값을 구하시오.

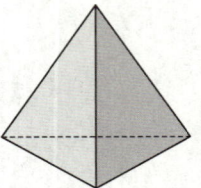

02 중요

오른쪽 그림과 같이 한 직선 위에 있지 않은 네 점 A, B, C, D 중 두 점을 지나는 서로 다른 반직선의 개수를 구하시오.

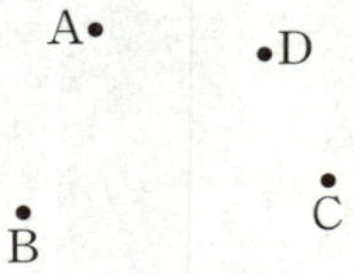

A•   •D

•B   •C

03

다음 그림에서 점 M은 $\overline{AB}$의 중점이고, 점 N은 $\overline{AM}$의 중점이다. $\overline{AB}=16$ cm일 때, $\overline{NB}$의 길이를 구하시오.

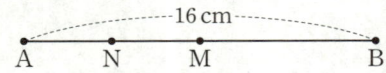

04

오른쪽 그림에서
∠AOB=2∠BOC,
∠DOE=2∠COD일 때,
∠BOD의 크기는?

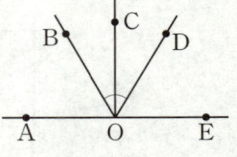

① 40°   ② 45°   ③ 50°

④ 55°   ⑤ 60°

05 중요

오른쪽 그림에서 $x+y$의 값은?

① 85   ② 90

③ 95   ④ 100

⑤ 105

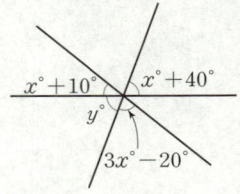

06

오른쪽 그림과 같은 직사각형 ABCD에 대하여 다음 중 옳지 <u>않은</u> 것은?

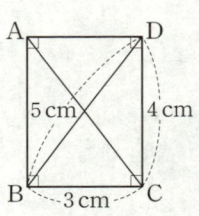

① $\overline{AB} \perp \overline{BC}$
② $\overline{CD}$의 수선은 $\overline{AD}$와 $\overline{BC}$이다.
③ 점 B와 $\overline{CD}$ 사이의 거리는 5 cm이다.
④ 점 D에서 $\overline{AB}$에 내린 수선의 발은 점 A이다.
⑤ 점 C와 $\overline{AD}$ 사이의 거리를 나타내는 선분은 $\overline{CD}$이다.

07

오른쪽 그림에 대한 설명으로 다음
중 옳지 <u>않은</u> 것은?

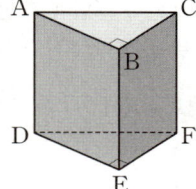

① 점 B는 직선 m 위에 있지 않다.

② 점 C는 직선 l 위에 있지 않다.

③ 점 D는 두 직선 l, m 위에 있
지 않다.

④ 직선 l은 점 E를 지나지 않는다.

⑤ 직선 m은 점 A를 지난다.

08

오른쪽 그림과 같은 정육각형의 각 변
을 연장한 직선에 대한 설명으로 다음
중 옳지 <u>않은</u> 것은?

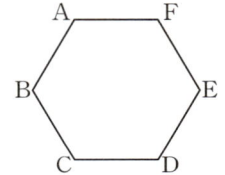

① $\overleftrightarrow{BC}$와 $\overleftrightarrow{EF}$는 평행하다.

② $\overleftrightarrow{AB}$와 $\overleftrightarrow{DE}$는 만나지 않는다.

③ $\overleftrightarrow{DE}$와 $\overleftrightarrow{EF}$는 한 점에서 만난다.

④ $\overleftrightarrow{AF}$와 $\overleftrightarrow{DE}$는 만나지 않는다.

⑤ $\overleftrightarrow{BC}$와 한 점에서 만나는 직선은 4개이다.

09 중요

오른쪽 그림과 같은 삼각기둥에서
$\overline{AC}$와 평행한 모서리의 개수를 a개,
$\overline{BE}$와 수직으로 만나는 모서리의 개
수를 b개, $\overline{DF}$와 꼬인 위치에 있는
모서리의 개수를 c개라 할 때,
$a+b+c$의 값을 구하시오.

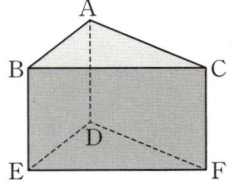

10

오른쪽 그림과 같이 밑면이 직각삼각형
인 삼각기둥에 대한 설명으로 다음 중 옳
지 <u>않은</u> 것을 모두 고르면? (정답 2개)

① $\overline{AB}$와 $\overline{DE}$는 평행하다.

② $\overline{BE}$와 $\overline{BC}$는 수직으로 만난다.

③ $\overline{AC}$와 $\overline{BE}$는 수직으로 만난다.

④ $\overline{DE}$와 면 ABC는 수직으로 만난다.

⑤ 면 BEFC와 면 DEF는 수직으로 만난다.

11 중요

오른쪽 그림은 직육면체를 세 꼭짓
점 B, C, F를 지나는 평면으로 잘라
낸 입체도형이다. 다음 중 옳지 <u>않은</u>
것을 모두 고르면? (정답 2개)

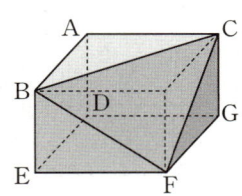

① 모서리 EF와 평행한 면은 2개
이다.

② 면 ADGC와 수직인 면은 2개이다.

③ 모서리 FG를 포함하는 면은 2개이다.

④ 모서리 BC와 평행한 모서리는 2개이다.

⑤ 모서리 BF와 한 점에서 만나는 면은 4개이다.

12

오른쪽 그림에 대한 설명으로 다음 중 옳은 것은?

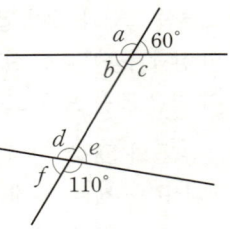

① ∠a와 ∠e는 동위각이다.

② ∠e와 ∠b는 엇각이다.

③ ∠d의 엇각의 크기는 110°이다.

④ ∠b의 동위각의 크기는 60°이다.

⑤ ∠c의 맞꼭지각의 크기는 110°이다.

13 중요

다음 중 두 직선 l, m이 평행하지 <u>않은</u> 것은?

①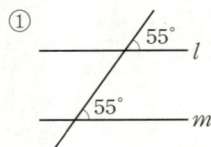

②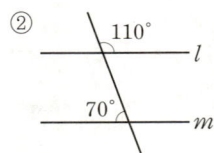

③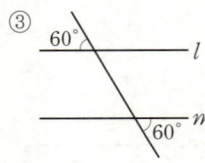

④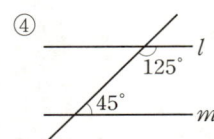

⑤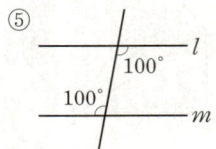

14

오른쪽 그림에서 $l /\!/ m$일 때, ∠x의 크기는?

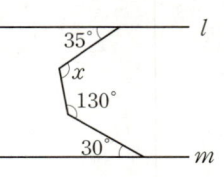

① 95°　　② 105°

③ 115°　　④ 125°

⑤ 135°

15

오른쪽 그림과 같은 삼각뿔에서 모서리 AC 위에 있는 꼭짓점의 개수를 a개, 면 ABD 위에 있지 않은 꼭짓점의 개수를 b개, 모서리 BD와 꼬인 위치에 있는 모서리의 개수를 c개라 할 때, $a+b+c$의 값을 구하시오.

(단, 풀이 과정을 자세히 쓰시오.)

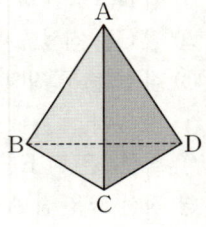

풀이

답

16

오른쪽 그림에서 $l /\!/ m$일 때, x의 값을 구하시오.

(단, 풀이 과정을 자세히 쓰시오.)

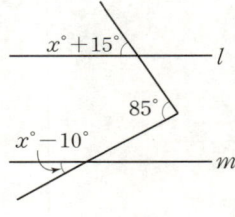

풀이

답

단원 테스트 ▶ 1. 기본 도형 [2회]

01

다음 중 옳지 <u>않은</u> 것은?

① 선은 무수히 많은 점으로 이루어져 있다.

② 선이 움직인 자리는 면이 된다.

③ 삼각형에서 교점의 개수는 꼭짓점의 개수와 같다.

④ 각기둥에서 교선의 개수는 면의 개수와 같다.

⑤ 교선은 직선 또는 곡선이다.

02 중요

오른쪽 그림과 같이 직선 l 위에 세 점 A, B, C가 있고, 직선 l 밖에 점 D가 있다. 이 네 점 중 두 점을 이어서 만들 수 있는 서로 다른 직선의 개수를 a개, 반직선의 개수를 b개, 선분의 개수를 c개라 할 때, $a+b+c$의 값을 구하시오.

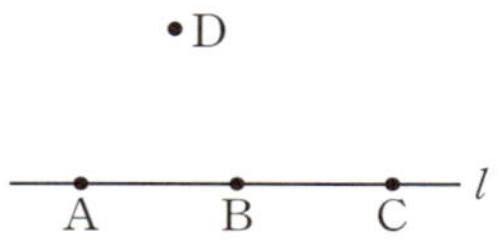

03

다음 그림에서 두 점 M, N은 각각 $\overline{AB}$와 $\overline{BC}$의 중점이고, $\overline{AB} : \overline{AC} = 2 : 3$이다. $\overline{AB} = 20\,\text{cm}$일 때, $\overline{MN}$의 길이는?

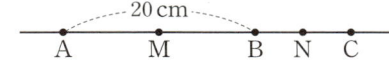

① 9 cm   ② 12 cm   ③ 15 cm

④ 18 cm   ⑤ 21 cm

04

오른쪽 그림에서 $\overline{AO} \perp \overline{CO}$, $\overline{BO} \perp \overline{DO}$이고 $\angle AOB = 50°$일 때, $\angle x$의 크기는?

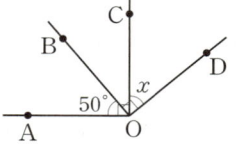

① 40°   ② 45°

③ 50°   ④ 55°

⑤ 60°

05 중요

오른쪽 그림에서 $x+y$의 값은?

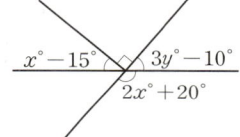

① 62   ② 65

③ 68   ④ 72

⑤ 75

06

오른쪽 그림과 같은 마름모 ABCD에 대하여 다음 중 옳지 <u>않은</u> 것은?

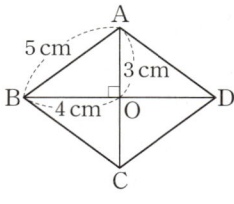

① $\overleftrightarrow{AC}$와 직교하는 직선은 $\overleftrightarrow{BD}$이다.

② $\overline{AO}$와 수직으로 만나는 선분은 $\overline{BO}$의 한 개뿐이다.

③ 점 B에서 $\overleftrightarrow{AC}$에 내린 수선의 발은 점 O이다.

④ 점 A와 $\overleftrightarrow{BD}$ 사이의 거리는 3 cm이다.

⑤ 점 B와 $\overline{AC}$ 사이의 거리는 4 cm이다.

07

오른쪽 그림과 같은 삼각기둥에서 모서리 AB 위에 있지 않은 꼭짓점의 개수를 a개, 면 BEFC 위에 있는 꼭짓점의 개수를 b개라 할 때, $a+b$의 값을 구하시오.

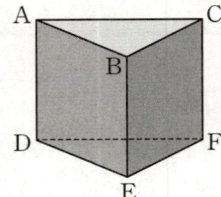

08

오른쪽 그림에 대한 설명으로 옳은 것을 다음 |보기|에서 모두 고르시오.

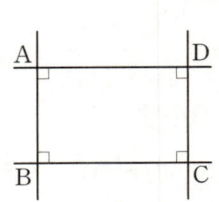

┤ 보기 ├
ㄱ. $\overleftrightarrow{AB} /\!/ \overleftrightarrow{AD}$
ㄴ. $\overleftrightarrow{AB} \perp \overleftrightarrow{BC}$
ㄷ. $\overleftrightarrow{CD}$는 점 C를 지난다.
ㄹ. $\overleftrightarrow{BC}$와 $\overleftrightarrow{CD}$의 교점은 점 D이다.

09 중요

오른쪽 그림과 같이 밑면이 정육각형인 육각기둥에서 각 모서리를 연장한 직선을 그을 때, 직선 AF와 한 점에서 만나는 직선의 개수를 a개, 평행한 직선의 개수를 b개, 꼬인 위치에 있는 직선의 개수를 c개라 하자. $a+b+c$의 값을 구하시오.

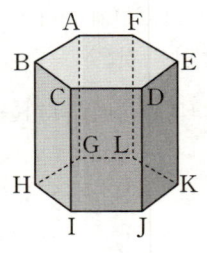

10 중요

다음 그림과 같은 전개도로 만든 정육면체에서 $\overline{CE}$와 $\overline{NF}$의 위치 관계는?

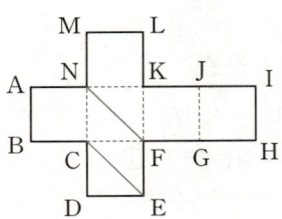

① 평행하다.　　　　　　② 일치한다.
③ 같은 평면 위에 있다.　④ 한 점에서 만난다.
⑤ 꼬인 위치에 있다.

11

오른쪽 그림과 같은 정육면체에 대한 설명으로 다음 중 옳은 것은?

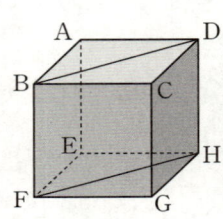

① 모서리 CD는 면 BFHD와 수직이다.
② 선분 FH는 면 BFHD에 포함된다.
③ 선분 BD는 면 AEHD와 평행하다.
④ 면 BFHD와 평행한 모서리는 4개이다.
⑤ 면 CGHD와 면 EFGH의 교선은 $\overline{FH}$이다.

12

오른쪽 그림과 같이 세 직선이 만날 때,
다음 중 옳지 <u>않은</u> 것은?

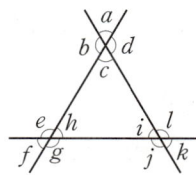

① ∠a와 ∠c의 크기는 서로 같다.

② ∠b와 ∠f는 동위각이다.

③ ∠c와 ∠e는 엇각이다.

④ ∠g의 동위각은 ∠c와 ∠k이다.

⑤ ∠h의 엇각은 ∠b와 ∠k이다.

13

오른쪽 그림에서 $l /\!/ m$일 때,
∠x의 크기는?

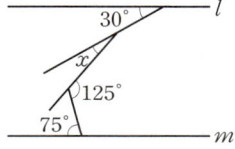

① 20°   ② 22°

③ 24°   ④ 26°

⑤ 28°

14 중요

오른쪽 그림과 같이 직사각형 모양
의 종이를 접었을 때, ∠y − ∠x의
값은?

① 30°   ② 36°

③ 45°   ④ 52°

⑤ 60°

15

오른쪽 그림과 같은 직각삼각형
ABC에서 점 A와 $\overline{BC}$ 사이의
거리를 a cm, 점 B와 $\overline{AC}$ 사이
의 거리를 b cm, 점 C와 $\overline{AB}$ 사
이의 거리를 c cm라 할 때,
$a+b-c$의 값을 구하시오.

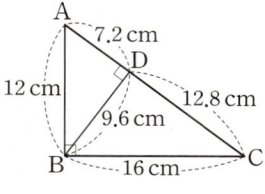

(단, 풀이 과정을 자세히 쓰시오.)

(풀이)

(답)

16

오른쪽 그림에서 $l /\!/ m$일 때,
∠a − ∠b의 값을 구하시오.
(단, 풀이 과정을 자세히 쓰시오.)

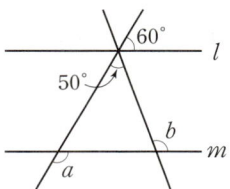

(풀이)

(답)

01

다음 |보기|에서 작도에 대한 설명으로 옳은 것을 모두 고르시오.

┤ 보기 ├
- ㄱ. 눈금 없는 자와 컴퍼스만을 사용하여 도형을 그리는 것을 작도라 한다.
- ㄴ. 두 점을 지나는 직선을 그을 때는 눈금 없는 자를 사용한다.
- ㄷ. 두 선분의 길이를 비교할 때는 눈금 없는 자를 사용한다.
- ㄹ. 선분을 연장할 때는 컴퍼스를 사용한다.

02 중요

다음은 직선 l 위에 $\overline{AB}$와 길이가 같은 $\overline{PQ}$를 작도하는 과정이다. 작도 순서로 옳은 것은?

- ㉠ 컴퍼스로 $\overline{AB}$의 길이를 잰다.
- ㉡ 자로 점 P를 지나는 직선 l을 그린다.
- ㉢ 점 P를 중심으로 반지름의 길이가 $\overline{AB}$인 원을 그려 직선 l과의 교점을 Q라 한다.

① ㉠ → ㉢ → ㉡   ② ㉡ → ㉠ → ㉢
③ ㉡ → ㉢ → ㉠   ④ ㉢ → ㉠ → ㉡
⑤ ㉢ → ㉡ → ㉠

03

아래 그림은 ∠AOB와 크기가 같고 반직선 PQ를 한 변으로 하는 각을 작도한 것이다. 다음 중 $\overline{OC}$와 길이가 같은 선분이 아닌 것을 모두 고르면? (정답 2개)

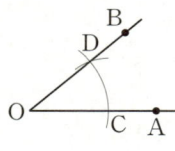
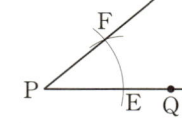

① $\overline{OD}$ ② $\overline{CD}$ ③ $\overline{PE}$
④ $\overline{PF}$ ⑤ $\overline{EF}$

04

오른쪽 그림은 직선 l 밖의 한 점 P를 지나면서 직선 l과 평행한 직선을 작도하는 과정이다. 다음 |보기|에서 옳은 것을 모두 고르시오.

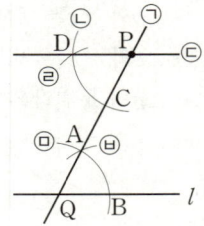

┤ 보기 ├
- ㄱ. 크기가 같은 각의 작도를 이용한다.
- ㄴ. 작도 순서는 ㉠ → ㉢ → ㉥ → ㉡ → ㉣ → ㉢이다.
- ㄷ. '서로 다른 두 직선이 한 직선과 만날 때, 엇각의 크기가 같으면 두 직선은 평행하다.'는 성질이 이용된다.

05 중요

다음 |보기|에서 삼각형의 세 변의 길이가 될 수 없는 것을 모두 고르시오.

┤ 보기 ├
ㄱ. 1 cm, 2 cm, 2 cm	ㄴ. 2 cm, 4 cm, 5 cm
ㄷ. 3 cm, 5 cm, 8 cm	ㄹ. 4 cm, 5 cm, 6 cm
ㅁ. 5 cm, 6 cm, 7 cm	ㅂ. 6 cm, 6 cm, 13 cm

06

삼각형의 세 변의 길이가 5 cm, 10 cm, x cm일 때, 다음 중 x의 값이 될 수 없는 것은?

① 5   ② 6   ③ 7
④ 8   ⑤ 9

07

다음 그림은 세 변의 길이 a, b, c가 주어졌을 때, 길이가 a인 변이 직선 l 위에 있도록 삼각형 ABC를 작도하는 과정이다. 작도 순서로 옳은 것을 모두 고르면? (정답 2개)

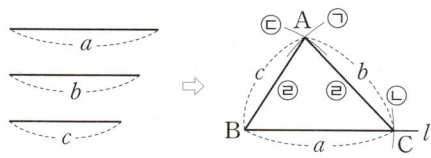

① ㉠ → ㉡ → ㉢ → ㉣
② ㉠ → ㉡ → ㉣ → ㉢
③ ㉡ → ㉠ → ㉢ → ㉣
④ ㉡ → ㉠ → ㉣ → ㉢
⑤ ㉡ → ㉢ → ㉠ → ㉣

08 중요

다음 중 △ABC가 하나로 정해지는 것은?

① $\angle A=40°$, $\angle B=60°$, $\angle C=80°$
② $\overline{AB}=6\,cm$, $\overline{BC}=4\,cm$, $\angle A=30°$
③ $\overline{AB}=5\,cm$, $\angle A=80°$, $\angle B=100°$
④ $\overline{AB}=5\,cm$, $\overline{AC}=5\,cm$, $\angle A=60°$
⑤ $\overline{AB}=3\,cm$, $\overline{BC}=4\,cm$, $\overline{AC}=7\,cm$

09

△ABC에서 $\angle A$의 크기와 다음 조건이 더 주어졌을 때, △ABC가 하나로 정해지는 것을 모두 고르면? (정답 2개)

① $\overline{AB}$, $\overline{AC}$ ② $\overline{AB}$, $\overline{BC}$ ③ $\overline{AC}$, $\overline{BC}$
④ $\overline{AB}$, $\angle B$ ⑤ $\angle B$, $\angle C$

10

아래 그림에서 사각형 ABCD와 사각형 EFGH가 서로 합동일 때, 다음 중 옳은 것은?

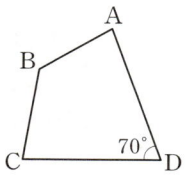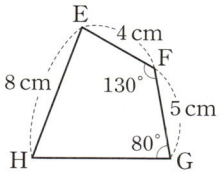

① $\angle A$의 크기는 65°이다.
② $\overline{AB}$의 길이는 4 cm이다.
③ $\angle B$의 대응각은 $\angle G$이다.
④ 변 AD의 대응변은 변 HG이다.
⑤ $\overline{BC}$의 길이는 8 cm이다.

11 중요

다음 |보기|의 도형 중 서로 합동이 아닌 것을 모두 고르시오.

┤ 보기 ├
ㄱ. 넓이가 같은 두 직사각형
ㄴ. 반지름의 길이가 같은 두 원
ㄷ. 둘레의 길이가 같은 두 정사각형
ㄹ. 세 각의 크기가 각각 같은 두 삼각형
ㅁ. 반지름의 길이와 중심각의 크기가 각각 같은 두 부채꼴

12

아래 그림의 △ABC와 △DEF에서 $\overline{BC}=\overline{EF}$일 때, 다음 중 △ABC와 △DEF가 SSS 합동이 되기 위해 필요한 나머지 두 조건을 모두 고르면? (정답 2개)

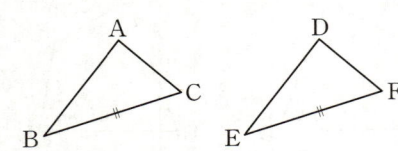

① ∠A = ∠D
② $\overline{AB}=\overline{DE}$
③ $\overline{AB}=\overline{EF}$
④ $\overline{AC}=\overline{DE}$
⑤ $\overline{AC}=\overline{DF}$

13 중요

다음 |보기|의 삼각형 중 △ABC와 합동인 삼각형의 개수를 구하시오.

┤ 보기 ├

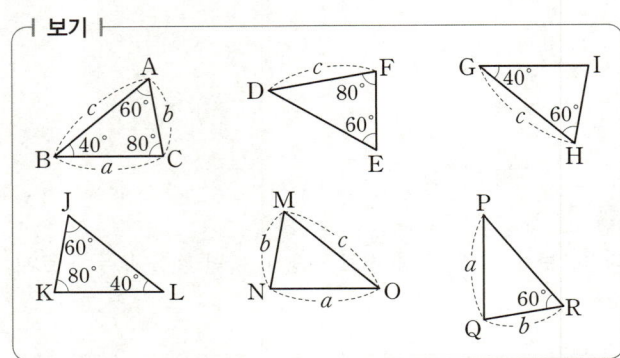

14

오른쪽 그림과 같은 정사각형 ABCD에서 $\overline{BE}=\overline{CF}$일 때, 다음 중 옳지 않은 것은?

① $\overline{AB}=\overline{BC}$
② $\overline{AE}=\overline{BF}$
③ ∠AEB = ∠BFC
④ ∠APB = ∠BFC
⑤ ∠BAE = ∠CBF

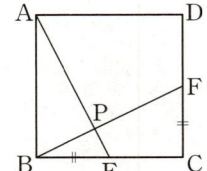

서술형

15

길이가 3 cm, 7 cm, 9 cm, 10 cm인 4개의 선분 중 3개의 선분을 골라 만들 수 있는 서로 다른 삼각형의 개수를 구하시오. (단, 풀이 과정을 자세히 쓰시오.)

(풀이)

(답)

16

오른쪽 그림에서 사각형 ABCD는 정사각형이고 △EBC는 정삼각형일 때, △ABE와 합동인 삼각형을 찾고, 합동 조건을 말하시오.
　　(단, 풀이 과정을 자세히 쓰시오.)

(풀이)

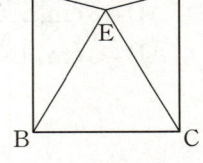

(답)

단원 테스트 ▶ 2. 작도와 합동 [2회]

01

다음 중 작도할 때의 컴퍼스의 용도로 옳지 <u>않은</u> 것을 모두 고르면? (정답 2개)

① 원을 그린다.
② 선분을 연장한다.
③ 선분의 길이를 재어서 옮긴다.
④ 각의 크기를 측정한다.
⑤ 두 선분의 길이를 비교한다.

02

오른쪽 그림은 길이가 같은 선분의 작도를 이용하여 주어진 선분 AB를 한 변으로 하는 정삼각형 ABC를 작도하는 과정이다. 다음 중 작도 순서로 옳은 것은?

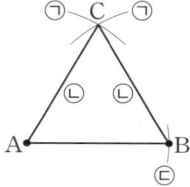

① ㉠ → ㉡ → ㉢
② ㉠ → ㉢ → ㉡
③ ㉡ → ㉠ → ㉢
④ ㉢ → ㉠ → ㉡
⑤ ㉢ → ㉡ → ㉠

03 중요

아래 그림은 ∠XOY와 크기가 같고 반직선 PQ를 한 변으로 하는 각을 작도하는 과정이다. 다음 중 옳지 <u>않은</u> 것은?

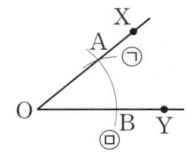

① $\overline{AB}=\overline{CD}$
② $\overline{OA}=\overline{AB}$
③ $\overline{OA}=\overline{OB}$
④ $\overline{OB}=\overline{PC}$
⑤ 작도 순서는 ㉤ → ㉢ → ㉠ → ㉣ → ㉡이다.

04 중요

오른쪽 그림은 직선 l 밖의 한 점 P를 지나고 직선 l과 평행한 직선 m을 작도한 것이다. 다음 중 옳지 <u>않은</u> 것을 모두 고르면? (정답 2개)

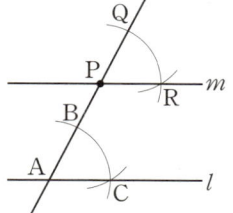

① $\overline{AC}=\overline{PQ}$
② $\overline{BC}=\overline{QR}$
③ $\overline{PR}=\overline{QR}$
④ ∠BAC=∠QPR
⑤ ∠ABC=∠QPR

05

길이가 각각 2, 3, 5, 6인 4개의 선분이 있다. 이 4개의 선분 중 3개를 골라 만들 수 있는 서로 다른 삼각형의 개수를 구하시오.

06

삼각형의 세 변의 길이가 6 cm, 13 cm, x cm일 때, x의 값이 될 수 있는 자연수의 개수는?

① 5개　　　　② 8개　　　　③ 11개
④ 14개　　　　⑤ 18개

07

다음 그림과 같은 두 선분과 두 각이 있다. 이때 길이가 a인 선분을 한 변으로 하고 그 양 끝 각이 ∠A, ∠B인 삼각형과 길이가 a, b인 선분을 두 변으로 하고 그 끼인각이 ∠B인 삼각형을 |보기|에서 차례로 고르시오.

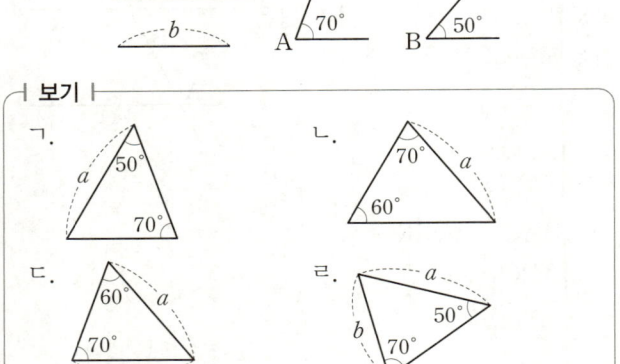

| 보기 |

ㄱ.

ㄴ.

ㄷ.

ㄹ.

08 중요

△ABC에서 ∠A의 크기와 ∠C의 크기가 주어졌을 때, 다음 |보기| 중 △ABC가 하나로 정해지기 위해 필요한 나머지 한 조건이 될 수 없는 것을 고르시오.

| 보기 |

ㄱ. ∠B ㄴ. $\overline{AB}$
ㄷ. $\overline{BC}$ ㄹ. $\overline{AC}$

09 중요

다음 중 옳지 않은 것은?

① 서로 합동인 두 도형은 넓이가 같다.
② 반지름의 길이가 같은 두 원은 서로 합동이다.
③ 넓이가 같은 두 정삼각형은 서로 합동이다.
④ 둘레의 길이가 같은 두 직사각형은 서로 합동이다.
⑤ 합동인 두 도형은 대응각의 크기가 같다.

10

오른쪽 그림에서 △ABC≡△EFD일 때, 다음 중 옳은 것은?

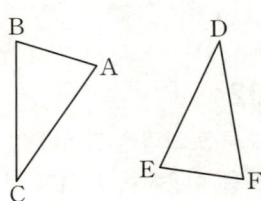

① 점 A의 대응점은 점 D이다.
② $\overline{BC}$의 대응변은 $\overline{DE}$이다.
③ ∠B의 대응각은 ∠E이다.
④ $\overline{AB}$의 대각의 크기와 $\overline{DF}$의 대각의 크기는 같다.
⑤ ∠C의 대변의 길이와 ∠D의 대변의 길이는 같다.

11

아래 그림에서 사각형 ABCD와 사각형 SRQP가 서로 합동일 때, 다음 중 옳은 것은?

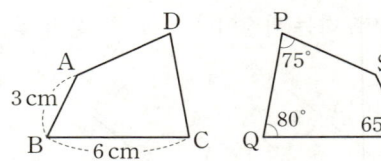

① $\overline{SR}$=4 cm ② ∠C=75°
③ ∠B=65° ④ $\overline{QR}$=3 cm
⑤ ∠A=120°

12

오른쪽 그림에서
$\overline{AB}=\overline{DE}$, $\overline{BC}=\overline{EF}$일 때,
다음 중 $\triangle ABC \equiv \triangle DEF$
가 되기 위해 필요한 나머지
한 조건이 될 수 있는 것을 모두 고르면? (정답 2개)

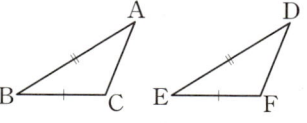

① $\angle A = \angle D$ ② $\angle B = \angle E$
③ $\angle C = \angle F$ ④ $\overline{AB}=\overline{EF}$
⑤ $\overline{AC}=\overline{DF}$

13

오른쪽 그림에서 $\overline{AB}=\overline{AD}$,
$\angle ABC = \angle ADE$일 때, 다음
|보기|에서 옳은 것을 모두 고르
시오.

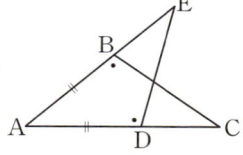

| 보기 |
ㄱ. $\overline{AC}=\overline{AE}$ ㄴ. $\overline{BE}=\overline{DE}$
ㄷ. $\overline{BC}=\overline{DE}$ ㄹ. $\angle ACB = \angle AED$

14 중요

오른쪽 그림에서 사각형 ABCD
와 사각형 GCEF는 정사각형이다.
다음 중 옳지 않은 것을 모두 고
르면? (정답 2개)

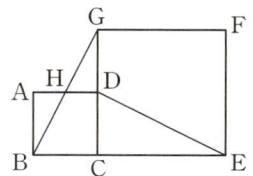

① $\overline{AH}=\overline{HD}$
② $\overline{GB}=\overline{ED}$
③ $\overline{GD}=\overline{CD}$
④ $\angle BGC = \angle DEC$
⑤ $\angle GBC = \angle EDC$

15

오른쪽 그림에서 $\triangle ABC$는 $\overline{AB}=\overline{AC}$
인 이등변삼각형이고 $\overline{AD}=\overline{AE}$일 때,
$\triangle ABE$와 합동인 삼각형을 찾고, 합동
조건을 말하시오.
　　(단, 풀이 과정을 자세히 쓰시오.)

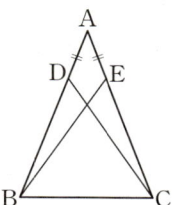

풀이

답

16

다음 그림은 두 지점 A, B 사이의 거리를 구하기 위해 측
정한 값을 나타낸 것이다. $\overline{AC}$와 $\overline{BD}$의 교점을 O라 할 때,
두 지점 A, B 사이의 거리를 구하시오.
　　　　(단, 풀이 과정을 자세히 쓰시오.)

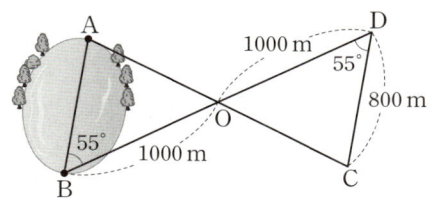

풀이

답

단원 테스트 3. 평면도형의 성질 [1회]

01

다음 |보기| 중 다각형의 개수는?

|보기|
직각삼각형, 마름모, 정육면체, 원,
직사각형, 사다리꼴, 원기둥, 선분

① 1개 ② 2개 ③ 3개
④ 4개 ⑤ 5개

02

오른쪽 그림의 △ABC에서 $\angle x - \angle y$의 값은?

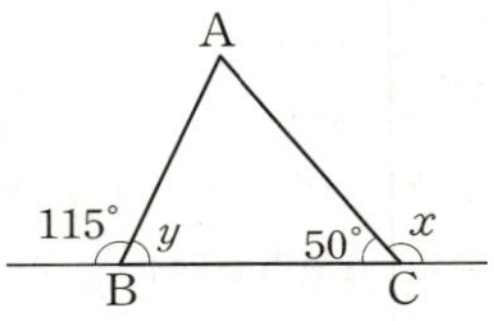

① 60° ② 65°
③ 70° ④ 75°
⑤ 80°

03 중요

한 꼭짓점에서 그을 수 있는 대각선의 개수가 9개인 다각형의 대각선의 개수를 구하시오.

04

대각선의 개수가 135개인 다각형의 변의 개수를 구하시오.

05

오른쪽 그림의 △ABC에서 x의 값은?

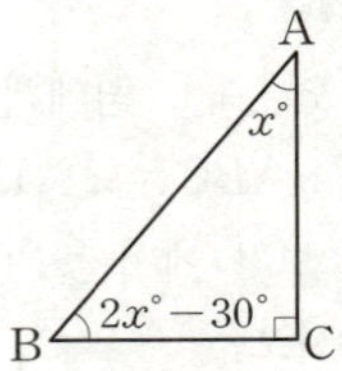

① 36 ② 40
③ 44 ④ 48
⑤ 52

06 중요

오른쪽 그림과 같은 △ACD에서 $\overline{AB}=\overline{BC}=\overline{CD}$일 때, $\angle x$의 크기는?

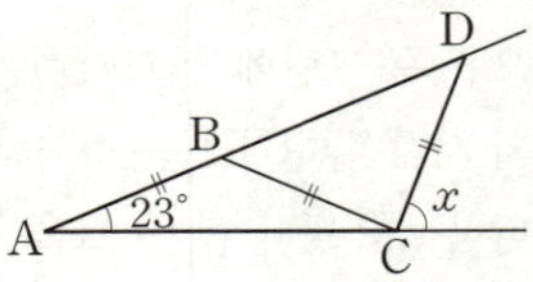

① 69° ② 70°
③ 71° ④ 72°
⑤ 73°

07

오른쪽 그림에서 ∠x의 크기는?

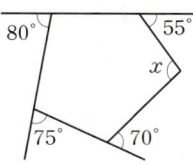

① 80°   ② 85°

③ 90°   ④ 95°

⑤ 100°

10

다음 |보기| 중 정십오각형에 대한 설명으로 옳지 <u>않은</u> 것을 모두 고르시오.

┤ 보기 ├

ㄱ. 한 꼭짓점에서 그을 수 있는 대각선의 개수는 12개이다.

ㄴ. 한 꼭짓점에서 대각선을 모두 그었을 때 만들어지는 삼각형의 개수는 13개이다.

ㄷ. 한 외각의 크기는 30°이다.

ㄹ. 내각의 크기의 합은 2160°이다.

08 중요

오른쪽 그림에서 x의 값을 구하시오.

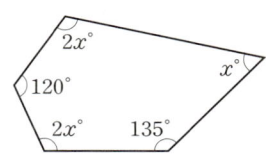

11 중요

오른쪽 그림의 원 O에서 부채꼴 AOB의 넓이가 $180\,\text{cm}^2$, 부채꼴 COD의 넓이가 $36\,\text{cm}^2$일 때, x의 값을 구하시오.

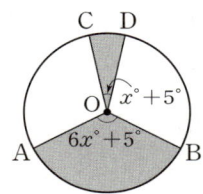

09

한 내각의 크기가 162°인 정다각형은?

① 정십이각형   ② 정십오각형

③ 정십육각형   ④ 정십팔각형

⑤ 정이십각형

12

오른쪽 그림의 원 O에서 $\overline{AB}$는 원 O의 지름이고 $\overline{AC}/\!/\overline{OD}$이다. $\overline{BD}=12\,\text{cm}$일 때, $\overline{CD}$의 길이를 구하시오.

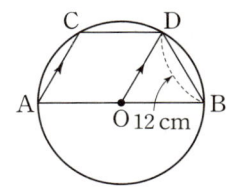

13 중요

호의 길이가 2π cm이고 넓이가 10π cm^{2}인 부채꼴의 중심각의 크기는?

① $20°$ ② $24°$ ③ $28°$

④ $32°$ ⑤ $36°$

14

오른쪽 그림에서 색칠한 부분의 둘레의 길이는?

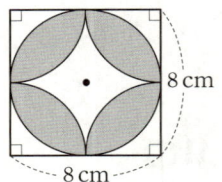

8 cm

8 cm

① 12π cm   ② 14π cm

③ 16π cm   ④ 18π cm

⑤ 20π cm

15

오른쪽 그림과 같이 한 변의 길이가 6 cm인 정사각형 ABCD에서 색칠한 부분의 넓이는?

A   D
E
B — 6 cm — C

① 30π cm^2

② 36π cm^2

③ $(36-2\pi)$ cm^2

④ $(36-4\pi)$ cm^2

⑤ $(36-6\pi)$ cm^2

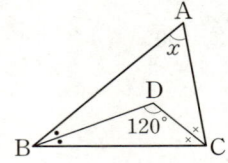

서술형

16

오른쪽 그림과 같은 △ABC에서 점 D는 ∠B와 ∠C의 이등분선의 교점이고 ∠BDC=120°일 때, ∠x의 크기를 구하시오.

(단, 풀이 과정을 자세히 쓰시오.)

A
x
D
120°
B   C

풀이

답

17

오른쪽 그림과 같이 $\overline{AD}$가 지름인 원 O에서 $\overset{\frown}{AB} : \overset{\frown}{CD}=1 : 2$이고 ∠BOC=78°일 때, ∠COD의 크기를 구하시오.

(단, 풀이 과정을 자세히 쓰시오.)

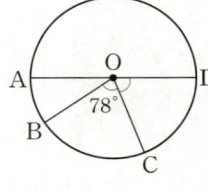

A   O   D
78°
B
C

풀이

답

단원 테스트 ▶ 3. 평면도형의 성질 [2회]

01 중요

다음 |조건|을 모두 만족시키는 다각형의 이름을 말하시오.

┤ 조건 ├
㉮ 모든 변의 길이가 같다.
㉯ 모든 내각의 크기가 같다.
㉰ 꼭짓점의 개수와 변의 개수의 합은 24개이다.

02

오른쪽 그림의 사각형 ABCD에서 $x+y$의 값을 구하시오.

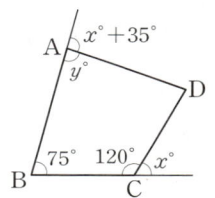

03

십사각형의 한 꼭짓점에서 그을 수 있는 대각선의 개수를 a개, 십삼각형의 대각선의 개수를 b개라 할 때, $a+b$의 값을 구하시오.

04

한 꼭짓점에서 그을 수 있는 대각선의 개수가 8개인 다각형의 대각선의 개수는?

① 40개 ② 44개 ③ 48개
④ 52개 ⑤ 56개

05 중요

오른쪽 그림에서 $\overline{AD}$와 $\overline{BC}$의 교점이 E일 때, $\angle x$의 크기는?

① 50° ② 52°
③ 54° ④ 56°
⑤ 58°

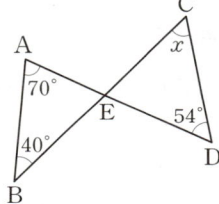

06

오른쪽 그림의 △ABC에서 $\overline{BD}$는 ∠B의 이등분선일 때, $\angle x$의 크기를 구하시오.

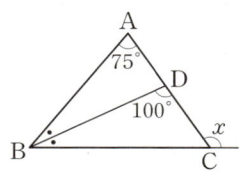

07

오른쪽 그림에서 ∠x의 크기를 구하시오.

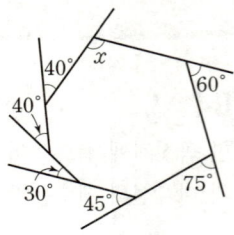

08

오른쪽 그림에서
∠a+∠b+∠c+∠d+∠e+∠f
의 값은?

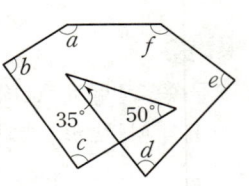

① 590°   ② 605°
③ 620°   ④ 635°
⑤ 650°

09 중요

한 내각의 크기와 한 외각의 크기의 비가 3 : 2인 정다각형은?

① 정사각형   ② 정오각형   ③ 정육각형
④ 정칠각형   ⑤ 정팔각형

10

다음 중 옳은 것은?

① 정사각형의 한 외각의 크기는 360°이다.
② 정십이각형의 한 외각의 크기는 20°이다.
③ 한 내각의 크기가 100° 이하인 정다각형의 종류는 3가지이다.
④ 한 내각의 크기가 135°인 정다각형의 한 꼭짓점에서 그을 수 있는 대각선의 개수는 5개이다.
⑤ 십각형의 내각의 크기의 합은 1800°이다.

11

오른쪽 그림의 원 O에서 $\overline{AC}$는 지름이고 $\overparen{AB}$=20 cm, ∠AOB=150°일 때, $\overparen{BC}$의 길이는?

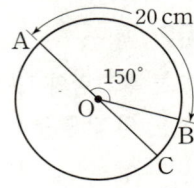

① 3 cm   ② 3.5 cm
③ 4 cm   ④ 4.5 cm
⑤ 5 cm

12 중요

오른쪽 그림의 반원 O에서 $\overline{AC}$∥$\overline{OD}$이고 ∠DOB=30°일 때, $\overparen{AC}$: $\overparen{CD}$: $\overparen{DB}$는?

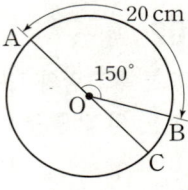

① 2 : 1 : 1   ② 4 : 1 : 1   ③ 3 : 1 : 1
④ 3 : 2 : 2   ⑤ 5 : 2 : 2

13 중요

오른쪽 그림의 원 O에서
∠AOB=120°, ∠COD=60°일 때,
다음 중 옳지 <u>않은</u> 것을 모두 고르면?

(정답 2개)

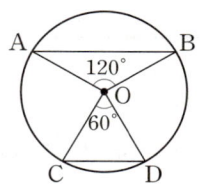

① $\overline{AB}=2\overline{CD}$

② $\overparen{AB}=2\overparen{CD}$

③ 원의 둘레의 길이는 $\overparen{AB}$의 길이의 3배이다.

④ (△AOB의 넓이)=2×(△COD의 넓이)

⑤ (부채꼴 COD의 넓이)=$\frac{1}{2}$×(부채꼴 AOB의 넓이)

14

오른쪽 그림에서 색칠한 부분의
둘레의 길이는?

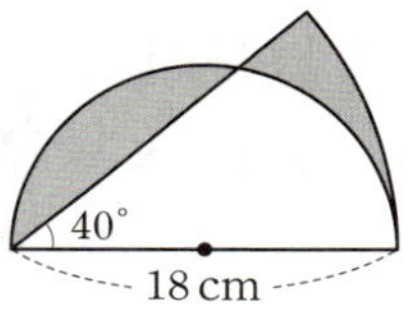

① $(13\pi+9)$ cm

② $(13\pi+18)$ cm

③ $(16\pi+9)$ cm

④ $(16\pi+18)$ cm

⑤ $(18\pi+9)$ cm

15

오른쪽 그림과 같이 한 변의 길이가
8 cm인 정사각형 ABCD에서 색칠
한 부분의 넓이는?

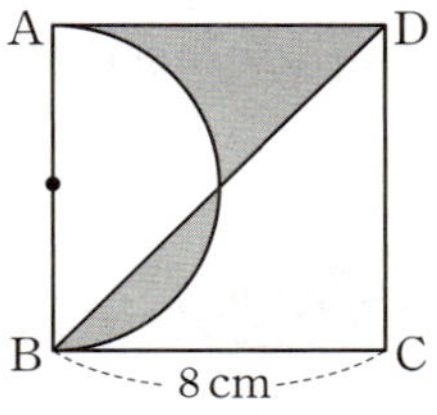

① 8 cm²   ② 16 cm²

③ 18 cm²   ④ 24 cm²

⑤ 32 cm²

16

오른쪽 그림에서 ∠x의 크기를
구하시오.
(단, 풀이 과정을 자세히 쓰시오.)

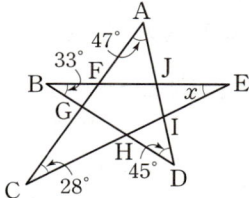

풀이

답

17

오른쪽 그림은 직각삼각형 ABC의 각
변을 지름으로 하는 세 반원을 그린
것이다. $\overline{AB}=8$ cm, $\overline{BC}=10$ cm,
$\overline{AC}=6$ cm일 때, 색칠한 부분의 넓
이를 구하시오. (단, 풀이 과정을 자세히 쓰시오.)

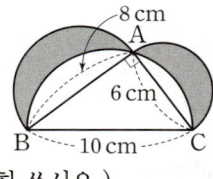

풀이

답

01

다음 |보기| 중 다면체의 개수는?

┤ 보기 ├

직육면체, 오각뿔대, 육각뿔, 구,
원기둥, 원뿔, 삼각기둥, 평행사변형

① 3개　　　② 4개　　　③ 5개
④ 6개　　　⑤ 7개

02

면의 개수가 10개인 각뿔의 모서리의 개수를 a개, 꼭짓점의 개수를 b개라 할 때, $a+b$의 값을 구하시오.

03 중요

다음 중 다면체와 그 다면체의 밑면의 모양과 옆면의 모양을 짝 지은 것으로 옳은 것은?

다면체	밑면의 모양	옆면의 모양
① 삼각기둥	삼각형	삼각형
② 사각기둥	사각형	오각형
③ 사각뿔	사각형	사각형
④ 오각뿔	오각형	삼각형
⑤ 오각뿔대	오각형	오각형

04

다음 중 정다면체에 대한 설명으로 옳지 <u>않은</u> 것은?

① 정다면체의 종류는 5가지뿐이다.
② 정다면체의 각 면은 정삼각형, 정사각형, 정오각형뿐이다.
③ 한 꼭짓점에 모인 면의 개수가 가장 많은 것은 정이십면체이다.
④ 모든 면이 합동이다.
⑤ 정팔면체와 정십이면체의 한 면의 모양은 서로 같다.

05

다음 |보기|에서 그 값이 가장 큰 것과 가장 작은 것을 차례로 나열하시오.

┤ 보기 ├

ㄱ. 정사면체의 모서리의 개수
ㄴ. 정육면체의 꼭짓점의 개수
ㄷ. 정팔면체의 모서리의 개수
ㄹ. 정십이면체의 꼭짓점의 개수
ㅁ. 정이십면체의 모서리의 개수

06 중요

오른쪽 그림의 평면도형을 직선 l을 회전축으로 하여 1회전 시킬 때 생기는 입체도형은?

① 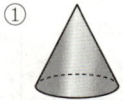　　②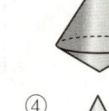

③ 　　④ 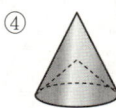　　⑤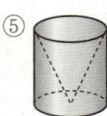

07 중요

다음 중 회전체와 그 회전체를 회전축을 포함하는 평면으로 자를 때 생기는 단면의 모양을 짝 지은 것으로 옳지 <u>않은</u> 것을 모두 고르면? (정답 2개)

① 구 – 원   ② 반구 – 반원

③ 원기둥 – 원   ④ 원뿔대 – 직사각형

⑤ 원뿔 – 이등변삼각형

08

반지름의 길이가 8 cm인 구를 평면으로 자를 때 생기는 단면 중 그 크기가 가장 큰 단면의 넓이를 구하시오.

09

오른쪽 그림과 같은 원뿔대의 전개도에서 옆면의 둘레의 길이는?

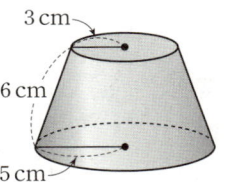

① $(8\pi+12)$ cm

② $(12\pi+6)$ cm

③ $(12\pi+12)$ cm

④ $(16\pi+6)$ cm

⑤ $(16\pi+12)$ cm

10

다음 중 회전체에 대한 설명으로 옳지 <u>않은</u> 것은?

① 반원을 지름을 회전축으로 하여 1회전 시킨 회전체는 구이다.

② 원뿔을 밑면에 평행하게 잘라서 생기는 두 입체도형 중 원뿔이 아닌 쪽을 원뿔대라 한다.

③ 회전체를 회전축에 수직인 평면으로 자른 단면은 원이다.

④ 회전체를 회전축을 포함하는 평면으로 자른 단면은 회전축에 대하여 선대칭도형이다.

⑤ 회전축을 포함하는 평면으로 자른 단면이 항상 원이 되는 회전체는 원뿔이다.

11 중요

오른쪽 그림과 같이 밑면이 부채꼴인 기둥의 부피는?

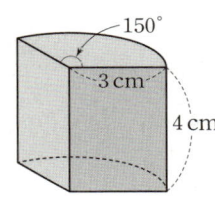

① 5π cm^3 ② 10π cm^3

③ 15π cm^3 ④ 20π cm^3

⑤ 25π cm^3

12

오른쪽 그림과 같은 원뿔의 겉넓이가 96π cm^{2}일 때, 이 원뿔의 모선의 길이는?

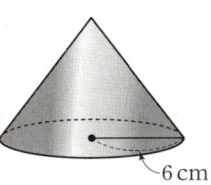

① 7 cm   ② 8 cm

③ 9 cm   ④ 10 cm

⑤ 11 cm

13

오른쪽 그림과 같은 원뿔대의 부피
는?

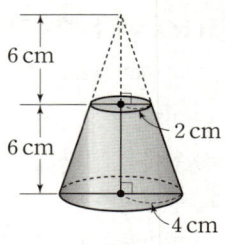

① $52\pi \,\mathrm{cm}^3$ ② $56\pi \,\mathrm{cm}^3$
③ $60\pi \,\mathrm{cm}^3$ ④ $64\pi \,\mathrm{cm}^3$
⑤ $68\pi \,\mathrm{cm}^3$

14 중요

오른쪽 그림은 반지름의 길이가 $3\,\mathrm{cm}$
인 구의 $\dfrac{1}{4}$ 을 잘라 내고 남은 입체도형
이다. 이 입체도형의 겉넓이는?

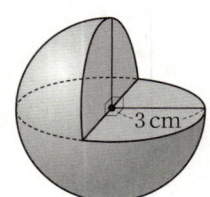

① $18\pi \,\mathrm{cm}^2$ ② $27\pi \,\mathrm{cm}^2$
③ $36\pi \,\mathrm{cm}^2$ ④ $45\pi \,\mathrm{cm}^2$
⑤ $54\pi \,\mathrm{cm}^2$

15

오른쪽 그림은 반구와 원뿔을 붙여 놓은
입체도형이다. 이 입체도형의 부피는?

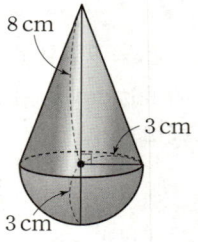

① $24\pi \,\mathrm{cm}^3$ ② $30\pi \,\mathrm{cm}^3$
③ $36\pi \,\mathrm{cm}^3$ ④ $42\pi \,\mathrm{cm}^3$
⑤ $48\pi \,\mathrm{cm}^3$

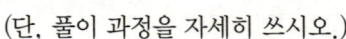

서술형

16

오른쪽 그림과 같은 평면도형을 직선 l을
회전축으로 하여 1회전 시킬 때 생기는 회
전체를 회전축을 포함하는 평면으로 자른
단면의 넓이를 구하시오.
　　　(단, 풀이 과정을 자세히 쓰시오.)

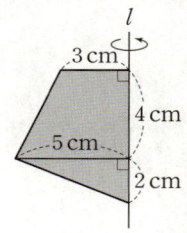

풀이

답

17

오른쪽 그림과 같이 원기둥의 한가운데
에 원기둥 모양의 구멍이 뚫린 입체도형
의 겉넓이를 구하시오.
　　　(단, 풀이 과정을 자세히 쓰시오.)

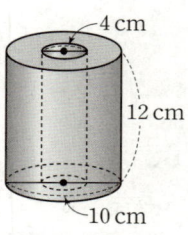

풀이

답

단원 테스트 ▶ 4. 입체도형의 성질 [2회]

01

다음 |보기| 중 다각형인 면으로만 둘러싸인 입체도형의 개수를 구하시오.

┤ 보기 ├
ㄱ. 원뿔   ㄴ. 삼각기둥   ㄷ. 정팔면체
ㄹ. 오각뿔   ㅁ. 원기둥   ㅂ. 사각뿔대

02

다음 다면체 중 오른쪽 그림의 다면체와 면의 개수가 같은 것은?

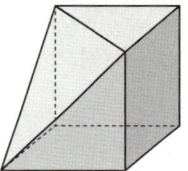

① 사각기둥   ② 오각뿔
③ 오각뿔대   ④ 육각기둥
⑤ 칠각뿔

03 중요

다음 |조건|을 모두 만족시키는 다면체의 꼭짓점의 개수를 a개, 모서리의 개수를 b개라 할 때, $b-a$의 값을 구하시오.

┤ 조건 ├
㈎ 두 밑면은 서로 평행하다.
㈏ 옆면의 모양은 직사각형이다.
㈐ 밑면의 모양은 오각형이다.

04

꼭짓점의 개수가 가장 많은 정다면체의 모서리의 개수를 a개, 모서리의 개수가 가장 적은 정다면체의 꼭짓점의 개수를 b개라 할 때, $a+b$의 값을 구하시오.

05 중요

다음 그림과 같은 전개도로 만들어지는 정다면체에 대한 설명으로 옳지 않은 것은?

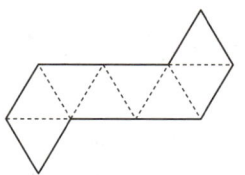

① 정팔면체이다.
② 면의 모양은 정이십면체와 같다.
③ 꼭짓점의 개수는 8개이다.
④ 정육면체와 모서리의 개수가 같다.
⑤ 한 꼭짓점에 모인 면의 개수는 4개이다.

06

오른쪽 그림과 같은 회전체는 다음 중 어느 평면도형을 1회전 시킨 것인가?

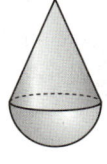

① 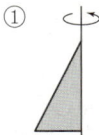   ②

③   ④ 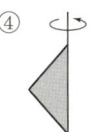   ⑤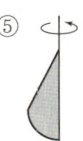

07

오른쪽 그림과 같은 원뿔을 한 평면으로 자를 때, 다음 중 그 단면의 모양이 될 수 <u>없는</u> 것은?

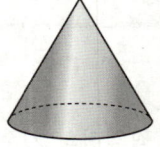

① 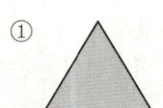　②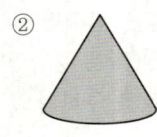

③ 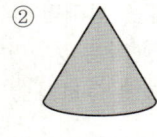　④ 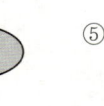　⑤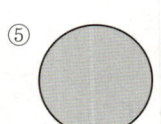

08

다음 중 회전체에 대한 설명으로 옳지 <u>않은</u> 것은?

① 원뿔대는 회전체이다.
② 회전체의 회전축은 항상 하나뿐이다.
③ 원뿔의 전개도에서 옆면은 부채꼴이다.
④ 원기둥은 직사각형의 한 변을 회전축으로 하여 1회전 시켜 만든 회전체이다.
⑤ 회전체를 회전축을 포함하는 평면으로 자른 단면은 회전축을 대칭축으로 하는 선대칭도형이다.

09 중요

오른쪽 그림의 평면도형을 직선 l을 회전축으로 하여 1회전 시킬 때 생기는 회전체에 대한 설명으로 다음 중 옳은 것을 모두 고르면? (정답 2개)

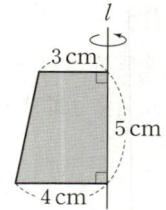

① 회전체의 높이는 5 cm이다.
② 회전체의 두 밑면은 서로 합동이고 평행하다.
③ 회전체의 전개도를 그리면 그 옆면의 모양은 사다리꼴이다.
④ 회전체를 밑면에 평행한 평면으로 자른 단면의 모양은 사다리꼴이다.
⑤ 회전체를 회전축을 포함하는 평면으로 자른 단면의 넓이는 35 cm²이다.

10

오른쪽 그림과 같이 밑면의 반지름의 길이가 6 cm, 높이가 30 cm인 원기둥 모양의 롤러에 페인트를 묻혀 한 바퀴 굴릴 때, 페인트가 칠해지는 부분의 넓이를 구하시오.

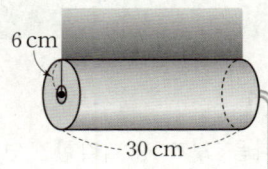

11

오른쪽 그림과 같은 사각기둥의 겉넓이가 218 cm²일 때, h의 값을 구하시오.

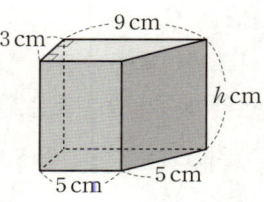

12 중요

밑면이 오른쪽 그림과 같은 오각형이고 높이가 5 cm인 오각기둥의 부피는?

① 120 cm³　② 125 cm³
③ 130 cm³　④ 135 cm³
⑤ 140 cm³

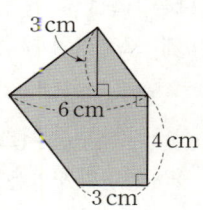

13

오른쪽 그림과 같이 직육면체를 두 꼭짓점 D, G와 $\overline{BC}$의 중점 M을 지나는 평면으로 자를 때 생기는 삼각뿔 G−MCD의 부피가 60 cm³이다. $\overline{AB}$의 길이를 구하시오.

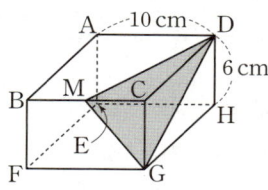

14

야구공의 겉면은 다음 그림과 같이 크기와 모양이 같은 두 조각의 가죽으로 만들어진다. 야구공의 지름의 길이가 7 cm일 때, 가죽 한 조각의 넓이는?

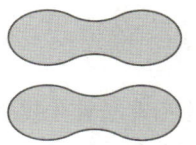 

① $\frac{49}{2}\pi$ cm² ② 25π cm² ③ $\frac{51}{2}\pi$ cm²

④ 26π cm² ⑤ $\frac{53}{2}\pi$ cm²

15 중요

다음 그림과 같이 반지름의 길이가 2 cm인 구와 밑면의 반지름의 길이가 2 cm인 원뿔이 있다. 두 입체도형의 부피가 같을 때, 원뿔의 높이를 구하시오.

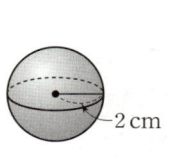 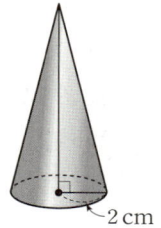

서술형

16

오른쪽 그림과 같은 원뿔의 전개도를 그렸을 때, 옆면인 부채꼴의 호의 길이와 중심각의 크기를 차례로 구하시오.
(단, 풀이 과정을 자세히 쓰시오.)

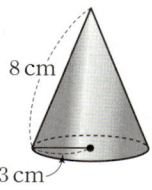

풀이

답

17

오른쪽 그림과 같은 평면도형을 직선 l을 회전축으로 하여 1회전 시킬 때 생기는 입체도형의 겉넓이를 구하시오.
(단, 풀이 과정을 자세히 쓰시오.)

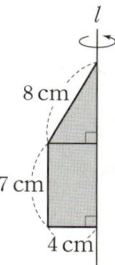

풀이

답

01

아래 표는 진희와 윤희가 5회의 단원 평가에서 얻은 점수를 조사하여 나타낸 것이다. 다음 중 옳지 <u>않은</u> 것을 모두 고르면? (정답 2개)

(단위: 점)

	1회	2회	3회	4회	5회
진희	7	7	10	9	8
윤희	7	6	8	8	9

① 진희의 점수의 최빈값이 윤희의 점수의 최빈값보다 작다.
② 윤희의 점수의 최빈값과 중앙값은 같다.
③ 진희의 점수의 평균이 윤희의 점수의 평균보다 크다.
④ 진희의 점수의 최빈값은 평균보다 크다.
⑤ 진희의 점수의 중앙값이 윤희의 점수의 중앙값보다 작다.

02

3개의 수 a, b, c의 평균이 6일 때, 다음 5개의 수의 평균을 구하시오.

$$5, \quad a, \quad b, \quad c, \quad 12$$

03

다음 자료는 6개의 수를 작은 값부터 크기순으로 나열한 것이다. 이 자료의 중앙값이 20일 때, x의 값을 구하시오.

$$11, \quad 14, \quad 18, \quad x, \quad 23, \quad 26$$

04

다음은 모두 16회인 어느 드라마의 회별 방송 시간을 조사하여 나타낸 줄기와 잎 그림이다. 드라마의 방송 시간이 65분 이하인 회는 전체의 몇 %인지 구하시오.

(5|4는 54분)

줄기	잎
5	4　6　9
6	0　3　3　4　5　6　8　8　9
7	2　2　4　5

05 중요

다음은 성주네 반 학생들의 2단 뛰기 줄넘기 횟수를 조사하여 나타낸 줄기와 잎 그림이다. 2단 뛰기 줄넘기 횟수가 가장 많은 학생과 가장 적은 학생의 줄넘기 횟수의 합을 구하시오.

(2|7은 27회)

줄기	잎
2	7　9
3	0　2　3　4　7　8
4	0　1　2　3　4　5　6　9　9
5	0　1　2　4

06

오른쪽은 준우네 반 학생 20명의 수학 점수를 조사하여 나타낸 도수분포표이다. $A+B$의 값을 구하시오.

수학 점수(점)	학생 수(명)
40^{이상} ~ 50^{미만}	1
50　~　60	3
60　~　70	A
70　~　80	6
80　~　90	3
90　~　100	2
합계	B

07

오른쪽은 어느 스포츠센터에 다니는 회원들의 나이를 조사하여 나타낸 도수분포표이다. 나이가 35세 이상 40세 미만인 회원은 전체의 몇 %인지 구하시오.

나이(세)	회원 수(명)
25^{이상} ~ 30^{미만}	5
30 ~ 35	13
35 ~ 40	16
40 ~ 45	6
합계	

08 중요

아래는 어느 중학교 1학년 학생 50명의 몸무게를 조사하여 나타낸 도수분포표이다. 다음 중 옳지 <u>않은</u> 것은?

몸무게(kg)	학생 수(명)
35^{이상} ~ 40^{미만}	5
40 ~ 45	8
45 ~ 50	10
50 ~ 55	14
55 ~ 60	9
60 ~ 65	4
합계	50

① 계급의 개수는 6개이고, 계급의 크기는 5 kg이다.
② 몸무게가 50 kg 미만인 학생 수는 23명이다.
③ 도수가 8명인 계급은 40 kg 이상 45 kg 미만이다.
④ 몸무게가 40 kg 이상 55 kg 미만인 학생은 전체의 32 %이다.
⑤ 몸무게가 7번째로 무거운 학생이 속하는 계급의 도수는 9명이다.

09

오른쪽은 준형이네 반 학생들의 던지기 기록을 조사하여 나타낸 히스토그램이다. 계급의 크기를 a m, 계급의 개수를 b라 할 때, $a+b$의 값을 구하시오.

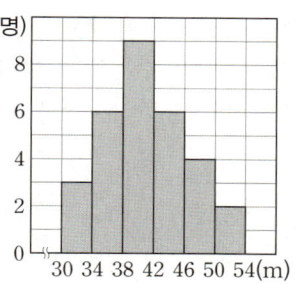

10

다음은 성준이네 반 학생들이 일주일 동안 받은 이메일의 개수를 조사하여 나타낸 히스토그램이다. 받은 이메일의 개수가 16개인 학생이 속하는 계급의 도수를 구하시오.

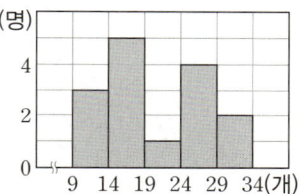

11 중요

오른쪽은 희정이네 반 학생 32명의 필통에 들어 있는 필기구의 개수를 조사하여 나타낸 히스토그램인데 일부가 찢어져 보이지 않는다. 필기구의 개수가 8개 이상 10개 미만인 학생은 전체의 몇 %인지 구하시오.

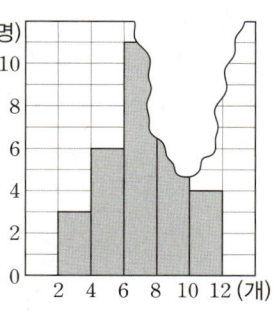

12

다음은 유진이네 반 학생들의 윗몸일으키기 횟수를 조사하여 나타낸 도수분포다각형이다. 윗몸일으키기 횟수가 35회 이상 45회 미만인 학생은 전체의 몇 %인지 구하시오.

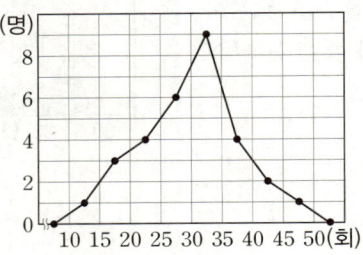

14 중요

오른쪽은 어느 중학교 학생들의 1년 동안의 도서관 방문 횟수를 조사하여 나타낸 그래프이다. 히스토그램의 각 직사각형의 넓이의 합을 A, 도수분포다각형과 가로축으로 둘러싸인 부분의 넓이를 B라 할 때, $A+B$의 값을 구하시오.

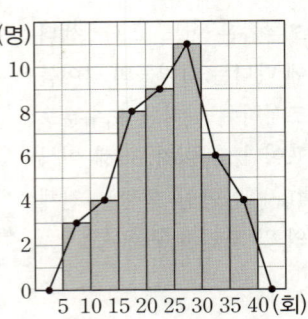

13

오른쪽은 준희네 반 학생들의 키를 조사하여 나타낸 도수분포다각형이다. 다음 중 옳지 않은 것은?

① 전체 학생 수는 40명이다.
② 도수가 가장 큰 계급의 도수는 12명이다.
③ 계급의 크기는 5 cm이다.
④ 키가 150 cm 미만인 학생 수는 5명이다.
⑤ 키가 168 cm인 학생이 속하는 계급의 도수는 8명이다.

15

다음은 어느 지역의 한 달 동안의 일별 최저기온을 조사하여 나타낸 상대도수의 분포표이다. $A+B$의 값을 구하시오.

최저기온(℃)	도수(일)	상대도수
6이상 ~ 8미만		
8 ~ 10	6	0.2
10 ~ 12	A	0.4
12 ~ 14	9	B
14 ~ 16		
합계		1

16

오른쪽은 진철이네 반 학생들의 앉은키에 대한 상대도수의 분포를 나타낸 그래프이다. 앉은키가 80 cm 이상인 학생은 전체의 몇 %인지 구하시오.

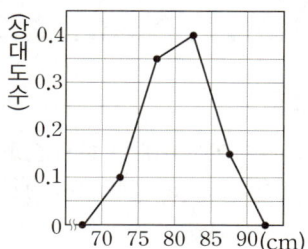

18

오른쪽은 연희네 반 학생들이 1년 동안 사용한 공책수를 조사하여 나타낸 도수분포표이다. 4권 미만의 공책을 사용한 학생이 전체의 30 %일 때, A, B의 값을 각각 구하시오. (단, 풀이 과정을 자세히 쓰시오.)

공책 수(권)	학생 수(명)
0이상 ~ 2미만	3
2 ~ 4	A
4 ~ 6	B
6 ~ 8	12
8 ~ 10	2
합계	40

풀이

답

17 중요

오른쪽은 소영이네 반 남학생과 여학생이 한 달 동안 읽은 책의 수에 대한 상대도수의 분포를 나타낸 그래프이다. 다음 중 옳은 것은?

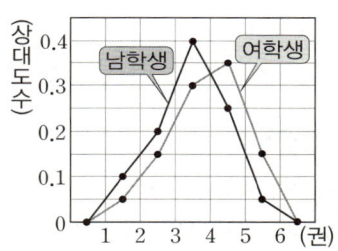

① 전체 남학생 수와 전체 여학생 수는 같다.
② 남학생 중에서 도수가 가장 큰 계급의 상대도수는 0.3이다.
③ 남학생이 여학생보다 책을 대체적으로 더 많이 읽은 편이다.
④ 읽은 책의 수가 3권 이상 4권 미만인 학생 수는 남학생이 여학생보다 더 많다.
⑤ 여학생 중에서 읽은 책의 수가 3권 미만인 학생 수가 4명이면 전체 여학생 수는 20명이다.

19

다음은 민주네 반 학생들의 멀리뛰기 기록을 조사하여 나타낸 상대도수의 분포표인데 일부가 찢어져 보이지 않는다. 멀리뛰기 기록이 140 cm 이상 150 cm 미만인 학생 수를 구하시오. (단, 풀이 과정을 자세히 쓰시오.)

기록(cm)	도수(명)	상대도수
130이상 ~ 140미만	6	0.15
140 ~ 150		0.2
150 ~ 160		

풀이

답

01

오른쪽은 재현이네 반 학생 10명의 여름 방학 동안의 봉사 활동 시간을 조사하여 나타낸 줄기와 잎 그림이다. 이 자료의 평균, 중앙값, 최빈값을 각각 구하시오.

(0|6은 6시간)

줄기	잎
0	6 8
1	0 1 5 5
2	0 2 4
3	4

02

다음 자료는 두 양궁 선수 A, B가 각각 과녁판에 10번씩 활을 쏘아 얻은 점수를 조사하여 나타낸 것이다. 선수 A의 점수의 중앙값을 a점, 선수 B의 점수의 중앙값을 b점이라 할 때, $a+b$의 값은?

(단위: 점)

선수 A: 4, 8, 10, 6, 5, 10, 8, 5, 10, 7
선수 B: 10, 6, 8, 3, 3, 9, 7, 2, 6, 10

① 13 ② 14 ③ 15
④ 16 ⑤ 17

03

다음 자료의 평균과 최빈값이 같을 때, x의 값을 구하시오.

84,　　92,　　77,　　83,　　x

04

다음은 하은이네 반 학생들의 국어 점수를 조사하여 나타낸 줄기와 잎 그림이다. 국어 점수가 10번째로 높은 학생의 점수를 구하시오.

(5|5는 55점)

줄기	잎
5	5 7 8
6	0 3 6 6 8
7	1 2 2 5 7 9
8	0 2 4 4 4 6 8
9	1 1 3 5

05 중요

아래는 재호네 반 학생 20명의 키를 조사하여 나타낸 줄기와 잎 그림이다. 다음 중 옳지 않은 것은?

(13|2는 132 cm)

줄기	잎
13	2 5
14	1 2 7 8
15	2 5 6 7 8 9
16	1 2 2 4 5 6 8 9

① 줄기가 14, 잎이 7이면 147 cm를 나타낸다.
② 잎이 가장 많은 줄기는 16이다.
③ 키가 140 cm 이상 157 cm 이하인 학생 수는 8명이다.
④ 키가 5번째로 큰 학생의 키는 147 cm이다.
⑤ 키가 8번째로 작은 학생의 키는 155 cm이다.

06

오른쪽은 정현이네 반 학생들의 미술 실기 점수를 조사하여 나타낸 도수분포표이다. 계급의 크기를 a점, 20점 이상 30점 미만인 계급의 도수를 b명이라 할 때, $a+b$의 값을 구하시오.

실기 점수(점)	학생 수(명)
$0^{이상} \sim 10^{미만}$	1
10 ~ 20	3
20 ~ 30	6
30 ~ 40	10
합계	20

08

오른쪽은 어느 가게를 찾은 손님의 나이를 조사하여 나타낸 도수분포표이다. 나이가 7번째로 많은 손님이 속하는 계급의 도수를 구하시오.

나이(세)	손님 수(명)
$15^{이상} \sim 20^{미만}$	2
20 ~ 25	8
25 ~ 30	9
30 ~ 35	5
35 ~ 40	
합계	28

07

오른쪽은 영어 말하기 대회에 참가한 학생 25명의 점수를 조사하여 나타낸 도수분포표이다. 다음 |보기| 중 옳은 것을 모두 고르시오.

점수(점)	학생 수(명)
$50^{이상} \sim 60^{미만}$	2
60 ~ 70	4
70 ~ 80	9
80 ~ 90	6
90 ~ 100	4
합계	25

─┤ 보기 ├─

ㄱ. 계급의 개수는 10개이다.

ㄴ. 가장 작은 변량은 50점이다.

ㄷ. 점수가 80점 이상인 학생 수는 10명이다.

ㄹ. 60점 이상 70점 미만인 계급의 도수는 4명이다.

09 중요

오른쪽은 수연이네 반 학생들이 일주일 동안 마신 물의 양을 조사하여 나타낸 도수분포표이다. 물을 12 L 이상 마신 학생이 전체의 20 %일 때, $A-B$의 값을 구하시오.

물의 양(L)	학생 수(명)
$0^{이상} \sim 4^{미만}$	3
4 ~ 8	6
8 ~ 12	A
12 ~ 16	B
16 ~ 20	1
합계	20

10

다음은 영수네 반 학생들의 발의 크기를 조사하여 나타낸 히스토그램이다. 발의 크기가 225 mm 이상 235 mm 미만인 학생은 전체의 몇 %인지 구하시오.

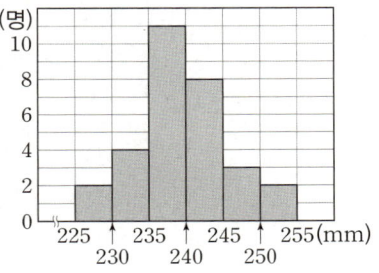

11 중요

오른쪽은 수진이네 반 학생들의 키를 조사하여 나타낸 히스토그램이다. 다음 중 옳지 <u>않은</u> 것을 모두 고르면? (정답 2개)

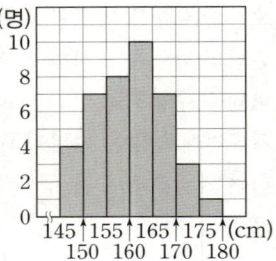

① 수진이네 반 전체 학생 수는 40명이다.

② 키가 160 cm 미만인 학생 수는 18명이다.

③ 키가 가장 큰 학생의 키는 179.9 cm이다.

④ 도수가 가장 작은 계급은 175 cm 이상 180 cm 미만이다.

⑤ 키가 10번째로 큰 학생이 속하는 계급은 165 cm 이상 170 cm 미만이다.

12

오른쪽은 준희네 반 학생들의 하루 평균 수면 시간을 조사하여 나타낸 도수분포다각형이다. 다음 중 옳지 <u>않은</u> 것은?

① 계급의 개수는 5개이다.

② 계급의 크기는 1시간이다.

③ 준희네 반 전체 학생 수는 25명이다.

④ 도수가 가장 큰 계급은 6시간 이상 8시간 미만이다.

⑤ 하루 평균 수면 시간이 6시간 미만인 학생 수는 4명이다.

13 중요

오른쪽은 선희네 반 학생들의 사회 점수를 조사하여 나타낸 도수분포다각형이다. 도수분포다각형과 가로축으로 둘러싸인 부분의 넓이가 360일 때, $a+b+c+d+e+f$의 값을 구하시오.

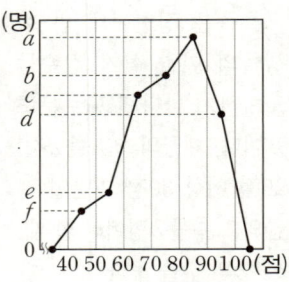

14

오른쪽은 형석이네 반 학생들의 100 m 달리기 기록을 조사하여 나타낸 도수분포다각형인데 얼룩이 생겨 일부가 보이지 않는다. 기록이 18초 이상인 학생이 전체의 35 %일 때, 기록이 16초 이상 17초 미만인 학생 수를 구하시오.

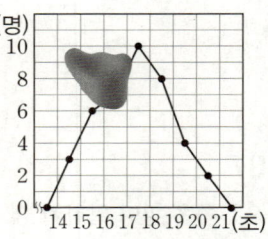

15

오른쪽은 연진이네 반 학생들의 하루 동안의 휴대 전화 통화 시간을 조사하여 나타낸 도수분포표이다. 통화 시간이 20분 이상 25분 미만인 학생이 전체의 35 %일 때, 10분 이상 15분 미만인 계급의 상대도수를 구하시오.

통화 시간(분)	학생 수(명)
5^{이상} ~ 10^{미만}	2
10 ~ 15	
15 ~ 20	12
20 ~ 25	
25 ~ 30	4
합계	40

16 중요

오른쪽은 상영이네 동아리 학생 50명의 하루 동안의 운동 시간에 대한 상대도수의 분포를 나타낸 그래프이다. 운동 시간이 30분 미만인 학생 수를 구하시오.

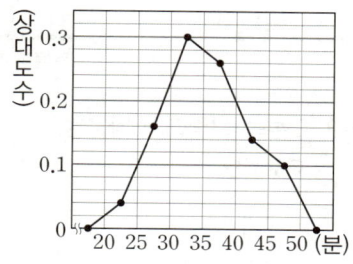

17

오른쪽은 현아네 학교 남학생 100명과 여학생 50명의 턱걸이 횟수에 대한 상대도수의 분포를 나타낸 그래프이다. 다음 중 옳은 것을 모두 고르면? (정답 2개)

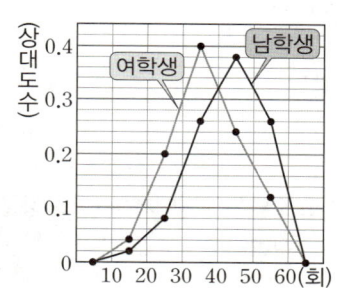

① 남학생이 여학생보다 턱걸이 횟수가 대체적으로 더 많은 편이다.

② 여학생 중 도수가 가장 큰 계급의 도수는 40명이다.

③ 남학생 중 턱걸이 횟수가 30회 미만인 학생은 남학생 전체의 10 %이다.

④ 턱걸이 횟수가 10회 이상 20회 미만인 여학생 수는 8명이다.

⑤ 남학생 중 기록이 가장 좋은 학생의 턱걸이 횟수는 59회이다.

서술형

18

오른쪽은 찬영이네 반 학생들이 한 학기 동안 읽은 책의 수를 조사하여 나타낸 히스토그램이다. 읽은 책의 수가 상위 10 % 이내에 속하려면 최소 몇 권 이상의 책을 읽어야 하는지 구하시오. (단, 풀이 과정을 자세히 쓰시오.)

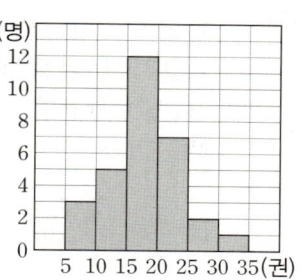

풀이

답

19

다음은 어느 중학교 1학년 학생 200명의 국어 점수에 대한 상대도수의 분포를 나타낸 그래프인데 일부가 찢어져 보이지 않는다. 국어 점수가 60점 이상 70점 미만인 학생 수가 48명일 때, 국어 점수가 90점 이상인 학생 수를 구하시오.
(단, 풀이 과정을 자세히 쓰시오.)

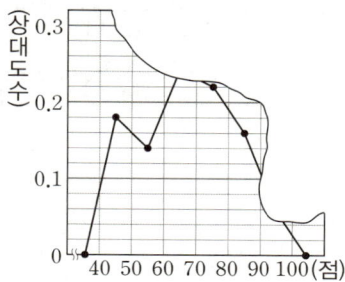

풀이

답

※ 모든 문제는 풀이 과정을 자세히 서술한 후 답을 쓰세요.

1 다음 그림과 같이 직선 l 위의 네 점 A, B, C, D 중 두 점을 지나는 서로 다른 직선의 개수를 x개, 반직선의 개수를 y개, 선분의 개수를 z개라 할 때, $x+y-z$ 의 값을 구하시오.

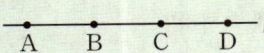

풀이

답

2 아래 그림에서 세 점 L, M, N은 각각 $\overline{AB}$, $\overline{BC}$, $\overline{LM}$ 의 중점이다. $\overline{AB}=16\,cm$, $\overline{BC}=30\,cm$일 때, 다음 을 구하시오.

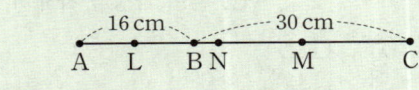

(1) $\overline{LM}$의 길이　　(2) $\overline{BN}$의 길이

풀이

답

3 오른쪽 그림에서 다음을 구하시오.

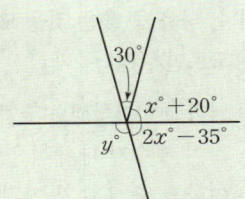

(1) x의 값

(2) ∠BOC의 크기

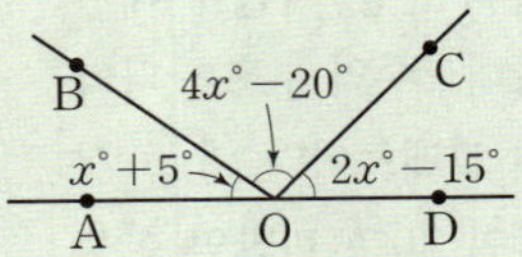

풀이

답

4 오른쪽 그림에서 $x+y$의 값을 구하시오.

풀이

답

5 오른쪽 그림과 같이 밑면이 정오각형인 오각기둥에서 각 모서리를 연장한 직선을 그을 때, 직선 AB와 꼬인 위치에 있는 직선의 개수를 a개, 면 ABCDE와 수직인 직선의 개수를 b개라 하자. $a-b$의 값을 구하시오.

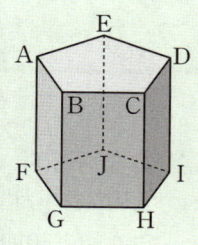

풀이

답

6 오른쪽 그림은 정육면체를 네 꼭짓점 A, B, E, F를 지나는 평면으로 잘라 내고 남은 입체도형이다. 면 ABEF와 수직인 면의 개수를 a개, 면 ACF와 평행한 면의 개수를 b개라 할 때, $a+b$의 값을 구하시오.

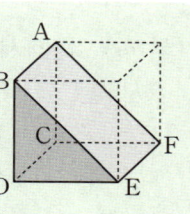

풀이

답

7 다음 그림을 보고 물음에 답하시오.

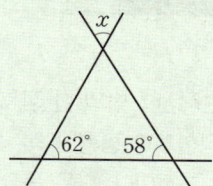

(1) $\angle x$의 모든 동위각을 위의 그림에 표시하시오.
(2) $\angle x$의 모든 동위각의 크기의 합을 구하시오.

풀이

답

8 오른쪽 그림에서 $l /\!/ m$일 때, $\angle x$의 크기를 구하시오.

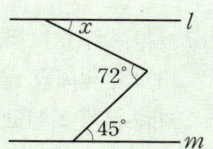

풀이

답

※ 모든 문제는 풀이 과정을 자세히 서술한 후 답을 쓰세요.

1 오른쪽 그림은 직선 l 밖의 한 점 P를 지나고 직선 l과 평행한 직선을 작도하는 과정이다. 다음 물음에 답하시오.

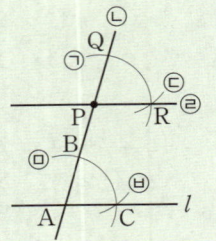

(1) 작도 순서를 나열하시오.

(2) 작도에 이용된 평행선의 성질을 말하시오.

풀이

답

2 길이가 3 cm, 5 cm, 8 cm, 11 cm인 4개의 막대 중 3개의 막대를 골라 만들 수 있는 서로 다른 삼각형의 개수를 구하시오. (단, 막대의 두께는 생각하지 않는다.)

풀이

답

3 △ABC에서 ∠A의 크기와 $\overline{AB}$의 길이가 주어질 때, △ABC가 하나로 정해지도록 한 가지 조건을 추가하려고 한다. 이때 추가할 수 있는 조건으로 가능한 것을 모두 구하시오.

풀이

답

4 아래 그림에서 △ABC≡△DEF일 때, 다음을 구하시오.

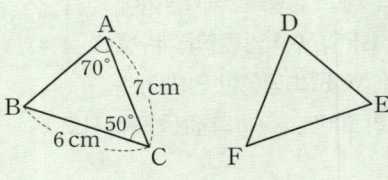

(1) $\overline{DF}$의 길이   (2) ∠E의 크기

풀이

답

5 다음 |보기|에서 서로 합동인 두 삼각형을 찾아 짝 짓고, 그때의 합동 조건을 말하시오.

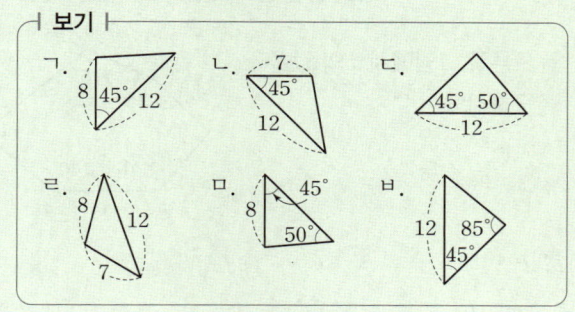

풀이

답

6 다음 그림의 △ABC와 △DEF에서 $\overline{AB}=\overline{DE}$, $\overline{BC}=\overline{EF}$일 때, △ABC≡△DEF가 되도록 한 가지 조건을 추가하려고 한다. 이때 추가할 수 있는 조건으로 가능한 것을 모두 구하시오.

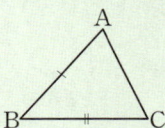 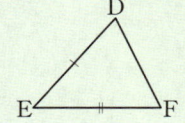

풀이

답

7 오른쪽 그림과 같은 사각형 ABCD에서 $\overline{AB}=\overline{DC}$, ∠ABC=∠DCB일 때, △ABC와 합동인 삼각형을 찾고, 합동 조건을 말하시오.

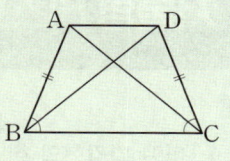

풀이

답

8 오른쪽 그림의 두 정사각형 ABCD와 ECFG에서 점 D는 $\overline{EC}$ 위의 점일 때, 다음 물음에 답하시오.

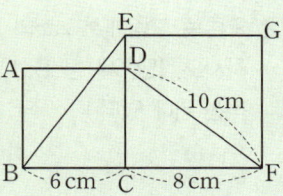

(1) 서로 합동인 두 삼각형을 찾아 기호로 나타내시오.
(2) $\overline{BE}$의 길이를 구하시오.

풀이

답

※ 모든 문제는 풀이 과정을 자세히 서술한 후 답을 쓰세요.

1 어떤 다각형의 한 꼭짓점에서 그을 수 있는 대각선의 개수가 6개일 때, 다음 물음에 답하시오.

(1) 이 다각형의 이름을 말하시오.

(2) 이 다각형의 대각선의 개수를 구하시오.

풀이

답

2 오른쪽 그림에서 $\angle x$의 크기를 구하시오. (단, 세 점 B, C, D는 한 직선 위에 있다.)

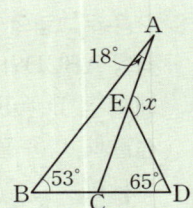

풀이

답

3 오른쪽 그림에서 x의 값을 구하시오.

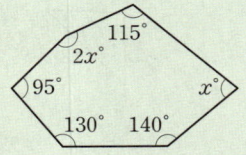

풀이

답

4 정십이각형의 한 내각의 크기를 $\angle a$, 한 외각의 크기를 $\angle b$라 할 때, $\angle a - \angle b$의 값을 구하시오.

풀이

답

5 오른쪽 그림의 원 O에서
$\overset{\frown}{AB} : \overset{\frown}{BC} : \overset{\frown}{CA} = 3 : 4 : 5$일
때, ∠AOC의 크기를 구하시오.

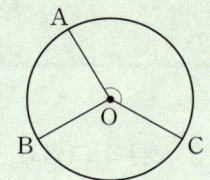

풀이

답

7 둘레의 길이가 22π cm인 원의 넓이를 구하시오.

풀이

답

6 오른쪽 그림의 반원 O에
서 $\overline{AC} /\!/ \overline{OD}$이고
∠BOD=20°,
$\overset{\frown}{BD} = 10$ cm일 때,
$\overset{\frown}{AC}$의 길이를 구하시오.

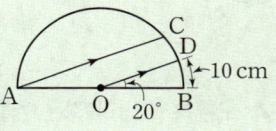

풀이

답

8 오른쪽 그림의 색칠한 부분에
대하여 다음을 구하시오.
(1) 둘레의 길이
(2) 넓이

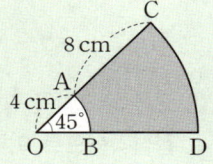

풀이

답

※ 모든 문제는 풀이 과정을 자세히 서술한 후 답을 쓰세요.

1 꼭짓점의 개수가 10개인 각기둥의 면의 개수를 a개, 모서리의 개수를 b개라 할 때, $a+b$의 값을 구하시오.

풀이

답

2 오른쪽 그림은 각 면이 모두 합동인 정삼각형으로 이루어진 입체도형이다. 이 입체도형이 정다면체인지 아닌지 말하고, 그 이유를 설명하시오.

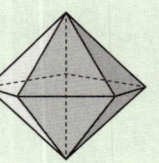

풀이

답

3 오른쪽 그림과 같은 직사각형을 직선 l을 회전축으로 하여 1회전시킬 때 생기는 회전체를 회전축에 수직인 평면으로 잘랐다. 이때 생기는 단면의 모양을 그리고, 그 단면의 넓이를 구하시오.

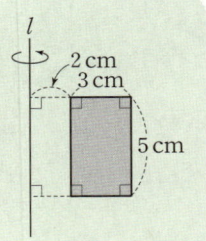

풀이

답

4 오른쪽 그림과 같은 원뿔의 전개도에서 옆면인 부채꼴에 대하여 다음을 구하시오.

(1) 호의 길이
(2) 중심각의 크기

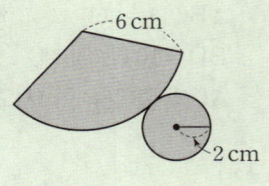

풀이

답

5 오른쪽 그림은 사각기둥에 밑면이 정사각형인 사각기둥 모양의 구멍을 뚫은 입체도형이다. 이 입체도형의 부피를 구하시오.

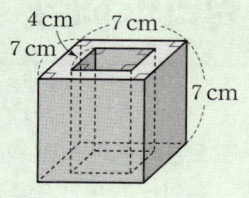

풀이

답

6 오른쪽 그림은 밑면이 한 변의 길이가 6 cm인 정사각형이고 옆면이 모두 합동인 이등변삼각형으로 이루어진 사각뿔이다. 이 사각뿔의 겉넓이가 120 cm² 일 때, h의 값을 구하시오.

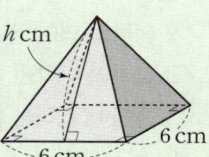

풀이

답

7 다음 그림과 같은 원기둥과 원뿔의 부피가 같을 때, 원기둥의 높이를 구하시오.

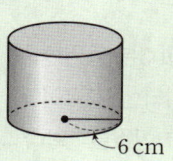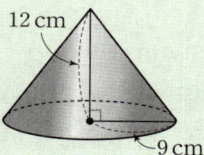

풀이

답

8 반지름의 길이가 2 cm인 구 모양의 초콜릿을 녹여서 반지름의 길이가 1 cm인 구 모양의 초콜릿을 여러 개 만들려고 한다. 반지름의 길이가 1 cm인 구 모양의 초콜릿을 최대 몇 개 만들 수 있는지 구하시오.

풀이

답

1 다음은 민이네 반 학생 7명이 5분 동안 농구 골대에 공을 넣은 횟수를 조사하여 나타낸 자료이다. 이 자료의 평균을 a회, 중앙값을 b회, 최빈값을 c회라 할 때, $a+b+c$의 값을 구하시오.

(단위: 회)

| 7, | 4, | 11, | 9, | 8, | 6, | 11 |

풀이

답

2 다음은 어느 농장에서 생산한 귤의 무게를 조사하여 나타낸 줄기와 잎 그림이다. 물음에 답하시오.

(6|6은 66 g)

줄기	잎
6	6 7 8
7	0 0 1 1 2 4 5 6 9
8	0 1 3 5 7 8 8 9
9	0 0 1 1 2

(1) 잎이 가장 적은 줄기를 구하시오.
(2) 조사한 귤의 전체 개수를 구하시오.
(3) 무게가 76 g 이상 85 g 미만인 귤의 개수를 구하시오.

풀이

답

3 오른쪽은 어느 반 학생들의 수행평가 점수를 조사하여 나타낸 도수분포표이다. 수행평가 점수가 12점 이상인 학생 수를 구하시오.

점수(점)	학생 수(명)
0 이상 ~ 4 미만	2
4 ~ 8	3
8 ~ 12	7
12 ~ 16	
16 ~ 20	2
합계	20

풀이

답

4 오른쪽은 민수네 반 학생들의 영어 점수를 조사하여 나타낸 히스토그램이다. 다음 물음에 답하시오.

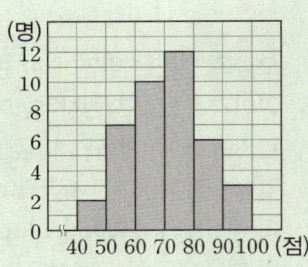

(1) 점수가 60점 이상 80점 미만인 학생은 전체의 몇 %인지 구하시오.
(2) 점수가 10번째로 높은 학생이 속하는 계급을 구하시오.

풀이

답

5 오른쪽은 어느 반 학생들의 1분 동안 윗몸일으키기 기록을 조사하여 나타낸 도수분포다각형이다. 이 반에서 상위 20 % 이내에 속하려면 기록이 최소 몇 회 이상이어야 하는지 구하시오.

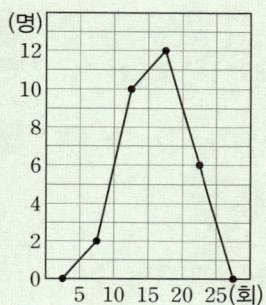

(풀이)

(답)

6 다음은 찬진이네 중학교 1학년 학생들의 멀리뛰기 기록을 조사하여 나타낸 상대도수의 분포표이다. A, B, C의 값을 각각 구하시오.

멀리뛰기 기록(cm)	도수(명)	상대도수
110^{이상} ~ 120^{미만}	2	A
120 ~ 130		
130 ~ 140	9	0.18
140 ~ 150	B	0.42
150 ~ 160	4	
160 ~ 170		
합계	C	1

(풀이)

(답)

7 오른쪽은 흥민이네 반 학생 30명이 하루 동안 마신 물의 양에 대한 상대도수의 분포를 나타낸 그래프이다. 다음 물음에 답하시오.

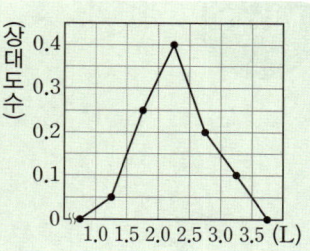

(1) 마신 물의 양이 2.5 L 이상인 학생 수를 구하시오.
(2) 마신 물의 양이 1.5 L 이상 2.5 L 미만인 학생은 전체의 몇 %인지 구하시오.

(풀이)

(답)

8 오른쪽은 어느 중학교 1학년 남학생과 여학생의 1년 동안의 서점 방문 횟수에 대한 상대도수의 분포를 나타낸 그래프이다. 다음 물음에 답하시오.

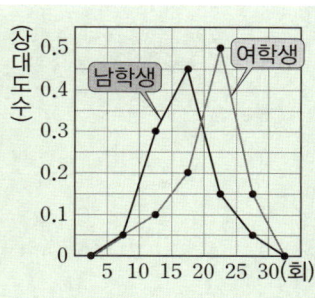

(1) 여학생이 남학생보다 상대도수가 더 큰 계급의 개수를 구하시오.
(2) 남학생과 여학생 중 서점 방문 횟수가 대체적으로 더 적은 것은 어느 쪽인지 말하고, 그 이유를 설명하시오.

(풀이)

(답)

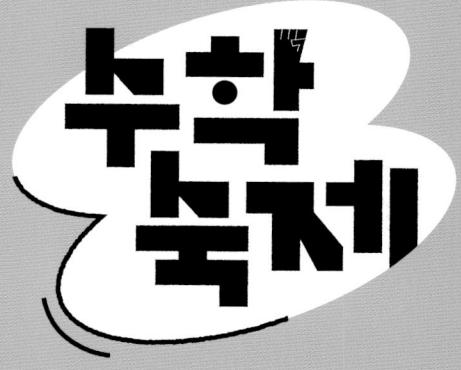

수학 공부는 숙제다!

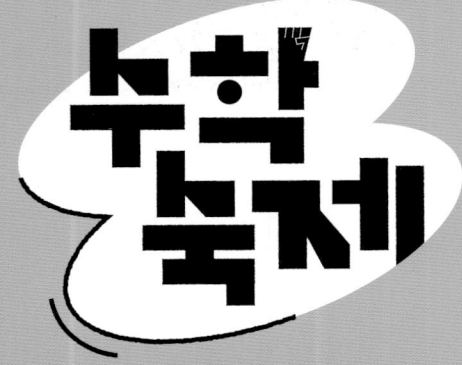

수학 공부는 숙제다!

수학 공부는 숙제다!

수학 숙제

중등 1-2

정답 및 해설

메가스터디BOOKS

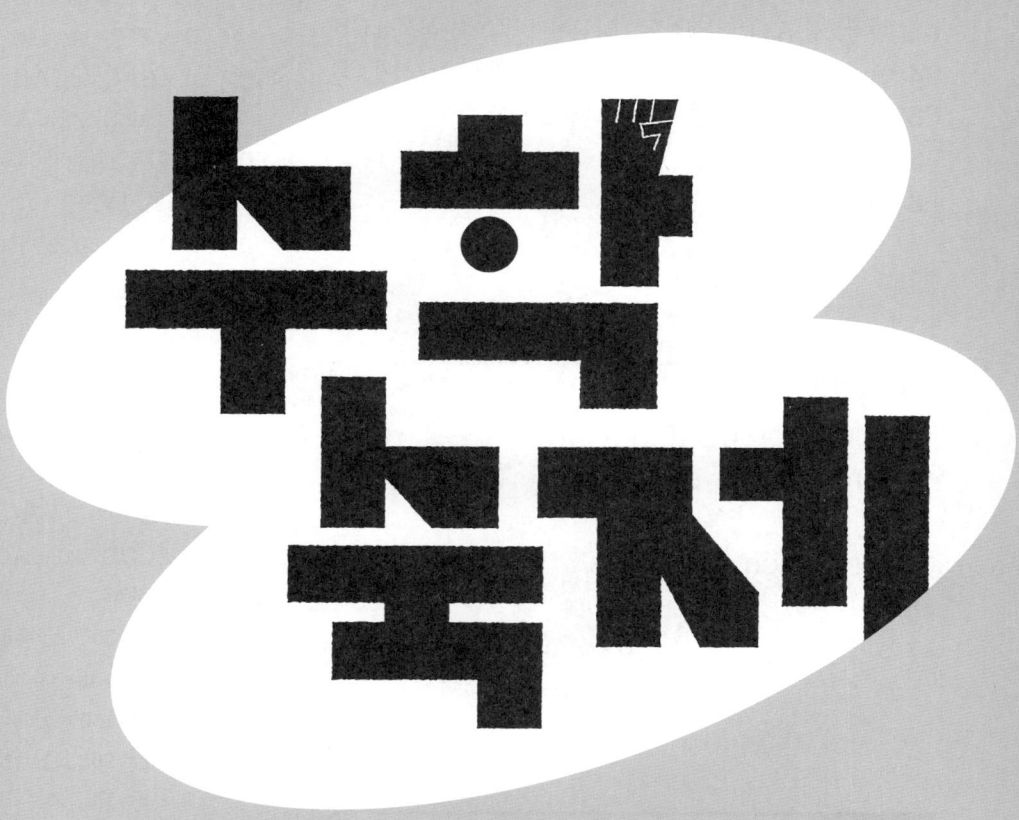

정답 및 해설

PART 1

1. 기본 도형

개념 01 본문 8~9쪽

01 (1) 선, 면 (2) 교점, 교선
02 (1) ○ (2) ○ (3) ○ (4) × (5) × (6) ○
03 (1) 꼭짓점 A (2) 꼭짓점 E (3) 모서리 BC (4) 모서리 GH
04 (1) 꼭짓점 E (2) 꼭짓점 D (3) 모서리 AE (4) 모서리 CD
05 (1) 4개, 6개 (2) 12개, 18개 (3) 8개, 12개
06 ⑤　　　　**07** ④
08 13　　　　**09** 2

개념 02 본문 10~11쪽

01 (1) $\overrightarrow{AB}$ (2) A, B, $\overline{AB}$ (3) B, $\overrightarrow{AB}$
02 (1) $\overline{PQ}$ (또는 $\overline{QP}$) (2) $\overrightarrow{PQ}$ (3) $\overrightarrow{QP}$ (4) $\overleftrightarrow{PQ}$ (또는 $\overleftrightarrow{QP}$)
03 (1) ≠ (2) = (3) ≠ (4) ≠ (5) ≠ (6) = (7) = (8) =
04 (1) $\overrightarrow{BC}$ (2) $\overline{CB}$ (3) $\overrightarrow{AB}$ (4) $\overline{BA}$
05 ⑤　　　　**06** ③
07 5　　　　**08** (1) 3개 (2) 6개 (3) 3개

개념 03 본문 12~14쪽

01 (1) 거리 (2) 중점
02 (1) 8 cm (2) 7 cm (3) 11 cm (4) 9 cm (5) 8.5 cm
03 (1) $\frac{1}{2}$, 2, $\frac{1}{2}$, 2 (2) 8, 8 (3) 7, 2, 14 (4) 5, 2, 10
04 (1) $\frac{1}{3}$, 3 (2) 2, 6
05 (1) $\frac{1}{2}$, 16 (2) 3, 48
06 (1) $\frac{1}{2}$ (2) $\frac{1}{2}$ (3) 2, 2, 4
07 (1) 10 cm (2) 5 cm (3) 15 cm
08 (1) 4 cm (2) 8 cm (3) 16 cm
09 ⑤　　　　**10** $\frac{1}{4}$
11 3 cm　　　　**12** 5 cm
13 ④　　　　**14** 15 cm

개념 01-03 한번 더! 기본 문제 본문 15쪽

01 ㄱ, ㄴ, ㄹ　　　　**02** 32
03 $\overrightarrow{AC}$와 $\overrightarrow{BA}$, $\overrightarrow{CA}$와 $\overrightarrow{CB}$, $\overrightarrow{BD}$와 $\overrightarrow{BC}$, $\overline{CD}$와 $\overline{DC}$
04 18　　　**05** ⑤　　　**06** 4 cm

개념 04 본문 16~17쪽

01 (1) 각, ∠AOB
　　(2) ① 평각 ② 직각 ③ 예각 ④ 둔각
02 (1) ∠BAC, ∠CAB (2) ∠ABC, ∠CBA
　　(3) ∠ACB, ∠BCA
03 (1) 직각 (2) 둔각 (3) 평각 (4) 예각 (5) 예각
04 (1) 45°, 15°, 83° (2) 90° (3) 110°, 96°, 132° (4) 180°
05 (1) 130° (2) 152° (3) 100° (4) 50°
06 ④　　　　**07** 19
08 ∠x=15°, ∠y=75°　　　　**09** ④

개념 05 본문 18~20쪽

01 (1) 교각 (2) 맞꼭지각
02 (1) ∠COD (2) ∠AOE (3) ∠BOF (4) ∠AOC
　　(5) ∠BOC
03 (1) ∠x=35°, ∠y=60° (2) ∠x=50°, ∠y=65°
04 (1) 20 (2) 40 (3) 30 (4) 30 (5) 85 (6) 80
05 (1) ∠x=150°, ∠y=30° (2) ∠x=70°, ∠y=70°
　　(3) ∠x=90°, ∠y=65° (4) ∠x=35°, ∠y=80°
　　(5) ∠x=75°, ∠y=50° (6) ∠x=130°, ∠y=50°
06 80　　　　**07** 140
08 ②　　　　**09** 60
10 45　　　　**11** ④

개념 06 본문 21~22쪽

01 (1) 직교, ⊥ (2) 수직이등분선 (3) 수선의 발
02 (1) 직교 (2) 수선의 발 (3) O (4) $\overline{BO}$ (또는 $\overline{OB}$)
　　(5) 수직이등분선
03 (1) 풀이 참조 (2) 점 D, 점 B
04 (1) 점 D (2) 4 cm (3) 3 cm (4) 7 cm (5) 점 C
05 (1) 점 D (2) 8 cm (3) 6 cm
06 ②　　　　**07** ②
08 6.4　　　　**09** ㄱ, ㄴ, ㄹ

본문 23쪽

개념 04~06 한번 더! 기본 문제

01 20 **02** 90° **03** 34
04 $x=40$, $y=50$ **05** ④
06 (1) 점 C, 거리: 1 (2) 점 E, 거리: 4

개념 07

본문 24~25쪽

01 (1) ① 있다 ② 있지 않다 (2) ① 있다 ② 있지 않다
02 (1) 점 B, 점 C (2) 점 A, 점 D
03 (1) 점 B, 점 C, 점 D (2) 점 A, 점 E
04 (1) 점 A, 점 B (2) $\overline{\text{AD}}$, $\overline{\text{CD}}$ (3) $\overline{\text{AB}}$, $\overline{\text{AD}}$
　　(4) 점 B, 점 C
05 (1) 점 B, 점 C, 점 F, 점 G
　　(2) 면 ABFE, 면 AEHD, 면 EFGH
　　(3) 면 ABCD, 면 CGHD
　　(4) 점 A, 점 B, 점 C, 점 D
06 (1) 점 A, 점 E (2) 점 A
　　(3) 면 ABC, 면 ACD, 면 BCDE
　　(4) 면 ACD, 면 AED
07 ② **08** 점 B, 점 E
09 7

개념 08

본문 26~27쪽

01 (1) 평행 (2) 한 점, 평행
02 (1) $\overline{\text{CD}}$ (2) $\overline{\text{AD}}$, $\overline{\text{BC}}$ (3) $\overline{\text{BC}}$ (4) $\overline{\text{AB}}$, $\overline{\text{CD}}$
03 (1) 직선 CD (2) 직선 DE
　　(3) 직선 AB, 직선 AF, 직선 CD, 직선 DE
　　(4) 직선 AF, 직선 EF
04 (1) ○ (2) × (3) ○ (4) ×
05 (1) // (2) ⊥ (3) ⊥ (4) //
06 ⑤ **07** ④
08 ③ **09** 6개
10 ①, ⑤

개념 07~08 한번 더! 기본 문제

본문 28쪽

01 ③ **02** ㄱ, ㄷ **03** 6 **04** ⑤
05 3 **06** ④, ⑤

개념 09

본문 29~30쪽

01 (1) 꼬인 위치 (2) 일치, 꼬인 위치
02 (1) ㄱ (2) ㄷ (3) ㄹ
03 (1) $\overline{\text{AC}}$, $\overline{\text{AD}}$, $\overline{\text{BC}}$, $\overline{\text{BE}}$ (2) $\overline{\text{DE}}$ (3) $\overline{\text{CF}}$, $\overline{\text{DF}}$, $\overline{\text{EF}}$
04 (1) $\overline{\text{AD}}$, $\overline{\text{EH}}$, $\overline{\text{FG}}$ (2) $\overline{\text{AB}}$, $\overline{\text{BF}}$, $\overline{\text{CD}}$, $\overline{\text{CG}}$
　　(3) $\overline{\text{AE}}$, $\overline{\text{DH}}$, $\overline{\text{EF}}$, $\overline{\text{GH}}$
05 (1) $\overline{\text{BD}}$ (2) $\overline{\text{AD}}$ (3) $\overline{\text{AB}}$
06 ③ **07** ④ **08** ④, ⑤ **09** 5

개념 10

본문 31~33쪽

01 (1) 포함 (2) 일치, 직선
02 (1) $\overline{\text{AB}}$, $\overline{\text{AC}}$, $\overline{\text{BC}}$ (2) 면 BEFC, 면 DEF
　　(3) $\overline{\text{AB}}$, $\overline{\text{AC}}$, $\overline{\text{BC}}$ (4) $\overline{\text{AB}}$, $\overline{\text{AC}}$, $\overline{\text{DE}}$, $\overline{\text{DF}}$
03 (1) $\overline{\text{AE}}$, $\overline{\text{BF}}$, $\overline{\text{CG}}$, $\overline{\text{DH}}$ (2) $\overline{\text{AD}}$, $\overline{\text{AE}}$, $\overline{\text{DH}}$, $\overline{\text{EH}}$
　　(3) $\overline{\text{AD}}$, $\overline{\text{BC}}$, $\overline{\text{EH}}$, $\overline{\text{FG}}$ (4) 면 ABCD, 면 EFGH
　　(5) 면 ABCD, 면 AEHD (6) 면 CGHD, 면 EFGH
　　(7) 4 cm (8) 5 cm
04 (1) 면 ABFE, 면 AEHD, 면 BFGC, 면 CGHD
　　(2) 면 EFGH
　　(3) 면 ABCD, 면 ABFE, 면 CGHD, 면 EFGH
　　(4) $\overline{\text{CG}}$
05 (1) 1개 (2) 2개 (3) 5개 **06** (1) ○ (2) × (3) × (4) ○
07 (1) // (2) ⊥ **08** ③ **09** ③
10 7 **11** ⑤
12 면 ABC, 면 BEFC, 면 DEF **13** ①, ⑤

개념 09~10 한번 더! 기본 문제

본문 34쪽

01 ⑤ **02** 6개 **03** ②, ⑤ **04** ⑤
05 7 **06** ㄴ, ㄹ

개념 11

본문 35~36쪽

01 (1) 동위각 (2) 엇각
02 (1) $\angle e$ (2) $\angle h$ (3) $\angle g$ (4) $\angle b$ (5) $\angle e$ (6) $\angle h$
03 (1) ○ (2) × (3) ○ (4) ×
04 (1) 125° (2) 55° (3) 120° (4) 125° (5) 120° (6) 60°
05 ⑤ **06** 70° **07** 205° **08** ④
09 (1) $\angle e$, $\angle p$ (2) $\angle b$, $\angle r$ (3) $\angle b$, $\angle e$

01 (1) 평행 (2) 평행

02 (1) 35° (2) 110° (3) 63° (4) 120°

03 (1) $\angle x = 60°$, $\angle y = 60°$ (2) $\angle x = 130°$, $\angle y = 130°$

04 (1) 65°, 45° (2) 65° (3) 60°

05 (1) $\angle x = 75°$, $\angle y = 75°$ (2) $\angle x = 45°$, $\angle y = 88°$
     (3) $\angle x = 60°$, $\angle y = 105°$

06 (1) ○ (2) ○ (3) × (4) ○

07 (1) 30°, 25°, 55° (2) 70° (3) 65°

08 (1) 20°, 30°, 30°, 40°, 70° (2) 75°

09 84°   **10** ②   **11** ②   **12** 35°

13 (1) 56° (2) 100°   **14** (1) 79° (2) 115°

---

01 ④   **02** 215°   **03** 26   **04** ④

05 ③   **06** ④

---

2. 작도와 합동

01 작도

02 (1) × (2) × (3) ○ (4) × (5) ○

03 C, $\overline{AB}$, C, $\overline{AB}$, D

04 눈금 없는 자, 컴퍼스, B, $\overline{AB}$

05 (1) ㅁ, ㄴ, ㄹ (2) $\overline{OB}$, $\overline{PD}$ (3) $\overline{CD}$
     (4) ∠CPD (또는 ∠CPQ)

06 Q, A, B, C, $\overline{AB}$, D   **07** (1) ㄱ, ㅂ, ㄷ (2) 동위각

08 (1) ㄷ, ㅁ, ㄹ (2) 엇각   **09** ②   **10** ③, ⑤

11 ㄷ, ㄱ, ㄴ   **12** ③   **13** ①   **14** ⑤

---

01 (1) △ABC, 대각, 대변 (2) <

02 (1) $\overline{BC}$ (2) $\overline{AC}$ (3) $\overline{AB}$ (4) ∠C (5) ∠A (6) ∠B

03 (1) 5 cm (2) 7 cm (3) 4 cm

04 (1) 60° (2) 70° (3) 50°

05 (1) × (2) × (3) ○ (4) ○ (5) ○ (6) × (7) ○ (8) ×

06 ④   **07** ⑤   **08** ①

---

01 ㄱ, ㄷ   **02** (가) $\overline{AB}$ (나) 정삼각형   **03** ㄱ, ㄷ, ㄹ

04 ④   **05** ㄴ, ㄷ   **06** 7개

---

01 (1) 길이 (2) 끼인각 (3) 양 끝 각

02 (1) ○ (2) ○ (3) × (4) ○

03 a, B, b, A, A, C

04 ∠B, a, C, B, A, A

05 a, ∠B, ∠QCB, A   **06** ④

07 ②   **08** ③

---

01 (1) 세 (2) 두 (3) 한

02 (1) ㄱ (2) × (3) ㄷ (4) × (5) ㄴ (6) ㄷ (7) ×

03 (1) ○ (2) ○ (3) × (4) ○ (5) ○

04 ④, ⑤   **05** ①, ④

06 ㄱ, ㄴ   **07** ㄴ

08 ㄹ

09 (1) 무수히 많다. (2) 0개 (없다.) (3) 1개

---

01 ④   **02** ③   **03** ③   **04** ②

05 ㄱ, ㄷ

---

01 (1) 합동, ≡ (2) 대응, 대응점, 대응변, 다응각

02 (1) △ABC≡△GIH (2) △DEF≡△HIG

03 (1) 점 D (2) 점 C (3) 변 EF (4) 변 AB (5) ∠E
     (6) ∠A

04 $x = 7$, $y = 4$, $z = 60$

05 $a = 75$, $b = 5$, $c = 85$

06 (1) ○ (2) × (3) ○ (4) ○ (5) ○ (6) ×

07 ⑤   **08** ②

09 ②, ④

---

01 (1) $\overline{DF}$, SSS　(2) ∠E, SAS　(3) ∠F, ASA

02 (1) $\overline{DE}$, $\overline{BC}$, $\overline{DF}$, △DEF, SSS
　　(2) $\overline{DE}$, $\overline{AC}$, ∠D, △DEF, SAS
　　(3) $\overline{EF}$, ∠E, ∠F, △EDF, ASA

03 (1) △QRP, SSS
　　(2) △KLJ, SAS
　　(3) △NMO, ASA

04 (1) ○　(2) ×　(3) ○　(4) ○

05 (1) ① $\overline{DF}$, SSS　② ∠E, SAS
　　(2) ① $\overline{EF}$, SAS　② ∠D, ASA　③ ∠F, ASA

06 $\overline{BD}$, △CBD, SSS

07 ∠C, ∠DMC, △DMC, ASA

08 ④

09 ㄱ과 ㅁ(SAS 합동), ㄴ과 ㄹ(ASA 합동), ㄷ과 ㅂ(SSS 합동)

10 ②, ③

11 ㈎ $\overline{OD}$　㈏ ∠COD　㈐ SAS

12 ③

13 ㄴ, ㄹ

01 ㄱ, ㄴ　**02** 75°, 9 cm　**03** ③
04 △COB, ASA 합동　**05** ④　**06** ④

3. 평면도형의 성질

01 (1) 다각형, 내각, 외각
　　(2) 정다각형

02 (1) ○　(2) ×　(3) ×　(4) ×

03 (1) 내각, 외각　(2) 180

04 풀이 참조

05 (1) 140°　(2) 110°　(3) 80°　(4) 70°　(5) 120°

06 (1) ○　(2) ○　(3) ×　(4) ×

07 ⑤　　　　**08** ①, ④

09 ④　　　　**10** 정십각형

11 ⑤

01 (1) 대각선　(2) $n-3$, $\dfrac{n(n-3)}{2}$

02 풀이 참조

03 (1) 3, 4, 4, 14　(2) 5개, 20개　(3) 8개, 44개
　　(4) 12개, 90개

04 (1) 3, 3, 9, 구각형　(2) 십각형　(3) 십이각형
　　(4) 십사각형

05 ②　　　　**06** 십칠각형

07 117　　　**08** 170개

09 (1) 십구각형　(2) 17개　**10** 정십팔각형

01 ④　**02** 140°　**03** 정팔각형　**04** ④, ⑤
05 ①　**06** (1) 2회　(2) 5회

01 (1) 180°　(2) 내각

02 (1) 180°, 60°　(2) 85°　(3) 35°　(4) 28°

03 (1) 70°, 135°　(2) 95°　(3) 40°　(4) 45°

04 35　　　　**05** ②

06 40°, 80°　**07** 135°

08 70°　　　**09** (1) 65°　(2) 50°

01 (1) $n-2$, $n-2$　(2) 360°

02 풀이 참조

03 (1) 1260°　(2) 1620°　(3) 1800°　(4) 2880°

04 (1) 2, 2, 6, 육각형　(2) 팔각형　(3) 십각형　(4) 십삼각형

05 (1) 4, 360°, 360°, 80°　(2) 95°　(3) 135°　(4) 75°

06 (1) 360°　(2) 360°　(3) 360°　(4) 360°

07 (1) 360°, 360°, 145°　(2) 80°　(3) 55°　(4) 50°

08 ㈎ 10　㈏ 360°　㈐ 1440°

09 ③

10 (1) 십사각형　(2) 2160°　**11** 210°

12 (1) 105°　(2) 75°　**13** 360°

14 ∠x=75°, ∠y=75°

05 9 cm　　**06** 43°　　**07** 15 cm　　**08** 120°
09 ②　　**10** ②, ⑤

개념 23　　　　　　　　　　　　　　　　본문 70~71쪽

01 $\dfrac{180° \times (n-2)}{n}$, $\dfrac{360°}{n}$

02 (1) 108°　(2) 140°　(3) 144°　(4) 156°

03 (1) 120°, 60°, 6, 정육각형　(2) 정팔각형　(3) 정십이각형

04 (1) 120°　(2) 72°　(3) 40°　(4) 30°

05 (1) 60°, 6, 정육각형　(2) 정팔각형　(3) 정십팔각형

06 144　　**07** ②　　**08** 2340°　　**09** ②, ⑤

10 ④

개념 24-26　**한번 더! 기본 문제**　　　　　　본문 80쪽

01 ⑤　　**02** 126　　**03** ③　　**04** 30
05 22 cm　　**06** ③, ⑤

개념 21-23　**한번 더! 기본 문제**　　　　　　본문 72쪽

01 ①　　**02** (1) 80°　(2) 75°　(3) 25°
03 ④　　**04** 56　　**05** (1) 150°　(2) 30°
06 ⑤

개념 27　　　　　　　　　　　　　　　본문 81~82쪽

01 (1) 원주율, π　(2) $2\pi r$, πr^2

02 (1) $l = 12\pi$, $S = 36\pi$　(2) $l = 4\pi$, $S = 4\pi$
　　(3) $l = 10\pi$, $S = 25\pi$

03 (1) r, 8, 8　(2) 7　(3) 11

04 (1) r, 7, 7, 7, 7　(2) 4　(3) 8

05 4, 2, 8π, 12π, 4, 2, 4π, 12π

06 18π cm, 81π cm²　　**07** 50π cm²

08 ④　　**09** ⑤　　**10** 16π cm, 16π cm²

개념 24　　　　　　　　　　　　　　　본문 73~74쪽

01 (1) 호, $\overset{\frown}{AB}$　(2) 할선, 현　(3) 부채꼴, 중심각　(4) 활꼴

02 풀이 참조

03 (1) $\overset{\frown}{BC}$　(2) $\overline{AB}$　(3) ∠COD　(4) ∠AOD　(5) $\overline{AC}$

04 (1) ○　(2) ×　(3) ○　(4) ×

05 ②, ④　　**06** (1) 180°　(2) 지름　　**07** ②

08 ㄱ, ㄴ, ㄹ

개념 28　　　　　　　　　　　　　　　본문 83~85쪽

01 (1) $\dfrac{x}{360}$, $\dfrac{x}{360}$　(2) $\dfrac{1}{2}rl$

02 (1) 12, 120, 8π, 12, 120, 48π　(2) $l = \pi$, $S = 3\pi$
　　(3) $l = 6\pi$, $S = 24\pi$　(4) $l = 4\pi$, $S = 32\pi$

03 (1) 40, 9, 9　(2) 6

04 (1) 6, 60, 60°　(2) 270°

05 (1) 8, 8π　(2) 60π　(3) 21π

06 (1) 8π, 10, 10　(2) 9

07 4, 4, 4, $4\pi-8$, $8\pi-16$

08 10, 10, 50　　**09** 4π cm, 6π cm²

10 (1) 18 cm　(2) 120°　　**11** ②

12 $(8\pi+8)$ cm, 8π cm²　　**13** $\left(18-\dfrac{9}{2}\pi\right)$ cm²

14 $(4\pi-8)$ cm²

개념 25　　　　　　　　　　　　　　　본문 75~77쪽

01 (1) 중심각, 같다　(2) 정비례한다

02 (1) 7　(2) 50　(3) 60　(4) 5　(5) 10　(6) 9

03 (1) $x=8$, $y=125$　(2) $x=60$, $y=6$　(3) $x=40$, $y=18$

04 (1) 100　(2) 12　(3) 40　(4) 30　(5) 50

05 ②　　**06** ③　　**07** ③　　**08** 30 cm

09 (1) 45°　(2) 45°　(3) 2 cm

10 ④　　**11** 81 cm²

개념 27~28　**한번 더! 기본 문제**　　　　　　본문 86쪽

01 40π cm, 48π cm²　　**02** ②　　**03** 18π cm
04 $(18\pi+16)$ cm　　**05** 12π cm²　　**06** ④

개념 26　　　　　　　　　　　　　　　본문 78~79쪽

01 (1) 중심각, 같다　(2) 정비례하지 않는다

02 (1) =　(2) =　(3) =　(4) >　(5) =　(6) >

03 (1) 13　(2) 100

04 (1) ○　(2) ○　(3) ○　(4) ×　(5) ○

4. 입체도형의 성질

01 (1) 다면체 (2) ① 각기둥 ② 각뿔 ③ 각뿔대
02 (1) ○ (2) × (3) × (4) × (5) ○ (6) ×
03 (1) 칠면체 (2) 육면체 (3) 칠면체
04 (1) 8개 (2) 육각형 (3) 사다리꼴
05 풀이 참조
06 (1) ㄱ, ㄷ, ㅂ (2) ㄴ, ㄷ (3) ㄴ, ㅁ (4) ㄹ (5) ㄹ, ㅁ, ㅂ
(6) ㄹ, ㅁ (7) ㄴ
07 ②, ④ **08** ⑤
09 ③ **10** ④
11 ② **12** 31
13 ③ **14** ④
15 ④

---

01 (1) ① 정다각형 ② 면 (2) 정이십면체
02 (1) ○ (2) ○ (3) × (4) ○ (5) × (6) ○
03 (1) ㄱ, ㄷ, ㅁ (2) ㄹ (3) ㄱ, ㄴ, ㄹ (4) ㄷ
04 (1) 정사면체 (2) 풀이 참조 (3) 점 E (4) $\overline{CD}$
05 ③ **06** ④
07 정십이면체 **08** ④
09 ④
10 (1) 정팔면체 (2) $\overline{GH}$ (3) 점 I

---

01 ④ **02** ㄴ, ㄷ, ㅂ **03** ①, ④
04 12개 **05** 풀이 참조 **06** ⑤

---

01 (1) 회전체, 회전축 (2) 원뿔대
02 (1) × (2) ○ (3) × (4) × (5) ○ (6) ○
03 풀이 참조 **04** (1) ○ (2) × (3) ○ (4) ×
05 ② **06** ③
07 ④

---

01 (1) 원 (2) 합동 **02** 풀이 참조
03 (1) ○ (2) × (3) × (4) ○ (5) ○ (6) ×
04 (1) 원기둥 (2) 원뿔대 (3) 원뿔
05 풀이 참조 **06** 풀이 참조
07 풀이 참조 **08** ①, ③
09 ④ **10** 36 cm²
11 ⑤ **12** 5 cm
13 ㄷ

---

01 ③, ⑤ **02** ② **03** ④ **04** 48 cm²
05 3 cm **06** ②, ③

---

01 $2\pi rh$
02 (1) $a=3$, $b=4$, $c=14$, $d=5$ (2) 12 (3) 70 (4) 94
03 (1) 242 (2) 264
04 (1) $a=5$, $b=7$, $c=10\pi$ (2) 25π (3) 70π (4) 120π
05 (1) 110π (2) 306π **06** 244 cm²
07 52 cm² **08** 5 cm
09 ① **10** ②

---

01 $\pi r^2 h$ **02** (1) 30 (2) 10 (3) 300
03 (1) 120 (2) 108 (3) 160 **04** (1) 4π (2) 5 (3) 20π
05 (1) 112π (2) 100π (3) 54π
06 ② **07** ②
08 ④ **09** 5 cm

---

01 7 **02** $(65\pi+80)$ cm² **03** ④
04 72 cm², 30 cm³
05 (1) 160π cm³ (2) 90π cm³ (3) 70π cm³
06 그릇 B, 5π cm³

01 $2\pi r$, $\pi r l$ **02** (1) $a=4$, $b=7$ (2) 16   (3) 56   (4) 72

03 (1) 105   (2) 297

04 (1) $a=5$, $b=6\pi$, $c=3$ (2) 9π (3) 15π (4) 24π

05 (1) 70π (2) 200π

06 (1) $a=5$, $b=8$, $c=4$ (2) 80   (3) 120   (4) 200

07 (1) $a=7$, $b=2$, $c=4$ (2) 20π (3) 42π (4) 62π

08 (1) 117   (2) 66π **09** ②   **10** $85\ cm^2$

11 ④   **12** ②   **13** ③   **14** ⑤

01 $\frac{1}{3}\pi r^2 h$ **02** (1) 9   (2) 4   (3) 12

03 (1) 84   (2) 10   **04** (1) 16π (2) 6   (3) 32π

05 (1) 147π (2) 100π **06** (1) 72   (2) 9   (3) 63

07 (1) 500π (2) 108π (3) 392π

08 (1) 420   (2) 78π **09** ②   **10** $10\ cm$

11 ③   **12** ①   **13** ④   **14** $\frac{52}{3}\pi\ cm^3$

01 8   **02** ③   **03** $138\pi\ cm^2$

04 (1) $18\ cm^2$ (2) $36\ cm^3$ **05** (1) $144\pi\ cm^3$ (2) 48초

06 $1:7$

01 $4\pi r^2$ **02** (1) 36π (2) 100π (3) 256π

03 (1) $\frac{1}{2}$, $\frac{1}{2}$, 6, 6, 108π (2) 27π (3) 12π (4) 147π

04 ⑤   **05** $6\ cm$ **06** ③   **07** $324\pi\ cm^2$

08 $64\pi\ cm^2$ **09** $104\pi\ cm^2$

01 $\frac{4}{3}\pi r^3$ **02** (1) $\frac{500}{3}\pi$ (2) 36π (3) $\frac{32}{3}\pi$

03 (1) $\frac{1}{2}$, $\frac{1}{2}$, 4, $\frac{128}{3}\pi$ (2) 144π (3) 486π (4) $\frac{2000}{3}\pi$

04 ⑤   **05** ①   **06** $\frac{125}{3}\pi\ cm^3$

07 $729\pi\ cm^3$ **08** ④   **09** $18\pi\ cm^3$

01 ②   **02** $153\pi\ cm^2$ **03** ③

04 $252\pi\ cm^3$ **05** ④   **06** 8개

5. 대푯값 / 자료의 정리와 해석

01 (1) 변량   (2) 중앙값, 최빈값

02 (1) 5   (2) 6   (3) 8   (4) 6   (5) 5   (6) 7

03 (1) 6   (2) 9   (3) 6   (4) 7   (5) 8   (6) 15

04 (1) 4   (2) 3, 5   (3) 없다.   (4) 2, 4   (5) 레몬   (6) 노랑

05 (1) 8   (2) 9   (3) 4   **06** 92점

07 (1) $64\ mm$ (2) $36\ mm$ (3) 없다.   (4) 중앙값

08 13회   **09** 15

01 ⑤   **02** ②   **03** ④   **04** ⑤

05 최빈값, 90호   **06** $x=7$, 중앙값: 6.5

01 줄기와 잎 그림, 줄기, 잎

02 (1) 풀이 참조   (2) 3, 4   (3) 33세

03 (1) 풀이 참조   (2) 4, 5, 7, 7   (3) 46회

04 (1) 16명   (2) $35\ kg$ (3) 7명

05 (1) 풀이 참조   (2) 4명   (3) $29\ cm$

06 38   **07** (1) 16명   (2) 4명   (3) 25 %

08 ⑤

01 (1) 계급, 계급의 크기, 도수   (2) 도수분포표

02 (1) 61점, 97점   (2) 풀이 참조

03 (1) 풀이 참조   (2) 10분   (3) 4개   (4) 20분 이상 30분 미만

     (5) 5명   (6) 12명   (7) 20분 이상 30분 미만

04 9

05 (1) 12   (2) 18명   (3) 8명   (4) 8명

06 (1) 8명   (2) 7명   (3) 28 %   (4) 11명   (5) 44 %

07 ㄴ, ㄷ

08 5분 이상 10분 미만, 15분 이상 20분 미만

09 23   **10** ③

11 32 %   **12** (1) 10명   (2) 7명

개념 42~43 **한번 더!** 기본 문제　본문 133쪽

01 ⑤   **02** 2 : 11

03 (1) 40명   (2) 12명   (3) 30 %   **04** ③, ⑤

05 ③   **06** 30 %

개념 40~41 **한번 더!** 기본 문제　본문 126쪽

01 ③, ⑤   **02** (1) 13명   (2) 현우, 3분

03 $A=2$, $B=7$, $C=8$, $D=3$, $E=20$

04 ㄷ, ㄹ   **05** 8명

개념 42　본문 127~129쪽

01 (1) 히스토그램   (2) 도수

02 풀이 참조   **03** 풀이 참조

04 (1) 10점   (2) 6개   (3) 35명   (4) 40점 이상 50점 미만

(5) 80점 이상 90점 미만

05 (1) 2초, 5개   (2) 16초 이상 18초 미만   (3) 30명

(4) 18명   (5) 60 %

06 (1) 30회 이상 40회 미만   (2) 10회 이상 20회 미만

(3) 6명   (4) 7명   (5) 25 %

07 18   **08** 50분 이상 55분 미만

09 ⑤   **10** 250

11 32.5 %

개념 44　본문 134~136쪽

01 (1) 상대도수, 도수의 총합

(2) 1, 0, 1, 도수

02 (1) 풀이 참조   (2) 15권 이상 20권 미만

03 (1) 풀이 참조   (2) 80점 이상 90점 미만

04 (1) 0.25, 5   (2) 60   (3) 0.3, 50   (4) 200

05 (1) 풀이 참조   (2) 8 %   (3) 26 %

06 (1) $A=8$, $B=0.3$, $C=0.25$, $D=1$

(2) 25 %   (3) 15 %   (4) 0.25

07 (1) $A=11$, $B=0.22$, $C=50$, $D=1$

(2) 38 %   (3) 0.22

08 ②   **09** ②

10 0.2   **11** 24명

12 (1) $A=0.2$, $B=14$, $C=0.25$, $D=2$, $E=1$ (2) 55 %

13 9명

개념 43　본문 130~132쪽

01 (1) 도수분포다각형   (2) 히스토그램

02 풀이 참조

03 (1) 4회   (2) 6개   (3) 27명   (4) 14회 이상 18회 미만   (5) 4명

04 5, 1, 120

05 (1) 1초   (2) 5개   (3) 25명   (4) 15초 이상 16초 미만

(5) 14초 이상 15초 미만   (6) 8명

06 (1) 4회, 7개   (2) 20회 이상 24회 미만   (3) 40명

(4) 12회 이상 16회 미만   (5) 24회 이상 28회 미만

(6) 20 %

07 60점 이상 70점 미만

08 (1) $A=13$, $B=15$, $C=60$ (2) 9명   (3) 13명

09 25 %   **10** 140   **11** 24명

개념 45　본문 137~139쪽

01 상대도수   **02** 풀이 참조

03 풀이 참조   **04** (1) 3명   (2) 6명   (3) 15 %

05 (1) 풀이 참조   (2) 풀이 참조   (3) 0.3, 0.28, 1학년

06 (1) 80명   (2) 8명   (3) 25 %

07 (1) 3회 이상 6회 미만, 6회 이상 9회 미만

(2) B반   (3) B반

08 12명   **09** 9일

10 0.14   **11** ④

12 ①, ④

개념 44~45 **한번 더!** 기본 문제　본문 140쪽

01 0.32   **02** 4명   **03** 100개

04 (1) 40명   (2) 0.25   (3) 10명   **05** ⑤

PART 2

단원 테스트

1. 기본 도형 [1회]
본문 142~144쪽

01 14	02 12개	03 12 cm	04 ⑤
05 ④	06 ③	07 ②	08 ④
09 8	10 ③, ④	11 ②, ④	12 ②
13 ④	14 ③	15 4	16 40

1. 기본 도형 [2회]
본문 145~147쪽

01 ④	02 20	03 ③	04 ③
05 ⑤	06 ②	07 8	08 ㄴ, ㄷ
09 17	10 ⑤	11 ②	12 ⑤
13 ①	14 ①	15 5.6	16 10°

2. 작도와 합동 [1회]
본문 148~150쪽

01 ㄱ, ㄴ	02 ②	03 ②, ⑤	04 ㄱ, ㄷ
05 ㄷ, ㅂ	06 ①	07 ③, ⑤	08 ④
09 ①, ④	10 ②	11 ㄱ, ㄹ	12 ②, ⑤
13 2개	14 ④	15 3개	
16 △DCE, SAS 합동			

2. 작도와 합동 [2회]
본문 151~153쪽

01 ②, ④	02 ④	03 ②	04 ③, ⑤
05 2개	06 ③	07 ㄴ, ㄷ	08 ㄱ
09 ④	10 ⑤	11 ③	12 ②, ⑤
13 ㄱ, ㄷ, ㄹ	14 ①, ③		
15 △ACD, SAS 합동		16 800 m	

3. 평면도형의 성질 [1회]
본문 154~156쪽

01 ④	02 ②	03 54개	04 18개
05 ②	06 ①	07 ⑤	08 57
09 ⑤	10 ㄷ, ㄹ	11 20	12 12 cm
13 ⑤	14 ③	15 ⑤	16 60°
17 68°			

3. 평면도형의 성질 [2회]
본문 157~159쪽

01 정십이각형		02 145	03 76
04 ②	05 ④	06 125°	07 110°
08 ④	09 ②	10 ④	11 ③
12 ②	13 ①, ④	14 ②	15 ②
16 27°	17 24 cm²		

4. 입체도형의 성질 [1회]
본문 160~162쪽

01 ②	02 28	03 ④	04 ⑤
05 ㅁ, ㄱ	06 ②	07 ③, ④	08 64π cm²
09 ⑤	10 ⑤	11 ③	12 ④
13 ②	14 ③	15 ④	16 42 cm²
17 210π cm²			

4. 입체도형의 성질 [2회]
본문 163~165쪽

01 4개	02 ③	03 5	04 34
05 ③	06 ⑤	07 ②	08 ②
09 ①, ⑤	10 360π cm²		11 8
12 ④	13 12 cm	14 ①	15 8 cm
16 6π cm, 135°		17 104π cm²	

5. 대푯값 / 자료의 정리와 해석 [1회]
본문 166~169쪽

01 ④, ⑤	02 7	03 22	04 50 %
05 81회	06 25	07 40 %	08 ④
09 10	10 5명	11 25 %	12 20 %
13 ⑤	14 450	15 12.3	16 55 %
17 ⑤	18 A=9, B=14	19 8명	

5. 대푯값 / 자료의 정리와 해석 [2회]　　본문 170~173쪽

01 평균: 16.5시간, 중앙값: 15시간, 최빈값: 15시간
02 ②　**03** 84　**04** 82점　**05** ④
06 16　**07** ㄷ, ㄹ　**08** 5명　**09** 4
10 20 %　**11** ②, ③　**12** ④　**13** 36
14 7명　**15** 0.2　**16** 10명　**17** ①, ③
18 25권　**19** 12명

5. 대푯값 / 자료의 정리와 해석　　본문 182~183쪽

1 27　　**2** (1) 6　(2) 25개　(3) 5개　**3** 8명
4 (1) 55 %　(2) 70점 이상 80점 미만
5 20회　　**6** $A=0.04$, $B=21$, $C=50$
7 (1) 9명　(2) 65 %
8 (1) 2개　(2) 남학생, 이유는 풀이 참조

서술형 테스트

1. 기본 도형　　본문 174~175쪽

1 1　　**2** (1) 23 cm　(2) $\frac{7}{2}$ cm
3 (1) 30　(2) 100°　**4** 160　**5** 2
6 3　　**7** (1) 풀이 참조　(2) 240°　**8** 27°

2. 작도와 합동　　본문 176~177쪽

1 (1) ㄴ, ㅁ, ㄱ, ㅂ, ㄷ, ㄹ　(2) 풀이 참조
2 1개　　**3** $\overline{AC}$의 길이, ∠B의 크기, ∠C의 크기
4 (1) 7 cm　(2) 60°　　**5** ㄷ과 ㅂ, ASA 합동
6 $\overline{AC}=\overline{DF}$, ∠B=∠E　**7** △DCB, SAS 합동
8 (1) △BCE≡△DCF　(2) 10 cm

3. 평면도형의 성질　　본문 178~179쪽

1 (1) 구각형　(2) 27개　**2** 136°　**3** 80
4 120°　**5** 150°　**6** 70 cm　**7** 121π cm²
8 (1) $(4\pi+16)$ cm　(2) 16π cm²

4. 입체도형의 성질　　본문 180~181쪽

1 22　　**2** 정다면체가 아니다., 이유는 풀이 참조
3 그림은 풀이 참조, 21π cm²
4 (1) 4π cm　(2) 120°　**5** 231 cm³　**6** 7
7 9 cm　**8** 8개

"수학 공부는 숙제다!"

정답 및 해설

PART 1

1. 기본 도형

 점, 선, 면

01 답 (1) 선, 면 (2) 교점, 교선

02 답 (1) ○ (2) ○ (3) ○ (4) × (5) × (6) ○
(4) 교점은 선과 면이 만나는 경우에도 생긴다.
(5) 평면과 곡면의 교선은 곡선이다.
(6) 교선은 직선 또는 곡선이 될 수 있다.

03 답 (1) 꼭짓점 A (2) 꼭짓점 E (3) 모서리 BC
(4) 모서리 GH

04 답 (1) 꼭짓점 E (2) 꼭짓점 D (3) 모서리 AE
(4) 모서리 CD

05 답 (1) 4개, 6개 (2) 12개, 18개 (3) 8개, 12개
(1) 교점의 개수는 꼭짓점의 개수와 같으므로 4개이다.
   교선의 개수는 모서리의 개수와 같으므로 6개이다.
(2) 교점의 개수는 꼭짓점의 개수와 같으므로 12개이다.
   교선의 개수는 모서리의 개수와 같으므로 18개이다.
(3) 교점의 개수는 꼭짓점의 개수와 같으므로 8개이다.
   교선의 개수는 모서리의 개수와 같으므로 12개이다.

06 답 ⑤
⑤ 직육면체에서 교선의 개수는 12개이고, 면의 개수는 6개이므로
   교선의 개수와 면의 개수는 다르다.
   이때 직육면체에서 교선의 개수는 모서리의 개수와 같다.

07 답 ④

08 답 13
교점의 개수는 꼭짓점의 개수와 같으므로 5개이다. ∴ $a=5$
교선의 개수는 모서리의 개수와 같으므로 8개이다. ∴ $b=8$
∴ $a+b=5+8=13$

09 답 2
교점의 개수는 꼭짓점의 개수와 같으므로 8개이다. ∴ $a=8$
교선의 개수는 모서리의 개수와 같으므로 12개이다. ∴ $b=12$
면의 개수는 6개이므로 $c=6$
∴ $a-b+c=8-12+6=2$

02 **직선, 반직선, 선분**

01 답 (1) $\overrightarrow{AB}$ (2) A, B, $\overleftrightarrow{AB}$ (3) B, $\overrightarrow{AB}$

02 답 (1) $\overleftrightarrow{PQ}$ (또는 $\overleftrightarrow{QP}$) (2) $\overrightarrow{PQ}$ (3) $\overrightarrow{QP}$ (4) $\overline{PQ}$ (또는 $\overline{QP}$)

03 답 (1) ≠ (2) = (3) ≠ (4) ≠
(5) ≠ (6) = (7) = (8) =

04 답 (1) $\overrightarrow{BC}$ (2) $\overrightarrow{CB}$ (3) $\overrightarrow{AB}$ (4) $\overrightarrow{BA}$

05 답 ⑤
⑤ $\overrightarrow{CA}$와 $\overrightarrow{CB}$는 시작점과 방향이 모두 같으므로 같은 반직선이다.

06 답 ③
③ $\overrightarrow{BD}$와 $\overrightarrow{DB}$는 시작점과 방향이 모두 같지 않으므로 $\overrightarrow{BD} \neq \overrightarrow{DB}$

07 답 5
세 점 A, B, C는 한 직선 l 위에 있으므로 서로 다른 직선의 개수
는 1개이다.
즉, $a=1$
서로 다른 반직선은 $\overrightarrow{AB}(=\overrightarrow{AC})$, $\overrightarrow{BA}$, $\overrightarrow{BC}$, $\overrightarrow{CB}(=\overrightarrow{CA})$의 4개
이므로 $b=4$
∴ $a+b=1+4=5$

08 답 (1) 3개 (2) 6개 (3) 3개
(1) $\overleftrightarrow{AB}$, $\overleftrightarrow{AC}$, $\overleftrightarrow{BC}$의 3개이다.
(2) $\overrightarrow{AB}$, $\overrightarrow{AC}$, $\overrightarrow{BA}$, $\overrightarrow{BC}$, $\overrightarrow{CA}$, $\overrightarrow{CB}$의 6개이다.
(3) $\overline{AB}$, $\overline{AC}$, $\overline{BC}$의 3개이다.
참고 어느 세 점도 한 직선 위에 있지 않은 세 개 이상의 점에 대하여
두 점을 지나는 서로 다른 직선, 반직선, 선분의 개수는 다음과 같다.
• (직선의 개수)=(선분의 개수)
• (반직선의 개수)=(직선의 개수)×2

03 **두 점 사이의 거리 / 선분의 중점**

01 답 (1) 거리 (2) 중점

02 답 (1) 8 cm (2) 7 cm (3) 11 cm (4) 9 cm (5) 8.5 cm

03 답 (1) $\frac{1}{2}$, 2, $\frac{1}{2}$, 2 (2) 8, 8 (3) 7, 2, 14 (4) 5, 2, 10

04 답 (1) $\frac{1}{3}$, 3 (2) 2, 6

05 답 (1) $\frac{1}{2}$, 16 (2) 3, 48

06 답 (1) $\dfrac{1}{2}$ (2) $\dfrac{1}{2}$ (3) 2, 2, 4

07 답 (1) 10 cm (2) 5 cm (3) 15 cm

(1) $\overline{AM}=\dfrac{1}{2}\overline{AB}=\dfrac{1}{2}\times20=10(cm)$

(2) $\overline{AN}=\dfrac{1}{2}\overline{AM}=\dfrac{1}{2}\times10=5(cm)$

(3) $\overline{NB}=\overline{NM}+\overline{MB}=\overline{AN}+\overline{AM}=5+10=15(cm)$

08 답 (1) 4 cm (2) 8 cm (3) 16 cm

(1) $\overline{MN}=\overline{NB}=4\,cm$

(2) $\overline{AM}=\overline{MB}=2\overline{NB}=2\times4=8(cm)$

(3) $\overline{AB}=2\overline{AM}=2\times8=16(cm)$

09 답 ⑤

④ $\overline{AM}=\overline{MB}$이고 $\overline{AM}+\overline{MB}=\overline{AB}$이므로
$$\overline{AM}=\dfrac{1}{2}\overline{AB}=\dfrac{\overline{AM}+\overline{MB}}{2}$$

⑤ $\overline{AB}+\overline{MB}=2\overline{AM}+\overline{AM}=3\overline{AM}$

따라서 옳지 않은 것은 ⑤이다.

10 답 $\dfrac{1}{4}$

$\overline{AM}=\overline{MB}=\dfrac{1}{2}\overline{AB}$, $\overline{AN}=\overline{NM}=\dfrac{1}{2}\overline{AM}$이므로

$\overline{AN}=\dfrac{1}{2}\overline{AM}=\dfrac{1}{2}\times\dfrac{1}{2}\overline{AB}=\dfrac{1}{4}\overline{AB}$

$\therefore a=\dfrac{1}{4}$

11 답 3 cm

$\overline{AN}=\overline{NM}=\dfrac{1}{2}\overline{AM}$, $\overline{AM}=\overline{MB}=\dfrac{1}{2}\overline{AB}$

$\therefore \overline{NM}=\dfrac{1}{2}\overline{AM}=\dfrac{1}{2}\times\dfrac{1}{2}\overline{AB}=\dfrac{1}{4}\overline{AB}=\dfrac{1}{4}\times12=3(cm)$

12 답 5 cm

$\overline{MB}=\overline{AM}=2\,cm$, $\overline{BN}=\overline{NC}=3\,cm$이므로
$\overline{MN}=\overline{MB}+\overline{BN}=2+3=5(cm)$

13 답 ④

$\overline{AC}=2\overline{AM}$에서 $\overline{AM}=\overline{MC}$

$\overline{CB}=2\overline{CN}$에서 $\overline{CN}=\overline{NB}$

$\therefore \overline{AB}=\overline{AM}+\overline{MC}+\overline{CN}+\overline{NB}=2(\overline{MC}+\overline{CN})$
$=2\overline{MN}=2\times7=14(cm)$

14 답 15 cm

$\overline{AC}=\overline{CB}=\dfrac{1}{2}\overline{AB}=\dfrac{1}{2}\times40=20(cm)$

$\overline{DB}=\overline{CD}=\dfrac{1}{2}\overline{CB}=\dfrac{1}{2}\times20=10(cm)$

$\overline{ED}=\overline{CE}=\dfrac{1}{2}\overline{CD}=\dfrac{1}{2}\times10=5(cm)$

$\therefore \overline{EB}=\overline{ED}+\overline{DB}=5+10=15(cm)$

01 ㄱ, ㄴ, ㄹ		**02** 32
03 $\overrightarrow{AC}$와 $\overrightarrow{BA}$, $\overrightarrow{CA}$와 $\overrightarrow{CB}$, $\overrightarrow{BD}$와 $\overrightarrow{BC}$, $\overline{CD}$와 $\overline{DC}$		
04 18	**05** ⑤	**06** 4 cm

01 답 ㄱ, ㄴ, ㄹ

ㄱ. 점이 움직인 자리는 선이 된다.
ㄴ. 평면과 곡면의 교선은 곡선이다.
ㄹ. 원기둥의 밑면은 곡면이 아니다.

02 답 32

교점의 개수는 꼭짓점의 개수와 같으므로 10개이다.
$\therefore a=10$
교선의 개수는 모서리의 개수와 같으므로 15개이다.
$\therefore b=15$
면의 개수는 7개이므로 $c=7$
$\therefore a+b+c=10+15+7=32$

03 답 $\overrightarrow{AC}$와 $\overrightarrow{BA}$, $\overrightarrow{CA}$와 $\overrightarrow{CB}$, $\overrightarrow{BD}$와 $\overrightarrow{BC}$, $\overline{CD}$와 $\overline{DC}$

네 점 A, B, C, D가 한 직선 l 위에 있으므로 네 점 중 서로 다른
두 점을 이어 만든 직선은 모두 같다.
$\therefore \overrightarrow{AC}=\overrightarrow{BA}$
시작점과 방향이 모두 같은 반직선은 서로 같으므로
$\overrightarrow{CA}=\overrightarrow{CB}$, $\overrightarrow{BD}=\overrightarrow{BC}$
양 끝 점이 같은 선분은 서로 같으므로
$\overline{CD}=\overline{DC}$

04 답 18

두 점을 지나는 서로 다른 선분은
$\overline{AB}$, $\overline{AC}$, $\overline{AD}$, $\overline{BC}$, $\overline{BD}$, $\overline{CD}$의 6개이므로
$a=6$
두 점을 지나는 서로 다른 반직선은
$\overrightarrow{AB}$, $\overrightarrow{AC}$, $\overrightarrow{AD}$, $\overrightarrow{BA}$, $\overrightarrow{BC}$, $\overrightarrow{BD}$, $\overrightarrow{CA}$, $\overrightarrow{CB}$, $\overrightarrow{CD}$, $\overrightarrow{DA}$, $\overrightarrow{DB}$, $\overrightarrow{DC}$
의 12개이므로
$b=12$
$\therefore a+b=6+12=18$

05 답 ⑤

$\overline{AM}=\overline{MN}=\overline{NB}$, $\overline{MP}=\overline{PN}$이므로

① $\overline{AM}=\dfrac{1}{3}\overline{AB}$

② $\overline{PB}=\overline{PN}+\overline{NB}=\overline{MP}+\overline{MN}=\overline{MP}+2\overline{MP}=3\overline{MP}$

③ $\overline{MP}=\dfrac{1}{2}\overline{MN}=\dfrac{1}{2}\times\dfrac{1}{3}\overline{AB}=\dfrac{1}{6}\overline{AB}$

④ $\overline{AN}=\overline{AM}+\overline{MN}=\overline{NB}+\overline{NB}=2\overline{NB}$

⑤ $\overline{PN}=\dfrac{1}{2}\overline{MN}=\dfrac{1}{2}\times\dfrac{1}{2}\overline{MB}=\dfrac{1}{4}\overline{MB}$

따라서 옳지 않은 것은 ⑤이다.

06 답 4 cm

$\overline{CD}=2\overline{BC}$에서 $\overline{BD}=\overline{BC}+\overline{CD}=\overline{BC}+2\overline{BC}=3\overline{BC}$

$\therefore \overline{BC}=\dfrac{1}{3}\overline{BD}$

$\overline{AD}=3\overline{AB}$에서 $\overline{AB}=\dfrac{1}{3}\overline{AD}$이고

$\overline{BD}=\overline{AD}-\overline{AB}=\overline{AD}-\dfrac{1}{3}\overline{AD}=\dfrac{2}{3}\overline{AD}$

$\therefore \overline{BC}=\dfrac{1}{3}\overline{BD}=\dfrac{1}{3}\times\dfrac{2}{3}\overline{AD}=\dfrac{2}{9}\overline{AD}$

$\quad\quad\quad =\dfrac{2}{9}\times18=4(cm)$

개념 04 각

01 답 (1) 각, ∠AOB (2) ① 평각 ② 직각 ③ 예각 ④ 둔각

02 답 (1) ∠BAC, ∠CAB (2) ∠ABC, ∠CBA
(3) ∠ACB, ∠BCA

03 답 (1) 직각 (2) 둔각 (3) 평각 (4) 예각 (5) 예각

04 답 (1) 45°, 15°, 83° (2) 90° (3) 110°, 96°, 132° (4) 180°
(1) 예각은 크기가 0°보다 크고 90°보다 작은 각이므로
　　45°, 15°, 83°이다.
(3) 둔각은 크기가 90°보다 크고 180°보다 작은 각이므로
　　110°, 96°, 132°이다.

05 답 (1) 130° (2) 152° (3) 100° (4) 50°
(1) $50°+\angle x=180°$ $\therefore \angle x=130°$
(2) $\angle x+28°=180°$ $\therefore \angle x=152°$
(3) $35°+\angle x+45°=180°$ $\therefore \angle x=100°$
(4) $\angle x+90°+40°=180°$ $\therefore \angle x=50°$

06 답 ④
둔각은 크기가 90°보다 크고 180°보다 작은 각이므로 ④이다.

07 답 19
$(3x-5)+(5x+10)+(2x-15)=180$에서
$10x-10=180$, $10x=190$ $\therefore x=19$

08 답 ∠x=15°, ∠y=75°
$75°+\angle x=90°$ $\therefore \angle x=15°$
$\angle x+\angle y=90°$에서 $15°+\angle y=90°$ $\therefore \angle y=75°$

09 답 ④
$\angle a+\angle b+\angle c=180°$이므로
$\angle c=180°\times\dfrac{2}{3+1+2}=180°\times\dfrac{2}{6}=60°$

개념 05 맞꼭지각

01 답 (1) 교각 (2) 맞꼭지각

02 답 (1) ∠COD (2) ∠AOE (3) ∠BOF (4) ∠AOC
(5) ∠BOC

03 답 (1) ∠x=35°, ∠y=60° (2) ∠x=50°, ∠y=65°

04 답 (1) 20 (2) 40 (3) 30 (4) 30 (5) 85 (6) 80
맞꼭지각의 크기는 서로 같으므로
(1) $3x=60$ $\therefore x=20$
(2) $4x-5=155$, $4x=160$ $\therefore x=40$
(3) $x+10=40$ $\therefore x=30$
(4) $3x-20=x+40$, $2x=60$ $\therefore x=30$
(5) $x+35=120$ $\therefore x=85$
(6) $x+35=90+25$ $\therefore x=80$

05 답 (1) ∠x=150°, ∠y=30° (2) ∠x=70°, ∠y=70°
(3) ∠x=90°, ∠y=65° (4) ∠x=35°, ∠y=80°
(5) ∠x=75°, ∠y=50° (6) ∠x=130°, ∠y=50°
(1) $\angle x+30°=180°$ $\therefore \angle x=150°$
　　$\angle y=30°$(맞꼭지각)
(2) $\angle x+110°=180°$ $\therefore \angle x=70°$
　　$\angle y=70°$(맞꼭지각)
(3) $\angle x=90°$(맞꼭지각)
　　$25°+\angle y+90°=180°$ $\therefore \angle y=65°$
(4) $\angle x=35°$(맞꼭지각)
　　$65°+\angle x+\angle y=180°$이므로
　　$65°+35°+\angle y=180°$ $\therefore \angle y=80°$
(5) 맞꼭지각의 크기는 서로 같으므로
　　$\angle x+55°=130°$ $\therefore \angle x=75°$
　　$\angle x+55°+\angle y=180°$이므로
　　$75°+55°+\angle y=180°$ $\therefore \angle y=50°$
(6) 맞꼭지각의 크기는 서로 같으므로
　　$\angle x=40°+90°=130°$
　　$\angle x+\angle y=180°$이므로
　　$130°+\angle y=180°$ $\therefore \angle y=50°$

06 답 80
맞꼭지각의 크기는 서로 같으므로
$x+50=2x-30$ $\therefore x=80$

07 답 140
맞꼭지각의 크기는 서로 같으므로
$6x-140=3x-50$, $3x=90$ $\therefore x=30$
즉, $6x-140=6\times30-140=40$
$\therefore \angle y=180-40=140$

08 답 ②

맞꼭지각의 크기는 서로 같으므로

$\angle x = \angle y + 60°$ ∴ $\angle x - \angle y = 60°$

09 답 60

맞꼭지각의 크기는 서로 같으므로

$(x-15)+90=2x+15$

$x+75=2x+15$ ∴ $x=60$

10 답 45

맞꼭지각의 크기는 서로 같으므로

$x+2x+45=180$

$3x=135$

∴ $x=45$

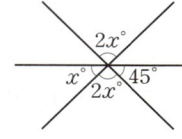

11 답 ④

$\overrightarrow{AD}$와 $\overrightarrow{BE}$, $\overrightarrow{AD}$와 $\overrightarrow{CF}$, $\overrightarrow{BE}$와 $\overrightarrow{CF}$가 만나서 생기는 맞꼭지각이

각각 2쌍이므로

$2 \times 3 = 6$(쌍)

개념 06 수직과 수선

본문 21~22쪽

01 답 (1) 직교, ⊥ (2) 수직이등분선 (3) 수선의 발

02 답 (1) 직교 (2) 수선의 발 (3) O (4) $\overline{BO}$(또는 $\overline{OB}$)
(5) 수직이등분선

03 답 (1)

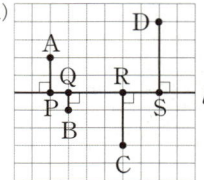

(2) 점 D, 점 B

(2) 네 점 A, B, C, D와 직선 l 사이의 거리는 각각 2, 1, 3, 4이
므로 직선 l과의 거리가 가장 먼 점은 점 D, 가장 가까운 점은
점 B이다.

04 답 (1) 점 D (2) 4 cm (3) 3 cm (4) 7 cm (5) 점 C

(1), (2) 점 A에서 $\overline{CD}$에 내린 수선의 발은 점 D이다.
따라서 점 A와 $\overline{CD}$ 사이의 거리는 $\overline{AD}$의 길이와 같으므로
4 cm이다.

(3) 점 C에서 $\overline{AD}$에 내린 수선의 발은 점 D이다.
따라서 점 C와 $\overline{AD}$ 사이의 거리는 $\overline{CD}$의 길이와 같으므로
3 cm이다.

(4) 점 B에서 $\overline{CD}$에 내린 수선의 발은 점 C이다.
따라서 점 B와 $\overline{CD}$ 사이의 거리는 $\overline{BC}$의 길이와 같으므로
7 cm이다.

---

05 답 (1) 점 D (2) 8 cm (3) 6 cm

(2) 점 A에서 $\overline{BC}$에 내린 수선의 발은 점 D이다.
따라서 점 A와 $\overline{BC}$ 사이의 거리는 $\overline{AD}$의 길이와 같으므로
8 cm이다.

(3) 점 B에서 $\overline{AD}$에 내린 수선의 발은 점 D이다.
따라서 점 B와 $\overline{AD}$ 사이의 거리는 $\overline{BD}$의 길이와 같으므로
6 cm이다.

06 답 ②

점 P에서 직선 l에 내린 수선의 발이 점 B이므로
점 P와 직선 l 사이의 거리는 $\overline{PB}$이다.

07 답 ②

② 변 BC의 수선은 변 CD이다.

08 답 6.4

점 A와 $\overline{BC}$ 사이의 거리는 $\overline{AH}$의 길이와 같으므로 $x=2.4$
점 C와 $\overline{AB}$ 사이의 거리는 $\overline{AC}$의 길이와 같으므로 $y=4$
∴ $x+y=2.4+4=6.4$

09 답 ㄱ, ㄴ, ㄹ

ㄷ. 점 D와 $\overline{BC}$ 사이의 거리는 $\overline{AB}$의 길이와 같으므로 3 cm이다.
따라서 옳은 것은 ㄱ, ㄴ, ㄹ이다.

개념 04~06 한번 더! 기본 문제

본문 23쪽

01 20	**02** 90°	**03** 34
04 $x=40$, $y=50$	**05** ④	
06 (1) 점 C, 거리: 1 (2) 점 E, 거리: 4		

01 답 20

$(2x+10)+(5x-10)+(x+20)=180$에서

$8x+20=180$, $8x=160$ ∴ $x=20$

02 답 90°

$\angle AOC+\angle COD+\angle DOE+\angle EOB=180°$이므로

$2\angle COD+2\angle DOE=180°$

$\angle COD+\angle DOE=90°$

∴ $\angle COE=90°$

03 답 34

맞꼭지각의 크기는 서로 같으므로

$(2x-30)+(3x-15)+(x+21)$
$=180$

$6x-24=180$, $6x=204$

∴ $x=34$

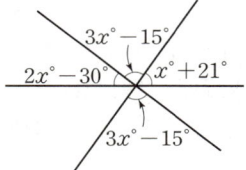

04 탑 $x=40$, $y=50$

맞꼭지각의 크기는 서로 같으므로 $90+x=2x+50$ ∴ $x=40$

$y+90+x=180$이므로 $y+90+40=180$ ∴ $y=50$

05 탑 ④

④ 점 D와 $\overleftrightarrow{AB}$ 사이의 거리는 $\overline{OD}$의 길이이다.

06 탑 (1) 점 C, 거리: 1 (2) 점 E, 거리: 4

(1) 5개의 점 A, B, C, D, E와 x축 사이의 거리는 각각
2, 3, 1, 3, 2이다.
따라서 거리가 가장 가까운 점은 점 C이고, 그 거리는 1이다.

(2) 5개의 점 A, B, C, D, E와 y축 사이의 거리는 각각
3, 2, 3, 3, 4이다.
따라서 거리가 가장 먼 점은 점 E이고, 그 거리는 4이다.

본문 24~25쪽

 07 **점과 직선의 위치 관계 / 점과 평면의 위치 관계**

01 탑 (1) ① 있다 ② 있지 않다 (2) ① 있다 ② 있지 않다

02 탑 (1) 점 B, 점 C (2) 점 A, 점 D

03 탑 (1) 점 B, 점 C, 점 D (2) 점 A, 점 E

04 탑 (1) 점 A, 점 B (2) $\overline{AD}$, $\overline{CD}$ (3) $\overline{AB}$, $\overline{AD}$
(4) 점 B, 점 C

05 탑 (1) 점 B, 점 C, 점 F, 점 G
(2) 면 ABFE, 면 AEHD, 면 EFGH
(3) 면 ABCD, 면 CGHD
(4) 점 A, 점 B, 점 C, 점 D

06 탑 (1) 점 A, 점 E (2) 점 A
(3) 면 ABC, 면 ACD, 면 BCDE
(4) 면 ACD, 면 AED

07 탑 ②

② 점 B는 직선 l 위에 있지 않다.

08 탑 점 B, 점 E

09 탑 7

모서리 AC 밖에 있는 꼭짓점은
점 B, 점 D, 점 E, 점 F의 4개이므로 $a=4$
면 DEF 위에 있는 꼭짓점은
점 D, 점 E, 점 F의 3개이므로 $b=3$
∴ $a+b=4+3=7$

본문 26~27쪽

08 **평면에서 두 직선의 위치 관계**

01 탑 (1) 평행 (2) 한 점, 평행

02 탑 (1) $\overrightarrow{CD}$ (2) $\overrightarrow{AD}$, $\overrightarrow{BC}$ (3) $\overrightarrow{BC}$ (4) $\overrightarrow{AB}$, $\overrightarrow{CD}$

03 탑 (1) 직선 CD (2) 직선 DE
(3) 직선 AB, 직선 AF, 직선 CD, 직선 DE
(4) 직선 AF, 직선 EF

(3) 오른쪽 그림과 같이 직선 BC와 한 점에서
만나는 직선은 직선 AB, 직선 AF,
CD, 직선 DE이다.

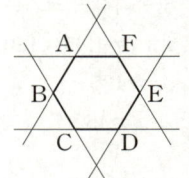

04 탑 (1) ○ (2) × (3) ○ (4) ×

(2) $\overrightarrow{BC}$와 $\overrightarrow{CD}$는 한 점에서 만난다.
(4) $\overrightarrow{AB}$와 $\overrightarrow{BC}$는 한 점에서 만나지만 직교하는지는 알 수 없다.

05 탑 (1) // (2) ⊥ (3) ⊥ (4) //

06 탑 ⑤

⑤ 한 평면 위에 있으면서 서로 만나지 않는 두 직선은 평행하므
로 한 평면 위의 두 직선이 평행하지도 않고, 만나지도 않는 경
우는 없다.

07 탑 ④

① $\overline{AB}$와 $\overline{BC}$는 수직으로 만나지 않는다.
② $\overline{AD}$와 $\overline{BC}$는 평행하다.
③ $\overleftrightarrow{AB}$와 $\overleftrightarrow{CD}$는 한 점에서 만난다.
⑤ $\overline{CD}$에 수직인 선분은 $\overline{AD}$, $\overline{BC}$이다.
따라서 옳은 것은 ④이다.

08 탑 ③

③ $\overleftrightarrow{AC}$와 $\overleftrightarrow{CD}$는 한 점 C에서 만난다.

09 탑 6개

$\overleftrightarrow{AH}$와 한 점에서 만나는 직선은
$\overleftrightarrow{AB}$, $\overleftrightarrow{BC}$, $\overleftrightarrow{CD}$, $\overleftrightarrow{EF}$, $\overleftrightarrow{FG}$, $\overleftrightarrow{GH}$
의 6개이다.

10 탑 ①, ⑤

② $\overleftrightarrow{AB}$와 $\overleftrightarrow{CD}$는 한 점에서 만난다.
③ $\overleftrightarrow{AD}$와 $\overleftrightarrow{BC}$는 평행하다.
④ ∠ADC의 크기가 90°인지 알 수 없으므로
점 A에서 $\overleftrightarrow{CD}$에 내린 수선의 발이 점 D인지 알 수 없다.
따라서 옳은 것은 ①, ⑤이다.

01 ③	**02** ㄱ, ㄷ	**03** 6	**04** ⑤
05 3	**06** ④, ⑤		

01 답 ③

③ 점 B는 직선 n 위에 있지 않다.

02 답 ㄱ, ㄷ

ㄱ. 평면 P 위에 있는 점은 점 C, 점 D, 점 E이다.

ㄴ. 직선 l 위에 있지 않은 점은 점 A, 점 B, 점 E의 3개이다.

ㄷ. 평면 P 위에 있지 않은 점은 점 A, 점 B이다.

따라서 옳지 않은 것은 ㄱ, ㄷ이다.

03 답 6

모서리 AE 위에 있지 않은 꼭짓점은 점 B, 점 C, 점 D의 3개이
므로

$a=3$

면 ABC 위에 있는 꼭짓점은 점 A, 점 B, 점 C의 3개이므로

$b=3$

∴ $a+b=3+3=6$

04 답 ⑤

⑤ $\overline{CD}$ 위에 있는 꼭짓점은 점 C, 점 D의 2개이다.

05 답 3

오른쪽 그림과 같이 $\overleftrightarrow{EF}$와 평행한 직선은
$\overleftrightarrow{BC}$의 1개이므로

$a=1$

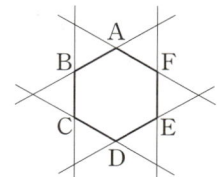

$\overleftrightarrow{EF}$와 한 점에서 만나는 직선은 $\overleftrightarrow{AB}$,
$\overleftrightarrow{AF}$, $\overleftrightarrow{CD}$, $\overleftrightarrow{DE}$의 4개이므로

$b=4$

∴ $b-a=4-1=3$

06 답 ④, ⑤

④ $l\perp m$, $l\perp n$이면 $m /\!\!/ n$이다.

⑤ $l\perp m$, $m/\!\!/ n$이면 $l\perp n$이다.

01 답 (1) 꼬인 위치 (2) 일치, 꼬인 위치

02 답 (1) ㄱ (2) ㄷ (3) ㄹ

03 답 (1) $\overline{AC}$, $\overline{AD}$, $\overline{BC}$, $\overline{BE}$ (2) $\overline{DE}$ (3) $\overline{CF}$, $\overline{DF}$, $\overline{EF}$

04 답 (1) $\overline{AD}$, $\overline{EH}$, $\overline{FG}$ (2) $\overline{AB}$, $\overline{BF}$, $\overline{CD}$, $\overline{CG}$
(3) $\overline{AE}$, $\overline{DH}$, $\overline{EF}$, $\overline{GH}$

05 답 (1) $\overline{BD}$ (2) $\overline{AD}$ (3) $\overline{AB}$

06 답 ③

①, ② 한 점에서 만난다.

④, ⑤ 평행하다.

따라서 모서리 AB와 꼬인 위치에 있는 모서리는 ③이다.

07 답 ④

① $\overline{AB}$와 $\overline{CD}$는 평행하다.

② $\overline{AD}$와 $\overline{FG}$는 평행하다.

③ $\overline{BF}$와 $\overline{EH}$는 꼬인 위치에 있다.

⑤ $\overline{CD}$와 $\overline{DH}$는 한 점에서 만난다.

따라서 옳은 것은 ④이다.

08 답 ④, ⑤

④, ⑤ 모서리 AB와 만나지도 않고 평행하지도 않은 모서리, 즉
꼬인 위치에 있는 모서리는 $\overline{CD}$, $\overline{DE}$이다.

09 답 5

$\overline{AD}$와 평행한 모서리는 $\overline{BC}$, $\overline{EH}$, $\overline{FG}$의 3개이므로

$a=3$

$\overline{AC}$와 수직으로 만나는 모서리는 $\overline{AE}$, $\overline{CG}$의 2개이므로

$b=2$

∴ $a+b=3+2=5$

01 답 (1) 포함 (2) 일치, 직선

02 답 (1) $\overline{AB}$, $\overline{AC}$, $\overline{BC}$ (2) 면 BEFC, 면 DEF
(3) $\overline{AB}$, $\overline{AC}$, $\overline{BC}$ (4) $\overline{AB}$, $\overline{AC}$, $\overline{DE}$, $\overline{DF}$

03 답 (1) $\overline{AE}$, $\overline{BF}$, $\overline{CG}$, $\overline{DH}$ (2) $\overline{AD}$, $\overline{AE}$, $\overline{DH}$, $\overline{EH}$
(3) $\overline{AD}$, $\overline{BC}$, $\overline{EH}$, $\overline{FG}$ (4) 면 ABCD, 면 EFGH
(5) 면 ABCD, 면 AEHD (6) 면 CGHD, 면 EFGH
(7) 4 cm (8) 5 cm

(7) 점 G와 면 AEHD 사이의 거리는 $\overline{GH}$의 길이이므로
4 cm이다.

(8) 점 A와 면 EFGH 사이의 거리는 $\overline{AE}$의 길이이므로
$\overline{AE}=\overline{DH}=5$ cm

04 탑 (1) 면 ABFE, 면 AEHD, 면 BFGC, 면 CGHD
　　 (2) 면 EFGH
　　 (3) 면 ABCD, 면 ABFE, 면 CGHD, 면 EFGH
　　 (4) $\overline{CG}$

05 탑 (1) 1개　(2) 2개　(3) 5개
(1) 면 FGHIJ의 1개이다.
(2) 면 ABCDE, 면 FGHIJ의 2개이다.
(3) 면 ABGF, 면 BGHC, 면 CHID, 면 DIJE, 면 AFJE의 5개이다.

06 탑 (1) ○　(2) ×　(3) ×　(4) ○
(2) 면 ABED와 한 모서리에서 만나는 면은
　 면 ABC, 면 BEFC, 면 DEF, 면 ADFC의 4개이다.
(3) 면 ADFC와 평행한 면은 없다.

07 탑 (1) //　(2) ⊥

08 탑 ③
③ 면 CGHD와 $\overline{BF}$는 평행하다.

09 탑 ③
점 C와 면 ABFE 사이의 거리는 $\overline{BC}$의 길이이므로
$\overline{BC}=\overline{AD}=4\,\mathrm{cm}$

10 탑 7
면 ACFD에 포함되는 모서리는
$\overline{AC}$, $\overline{CF}$, $\overline{DF}$, $\overline{AD}$의 4개이므로 $a=4$
면 DEF와 수직인 모서리는
$\overline{AD}$, $\overline{BE}$, $\overline{CF}$의 3개이므로 $b=3$
$\therefore a+b=4+3=7$

11 탑 ⑤
⑤ '꼬인 위치에 있다.'는 공간에서 두 직선의 위치 관계이다.

12 탑 면 ABC, 면 BEFC, 면 DEF

13 탑 ①, ⑤

개념 09-10	한번 더! 기본 문제	본문 34쪽

01 ⑤	**02** 6개	**03** ②, ⑤	**04** ⑤
05 7	**06** ㄴ, ㄹ		

01 탑 ⑤
①, ②, ③, ④ 한 점에서 만난다.
⑤ 꼬인 위치에 있다.
따라서 위치 관계가 나머지 넷과 다른 하나는 ⑤이다.

02 탑 6개
$\overline{BD}$와 꼬인 위치에 있는 모서리는
$\overline{AE}$, $\overline{CG}$, $\overline{EF}$, $\overline{FG}$, $\overline{GH}$, $\overline{EH}$의 6개이다.

03 탑 ②, ⑤
① 모서리 AB와 모서리 AD는 한 점에서 만난다.
③ 모서리 AB와 모서리 DE는 평행하다.
④ 모서리 AD와 모서리 CF는 평행하다.
따라서 옳은 것은 ②, ⑤이다.

04 탑 ⑤
① 모서리 CG와 평행한 면은 면 ABFE, 면 AEHD의 2개이다.
⑤ 모서리 CD와 면 EFGH는 평행하다.
따라서 옳지 않은 것은 ⑤이다.

05 탑 7
면 ABCDEF와 수직인 면은
면 ABHG, 면 BHIC, 면 CIJD, 면 DJKE, 면 EKLF,
면 AGLF의 6개이므로
$x=6$
면 BHIC와 평행한 면은 면 FLKE의 1개이므로
$y=1$
$\therefore x+y=6+1=7$

06 탑 ㄴ, ㄹ
ㄱ. $l \perp m$, $l // P$이면 m과 P는 한 점에서 만나거나 평행하다.
ㄷ. $P \perp Q$, $Q \perp R$이면 P와 Q는 한 직선에서 만나거나 평행하다.
따라서 옳은 것은 ㄴ, ㄹ이다.

본문 35~36쪽

개념 11	동위각과 엇각

01 탑 (1) 동위각　(2) 엇각

02 탑 (1) $\angle e$　(2) $\angle h$　(3) $\angle g$　(4) $\angle b$　(5) $\angle e$　(6) $\angle h$

03 탑 (1) ○　(2) ×　(3) ○　(4) ×
(2) $\angle c$와 $\angle e$, $\angle d$와 $\angle f$가 엇각이다.
(4) $\angle c$의 엇각은 $\angle e$이다.

04 탑 (1) 125°　(2) 55°　(3) 120°　(4) 125°　(5) 120°　(6) 60°
(2) $\angle b$의 동위각은 $\angle d$이고, $\angle d=180°-125°=55°$
(3) $\angle e$의 동위각은 $\angle c$이고, $\angle c=180°-60°=120°$
(4) $\angle a$의 엇각은 $\angle e$이고, $\angle e=125°$(맞꼭지각)
(5) $\angle e$의 엇각은 $\angle a$이고, $\angle a=180°-60°=120°$
(6) $\angle f$의 엇각은 $\angle b$이고, $\angle b=60°$(맞꼭지각)

05 답 ⑤

① ∠a의 엇각은 ∠g이다.

② ∠b의 엇각은 ∠h이다.

③, ④ ∠c와 ∠e의 엇각은 없다.

따라서 엇각끼리 바르게 짝 지어진 것은 ⑤이다.

06 답 70°

오른쪽 그림에서 ∠x의 엇각은 ∠a이다.

따라서 ∠x의 엇각의 크기는

∠$a=180°-110°=70°$

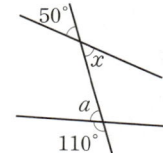

07 답 205°

∠a의 동위각은 ∠d이고, ∠$d=180°-100°=80°$

∠d의 엇각은 ∠b이고, ∠$b=180°-55°=125°$

따라서 ∠a의 동위각의 크기와 ∠d의 엇각의 크기의 합은

$80°+125°=205°$

08 답 ④

① ∠a의 동위각은 ∠d이고, ∠$d=115°$(맞꼭지각)

② ∠b의 동위각은 ∠e이고, ∠$e=180°-115°=65°$

③ ∠c의 엇각은 ∠d이고, ∠$d=115°$(맞꼭지각)

④ ∠d의 엇각은 ∠c이고, ∠$c=180°-85°=95°$

⑤ ∠e의 동위각은 ∠b이고, ∠$b=85°$(맞꼭지각)

따라서 옳지 않은 것은 ④이다.

09 답 (1) ∠e, ∠p (2) ∠b, ∠r (3) ∠b, ∠e

참고 세 직선이 세 점에서 만나는 경우에는 다음 그림과 같이 두 부분으로 나누어 한 점을 가린 후 동위각과 엇각을 찾는다.

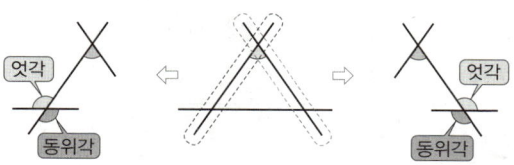

본문 37~39쪽

개념 12 평행선의 성질

01 답 (1) 평행 (2) 평행

02 답 (1) 35° (2) 110° (3) 63° (4) 120°

(1) $l /\!/ m$이므로 ∠$x=35°$(동위각)

(2) $l /\!/ m$이므로 ∠$x=110°$(동위각)

(3) $l /\!/ m$이므로 ∠$x=63°$(엇각)

(4) $l /\!/ m$이므로 ∠$x=120°$(엇각)

03 답 (1) ∠$x=60°$, ∠$y=60°$

(2) ∠$x=130°$, ∠$y=130°$

(1) ∠$x=180°-120°=60°$

$l /\!/ m$이므로 ∠$y=60°$(동위각)

(2) ∠$x=180°-50°=130°$

$l /\!/ m$이므로 ∠$y=130°$(엇각)

04 답 (1) 65°, 45° (2) 65° (3) 60°

(2) $l /\!/ m$이므로 ∠$x+55°+60°=180°$

∴ ∠$x=65°$

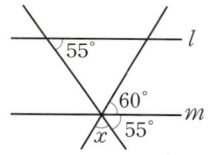

(3) $l /\!/ m$이므로 $80°+∠x=140°$(동위각)

∴ ∠$x=60°$

05 답 (1) ∠$x=75°$, ∠$y=75°$

(2) ∠$x=45°$, ∠$y=88°$

(3) ∠$x=60°$, ∠$y=105°$

(1) 오른쪽 그림에서 $l /\!/ m$이므로

∠$x=75°$(엇각)

∠$y=180°-105°=75°$

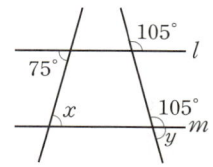

(2) 오른쪽 그림에서 $l /\!/ m$이므로

∠$x=45°$(맞꼭지각)

∠$y=180°-92°=88°$

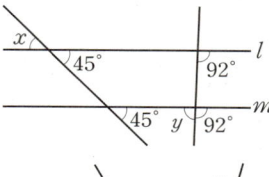

(3) 오른쪽 그림에서 $l /\!/ m$이므로

∠$x=180°-120°=60°$

∠$y=105°$(동위각)

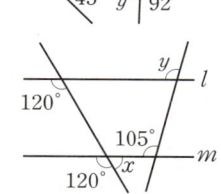

06 답 (1) ○ (2) ○ (3) × (4) ○

(1) 동위각의 크기가 같으므로 두 직선 l, m은 평행하다.

(2) 오른쪽 그림에서

∠$a=180°-130°=50°$

따라서 동위각의 크기가 같으므로

두 직선 l, m은 평행하다.

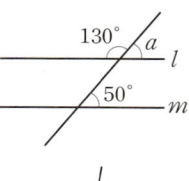

(3) 오른쪽 그림에서

∠$a=180°-100°=80°$

따라서 엇각의 크기가 다르므로

두 직선 l, m은 평행하지 않다.

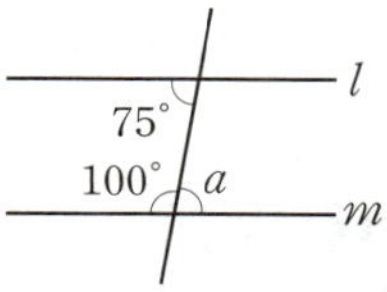

(4) 오른쪽 그림에서 동위각 또는 엇각의 크기

가 같으므로 두 직선 l, m은 평행하다.

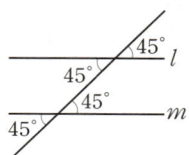

07 답 (1) 30°, 25°, 55° (2) 70° (3) 65°

(2) 오른쪽 그림과 같이 두 직선 l, m에
평행한 직선 n을 그으면
$\angle x = 30° + 40° = 70°$

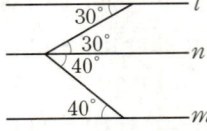

(3) 오른쪽 그림과 같이 두 직선 l, m에
평행한 직선 n을 그으면
$55° + \angle x = 120°$
$\therefore \angle x = 65°$

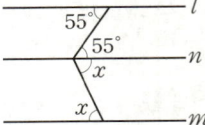

08 답 (1) 20°, 30°, 30°, 40°, 70° (2) 75°

(2) 오른쪽 그림과 같이 두 직선 l, m에
평행한 직선 p, q를 각각 그으면
$\angle x = 40° + 35° = 75°$

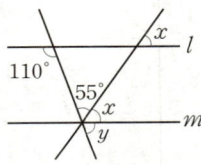

09 답 84°

$l /\!/ m$이므로 $\angle x = 132°$(엇각)
$\angle y = 180° - 132° = 48°$
$\therefore \angle x - \angle y = 132° - 48° = 84°$

10 답 ②

오른쪽 그림에서 $l /\!/ m$이므로
$\angle x + 55° = 110°$(엇각)
$\therefore \angle x = 55°$
$\angle y + \angle x + 55° = 180°$이므로
$\angle y + 55° + 55° = 180°$
$\therefore \angle y = 70°$

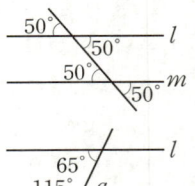

11 답 ②

① 엇각의 크기가 같으므로 $l /\!/ m$
② 엇각의 크기가 같지 않으므로 두 직선 l, m은 평행하지 않다.
③ 동위각의 크기가 같으므로 $l /\!/ m$
④ 오른쪽 그림에서 동위각 또는 엇각의 크기
가 같으므로
$l /\!/ m$
⑤ 오른쪽 그림에서
$\angle a = 180° - 115° = 65°$
즉, 엇각의 크기가 같으므로 $l /\!/ m$
따라서 두 직선 l, m이 평행하지 않은 것은 ②이다.

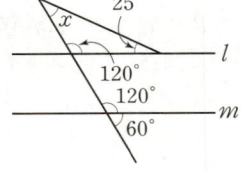

12 답 35°

오른쪽 그림에서 $l /\!/ m$이고, 삼각형의
세 각의 크기의 합이 180°이므로
$\angle x + 120° + 25° = 180°$
$\therefore \angle x = 35°$

13 답 (1) 56° (2) 100°

(1) 오른쪽 그림과 같이 두 직선 l, m에
평행한 직선 n을 그으면
$34° + \angle x = 90°$
$\therefore \angle x = 56°$

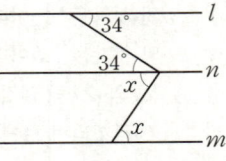

(2) 오른쪽 그림과 같이 두 직선 l, m에
평행한 직선 n을 그으면
$\angle x = 45° + 55° = 100°$

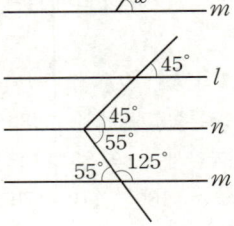

14 답 (1) 79° (2) 115°

(1) 오른쪽 그림과 같이 두 직선 l, m에
평행한 직선 p, q를 각각 그으면
$\angle x = 34° + 45° = 79°$

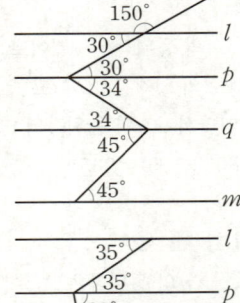

(2) 오른쪽 그림과 같이 두 직선 l, m에
평행한 직선 p, q를 각각 그으면
$\angle x = 35° + 80° = 115°$

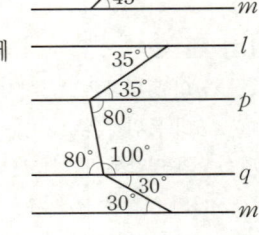

개념 11~12 **한번 더! 기본 문제** 본문 40쪽

| 01 ④ | 02 215° | 03 26 | 04 ④ |
| 05 ③ | 06 ④ | | |

01 답 ④

③ $\angle d$의 엇각은 $\angle b$이고, $\angle b = 180° - 105° = 75°$
④ $\angle g$의 동위각은 $\angle c$이고, $\angle c = 105°$ (맞꼭지각)
따라서 옳지 않은 것은 ④이다.

02 답 215°

오른쪽 그림에서 $\angle x$의 동위각은 크기가
95°인 각과 $\angle a$이다.
이때 $\angle a = 180° - 60° = 120°$이므로
$\angle x$의 모든 동위각의 크기의 합은
$95° + 120° = 215°$

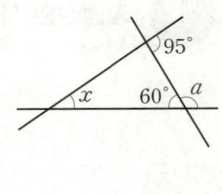

03 답 26

$l /\!/ m$이므로 $x + 38 = 4x - 40$ (엇각)
$3x = 78$ $\therefore x = 26$

04 답 ④

오른쪽 그림에서 $l /\!/ m$이고, 삼각형
의 세 각의 크기의 합이 180°이므로
$\angle x + 34° + 100° = 180°$
$\therefore \angle x = 46°$

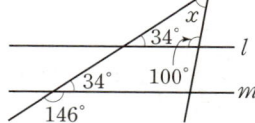

05 답 ③

오른쪽 그림과 같이 두 직선 l, m에
평행한 직선 n을 그으면
$\angle x + 30° = 55°$
$\therefore \angle x = 25°$

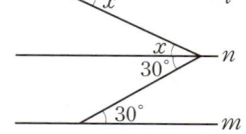

06 답 ④

오른쪽 그림과 같이 두 직선 l, m에
평행한 직선 p, q를 각각 그으면
$\angle x = 60° + 25° = 85°$

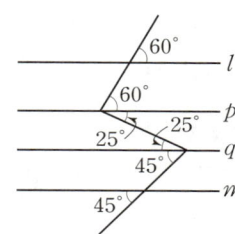

2. 작도와 합동

개념 13 작도

01 답 작도

02 답 (1) ✕ (2) ✕ (3) ◯ (4) ✕ (5) ◯

(1) 선분을 그리거나 선분을 연장할 때 눈금 없는 자를 사용한다.
(2) 주어진 선분의 길이를 재어서 다른 직선 위로 옮길 때 컴퍼스를 사용한다.
(4) 선분을 연장할 때 눈금 없는 자를 사용한다.

03 답 C, $\overline{AB}$, C, $\overline{AB}$, D

04 답 눈금 없는 자, 컴퍼스, B, $\overline{AB}$

05 답 (1) ㉤, ㉡, ㉣ (2) $\overline{OB}$, $\overline{PD}$ (3) $\overline{CD}$
(4) ∠CPD (또는 ∠CPQ)

06 답 Q, A, B, C, $\overline{AB}$, D

07 답 (1) ㉠, ㉥, ㉢ (2) 동위각

08 답 (1) ㉢, ㉤, ㉣ (2) 엇각

09 답 ②

10 답 ③, ⑤

③ 두 선분의 길이를 비교할 때는 컴퍼스를 사용한다.
⑤ 크기가 같은 각을 작도할 때는 눈금 없는 자와 컴퍼스를 사용한다.

11 답 ㉢, ㉠, ㉡

㉢ 눈금 없는 자로 직선을 긋고 그 위에 점 P를 잡는다.
㉠ 컴퍼스를 사용하여 $\overline{AB}$의 길이를 잰다.
㉡ 점 P를 중심으로 하고 반지름의 길이가 $\overline{AB}$인 원을 그려 직선과의 교점을 Q라 한다.
따라서 작도 순서를 나열하면 ㉢, ㉠, ㉡이다.

12 답 ③

③ 점 C를 작도하려면 선분 AB의 길이를 옮겨야 하므로 컴퍼스가 필요하다.

13 답 ①

$\overline{OA} = \overline{OB} = \overline{PC} = \overline{PD}$, $\overline{AB} = \overline{CD}$이므로
나머지 넷과 길이가 다른 하나는 ①이다.

14 답 ⑤

①, ②, ③, ④ $\overline{QA} = \overline{QB} = \overline{PC} = \overline{PD}$, $\overline{AB} = \overline{CD}$
⑤ $\overline{CD} = \overline{PD}$인지는 알 수 없다.
따라서 옳지 않은 것은 ⑤이다.

개념 14 삼각형

01 답 (1) △ABC, 대각, 대변 (2) <

02 답 (1) $\overline{BC}$ (2) $\overline{AC}$ (3) $\overline{AB}$ (4) ∠C (5) ∠A (6) ∠B

03 답 (1) 5 cm (2) 7 cm (3) 4 cm
(1) ∠A의 대변은 $\overline{BC}$이고, $\overline{BC}=5$ cm
(2) ∠B의 대변은 $\overline{AC}$이고, $\overline{AC}=7$ cm
(3) ∠C의 대변은 $\overline{AB}$이고, $\overline{AB}=4$ cm

04 답 (1) 60° (2) 70° (3) 50°
(1) $\overline{AB}$의 대각은 ∠C이고, ∠C=60°
(2) $\overline{BC}$의 대각은 ∠A이고, ∠A=70°
(3) $\overline{AC}$의 대각은 ∠B이고, ∠B=50°

05 답 (1) × (2) × (3) ○ (4) ○ (5) ○ (6) × (7) ○ (8) ×
가장 긴 변의 길이가 나머지 두 변의 길이의 합보다 작으면 삼각형을 만들 수 있다.
(1) 5>1+2 (×)　(2) 6=2+4 (×)　(3) 8<4+5 (○)
(4) 7<4+4 (○)　(5) 5<5+5 (○)　(6) 12=6+6 (×)
(7) 8<6+7 (○)　(8) 11>7+3 (×)

06 답 ④
① 4<2+3　② 6<5+5　③ 8<5+6
④ 16>7+8　⑤ 12<8+10
따라서 삼각형의 세 변의 길이가 될 수 없는 것은 ④이다.

07 답 ⑤
① 6<4+3　② 6<4+5　③ 7<4+6
④ 9<4+6　⑤ 11>4+6
따라서 x의 값이 될 수 없는 것은 ⑤이다.

08 답 ①
① 13=4+9　② 14<5+10　③ 15<6+11
④ 16<7+12　⑤ 17<8+13
따라서 x의 값이 될 수 없는 것은 ①이다.

개념 13-14 한번 더! 기본 문제 　　본문 47쪽

01 ㄱ, ㄷ　**02** (개) $\overline{AB}$ (내) 정삼각형　**03** ㄱ, ㄷ, ㄹ
04 ④　　**05** ㄴ, ㄷ　**06** 7개

01 답 ㄱ, ㄷ
ㄴ. 두 점을 지나는 선분을 그을 때는 눈금 없는 자를 사용한다.
ㄹ. 눈금 없는 자로 각의 크기를 측정할 수 없다.
따라서 옳은 것은 ㄱ, ㄷ이다.

02 답 (개) $\overline{AB}$ (내) 정삼각형
(2) 점 B와 점 C는 점 A를 중심으로 하는 원 위에 있으므로
$\overline{AB}=\overline{AC}$
또 점 A와 점 C는 점 B를 중심으로 하는 원 위에 있으므로
$\overline{AB}=\overline{BC}$
따라서 $\overline{AB}=\overline{BC}=\overline{AC}$이므로 삼각형 ABC는 정삼각형이다.

03 답 ㄱ, ㄷ, ㄹ
ㄱ. 점 A와 점 B는 점 O를 중심으로 하는 원 위에 있으므로
$\overline{OA}=\overline{OB}$
ㄴ. $\overline{OX}$의 길이와 $\overline{PQ}$의 길이가 같은지는 알 수 없다.
ㄷ. 점 D를 중심으로 반지름의 길이가 $\overline{AB}$인 원을 그리므로
$\overline{AB}=\overline{CD}$
ㄹ. 크기가 같은 각을 작도한 것이므로 ∠AOB=∠CPD
따라서 옳은 것은 ㄱ, ㄷ, ㄹ이다.

04 답 ④
④ 작도 순서는 ㉠ → ㉢ → ㉣ → ㉤ → ㉡ → ㉥이다.

05 답 ㄴ, ㄷ
ㄱ. 8=4+4　　　　　　ㄴ. 8<4+7
ㄷ. 10<4+8　　　　　ㄹ. 13>4−8
따라서 나머지 한 변의 길이가 될 수 있는 것은 ㄴ, ㄷ이다.

06 답 7개
(i) 가장 긴 변의 길이가 x cm일 때, 즉 $x≥12$일 때
$x<4+12$, 즉 $x<16$이므로 x의 값이 될 수 있는 자연수는
12, 13, 14, 15
(ii) 가장 긴 변의 길이가 12 cm일 때, 즉 $x<12$일 때
$12<4+x$이므로 x의 값이 될 수 있는 자연수는
9, 10, 11
따라서 (i), (ii)에서 x의 값이 될 수 있는 자연수는 9, 10, 11, 12, 13, 14, 15의 7개이다.

개념 15 삼각형의 작도

01 답 (1) 길이 (2) 끼인각 (3) 양 끝 각

02 답 (1) ○ (2) ○ (3) × (4) ○
(3) 길이가 a, c인 삼각형의 두 변과 그 끼인각이 아닌 ∠A의 크기가 주어졌으므로 △ABC를 하나로 작도할 수 없다.

03 답 a, B, b, A, A, C

04 답 ∠B, a, C, B, A, A

05 답 a, ∠B, ∠QCB, A

06 답 ④

ⓒ 직선 l 위에 길이가 c인 $\overline{AB}$를 작도한다.

ⓐ 점 A를 중심으로 하고 반지름의 길이가 b인 원을 그리고, 점 B를 중심으로 하고 반지름의 길이가 a인 원을 그려서 두 원의 교점을 C라 한다.

ⓑ 점 A와 점 C, 점 B와 점 C를 각각 이으면 △ABC가 작도된다.

따라서 작도 순서는 ⓒ → ⓐ → ⓑ이다.

07 답 ②

한 변의 길이와 그 양 끝 각의 크기가 주어질 때는 선분을 작도한 후 두 각을 작도하거나 한 각을 작도한 후 선분을 작도하고 다른 각을 작도하면 된다.

즉, 작도 순서는

$\overline{AB} \rightarrow \angle A \rightarrow \angle B$ 또는 $\overline{AB} \rightarrow \angle B \rightarrow \angle A$ 또는

$\angle A \rightarrow \overline{AB} \rightarrow \angle B$ 또는 $\angle B \rightarrow \overline{AB} \rightarrow \angle A$이다.

따라서 작도하는 순서로 옳지 않은 것은 ②이다.

08 답 ③

두 변의 길이와 그 끼인각의 크기가 주어질 때는 각을 작도한 후 두 선분을 작도하거나 한 선분을 작도한 후 각을 작도하고 다른 선분을 작도하면 된다.

즉, 작도 순서는

$\angle C \rightarrow \overline{AC} \rightarrow \overline{BC} \rightarrow \overline{AB}$ 또는 $\angle C \rightarrow \overline{BC} \rightarrow \overline{AC} \rightarrow \overline{AB}$ 또는

$\overline{AC} \rightarrow \angle C \rightarrow \overline{BC} \rightarrow \overline{AB}$ 또는 $\overline{BC} \rightarrow \angle C \rightarrow \overline{AC} \rightarrow \overline{AB}$이다.

따라서 가장 마지막으로 $\overline{AB}$를 작도한다.

본문 50~51쪽

개념 16 삼각형이 하나로 정해지는 조건

01 답 (1) 세 (2) 두 (3) 한

02 답 (1) ㄱ (2) × (3) ㄷ (4) × (5) ㄴ (6) ㄷ (7) ×

(1) $8 < 5+4$이므로 삼각형을 만들 수 있고, 세 변의 길이가 주어졌으므로 삼각형이 하나로 정해진다.

(2) ∠C가 $\overline{AB}$와 $\overline{BC}$의 끼인각이 아니므로 삼각형이 하나로 정해지지 않는다.

(3) 한 변의 길이와 그 양 끝 각의 크기가 주어진 경우이므로 삼각형이 하나로 정해진다.

(4) 세 각의 크기가 주어지면 무수히 많은 삼각형이 만들어진다.

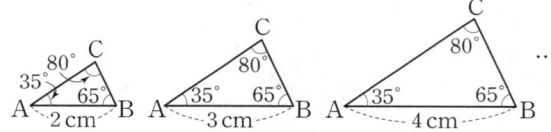

(5) 두 변의 길이와 그 끼인각의 크기가 주어진 경우이므로 삼각형이 하나로 정해진다.

(6) $\angle B = 180° - (30° + 80°) = 70°$, 즉 ∠A, ∠C의 크기를 알면 ∠B의 크기도 알 수 있다.

따라서 한 변의 길이와 그 양 끝 각의 크기가 주어진 경우이므로 삼각형이 하나로 정해진다.

(7) $10 > 3+5$이므로 삼각형을 만들 수 없다.

03 답 (1) ○ (2) ○ (3) × (4) ○ (5) ○

(1) 세 변의 길이가 주어진 경우이므로 삼각형이 하나로 정해진다.

(2) 한 변의 길이와 그 양 끝 각의 크기가 주어진 경우이므로 삼각형이 하나로 정해진다.

(3) ∠B가 $\overline{AB}$와 $\overline{AC}$의 끼인각이 아니므로 삼각형이 하나로 정해지지 않는다.

(4) 두 변의 길이와 그 끼인각의 크기가 주어진 경우이므로 삼각형이 하나로 정해진다.

(5) ∠B, ∠C의 크기를 알면 ∠A의 크기도 알 수 있다.

따라서 한 변의 길이와 그 양 끝 각의 크기가 주어진 경우이므로 삼각형이 하나로 정해진다.

04 답 ④, ⑤

① 두 변의 길이와 그 끼인각의 크기가 주어진 경우이다.

② 세 변의 길이가 주어진 경우이다.

③ ∠A, ∠B의 크기를 알면 ∠C의 크기를 알 수 있으므로 한 변의 길이와 그 양 끝 각의 크기가 주어진 경우이다.

④ 세 각의 크기가 주어지면 무수히 많은 삼각형이 만들어진다.

⑤ ∠B는 $\overline{BC}$와 $\overline{AC}$의 끼인각이 아니므로 삼각형이 하나로 그려지지 않는다.

따라서 △ABC를 하나로 작도할 수 없는 것은 ④, ⑤이다.

05 답 ①, ④

① $6 < 3+4$이므로 삼각형을 만들 수 있고, 세 변의 길이가 주어졌으므로 삼각형이 하나로 정해진다.

② ∠C는 $\overline{AB}$와 $\overline{BC}$의 끼인각이 아니므로 삼각형이 하나로 정해지지 않는다.

③ ∠B는 $\overline{BC}$와 $\overline{AC}$의 끼인각이 아니므로 삼각형이 하나로 정해지지 않는다.

④ ∠A, ∠C의 크기를 알면 ∠B의 크기를 알 수 있으므로 한 변의 길이와 그 양 끝 각의 크기가 주어진 경우이다.

⑤ 세 각의 크기가 주어지면 무수히 많은 삼각형이 만들어진다.

따라서 △ABC가 하나로 정해지는 것은 ①, ④이다.

06 답 ㄱ, ㄴ

ㄱ. 세 변의 길이가 주어진 경우이다.

ㄴ. 두 변의 길이와 그 끼인각의 크기가 주어진 경우이다.

ㄷ. ∠B가 $\overline{AB}$와 $\overline{AC}$의 끼인각이 아니므로 삼각형이 하나로 정해지지 않는다.

ㄹ. ∠C가 $\overline{AB}$와 $\overline{AC}$의 끼인각이 아니므로 삼각형이 하나로 정해지지 않는다.

따라서 필요한 나머지 한 조건이 될 수 있는 것은 ㄱ, ㄴ이다.

07 탭 ㄴ

ㄱ. 두 변의 길이와 그 끼인각의 크기가 주어진 경우이다.

ㄴ. 세 각의 크기가 주어지면 무수히 많은 삼각형이 만들어진다.

ㄷ. 한 변의 길이와 그 양 끝 각의 크기가 주어진 경우이다.

ㄹ. ∠B, ∠C의 크기를 알면 ∠A의 크기를 알 수 있으므로 한 변의 길이와 그 양 끝 각의 크기가 주어진 경우이다.

따라서 △ABC가 하나로 정해지지 않는 것은 ㄴ이다.

08 탭 ㄹ

ㄱ. 한 변의 길이와 그 양 끝 각의 크기가 주어진 경우이다.

ㄴ. ∠A=180°−(50°+70°)=60°이므로 한 변의 길이와 그 양 끝 각의 크기가 주어진 경우이다.

ㄷ. 두 변의 길이와 그 끼인각의 크기가 주어진 경우이다.

ㄹ. ∠B가 $\overline{AB}$와 $\overline{AC}$의 끼인각이 아니므로 삼각형이 하나로 정해지지 않는다.

따라서 필요한 나머지 한 조건이 아닌 것은 ㄹ이다.

09 탭 (1) 무수히 많다. (2) 0개(없다.) (3) 1개

(1) 세 각의 크기가 주어지면 무수히 많은 삼각형이 만들어진다.

(2) 8>3+4이므로 삼각형을 만들 수 없다.

(3) 두 변의 길이와 그 끼인각의 크기가 주어진 경우이므로 삼각형은 하나로 정해진다.

개념 15~16 한번 더! 기본 문제 본문 52쪽

01 ④   **02** ③   **03** ③   **04** ②
05 ㄱ, ㄷ

01 탭 ④

두 변의 길이와 그 끼인각의 크기가 주어질 때는 각을 작도한 후 두 선분을 작도하거나 한 선분을 작도한 후 각을 작도하고 다른 선분을 작도하면 된다.

즉, 작도 순서는

∠A → $\overline{AB}$ → $\overline{AC}$ 또는 ∠A → $\overline{AC}$ → $\overline{AB}$ 또는
$\overline{AB}$ → ∠A → $\overline{AC}$ 또는 $\overline{AC}$ → ∠A → $\overline{AB}$이다.

따라서 작도하는 순서로 옳지 않은 것은 ④이다.

02 탭 ③

03 탭 ③

① 세 변의 길이가 주어진 경우이다.

② 두 변의 길이와 그 끼인각의 크기가 주어진 경우이다.

③ ∠A는 $\overline{BC}$와 $\overline{AC}$의 끼인각이 아니므로 삼각형이 하나로 정해지지 않는다.

④ 한 변의 길이와 그 양 끝 각의 크기가 주어진 경우이다.

---

⑤ ∠A, ∠C의 크기를 알면 ∠B의 크기를 알 수 있으므로 한 변의 길이와 그 양 끝 각의 크기가 주어진 경우이다.

따라서 △ABC가 하나로 정해지기 위해 필요한 조건이 아닌 것은 ③이다.

04 탭 ②

ㄱ. 한 변의 길이와 그 양 끝 각의 크기가 주어진 경우이다.

ㄴ. 10>4+5이므로 삼각형을 만들 수 없다.

ㄷ. 두 변의 길이와 그 끼인각의 크기가 주어진 경우이다.

ㄹ. ∠C가 $\overline{AB}$와 $\overline{BC}$의 끼인각이 아니므로 삼각형이 하나로 정해지지 않는다.

따라서 △ABC가 하나로 정해지는 것은 ㄱ, ㄷ이다.

05 탭 ㄱ, ㄷ

ㄱ. ∠C=180°−(80°+40°)=60°이므로 한 변의 길이와 그 양 끝 각의 크기가 주어진 경우이다.

ㄴ. ∠A+∠C=180°이므로 ∠B=0°가 되어 삼각형이 만들어지지 않는다.

ㄷ. 두 변의 길이와 그 끼인각의 크기가 주어진 경우이다.

ㄹ. ∠A가 $\overline{AC}$와 $\overline{BC}$의 끼인각이 아니므로 삼각형이 하나로 정해지지 않는다.

따라서 필요한 나머지 한 조건이 될 수 있는 것은 ㄱ, ㄷ이다.

본문 53~54쪽

개념 17 도형의 합동

01 탭 (1) 합동, ≡ (2) 대응, 대응점, 대응변, 대응각

02 탭 (1) △ABC≡△GIH (2) △DEF≡△HIG

03 탭 (1) 점 D (2) 점 C (3) 변 EF (4) 변 AB (5) ∠E
(6) ∠A

04 탭 $x=7$, $y=4$, $z=60$

변 AC의 대응변은 변 DF이므로 $\overline{AC}=\overline{DF}=7\,cm$ ∴ $x=7$

변 EF의 대응변은 변 BC이므로 $\overline{EF}=\overline{BC}=4\,cm$ ∴ $y=4$

∠E의 대응각은 ∠B이므로 ∠E=∠B=60°   ∴ $z=60$

05 탭 $a=75$, $b=5$, $c=85$

∠A의 대응각은 ∠E이므로 ∠A=∠E=75°   ∴ $a=75$

변 EF의 대응변은 변 AB이므로 $\overline{EF}=\overline{AB}=5\,cm$ ∴ $b=5$

∠D의 대응각은 ∠H이므로 ∠D=∠H=120°

사각형 ABCD에서 사각형의 네 각의 크기의 합이 360°이므로

∠B=360°−(∠A+∠C+∠D)
=360°−(75°+80°+120°)=85°

∴ $c=85$

06 답 (1) ○ (2) × (3) ○ (4) ○ (5) ○ (6) ×

(2) 오른쪽 그림과 같은 두 직사각형은
　 넓이는 같지만 합동이 아니다.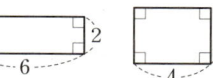

(6) 오른쪽 그림과 같은 두 사각형은
　 둘레의 길이는 같지만 합동이 아
　 니다.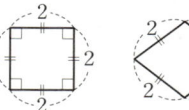

참고 반지름의 길이가 같은 두 원, 한 변의 길이가 같은 두 정삼각형이
나 한 변의 길이가 같은 두 정사각형은 항상 서로 합동이다.

07 답 ⑤

⑤ 서로 합동인 두 도형은 모양과 크기가 각각 같다.

08 답 ②

② ∠B＝∠E　　　　　④ $\overline{AC}＝\overline{DF}＝5\,cm$

⑤ ∠E＝∠B＝30°

따라서 옳지 않은 것은 ②이다.

09 답 ②, ④

① $\overline{CD}＝\overline{GH}＝8\,cm$

② $\overline{EH}$의 길이는 알 수 없다.

③ $\overline{FG}＝\overline{BC}＝6\,cm$

④ ∠C＝∠G＝70°이므로 사각형 ABCD에서

　 ∠D＝360°－(120°＋90°＋70°)＝80°

⑤ ∠E＝∠A＝120°

따라서 옳지 않은 것은 ②, ④이다.

본문 55～57쪽

개념 **18** **삼각형의 합동 조건**

01 답 (1) $\overline{DF}$, SSS　(2) ∠E, SAS　(3) ∠F, ASA

02 답 (1) $\overline{DE}$, $\overline{BC}$, $\overline{DF}$, △DEF, SSS
　　　(2) $\overline{DE}$, $\overline{AC}$, ∠D, △DEF, SAS
　　　(3) $\overline{EF}$, ∠E, ∠F, △EDF, ASA

03 답 (1) △QRP, SSS　(2) △KLJ, SAS
　　　(3) △NMO, ASA

(1) △ABC와 △QRP에서
　 $\overline{AB}＝\overline{QR}$, $\overline{BC}＝\overline{RP}$, $\overline{AC}＝\overline{QP}$이므로
　 △ABC≡ QRP (SSS 합동)

(2) △DEF와 △KLJ에서
　 $\overline{DE}＝\overline{KL}$, $\overline{DF}＝\overline{KJ}$, ∠D＝∠K이므로
　 △DEF≡ KLJ (SAS 합동)

(3) △GHI와 △NMO에서
　 $\overline{GI}＝\overline{NO}$, ∠I＝∠O,
　 ∠G＝∠N＝180°－(80°＋45°)＝55°이므로
　 △GHI≡ △NMO (ASA 합동)

---

04 답 (1) ○ (2) × (3) ○ (4) ○

(1) SSS 합동

(2) 대응하는 세 각의 크기가 각각 같으면 모양은 같으나 크기가
　 다를 수 있으므로 △ABC와 △DEF는 서로 합동이라 할 수
　 없다.

(3) SAS 합동

(4) ∠B＝∠E, ∠A＝∠D이면 ∠C＝∠F이므로
　 ASA 합동

05 답 (1) ① $\overline{DF}$, SSS　② ∠E, SAS
　　　(2) ① $\overline{EF}$, SAS　② ∠D, ASA　③ ∠F, ASA

(2) ③ ∠B＝∠E, ∠C＝∠F이면 ∠A＝∠D이므로
　　 ASA 합동

06 답 $\overline{BD}$, △CBD, SSS

07 답 ∠C, ∠DMC, △DMC, ASA

08 답 ④

|보기|의 삼각형의 나머지 한 각의 크기는
180°－(60°＋70°)＝50°
④ 한 변의 길이가 8\,cm이고 그 양 끝 각의 크기가 각각 70°, 50°인
　 삼각형이므로 |보기|의 삼각형과 ASA 합동이다.

09 답 ㄱ과 ㅁ(SAS 합동), ㄴ과 ㄹ(ASA 합동),
　　　ㄷ과 ㅂ(SSS 합동)

(i) ㄱ과 ㅁ
　 180°－(45°＋45°)＝90°에서 대응하는 두 변의 길이가 각각
　 같고, 그 끼인각의 크기가 같으므로 SAS 합동이다.

(ii) ㄴ과 ㄹ
　 180°－(88°＋50°)＝42°에서 대응하는 한 변의 길이가 같고,
　 그 양 끝 각의 크기가 각각 같으므로 ASA 합동이다.

(iii) ㄷ과 ㅂ
　 대응하는 세 변의 길이가 각각 같으므로 SSS 합동이다.

10 답 ②, ③

② ∠A＝180°－(∠B＋∠C)
　　 ＝180°－(∠F＋∠E)＝∠D
즉, 대응하는 한 변의 길이가 같고, 그 양 끝 각의 크기가 각각
같으므로
　 △ABC≡△DFE (ASA 합동)

③ $\overline{BC}＝\overline{FE}$이면 대응하는 한 변의 길이가 같고, 그 양 끝 각의
　 크기가 각각 같으므로
　 △ABC≡△DFE (ASA 합동)

11 답 ㈎ $\overline{OD}$　㈏ ∠COD　㈐ SAS

12 답 ③

△AOP와 △BOP에서

$\boxed{\overline{OP}}$는 공통,

∠AOP=$\boxed{∠BOP}$,

∠APO=90°−∠AOP

　　　=90°−∠BOP=$\boxed{∠BPO}$

∴ △AOP≡$\boxed{△BOP}$ ($\boxed{ASA}$ 합동)

따라서 옳지 않은 것은 ③이다.

13 답 ㄴ, ㄹ

△ABD와 △CDB에서

$\overline{AB}=\overline{CD}$, $\overline{AD}=\overline{CB}$, $\overline{BD}$는 공통

∴ △ABD≡△CDB (SSS 합동)

ㄴ. ∠ADB=∠CBD　　　ㄹ. $\overline{AD}=\overline{CB}$

따라서 옳지 않은 것은 ㄴ, ㄹ이다.

개념 17~18 　**한번 더! 기본 문제**　　　본문 58쪽

01 ㄱ, ㄴ　　**02** 75°, 9 cm　　**03** ③
04 △COB, ASA 합동　**05** ④　　**06** ④

01 답 ㄱ, ㄴ

ㄷ. 오른쪽 그림과 같은 두 직사각형
은 둘레의 길이가 같지만 합동이
아니다.

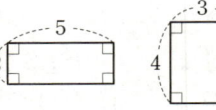

ㄹ. 오른쪽 그림과 같은 두 마름모는
한 변의 길이가 같지만 합동이
아니다.

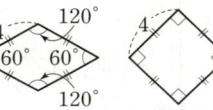

ㅁ. 오른쪽 그림과 같은 두 이등변
삼각형은 두 변의 길이가 같지만
합동이 아니다.

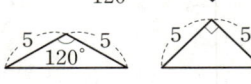

따라서 두 도형이 서로 합동인 것은 ㄱ, ㄴ이다.

02 답 75°, 9 cm

∠F의 대응각은 ∠B이므로 ∠F=∠B=90°

∠H의 대응각은 ∠D이므로 ∠H=∠D=125°

즉, 사각형 EFGH에서 ∠E=360°−(90°+70°+125°)=75°

또 $\overline{FG}$의 대응변은 $\overline{BC}$이므로 $\overline{FG}=\overline{BC}$=9 cm

03 답 ③

△ABC와 △DEF에서

② $\overline{BC}=\overline{EF}$, ∠B=∠E, ∠C=∠F이면

　　△ABC≡△DEF (ASA 합동)

③ $\overline{BC}=\overline{EF}$, ∠B=∠E, $\overline{AB}=\overline{DE}$이면

　　△ABC≡△DEF (SAS 합동)

따라서 SAS 합동이 되기 위해 필요한 나머지 한 조건은 ③이다.

04 답 △COB, ASA 합동

△AOD와 △COB에서

$\overline{OA}=\overline{OC}$, ∠OAD=∠OCB,

∠O는 공통

∴ △AOD≡△COB (ASA 합동)

05 답 ④

① △ABC≡△AED (ASA 합동)

② ∠A는 공통이므로

　　∠ACB=180°−(∠A+∠ABC)

　　　　　=180°−(∠A+∠AED)

　　　　　=∠ADE

　　∴ △ABC≡△AED (ASA 합동)

③ ∠BAC=∠EAD (맞꼭지각)이므로

　　∠ABC=180°−(∠BCA+∠BAC)

　　　　　=180°−(∠EDA+∠EAD)

　　　　　=∠AED

　　∴ △ABC≡△AED (ASA 합동)

④ $\overline{AC}$는 공통이므로

　　△ABC≡△ADC (SAS 합동)

⑤ $\overline{AC}$는 공통,

　　∠ACB=180°−(∠BAC+∠ABC)

　　　　　=180°−(∠DCA+∠CDA)

　　　　　=∠CAD

　　∴ △ABC≡△CDA (ASA 합동)

따라서 △ABC와의 합동 조건이 ASA 합동이 아닌 것은 ④이다.

06 답 ④

△PAM과 △PBM에서

$\overline{PM}$은 공통, $\overline{AM}=\overline{BM}$ (①)

∠AMP=∠BMP=90° (③)

∴ △PAM≡△PBM (SAS 합동) (⑤)

∴ $\overline{PA}=\overline{PB}$ (②)

④ ∠PAM=∠PBM, ∠BPM=∠APM

따라서 옳지 않은 것은 ④이다.

3. 평면도형의 성질

 개념 19 **다각형 / 정다각형**

01 답 (1) 다각형, 내각, 외각 (2) 정다각형

02 답 (1) ○ (2) × (3) × (4) ×
(2) 둘러싸여 있지 않으므로 다각형이 아니다.
(3) 곡선으로 둘러싸여 있으므로 다각형이 아니다.
(4) 입체도형이므로 다각형이 아니다.

03 답 (1) 내각, 외각 (2) 180

04 답 풀이 참조
(1) ∠A의 외각은 오른쪽 그림과 같고,
그 크기는
$180° - 50° = 130°$

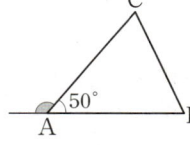

(2) ∠A의 외각은 오른쪽 그림과 같고,
그 크기는
$180° - 115° = 65°$

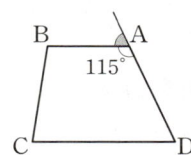

05 답 (1) 140° (2) 110° (3) 80° (4) 70° (5) 120°
(1) $180° - 40° = 140°$
(2) $180° - 70° = 110°$
(3) $180° - 100° = 80°$
(4) $180° - 110° = 70°$
(5) $180° - 60° = 120°$

06 답 (1) ○ (2) ○ (3) × (4) ×
(3) 모든 변의 길이가 같아도 모든 내각의 크기가 같지 않으면 정다각형이 아니다.

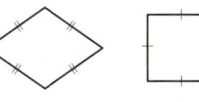

(4) 네 내각의 크기가 모두 같아도 네 변의 길이가 같지 않으면 정사각형이 아니다.

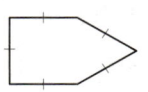

07 답 ⑤
① 곡선으로 둘러싸여 있으므로 다각형이 아니다.
② 둘러싸여 있지 않으므로 다각형이 아니다.
③, ④ 곡선과 선분으로 둘러싸여 있으므로 다각형이 아니다.
따라서 다각형인 것은 ⑤이다.

08 답 ①, ④
① 원은 곡선으로 둘러싸여 있으므로 다각형이 아니다.
④ 오각뿔은 입체도형이므로 다각형이 아니다.

09 답 ④
$∠x + 65° = 180°$이므로 $∠x = 115°$
$70° + ∠y = 180°$이므로 $∠y = 110°$
$∴ ∠x + ∠y = 115° + 110° = 225°$

10 답 정십각형
조건 (개), (내)를 모두 만족시키는 다각형은 정다각형이다.
조건 (대)를 만족시키는 다각형은 십각형이다.
따라서 구하는 다각형은 정십각형이다.

11 답 ⑤
⑤ 네 변의 길이가 모두 같고 네 내각의 크기가 모두 같은 사각형이 정사각형이다.

 개념 20 **다각형의 대각선**

01 답 (1) 대각선 (2) $n-3$, $\dfrac{n(n-3)}{2}$

02 답 풀이 참조

다각형	사각형	오각형	육각형
꼭짓점의 개수	4개	5개	6개
한 꼭짓점에서 그을 수 있는 대각선의 개수	1개	2개	3개
대각선의 개수	2개	5개	9개

03 답 (1) 3, 4, 4, 14 (2) 5개, 20개 (3) 8개, 44개 (4) 12개, 90개
(2) 한 꼭짓점에서 그을 수 있는 대각선의 개수는 $8-3=5$(개)
대각선의 개수는 $\dfrac{8 \times (8-3)}{2} = 20$(개)
(3) 한 꼭짓점에서 그을 수 있는 대각선의 개수는 $11-3=8$(개)
대각선의 개수는 $\dfrac{11 \times (11-3)}{2} = 44$(개)
(4) 한 꼭짓점에서 그을 수 있는 대각선의 개수는 $15-3=12$(개)
대각선의 개수는 $\dfrac{15 \times (15-3)}{2} = 90$(개)

04 답 (1) 3, 3, 9, 구각형 (2) 십각형 (3) 십이각형 (4) 십사각형
(2) 구하는 다각형을 n각형이라 하면 $\dfrac{n(n-3)}{2} = 35$
$n(n-3) = 70 = 10 \times 7$ $∴ n = 10$
따라서 구하는 다각형은 십각형이다.

(3) 구하는 다각형을 n각형이라 하면 $\dfrac{n(n-3)}{2}=54$

     $n(n-3)=108=12\times 9$ $\therefore n=12$

     따라서 구하는 다각형은 십이각형이다.

(4) 구하는 다각형을 n각형이라 하면 $\dfrac{n(n-3)}{2}=77$

     $n(n-3)=154=14\times 11$ $\therefore n=14$

     따라서 구하는 다각형은 십사각형이다.

05 답 ②

십삼각형의 한 꼭짓점에서 그을 수 있는 대각선의 개수는
$13-3=10$(개)

06 답 십칠각형

구하는 다각형을 n각형이라 하면 $n-3=14$ $\therefore n=17$
따라서 구하는 다각형은 십칠각형이다.

07 답 117

십육각형의 한 꼭짓점에서 그을 수 있는 대각선의 개수는
$16-3=13$(개) $\therefore a=13$
십육각형의 대각선의 개수는
$\dfrac{16\times(16-3)}{2}=104$(개) $\therefore b=104$
$\therefore a+b=13+104=117$

08 답 170개

주어진 다각형을 n각형이라 하면 $n-3=17$ $\therefore n=20$
따라서 주어진 다각형은 이십각형이므로 대각선의 개수는
$\dfrac{20\times(20-3)}{2}=170$(개)

09 답 (1) 십구각형 (2) 17개

(1) 구하는 다각형을 n각형이라 하면

    $\dfrac{n(n-3)}{2}=152$

    $n(n-3)=304=19\times 16$ $\therefore n=19$

    따라서 구하는 다각형은 십구각형이다.

(2) 십구각형의 한 꼭짓점에서 대각선을 모두 그었을 때 만들어지는
    삼각형의 개수는
    $19-2=17$(개)

    참고 n각형의 한 꼭짓점에서 대각선을 모두 그었을 때 만들어지는
    삼각형의 개수는 $(n-2)$개이다.

10 답 정십팔각형

조건 ㈎를 만족시키는 다각형은 정다각형이다.
이때 구하는 다각형을 정n각형이라 하면

조건 ㈏에서 $\dfrac{n(n-3)}{2}=135$이므로

$n(n-3)=270=18\times 15$ $\therefore n=18$
따라서 구하는 다각형은 정십팔각형이다.

| **01** ④ | **02** 140° | **03** 정팔각형 | **04** ④, ⑤ |
| **05** ① | **06** (1) 2회 (2) 5회 | | |

01 답 ④

④ 다각형은 3개 이상의 선분으로 둘러싸인 평면도형이다.

02 답 140°

($\angle$A의 외각의 크기)$=180°-105°=75°$
($\angle$D의 외각의 크기)$=180°-115°=65°$
따라서 $\angle$A의 외각의 크기와 $\angle$D의 외각의 크기의 합은
$75°+65°=140°$

03 답 정팔각형

조건 ㈎를 만족시키는 다각형은 팔각형이다.
조건 ㈏, ㈐를 모두 만족시키는 다각형은 정다각형이다.
따라서 구하는 다각형은 정팔각형이다.
참고 다각형에서 모든 외각의 크기가 같으면 모든 내각의 크기도 같다.

04 답 ④, ⑤

④ 오른쪽 그림의 정육각형에서 두 대각선의 길이는
   다르다.

⑤ 정삼각형의 한 내각의 크기는 60°, 한 외각의 크기는 120°이므로
   한 내각의 크기와 한 외각의 크기가 같지 않다.

05 답 ①

다각형의 내부의 한 점에서 각 꼭짓점에 선분을 그었을 때 7개의
삼각형이 생겼으므로 구하는 다각형은 칠각형이다.
이때 칠각형의 대각선의 개수는

$\dfrac{7\times(7-3)}{2}=14$(개)

따라서 구하는 다각형은 칠각형이고, 대각선의 개수는 14개이다.
참고 n각형의 내부의 한 점에서 각 꼭짓점에 선분을 그었을 때 생기는
삼각형의 개수는 n개이다.

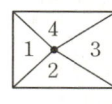  …

06 답 (1) 2회 (2) 5회

(1) 유안이는 자기 자신과 자신의 왼쪽과 오른쪽에 앉은 두 사람을
   제외한 모든 사람과 악수를 해야 한다.
   따라서 유안이가 악수를 한 횟수는 $5-3=2$(회)이다.

(2) 5명의 학생이 악수를 한 총 횟수는 오각형의 대각선의 개수와
   같으므로

   $\dfrac{5\times(5-3)}{2}=5$(회)

개념 21 삼각형의 내각과 외각

01 답 (1) 180° (2) 내각

02 답 (1) 180°, 60° (2) 85° (3) 35° (4) 28°
(2) $55° + ∠x + 40° = 180°$ ∴ $∠x = 85°$
(3) $∠x + 40° + 105° = 180°$ ∴ $∠x = 35°$
(4) $62° + 90° + ∠x = 180°$ ∴ $∠x = 28°$

03 답 (1) 70°, 135° (2) 95° (3) 40° (4) 45°
(2) $∠x = 45° + 50° = 95°$
(3) $∠x + 50° = 90°$ ∴ $∠x = 40°$
(4) $65° + ∠x = 110°$ ∴ $∠x = 45°$

04 답 35
$95 + x + (x + 15) = 180$이므로
$2x = 70$ ∴ $x = 35$

05 답 ②
△ABC에서 $∠ACB = 180° - (50° + 45°) = 85°$
$∠DCE = ∠ACB = 85°$ (맞꼭지각)이므로
△DCE에서 $56° + 85° + ∠x = 180°$
∴ $∠x = 39°$

다른 풀이
$∠ACB = ∠DCE$ (맞꼭지각)이므로
$50° + 45° = 56° + ∠x$ ∴ $∠x = 39°$

06 답 40°, 80°
삼각형의 세 내각의 크기의 합은 180°이므로
가장 작은 내각의 크기는
$180° × \dfrac{2}{2+3+4} = 180° × \dfrac{2}{9} = 40°$
가장 큰 내각의 크기는
$180° × \dfrac{4}{2+3+4} = 180° × \dfrac{4}{9} = 80°$

07 답 135°
$∠ACB = 180° - 130° = 50°$
따라서 △ABC에서
$∠x = 85° + 50° = 135°$

08 답 70°
△DBC는 $\overline{DB} = \overline{CD}$인 이등변삼각형이므로
$∠DCB = ∠DBC = 35°$
△DBC에서 $∠ADC = 35° + 35° = 70°$
이때 △ADC는 $\overline{AC} = \overline{CD}$인 이등변삼각형이므로
$∠x = ∠ADC = 70°$

09 답 (1) 65° (2) 50°
(1) △ADC에서 $∠DAC + ∠DCA = 180° - 115° = 65°$
(2) △ABC에서
$∠x = 180° - (40° + 25° + ∠DAC + ∠DCA)$
$= 180° - (40° + 25° + 65°) = 50°$

개념 22 다각형의 내각과 외각

01 답 (1) $n-2$, $n-2$ (2) 360°

02 답 풀이 참조

다각형	사각형	오각형	칠각형
한 꼭짓점에서 대각선을 모두 그어 만들 수 있는 삼각형의 개수	2개	3개	5개
내각의 크기의 합	360°	540°	900°

03 답 (1) 1260° (2) 1620° (3) 1800° (4) 2880°
(1) $180° × (9-2) = 1260°$
(2) $180° × (11-2) = 1620°$
(3) $180° × (12-2) = 1800°$
(4) $180° × (18-2) = 2880°$

04 답 (1) 2, 2, 6, 육각형 (2) 팔각형 (3) 십각형 (4) 십삼각형
(2) 구하는 다각형을 n각형이라 하면
$180° × (n-2) = 1080°$
$n-2 = 6$ ∴ $n = 8$
따라서 구하는 다각형은 팔각형이다.
(3) 구하는 다각형을 n각형이라 하면
$180° × (n-2) = 1440°$
$n-2 = 8$ ∴ $n = 10$
따라서 구하는 다각형은 십각형이다.
(4) 구하는 다각형을 n각형이라 하면
$180° × (n-2) = 1980°$
$n-2 = 11$ ∴ $n = 13$
따라서 구하는 다각형은 십삼각형이다.

05 답 (1) 4, 360°, 360°, 80° (2) 95° (3) 135° (4) 75°
(2) 오각형의 내각의 크기의 합은 $180° × (5-2) = 540°$이므로
$85° + 120° + ∠x + 105° + 135° = 540°$
∴ $∠x = 95°$
(3) 육각형의 내각의 크기의 합은 $180° × (6-2) = 720°$이므로
$95° + 125° + 140° + 105° + 120° + ∠x = 720°$
∴ $∠x = 135°$
(4) 오각형의 내각의 크기의 합은 $180° × (5-2) = 540°$이므로
$∠x + 70° + 120° + (180° - 45°) + 140° = 540°$
∴ $∠x = 75°$

06 답 (1) $360°$ (2) $360°$ (3) $360°$ (4) $360°$

07 답 (1) $360°$, $360°$, $145°$ (2) $80°$ (3) $55°$ (4) $50°$
(2) 다각형의 외각의 크기의 합은 $360°$이므로
$\quad 80°+70°+130°+\angle x=360°$　$\therefore \angle x=80°$
(3) 다각형의 외각의 크기의 합은 $360°$이므로
$\quad 80°+(180°-120°)+70°+\angle x+95°=360°$
$\quad \therefore \angle x=55°$
(4) 다각형의 외각의 크기의 합은 $360°$이므로
$\quad 65°+(180°-100°)+75°+(180°-90°)+\angle x=360°$
$\quad \therefore \angle x=50°$

08 답 (가) 10 (나) $360°$ (다) $1440°$

09 답 ③
주어진 다각형을 n각형이라 하면
$180°\times(n-2)=2340°$
$n-2=13$　$\therefore n=15$
따라서 주어진 다각형은 십오각형이므로 꼭짓점의 개수는 15개이다.

10 답 (1) 십사각형 (2) $2160°$
(1) 구하는 다각형을 n각형이라 하면
$\quad n-3=11$　$\therefore n=14$
$\quad$ 따라서 구하는 다각형은 십사각형이다.
(2) 십사각형의 내각의 크기의 합은
$\quad 180°\times(14-2)=2160°$

11 답 $210°$
육각형의 내각의 크기의 합은 $180°\times(6-2)=720°$이므로
$\angle x+130°+140°+\angle y+122°+118°=720°$
$\angle x+\angle y+510°=720°$
$\therefore \angle x+\angle y=210°$

12 답 (1) $105°$ (2) $75°$
(1) 오각형의 내각의 크기의 합은 $180°\times(5-2)=540°$이므로
$\quad 100°+95°+(70°+\angle FCD)+(\angle FDC+60°)+110°=540°$
$\quad \angle FCD+\angle FDC+435°=540°$
$\quad \therefore \angle FCD+\angle FDC=105°$
(2) $\triangle FCD$에서 $\angle x+\angle FCD+\angle FDC=180°$이므로
$\quad \angle x+105°=180°$　$\therefore \angle x=75°$

13 답 $360°$
다각형의 외각의 크기의 합은 $360°$이므로
$\angle a+\angle b+\angle c+\angle d+\angle e+\angle f=360°$

14 답 $\angle x=75°$, $\angle y=75°$
$\angle x=180°-105°=75°$
다각형의 외각의 크기의 합은 $360°$이므로
$60°+75°+65°+\angle y+85°=360°$　$\therefore \angle y=75°$

개념 23 정다각형의 내각과 외각

01 답 $\dfrac{180°\times(n-2)}{n}$, $\dfrac{360°}{n}$

02 답 (1) $108°$ (2) $140°$ (3) $144°$ (4) $156°$
(1) $\dfrac{180°\times(5-2)}{5}=108°$　　(2) $\dfrac{180°\times(9-2)}{9}=140°$
(3) $\dfrac{180°\times(10-2)}{10}=144°$　　(4) $\dfrac{180°\times(15-2)}{15}=156°$

03 답 (1) $120°$, $60°$, 6, 정육각형 (2) 정팔각형 (3) 정십이각형
(2) 구하는 정다각형을 정n각형이라 하면
$\quad \dfrac{180°\times(n-2)}{n}=135°$, $180°\times n-360°=135°\times n$
$\quad 45°\times n=360°$　$\therefore n=8$
$\quad$ 따라서 구하는 정다각형은 정팔각형이다.
(3) 구하는 정다각형을 정n각형이라 하면
$\quad \dfrac{180°\times(n-2)}{n}=150°$, $180°\times n-360°=150°\times n$
$\quad 30°\times n=360°$　$\therefore n=12$
$\quad$ 따라서 구하는 정다각형은 정십이각형이다.

04 답 (1) $120°$ (2) $72°$ (3) $40°$ (4) $30°$
(1) $\dfrac{360°}{3}=120°$　　　　　　(2) $\dfrac{360°}{5}=72°$
(3) $\dfrac{360°}{9}=40°$　　　　　　(4) $\dfrac{360°}{12}=30°$

05 답 (1) $60°$, 6, 정육각형 (2) 정팔각형 (3) 정십팔각형
(2) 구하는 정다각형을 정n각형이라 하면 $\dfrac{360°}{n}=45°$　$\therefore n=8$
$\quad$ 따라서 구하는 정다각형은 정팔각형이다.
(3) 구하는 정다각형을 정n각형이라 하면 $\dfrac{360°}{n}=20°$　$\therefore n=18$
$\quad$ 따라서 구하는 정다각형은 정십팔각형이다.

06 답 144
정이십각형의 한 내각의 크기는
$\dfrac{180°\times(20-2)}{20}=162°$　$\therefore a=162$
정이십각형의 한 외각의 크기는
$\dfrac{360°}{20}=18°$　$\therefore b=18$
$\therefore a-b=162-18=144$

07 답 ②
주어진 정다각형을 정n각형이라 하면
$180°\times(n-2)=1440°$, $n-2=8$　$\therefore n=10$
따라서 주어진 정다각형은 정십각형이므로 한 외각의 크기는
$\dfrac{360°}{10}=36°$

08 답 2340°

주어진 정다각형을 정n각형이라 하면

$\dfrac{360°}{n}=24°$ $\therefore n=15$

따라서 주어진 정다각형은 정십오각형이므로 내각의 크기의 합은

$180°\times(15-2)=2340°$

09 답 ②, ⑤

① $8-3=5$(개)

② $\dfrac{8\times(8-3)}{2}=20$(개)

③ $180°\times(8-2)=1080°$

④ $\dfrac{180°\times(8-2)}{8}=135°$

⑤ $\dfrac{360°}{8}=45°$

따라서 옳지 않은 것은 ②, ⑤이다.

10 답 ④

주어진 정다각형을 정n각형이라 하면

$\dfrac{180°\times(n-2)}{n}=160°$, $180°\times n-360°=160°\times n$

$20°\times n=360°$ $\therefore n=18$

따라서 주어진 정다각형은 정십팔각형이므로 대각선의 개수는

$\dfrac{18\times(18-3)}{2}=135$(개)

다른 풀이

주어진 정다각형의 한 외각의 크기는 $180°-160°=20°$이므로

$\dfrac{360°}{n}=20°$ $\therefore n=18$

즉, 주어진 정다각형은 정십팔각형이다.

개념 21~23 **한번 더! 기본 문제**   본문 72쪽

01 ①   **02** (1) 80° (2) 75° (3) 25°
03 ④   **04** 56   **05** (1) 150° (2) 30°
06 ⑤

01 답 ①

$\triangle$ABC에서 $35+(2x+20)=x+95$ $\therefore x=40$

$\therefore \angle ABC=2x°+20°=2\times40°+20°=100°$

02 답 (1) 80° (2) 75° (3) 25°

(1) $\triangle$FCE에서 $\angle AFJ=50°+30°=80°$

(2) $\triangle$JBD에서 $\angle AJF=40°+35°=75°$

(3) $\triangle$AFJ에서

$\begin{aligned}\angle x&=180°-(\angle AFJ+\angle AJF)\\&=180°-(80°+75°)=25°\end{aligned}$

---

03 답 ④

오각형의 내각의 크기의 합은 $180°\times(5-2)=540°$이므로

$100°+95°+(180°-65°)+\angle x+120°=540°$

$\therefore \angle x=110°$

04 답 56

다각형의 외각의 크기의 합은 360°이므로

$x+48+50+(180-2x)+60+78=360$

$416-x=360$ $\therefore x=56$

05 답 (1) 150° (2) 30°

주어진 정다각형을 정n각형이라 하면 대각선의 개수가 54개이므로

$\dfrac{n(n-3)}{2}=54$

$n(n-3)=108=12\times9$ $\therefore n=12$

따라서 주어진 정다각형은 정십이각형이다.

(1) 정십이각형의 한 내각의 크기는 $\dfrac{180°\times(12-2)}{12}=150°$

(2) 정십이각형의 한 외각의 크기는 $\dfrac{360°}{12}=30°$

06 답 ⑤

다각형의 한 꼭짓점에서 한 내각의 크기와 한 외각의 크기의 합은 180°이므로

(한 외각의 크기)$=180°\times\dfrac{1}{4+1}=36°$

구하는 정다각형을 정n각형이라 하면

$\dfrac{360°}{n}=36°$ $\therefore n=10$

따라서 구하는 정다각형은 정십각형이다.

본문 73~74쪽

개념 24 **원과 부채꼴**

01 답 (1) 호, $\overparen{AB}$ (2) 할선, 현 (3) 부채꼴, 중심각 (4) 활꼴

02 답 (1)

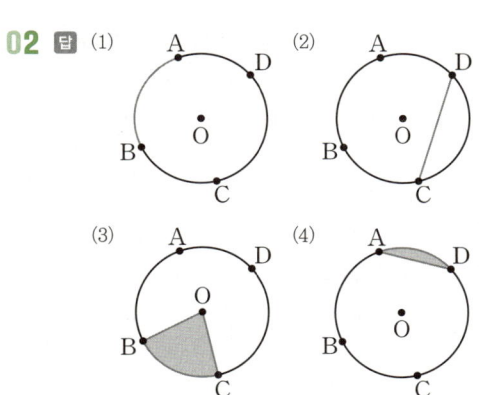

참고 일반적으로 $\overparen{AB}$는 길이가 짧은 쪽의 호를 나타내고, 길이가 긴 쪽의 호는 호 위에 점 P를 잡아 $\overparen{APB}$로 나타낸다.

03 답 (1) $\overset{\frown}{BC}$ (2) $\overline{AB}$ (3) $\angle COD$ (4) $\angle AOD$ (5) $\overline{AC}$

04 답 (1) ○ (2) × (3) ○ (4) ×
(2) 호는 원 위의 두 점을 양 끝 점으로 하는 원의 일부분이다.
(4) 활꼴은 현과 호로 이루어진 도형이다.

05 답 ②, ④
① $\overline{AB} < \overline{CE}$
③ $\overline{AB}$, $\overline{CE}$는 현이다.
⑤ 색칠한 도형은 활꼴이다.
따라서 옳은 것은 ②, ④이다.

06 답 (1) 180° (2) 지름
(1) 한 원에서 부채꼴과 활꼴이 같아질 때는 반원인 경우이므로 부채
꼴의 중심각의 크기는 180°이다.
(2) 한 원에서 현의 길이가 가장 길 때는 원의 중심을 지나는 경우이
므로 길이가 가장 긴 현은 지름이다.

07 답 ②
오른쪽 그림의 부채꼴 AOB에서
$\overline{OA} = \overline{OB} = \overline{AB}$이므로 △AOB는 정삼각형
이다.
따라서 정삼각형의 한 내각의 크기는 60°이므
로 부채꼴 AOB의 중심각의 크기는 60°이다.

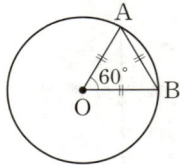

08 답 ㄱ, ㄴ, ㄹ
ㄷ. 부채꼴은 두 반지름과 호로 이루어진 도형이다.
따라서 옳은 것은 ㄱ, ㄴ, ㄹ이다.

본문 75~77쪽

개념 25 부채꼴의 성질 (1)

01 답 (1) 중심각, 같다 (2) 정비례한다

02 답 (1) 7 (2) 50 (3) 60 (4) 5 (5) 10 (6) 9
(3) $x : 30 = 12 : 6$이므로 $x : 30 = 2 : 1$ ∴ $x = 60$
(4) $135 : 45 = 15 : x$이므로 $3 : 1 = 15 : x$
$3x = 15$ ∴ $x = 5$
(5) $(x+20) : 150 = 4 : 20$이므로 $(x+20) : 150 = 1 : 5$
$5(x+20) = 150$, $x + 20 = 30$ ∴ $x = 10$
(6) $80 : 20 = 28 : (x-2)$이므로 $4 : 1 = 28 : (x-2)$
$4(x-2) = 28$, $x - 2 = 7$ ∴ $x = 9$

03 답 (1) $x = 8$, $y = 125$ (2) $x = 60$, $y = 6$ (3) $x = 40$, $y = 18$
(1) $50 : 25 = x : 4$이므로 $2 : 1 = x : 4$ ∴ $x = 8$
$25 : y = 4 : 20$이므로 $25 : y = 1 : 5$ ∴ $y = 125$

(2) $x : 90 = 10 : 15$이므로 $x : 90 = 2 : 3$
$3x = 180$ ∴ $x = 60$
$36 : 90 = y : 15$이므로 $6 : 15 = y : 15$ ∴ $y = 6$
(3) $x : 100 = 6 : 15$이므로 $x : 100 = 2 : 5$
$5x = 200$ ∴ $x = 40$
$40 : 120 = 6 : y$이므로 $1 : 3 = 6 : y$ ∴ $y = 18$

04 답 (1) 100 (2) 12 (3) 40 (4) 30 (5) 50
(3) $x : 120 = 6 : 18$이므로 $x : 120 = 1 : 3$
$3x = 120$ ∴ $x = 40$
(4) $150 : 30 = x : 6$이므로 $5 : 1 = x : 6$ ∴ $x = 30$
(5) $(2x+25) : x = 30 : 12$이므로 $(2x+25) : x = 5 : 2$
$2(2x+25) = 5x$, $4x + 50 = 5x$ ∴ $x = 50$

05 답 ②
$(x-20) : (2x-10) = 2 : 6$이므로
$(x-20) : (2x-10) = 1 : 3$
$3(x-20) = 2x-10$, $3x-60 = 2x-10$
∴ $x = 50$

06 답 ③
$40 : 120 = 5 : x$이므로 $1 : 3 = 5 : x$ ∴ $x = 15$
$40 : y = 5 : 10$이므로 $40 : y = 1 : 2$ ∴ $y = 80$

07 답 ③
$\angle AOB : \angle BOC : \angle AOC = \overset{\frown}{AB} : \overset{\frown}{BC} : \overset{\frown}{AC} = 2 : 4 : 3$
∴ $\angle AOC = 360° \times \dfrac{3}{2+4+3} = 360° \times \dfrac{3}{9} = 120°$

08 답 30 cm
원 O의 둘레의 길이를 x cm라 하면 원의 중심각의 크기는 360°
이므로
$60 : 360 = 5 : x$, $1 : 6 = 5 : x$ ∴ $x = 30$
따라서 원 O의 둘레의 길이는 30 cm이다.

09 답 (1) 45° (2) 45° (3) 2 cm
(1) △OBA에서 $\overline{OA} = \overline{OB}$ (반지름)이므로
$\angle OAB = \dfrac{1}{2} \times (180° - 90°) = 45°$
(2) $\overline{AB} /\!/ \overline{CD}$이므로 $\angle AOC = \angle OAB = 45°$ (엇각)
(3) $\overset{\frown}{AC} : 4 = 45° : 90°$이므로 $\overset{\frown}{AC} : 4 = 1 : 2$
$2\overset{\frown}{AC} = 4$ ∴ $\overset{\frown}{AC} = 2$ (cm)

10 답 ④
부채꼴 AOB의 넓이를 x cm²라 하면
$40 : 100 = 12 : x$, $2 : 5 = 12 : x$
$2x = 60$ ∴ $x = 30$
따라서 부채꼴 AOB의 넓이는 30 cm²이다.

11 답 81 cm²

$\angle AOB = 360° \times \dfrac{9}{9+7+8} = 360° \times \dfrac{9}{24} = 135°$

부채꼴 AOB의 넓이를 x cm²라 하면

$135 : 360 = x : 216$, $3 : 8 = x : 216$

$8x = 648$ ∴ $x = 81$

따라서 부채꼴 AOB의 넓이는 81 cm²이다.

본문 78~79쪽

개념 26 부채꼴의 성질(2)

01 답 (1) 중심각, 같다 (2) 정비례하지 않는다

02 답 (1) = (2) = (3) = (4) > (5) = (6) >

(6) $2\triangle AOB = \triangle COD + \triangle DOE = \triangle COE + \triangle CDE$

∴ $2\triangle AOB \gt \triangle COE$

03 답 (1) 13 (2) 100

04 답 (1) ○ (2) ○ (3) ○ (4) × (5) ○

(4) 현의 길이는 중심각의 크기에 정비례하지 않는다.

05 답 9 cm

$\angle AOB = \angle COD$이므로 $\overline{CD} = \overline{AB} = 9$ cm

06 답 43°

$\overline{AB} = \overline{CD} = \overline{DE}$이므로

$\angle x = \angle AOB = \angle COD = \angle DOE$

$= \dfrac{1}{2}\angle COE = \dfrac{1}{2} \times 86° = 43°$

07 답 15 cm

$\angle AOB = \angle COD$이므로 $\overline{CD} = \overline{AB} = 7$ cm

반지름의 길이가 4 cm이므로 $\overline{OC} = \overline{OD} = \overline{OB} = 4$ cm

따라서 색칠한 부분의 둘레의 길이는

$\overline{OC} + \overline{OD} + \overline{CD} = 4 + 4 + 7 = 15\,(\text{cm})$

다른 풀이

$\triangle AOB$와 $\triangle COD$에서

$\overline{AO} = \overline{CO}$, $\overline{BO} = \overline{DO}$, $\angle AOB = \angle COD$이므로

$\triangle AOB \equiv \triangle COD$ (SAS 합동)

∴ $\overline{CD} = \overline{AB} = 7$ cm

08 답 120°

$\triangle ABC$가 정삼각형이므로 $\overline{AB} = \overline{BC} = \overline{AC}$

한 원에서 현의 길이가 같으면 그 중심각의 크기도 같으므로

$\angle AOB = \angle BOC = \angle AOC$

이때 $\angle AOB + \angle BOC + \angle AOC = 360°$이므로

$3\angle BOC = 360°$ ∴ $\angle BOC = 120°$

따라서 호 BC에 대한 중심각의 크기는 120°이다.

09 답 ②

② 현의 길이는 중심각의 크기에 정비례하지 않는다.

10 답 ②, ⑤

② 현의 길이는 중심각의 크기에 정비례하지 않으므로

$\overline{DE} \neq \dfrac{1}{2}\overline{AC}$

⑤ $2\triangle DOE = \triangle AOB + \triangle BOC = \triangle AOC + \triangle ABC$

∴ $\triangle AOC < 2\triangle DOE$

개념 24~26 한번 더! 기본 문제 본문 80쪽

01 ⑤ **02** 126 **03** ③ **04** 30

05 22 cm **06** ③, ⑤

01 답 ⑤

⑤ $\overline{AB}$와 $\overparen{AB}$로 둘러싸인 도형은 활꼴이다.

02 답 126

$30 : 90 = 2 : x$이므로 $1 : 3 = 2 : x$ ∴ $x = 6$

$30 : y = 2 : 8$이므로 $30 : y = 1 : 4$ ∴ $y = 120$

∴ $x + y = 6 + 120 = 126$

03 답 ③

$\overparen{AC} = 4\overparen{BC}$에서 $\overparen{AC} : \overparen{BC} = 4 : 1$이므로 $\angle AOC : \angle BOC = 4 : 1$

∴ $\angle BOC = 180° \times \dfrac{1}{4+1} = 180° \times \dfrac{1}{5} = 36°$

04 답 30

$2x : (x - 15) = 28 : 7$이므로 $2x : (x - 15) = 4 : 1$

$2x = 4(x - 15)$, $2x = 4x - 60$

$2x = 60$ ∴ $x = 30$

05 답 22 cm

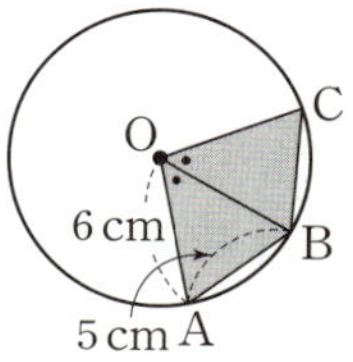

오른쪽 그림과 같이 $\overline{OB}$를 그으면

$\overparen{AB} = \overparen{BC}$이므로 $\angle AOB = \angle BOC$

∴ $\overline{BC} = \overline{AB} = 5$ cm

원의 반지름의 길이가 6 cm이므로

$\overline{OC} = \overline{OA} = 6$ cm

따라서 색칠한 부분의 둘레의 길이는

$\overline{OA} + \overline{AB} + \overline{BC} + \overline{OC} = 6 + 5 + 5 + 6 = 22\,(\text{cm})$

06 답 ③, ⑤

$\angle AOB = \dfrac{1}{3}\angle COD$이므로

③ $\overparen{AB} = \dfrac{1}{3}\overparen{CD}$에서 $\overparen{CD} = 3\overparen{AB}$

⑤ (부채꼴 AOB의 넓이) $= \dfrac{1}{3} \times$ (부채꼴 COD의 넓이)에서

(부채꼴 COD의 넓이) $= 3 \times$ (부채꼴 AOB의 넓이)

개념 27 원의 둘레의 길이와 넓이

01 답 (1) 원주율, π (2) $2\pi r$, πr^2

02 답 (1) $l=12\pi$, $S=36\pi$ (2) $l=4\pi$, $S=4\pi$
　　　 (3) $l=10\pi$, $S=25\pi$

(1) $l=2\pi \times 6=12\pi$, $S=\pi \times 6^2=36\pi$

(2) $l=2\pi \times 2=4\pi$, $S=\pi \times 2^2=4\pi$

(3) 원의 반지름의 길이가 5이므로
　　$l=2\pi \times 5=10\pi$, $S=\pi \times 5^2=25\pi$

03 답 (1) r, 8, 8 (2) 7 (3) 11

(2) 원의 반지름의 길이를 r이라 하면
　　$2\pi \times r=14\pi$ 　∴ $r=7$
　　따라서 원의 반지름의 길이는 7이다.

(3) 원의 반지름의 길이를 r이라 하면
　　$2\pi \times r=22\pi$ 　∴ $r=11$
　　따라서 원의 반지름의 길이는 11이다.

04 답 (1) r, 7, 7, 7, 7 (2) 4 (3) 8

(2) 원의 반지름의 길이를 r $(r>0)$이라 하면
　　$\pi \times r^2=16\pi$, $r^2=16$
　　이때 $16=4 \times 4$이므로 $r=4$
　　따라서 원의 반지름의 길이는 4이다.

(3) 원의 반지름의 길이를 r $(r>0)$이라 하면
　　$\pi \times r^2=64\pi$, $r^2=64$
　　이때 $64=8 \times 8$이므로 $r=8$
　　따라서 원의 반지름의 길이는 8이다.

05 답 4, 2, 8π, 12π, 4, 2, 4π, 12π

06 답 18π cm, 81π cm²

원의 반지름의 길이가 9 cm이므로
원의 둘레의 길이는 $2\pi \times 9=18\pi$(cm)이고
원의 넓이는 $\pi \times 9^2=81\pi$(cm²)이다.

07 답 50π cm²

반원 O의 반지름의 길이가 10 cm이므로 넓이는
$\pi \times 10^2 \times \dfrac{1}{2}=50\pi$(cm²)

08 답 ④

원의 반지름의 길이를 r cm $(r>0)$라 하면
$\pi \times r^2=121\pi$, $r^2=121$
이때 $121=11 \times 11$이므로 $r=11$
따라서 원의 반지름의 길이는 11 cm이다.

09 답 ⑤

원의 반지름의 길이를 r cm라 하면
$2\pi \times r=24\pi$ 　∴ $r=12$
따라서 원의 반지름의 길이가 12 cm이므로 그 넓이는
$\pi \times 12^2=144\pi$(cm²)

10 답 16π cm, 16π cm²

(색칠한 부분의 둘레의 길이)
＝(반지름의 길이가 5 cm인 원의 둘레의 길이)
　＋(반지름의 길이가 3 cm인 원의 둘레의 길이)
＝$2\pi \times 5+2\pi \times 3$
＝$10\pi+6\pi=16\pi$(cm)

(색칠한 부분의 넓이)
＝(반지름의 길이가 5 cm인 원의 넓이)
　－(반지름의 길이가 3 cm인 원의 넓이)
＝$\pi \times 5^2-\pi \times 3^2$
＝$25\pi-9\pi=16\pi$(cm²)

 개념 28 부채꼴의 호의 길이와 넓이

01 답 (1) $\dfrac{x}{360}$, $\dfrac{x}{360}$ (2) $\dfrac{1}{2}rl$

02 답 (1) 12, 120, 8π, 12, 120, 48π (2) $l=\pi$, $S=3\pi$
　　　 (3) $l=6\pi$, $S=24\pi$ (4) $l=4\pi$, $S=32\pi$

(2) $l=2\pi \times 6 \times \dfrac{30}{360}=\pi$, $S=\pi \times 6^2 \times \dfrac{30}{360}=3\pi$

(3) $l=2\pi \times 8 \times \dfrac{135}{360}=6\pi$, $S=\pi \times 8^2 \times \dfrac{135}{360}=24\pi$

(4) $l=2\pi \times 16 \times \dfrac{45}{360}=4\pi$, $S=\pi \times 16^2 \times \dfrac{45}{360}=32\pi$

03 답 (1) 40, 9, 9 (2) 6

(2) 부채꼴의 반지름의 길이를 r $(r>0)$이라 하면
　　$\pi \times r^2 \times \dfrac{120}{360}=12\pi$, $r^2=36$
　　이때 $36=6 \times 6$이므로 $r=6$
　　따라서 부채꼴의 반지름의 길이는 6이다.

04 답 (1) 6, 60, 60° (2) 270°

(2) 부채꼴의 중심각의 크기를 $x°$라 하면
　　$2\pi \times 10 \times \dfrac{x}{360}=15\pi$ 　∴ $x=270$
　　따라서 부채꼴의 중심각의 크기는 270°이다.

05 답 (1) 8, 8π (2) 60π (3) 21π

(2) (부채꼴의 넓이)$=\dfrac{1}{2} \times 12 \times 10\pi=60\pi$

(3) (부채꼴의 넓이)$=\dfrac{1}{2} \times 6 \times 7\pi=21\pi$

06 답 ⑴ 8π, 10, 10 ⑵ 9

⑵ 부채꼴의 반지름의 길이를 r이라 하면

$\dfrac{1}{2}\times r\times 4\pi=18\pi$ ∴ $r=9$

따라서 부채꼴의 반지름의 길이는 9이다.

07 답 4, 4, 4, $4\pi-8$, $8\pi-16$

08 답 10, 10, 50

09 답 4π cm, 6π cm²

(부채꼴의 둘레의 길이)$=2\pi\times 3\times\dfrac{240}{360}=4\pi$(cm)

(부채꼴의 넓이)$=\pi\times 3^2\times\dfrac{240}{360}=6\pi$(cm²)

10 답 ⑴ 18 cm ⑵ 120°

⑴ 부채꼴의 반지름의 길이를 r cm라 하면

$2\pi\times r\times\dfrac{80}{360}=8\pi$ ∴ $r=18$

따라서 부채꼴의 반지름의 길이는 18 cm이다.

⑵ 부채꼴의 중심각의 크기를 $x°$라 하면

$\pi\times 12^2\times\dfrac{x}{360}=48\pi$ ∴ $x=120$

따라서 부채꼴의 중심각의 크기는 120°이다.

11 답 ②

(부채꼴의 넓이)$=\dfrac{1}{2}\times 5\times 6\pi=15\pi$(cm²)

12 답 $(8\pi+8)$ cm, 8π cm²

(색칠한 부분의 둘레의 길이)

$=$(반지름의 길이가 8 cm인 사분원의 호의 길이)

    $+$(반지름의 길이가 4 cm인 반원의 호의 길이)$+8$

$=2\pi\times 8\times\dfrac{1}{4}+2\pi\times 4\times\dfrac{1}{2}+8$

$=4\pi+4\pi+8=8\pi+8$(cm)

(색칠한 부분의 넓이)

$=$(반지름의 길이가 8 cm인 사분원의 넓이)

    $-$(반지름의 길이가 4 cm인 반원의 넓이)

$=\pi\times 8^2\times\dfrac{1}{4}-\pi\times 4^2\times\dfrac{1}{2}$

$=16\pi-8\pi=8\pi$(cm²)

13 답 $\left(18-\dfrac{9}{2}\pi\right)$ cm²

(색칠한 부분의 넓이)

$=\left(\begin{array}{c}\text{3 cm}\\\text{3 cm}\end{array}-\begin{array}{c}\text{3 cm}\\\text{3 cm}\end{array}\right)\times 2$

$=\left(3\times 3-\pi\times 3^2\times\dfrac{90}{360}\right)\times 2$

$=\left(9-\dfrac{9}{4}\pi\right)\times 2=18-\dfrac{9}{2}\pi$(cm²)

14 답 $(4\pi-8)$ cm²

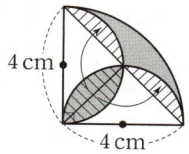

4 cm

4 cm

오른쪽 그림과 같이 도형을 이동시키면

(색칠한 부분의 넓이)

$=\pi\times 4^2\times\dfrac{90}{360}-\dfrac{1}{2}\times 4\times 4$

$=4\pi-8$(cm²)

개념 27-28 한번 더! 기본 문제 본문 86쪽

01 40π cm, 48π cm² **02** ② **03** 18π cm

04 $(18\pi+16)$ cm **05** 12π cm² **06** ④

01 답 40π cm, 48π cm²

(색칠한 부분의 둘레의 길이)

$=$(반지름의 길이가 10 cm인 원의 둘레의 길이)

    $+$(원 O의 둘레의 길이)$+$(원 O′의 둘레의 길이)

$=2\pi\times 10+2\pi\times 6+2\pi\times 4$

$=20\pi+12\pi+8\pi=40\pi$(cm)

(색칠한 부분의 넓이)

$=$(반지름의 길이가 10 cm인 원의 넓이)

    $-$(원 O의 넓이)$-$(원 O′의 넓이)

$=\pi\times 10^2-\pi\times 6^2-\pi\times 4^2$

$=100\pi-36\pi-16\pi$

$=48\pi$(cm²)

02 답 ②

(색칠한 부분의 넓이)

$=$(반지름의 길이가 7 cm인 반원의 넓이)

    $+$(반지름의 길이가 4 cm인 반원의 넓이)

    $-$(반지름의 길이가 3 cm인 반원의 넓이)

$=\pi\times 7^2\times\dfrac{1}{2}+\pi\times 4^2\times\dfrac{1}{2}-\pi\times 3^2\times\dfrac{1}{2}$

$=\dfrac{49}{2}\pi+8\pi-\dfrac{9}{2}\pi$

$=28\pi$(cm²)

03 답 18π cm

$\overline{\text{AM}}=\overline{\text{MN}}=\overline{\text{NB}}=\dfrac{1}{3}\times 18=6$(cm)이므로

(색칠한 부분의 둘레의 길이)

$=$(반지름의 길이가 6 cm인 원의 둘레의 길이)

    $+$(반지름의 길이가 3 cm인 원의 둘레의 길이)

$=2\pi\times 6+2\pi\times 3$

$=12\pi+6\pi$

$=18\pi$(cm)

04 탭 $(18\pi+16)\,\mathrm{cm}$

(색칠한 부분의 둘레의 길이)

= (중심각의 크기가 135°인 큰 부채꼴의 호의 길이)

   + (중심각의 크기가 135°인 작은 부채꼴의 호의 길이)

   + (16−8) × 2

$=2\pi\times16\times\dfrac{135}{360}+2\pi\times8\times\dfrac{135}{360}+8\times2$

$=12\pi+6\pi+16=18\pi+16\,(\mathrm{cm})$

05 탭 $12\pi\,\mathrm{cm}^2$

정육각형의 한 내각의 크기는

$\dfrac{180°\times(6-2)}{6}=120°$

따라서 색칠한 부채꼴은 반지름의 길이가 6 cm이고

중심각의 크기가 120°이므로 그 넓이는

$\pi\times6^2\times\dfrac{120}{360}=12\pi\,(\mathrm{cm}^2)$

06 탭 ④

오른쪽 그림과 같이 도형을 이동시키면

(색칠한 부분의 넓이)

$=10\times5$

$=50\,(\mathrm{cm}^2)$

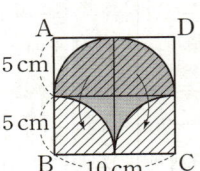

---

4. 입체도형의 성질

개념 29 다면체

01 탭 (1) 다면체 (2) ① 각기둥 ② 각뿔 ③ 각뿔대

02 탭 (1) ○ (2) × (3) × (4) × (5) ○ (6) ×

(2), (3), (6) 원 또는 곡면으로 이루어져 있으므로 다면체가 아니다.

(4) 평면도형은 입체도형이 아니므로 다면체가 아니다.

03 탭 (1) 칠면체 (2) 육면체 (3) 칠면체

(1) 오각기둥은 오른쪽 그림과 같고,
면의 개수가 7개이므로 칠면체이다.

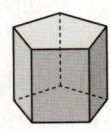

(2) 오각뿔은 오른쪽 그림과 같고,
면의 개수가 6개이므로 육면체이다.

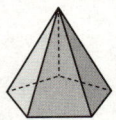

(3) 오각뿔대는 오른쪽 그림과 같고,
면의 개수가 7개이므로 칠면체이다.

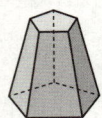

04 탭 (1) 8개 (2) 육각형 (3) 사다리꼴

05 탭 풀이 참조

	삼각기둥	삼각뿔	삼각뿔대
겨냥도			
면의 개수	5개	4개	5개
모서리의 개수	9개	6개	9개
꼭짓점의 개수	6개	4개	6개
옆면의 모양	직사각형	삼각형	사다리꼴

참고 다면체의 면, 모서리, 꼭짓점의 개수

다면체	n각기둥	n각뿔	n각뿔대
면의 개수	$(n+2)$개	$(n+1)$개	$(n+2)$개
모서리의 개수	$3n$개	$2n$개	$3n$개
꼭짓점의 개수	$2n$개	$(n+1)$개	$2n$개

06 탭 (1) ㄱ, ㄷ, ㅂ (2) ㄴ, ㄷ (3) ㄴ, ㅁ (4) ㄹ
     (5) ㄹ, ㅁ, ㅂ (6) ㄹ, ㅁ (7) ㄴ

(1) 밑면이 1개인 다면체는 각뿔이므로 ㄱ, ㄷ, ㅂ이다.

(3) 두 밑면이 평행하면서 그 모양이 합동인 다면체는 각기둥이므로
ㄴ, ㅁ이다.

(4) 옆면의 모양이 직사각형이 아닌 사다리꼴인 다면체는 각뿔대
이므로 ㄹ이다.

(5) 각 다면체의 면의 개수는

ㄱ. 4+1=5(개)　　ㄴ. 5+2=7(개)　　ㄷ. 5+1=6(개)

ㄹ. 7+2=9(개)　　ㅁ. 7+2=9(개)　　ㅂ. 8+1=9(개)

따라서 면의 개수가 9개인 다면체는 ㄹ, ㅁ, ㅂ이다.

(6) 각 다면체의 모서리의 개수는

ㄱ. 2×4=8(개)　　ㄴ. 3×5=15(개)　　ㄷ. 2×5=10(개)

ㄹ. 3×7=21(개)　　ㅁ. 3×7=21(개)　　ㅂ. 2×8=16(개)

따라서 모서리의 개수가 21개인 다면체는 ㄹ, ㅁ이다.

(7) 각 다면체의 꼭짓점의 개수는

ㄱ. 4+1=5(개)　　ㄴ. 2×5=10(개)　　ㄷ. 5+1=6(개)

ㄹ. 2×7=14(개)　　ㅁ. 2×7=14(개)　　ㅂ. 8+1=9(개)

따라서 꼭짓점의 개수가 10개인 다면체는 ㄴ이다.

07 답 ②, ④

②, ④ 원 또는 곡면으로 이루어져 있으므로 다면체가 아니다.

08 답 ⑤

각 다면체의 면의 개수는

① 8+1=9(개)　　② 4+2=6(개)　　③ 5+2=7(개)

④ 6+1=7(개)　　⑤ 8+2=10(개)

따라서 면의 개수가 가장 많은 것은 ⑤이다.

09 답 ③

③ 육각뿔 – 칠면체

10 답 ④

각 다면체의 모서리의 개수는

① 3×6=18(개)　　② 2×6=12(개)　　③ 3×4=12(개)

④ 3×7=21(개)　　⑤ 2×8=16(개)

따라서 모서리의 개수가 가장 많은 것은 ④이다.

11 답 ②

각 다면체의 꼭짓점의 개수는

① 8개　　② 5+1=6(개)　　③ 2×4=8(개)

④ 2×4=8(개)　　⑤ 7+1=8(개)

따라서 꼭짓점의 개수가 나머지 넷과 다른 하나는 ②이다.

12 답 31

오각기둥의 모서리의 개수는 3×5=15(개)이므로 $a=15$

삼각뿔의 면의 개수는 3+1=4(개)이므로 $b=4$

육각뿔대의 꼭짓점의 개수는 2×6=12(개)이므로 $c=12$

∴ $a+b+c=15+4+12=31$

13 답 ③

각 다면체와 옆면의 모양을 짝 지으면

① 오각기둥 – 직사각형　　② 사각뿔 – 삼각형

③ 육각뿔대 – 사다리꼴　　④ 삼각뿔대 – 사다리꼴

⑤ 칠각뿔 – 삼각형

따라서 옳은 것은 ③이다.

14 답 ④

① 육각기둥의 면의 개수는 6+2=8(개)

② 육각기둥의 꼭짓점의 개수는 2×6=12(개)

③ 사각뿔의 모서리의 개수는 2×4=8(개)

④ 삼각뿔대의 면의 개수는 3+2=5(개)

⑤ 삼각뿔대의 꼭짓점의 개수는 2×3=6(개)

따라서 옳지 않은 것은 ④이다.

15 답 ④

조건 (나), (다)를 모두 만족시키는 다면체는 각뿔대이다.

즉, 구하는 다면체를 n각뿔대라 하면

조건 (가)에서 면의 개수가 9개이므로

$n+2=9$　　∴ $n=7$

따라서 구하는 다면체는 칠각뿔대이다.

본문 91~92쪽

개념 30 정다면체

01 답 (1) ① 정다각형 ② 면 (2) 정이십면체

02 답 (1) ○ (2) ○ (3) × (4) ○ (5) × (6) ○

(3) 정다면체는 정사면체, 정육면체, 정팔면체, 정십이면체, 정이십면체의 다섯 가지뿐이다.

(5) 정다면체의 한 면이 될 수 있는 다각형은 정삼각형, 정사각형, 정오각형이다.

03 답 (1) ㄱ, ㄷ, ㅁ (2) ㄹ (3) ㄱ, ㄴ, ㄹ (4) ㄷ

참고 정다면체

정다면체	정사면체	정육면체	정팔면체	정십이면체	정이십면체
면의 모양	정삼각형	정사각형	정삼각형	정오각형	정삼각형
한 꼭짓점에 모인 면의 개수	3개	3개	4개	3개	5개
면의 개수	4개	6개	8개	12개	20개
모서리의 개수	6개	12개	12개	30개	30개
꼭짓점의 개수	4개	8개	6개	20개	12개

04 답 (1) 정사면체 (2) 풀이 참조 (3) 점 E (4) $\overline{CD}$

(2)

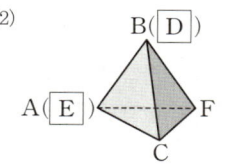

05 답 ③

정다면체는 정사면체, 정육면체, 정팔면체, 정십이면체, 정이십면체의
다섯 가지뿐이다.
따라서 정다면체가 아닌 것은 ③이다.

06 답 ④

④ 정십이면체 – 정오각형

07 답 정십이면체

조건 ㈎를 만족시키는 정다면체는 정사면체, 정육면체, 정십이면체
이다.
이때 조건 ㈏에서 구하는 정다면체는 정십이면체이다.

08 답 ④

각 정다면체의 꼭짓점의 개수는
① 4개　　② 8개　　③ 6개　　④ 20개　　⑤ 12개
따라서 꼭짓점의 개수가 가장 많은 것은 ④이다.

09 답 ④

④ 오른쪽 그림의 색칠한 면이 겹치므로 정육면체를
　 만들 수 없다.

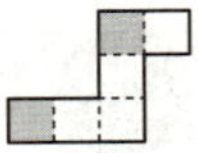

10 답 (1) 정팔면체　(2) $\overline{GH}$　(3) 점 I

(1) 주어진 전개도로 만들어지는 정다면
　 체는 오른쪽 그림과 같은 정팔면체
　 이다.
(2) 오른쪽 그림에서 $\overline{BC}$와 겹치는 모서
　 리는 $\overline{GH}$이다.
(3) 오른쪽 그림에서 점 A와 겹치는 점은 점 I이다.

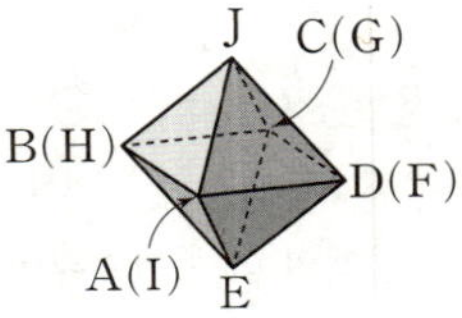

개념 29~30 한번 더! 기본 문제
본문 93쪽

| 01 ④ | 02 ㄴ, ㄷ, ㅂ | 03 ①, ④ |
| 04 12개 | 05 풀이 참조 | 06 ⑤ |

01 답 ④

각 다면체의 모서리의 개수는
① $3 \times 3 = 9$(개)　② $3 \times 5 = 15$(개)　③ $2 \times 6 = 12$(개)
④ $3 \times 7 = 21$(개)　⑤ $3 \times 8 = 24$(개)
따라서 옳지 않은 것은 ④이다.

02 답 ㄴ, ㄷ, ㅂ

각 다면체의 옆면의 모양은
ㄱ. 직사각형　　　　ㄴ. 삼각형　　　　ㄷ. 삼각형
ㄹ. 직사각형　　　　ㅁ. 사다리꼴　　　ㅂ. 삼각형
따라서 옆면의 모양이 삼각형인 것은 ㄴ, ㄷ, ㅂ이다.

03 답 ①, ④

② 사면체의 모든 면은 삼각형이다.
③ 팔각뿔의 꼭짓점의 개수는 $8 + 1 = 9$(개)이다.
⑤ 각기둥의 두 밑면은 서로 평행하다.
따라서 옳은 것은 ①, ④이다.

04 답 12개

조건 ㈎를 만족시키는 정다면체는 정십이면체, 정이십면체이다.
이때 조건 ㈏에서 주어진 정다면체는 정이십면체이다.
따라서 구하는 꼭짓점의 개수는 12개이다.

05 답 풀이 참조

주어진 다면체는 각 면이 모두 합동인 정삼각형으로 이루어져 있지
만 한 꼭짓점에 모인 면의 개수가 3개 또는 4개로 같지 않으므로
정다면체가 아니다.

06 답 ⑤

주어진 전개도로 만든 정사면체는 오른쪽
그림과 같으므로 $\overline{DE}$와 꼬인 위치에 있는
모서리는 $\overline{CF}$이다.

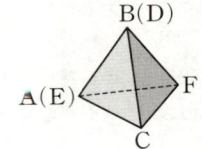

개념 31 회전체
본문 94~95쪽

01 답 (1) 회전체, 회전축　(2) 원뿔대

02 답 (1) × (2) ○ (3) × (4) × (5) ○ (6) ○

03 답 풀이 참조

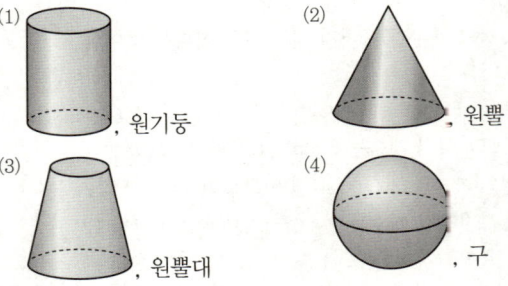

(1) , 원기둥　(2) , 원뿔　(3) , 원뿔대　(4) , 구

04 답 (1) ○ (2) × (3) ○ (4) ×

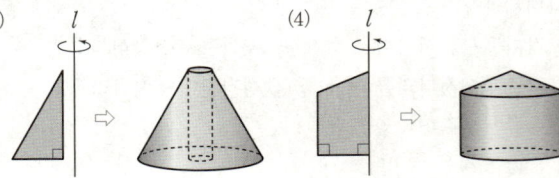

05 답 ②

회전축을 갖는 입체도형은 회전체이고, 회전체가 아닌 것은 ②이다.

06 답 ③

회전축에서 떨어진 평면도형을 1회전 시키면 가운데에 구멍이 뚫린 회전체가 만들어진다.

이때 평면도형과 회전축인 직선 l 사이의 거리가 일정하면 뚫린 구멍은 원기둥 모양이 된다.

따라서 구하는 입체도형은 ③이다.

07 답 ④

④
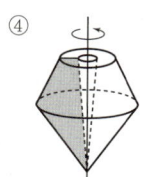

개념
32 **회전체의 성질과 전개도**

01 답 (1) 원 (2) 합동

참고 한 직선을 기준으로 반으로 접었을 때 완전히 겹쳐지는 도형을 선대칭도형이라 한다.

02 답 풀이 참조

회전체	회전축에 수직인 평면으로 자른 단면의 모양	회전축을 포함하는 평면으로 자른 단면의 모양
원기둥	원	직사각형
원뿔	원	이등변삼각형
원뿔대	원	사다리꼴
구	원	원

03 답 (1) ◯ (2) × (3) × (4) ◯ (5) ◯ (6) ×

(2) 회전체를 회전축을 포함하는 평면으로 자른 단면은 모두 합동이고, 회전축에 대하여 선대칭도형이다.

(3) 원뿔을 회전축에 수직인 평면으로 자른 단면은 모두 원으로 모양은 같지만 그 크기는 다르므로 합동이 아니다.

(6) 원뿔대를 회전축에 수직인 평면으로 자른 단면은 원이다.

04 답 (1) 원기둥 (2) 원뿔대 (3) 원뿔

05 답 풀이 참조

(1)
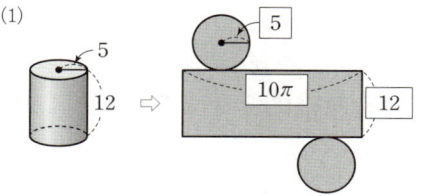

➡ (옆면인 직사각형의 가로의 길이)
  =(밑면인 원의 [둘레]의 길이)
  $=2\pi \times \boxed{5} = \boxed{10\pi}$
  (옆면인 직사각형의 세로의 길이)
  =(원기둥의 [높이])= $\boxed{12}$

(2)
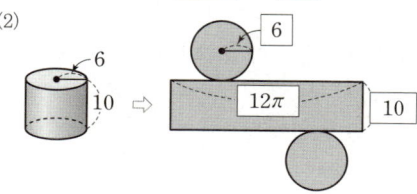

(옆면인 직사각형의 가로의 길이)
=(밑면인 원의 둘레의 길이)
$=2\pi \times 6 = 12\pi$

06 답 풀이 참조

(1)
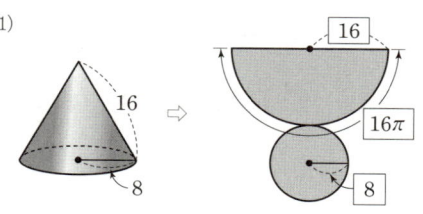

➡ (옆면인 부채꼴의 호의 길이)
  =(밑면인 원의 [둘레]의 길이)
  $=2\pi \times \boxed{8} = \boxed{16\pi}$
  (옆면인 부채꼴의 반지름의 길이)
  =(원뿔의 [모선]의 길이)= $\boxed{16}$

(2)
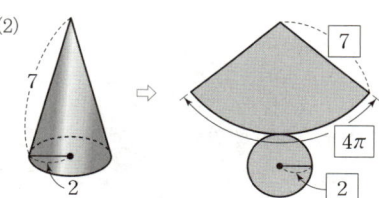

(옆면인 부채꼴의 호의 길이)
=(밑면인 원의 둘레의 길이)
$=2\pi \times 2 = 4\pi$

07 답 풀이 참조

(1)
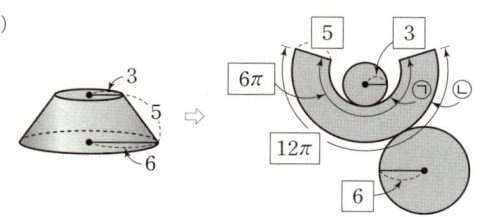

➡ (㉠의 길이)=(두 밑면 중 작은 원의 둘레의 길이)
  $=2\pi \times 3 = 6\pi$
  (㉡의 길이)=(두 밑면 중 큰 원의 둘레의 길이)
  $=2\pi \times \boxed{6} = \boxed{12\pi}$

(2)

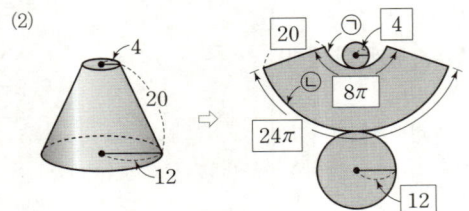

($\bigcirc$의 길이)=(두 밑면 중 작은 원의 둘레의 길이)
$$=2\pi \times 4 = 8\pi$$
($\bigcirc$의 길이)=(두 밑면 중 큰 원의 둘레의 길이)
$$=2\pi \times 12 = 24\pi$$

08 답 ①, ③

② 반구 – 반원
④ 원뿔 – 이등변삼각형
⑤ 원뿔대 – 사다리꼴
따라서 바르게 짝 지은 것은 ①, ③이다.

09 답 ④

④ 원기둥을 회전축에 수직인 평면으로 자를 때 생기는 단면은 모두 합동인 원이다.

10 답 36 cm²

주어진 원뿔을 회전축을 포함하는 평면으로 자를 때 생기는 단면의 모양은 오른쪽 그림과 같이 밑변의 길이가 4+4=8(cm), 높이가 9 cm인 이등변삼각형이므로 그 넓이는

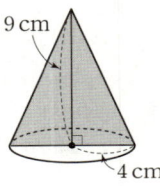

$$\frac{1}{2} \times 8 \times 9 = 36 (\text{cm}^2)$$

11 답 ⑤

회전체는 원기둥이고, 회전축에 수직인 평면으로 자를 때 생기는 단면의 모양은 오른쪽 그림과 같이 반지름의 길이가 6 cm인 원이므로 그 넓이는

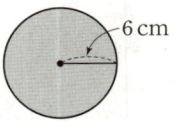

$$\pi \times 6^2 = 36\pi (\text{cm}^2)$$

12 답 5 cm

밑면인 원의 둘레의 길이는 옆면인 직사각형의 가로의 길이와 같으므로 밑면인 원의 반지름의 길이를 r cm라 하면
$$2\pi \times r = 10\pi \qquad \therefore r = 5$$
따라서 밑면인 원의 반지름의 길이는 5 cm이다.

13 답 ㄷ

ㄱ. 구의 회전축은 무수히 많다.
ㄴ. 구의 전개도는 그릴 수 없다.
ㄹ. 구를 회전축에 수직인 평면으로 자를 때 생기는 단면은 모두 원으로 모양은 같지만 그 크기는 다르므로 합동이 아니다.
따라서 옳은 것은 ㄷ이다.

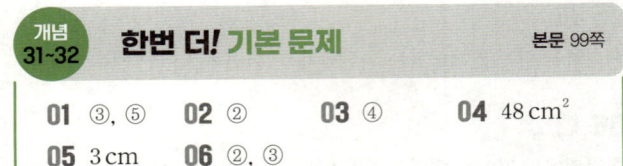

| **01** ③, ⑤ | **02** ② | **03** ④ | **04** 48 cm² |
| **05** 3 cm | **06** ②, ③ | | |

01 답 ③, ⑤

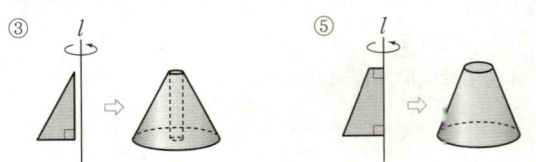

02 답 ②

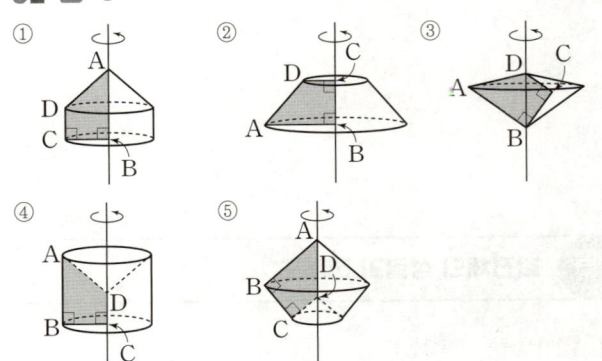

따라서 원뿔대의 회전축이 될 수 있는 것은 ②이다.

03 답 ④

④ 구는 어떤 평면으로 잘라도, 즉 어떤 방향으로 자르더라도 그 단면이 항상 원이다.

04 답 48 cm²

회전체는 원뿔대이고, 회전을 포함하는 평면으로 자를 때 생기는 단면의 모양은 오른쪽 그림과 같은 사다리꼴이므로 그 넓이는

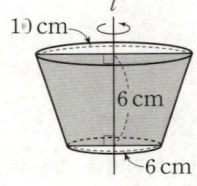

$$\frac{1}{2} \times (10+6) \times 6 = 48 (\text{cm}^2)$$

05 답 3 cm

밑면인 원의 둘레의 길이는 옆면인 부채꼴의 호의 길이와 같으므로 밑면인 원의 반지름의 길이를 r cm라 하면
$$2\pi \times 12 \times \frac{90}{360} = 2\pi \times r$$
$$6\pi = 2\pi r \qquad \therefore r = 3$$
따라서 밑면인 원의 반지름의 길이는 3 cm이다.

06 답 ②, ③

② 원뿔대의 두 밑면은 서로 평행하지만 그 크기는 다르므로 합동이 아니다.
③ 육각뿔대는 다면체이므로 회전체가 아니다.

개념 33 기둥의 겉넓이

01 답 $2\pi rh$

02 답 (1) $a=3$, $b=4$, $c=14$, $d=5$
　　　(2) 12　(3) 70　(4) 94

(1) $c=4+3+4+3=14$
(2) (밑넓이)$=3\times4=12$
(3) (옆넓이)$=14\times5=70$
(4) (겉넓이)$=12\times2+70=94$

03 답 (1) 242　(2) 264

(1) (밑넓이)$=7\times3=21$
　　(옆넓이)$=(7+3+7+3)\times10=200$
　　$\therefore$ (겉넓이)$=21\times2+200=242$
(2) (밑넓이)$=\dfrac{1}{2}\times6\times8=24$
　　(옆넓이)$=(6+8+10)\times9=216$
　　$\therefore$ (겉넓이)$=24\times2+216=264$

04 답 (1) $a=5$, $b=7$, $c=10\pi$
　　　(2) 25π　(3) 70π　(4) 120π

(1) $c=2\pi\times5=10\pi$
(2) (밑넓이)$=\pi\times5^2=25\pi$
(3) (옆넓이)$=10\pi\times7=70\pi$
(4) (겉넓이)$=25\pi\times2+70\pi=120\pi$

05 답 (1) 110π　(2) 306π

(1) (밑넓이)$=\pi\times5^2=25\pi$
　　(옆넓이)$=(2\pi\times5)\times6=60\pi$
　　$\therefore$ (겉넓이)$=25\pi\times2+60\pi=110\pi$
(2) 원기둥의 밑면의 반지름의 길이는 $18\times\dfrac{1}{2}=9$이므로
　　(밑넓이)$=\pi\times9^2=81\pi$
　　(옆넓이)$=(2\pi\times9)\times8=144\pi$
　　$\therefore$ (겉넓이)$=81\pi\times2+144\pi=306\pi$

06 답 $244\,\mathrm{cm}^2$

(밑넓이)$=\dfrac{1}{2}\times(7+4)\times4=22(\mathrm{cm}^2)$
(옆넓이)$=(4+4+5+7)\times10=200(\mathrm{cm}^2)$
$\therefore$ (겉넓이)$=22\times2+200=244(\mathrm{cm}^2)$

07 답 $52\,\mathrm{cm}^2$

(밑넓이)$=3\times2=6(\mathrm{cm}^2)$
(옆넓이)$=(2+3+2+3)\times4=40(\mathrm{cm}^2)$
$\therefore$ (겉넓이)$=6\times2+40=52(\mathrm{cm}^2)$

08 답 $5\,\mathrm{cm}$

정육면체의 한 모서리의 길이를 $a\,\mathrm{cm}$ $(a>0)$라 하면 겉넓이가 $150\,\mathrm{cm}^2$이므로
$(a\times a)\times6=150$, $6a^2=150$, $a^2=25$
이때 $25=5\times5$이므로 $a=5$
따라서 정육면체의 한 모서리의 길이는 $5\,\mathrm{cm}$이다.

09 답 ①

(밑넓이)$=\pi\times3^2=9\pi(\mathrm{cm}^2)$
(옆넓이)$=(2\pi\times3)\times5=30\pi(\mathrm{cm}^2)$
$\therefore$ (겉넓이)$=9\pi\times2+30\pi=48\pi(\mathrm{cm}^2)$

10 답 ②

원기둥의 밑면의 반지름의 길이를 $r\,\mathrm{cm}$라 하면
$2\pi\times r=8\pi$　　$\therefore$ $r=4$
즉, 원기둥의 밑면의 반지름의 길이가 $4\,\mathrm{cm}$이므로
(밑넓이)$=\pi\times4^2=16\pi(\mathrm{cm}^2)$
(옆넓이)$=8\pi\times10=80\pi(\mathrm{cm}^2)$
$\therefore$ (겉넓이)$=16\pi\times2+80\pi=112\pi(\mathrm{cm}^2)$

 개념 34 기둥의 부피

01 답 $\pi r^2 h$

02 답 (1) 30　(2) 10　(3) 300

(1) (밑넓이)$=\dfrac{1}{2}\times12\times5=30$
(3) (부피)$=30\times10=300$

03 답 (1) 120　(2) 108　(3) 160

(1) (밑넓이)$=5\times4=20$, (높이)$=6$
　　$\therefore$ (부피)$=20\times6=120$
(2) (밑넓이)$=\dfrac{1}{2}\times8\times3=12$, (높이)$=9$
　　$\therefore$ (부피)$=12\times9=108$
(3) (밑넓이)$=\dfrac{1}{2}\times(3+7)\times4=20$, (높이)$=8$
　　$\therefore$ (부피)$=20\times8=160$

04 답 (1) 4π　(2) 5　(3) 20π

(1) (밑넓이)$=\pi\times2^2=4\pi$
(3) (부피)$=4\pi\times5=20\pi$

05 답 (1) 112π　(2) 100π　(3) 54π

(1) (밑넓이)$=\pi\times4^2=16\pi$, (높이)$=7$
　　$\therefore$ (부피)$=16\pi\times7=112\pi$

(2) (밑넓이)$=\pi\times5^2=25\pi$, (높이)$=4$

  $\therefore$ (부피)$=25\pi\times4=100\pi$

(3) 원기둥의 밑면의 반지름의 길이는 $6\times\dfrac{1}{2}=3$이므로

  (밑넓이)$=\pi\times3^2=9\pi$, (높이)$=6$

  $\therefore$ (부피)$=9\pi\times6=54\pi$

06 답 ②

(밑넓이)$=\dfrac{1}{2}\times(3+7)\times3=15(\text{cm}^2)$

$\therefore$ (부피)$=15\times7=105(\text{cm}^3)$

07 답 ②

(밑넓이)$=\dfrac{1}{2}\times4\times3=6(\text{cm}^2)$

$\therefore$ (부피)$=6\times7=42(\text{cm}^3)$

08 답 ④

원기둥의 밑면의 반지름의 길이는 $12\times\dfrac{1}{2}=6(\text{cm})$이므로

(밑넓이)$=\pi\times6^2=36\pi(\text{cm}^2)$

$\therefore$ (부피)$=36\pi\times6=216\pi(\text{cm}^3)$

09 답 $5\,\text{cm}$

원기둥의 높이를 $h\,\text{cm}$라 하면 부피가 $405\pi\,\text{cm}^3$이므로

$(\pi\times9^2)\times h=405\pi$

$81\pi h=405\pi$ $\therefore h=5$

따라서 원기둥의 높이는 $5\,\text{cm}$이다.

개념 33~34 **한번 더! 기본 문제**　　　본문 104쪽

01 7　　　**02** $(65\pi+80)\,\text{cm}^2$　　　**03** ④
04 $72\,\text{cm}^2$, $30\,\text{cm}^3$
05 (1) $160\pi\,\text{cm}^3$　(2) $90\pi\,\text{cm}^3$　(3) $70\pi\,\text{cm}^3$
06 그릇 B, $5\pi\,\text{cm}^3$

01 답 7

(삼각기둥의 겉넓이)$=\left(\dfrac{1}{2}\times6\times8\right)\times2+(6+8+10)\times h$

　　　　　　　　　　$=48+24h$

삼각기둥의 겉넓이가 $216\,\text{cm}^2$이므로

$48+24h=216$, $24h=168$　　$\therefore h=7$

02 답 $(65\pi+80)\,\text{cm}^2$

(겉넓이)$=\left(\pi\times5^2\times\dfrac{1}{2}\right)\times2+\left(2\pi\times5\times\dfrac{1}{2}+5\times2\right)\times8$

　　　　$=25\pi+40\pi+80$

　　　　$=65\pi+80(\text{cm}^2)$

03 답 ④

삼각기둥의 높이를 $h\,\text{cm}$라 하면 부피가 $540\,\text{cm}^3$이므로

$\left(\dfrac{1}{2}\times9\times12\right)\times h=540$

$54h=540$　　$\therefore h=10$

따라서 삼각기둥의 높이는 $10\,\text{cm}$이다.

04 답 $72\,\text{cm}^2$, $30\,\text{cm}^3$

(겉넓이)$=\left(\dfrac{1}{2}\times4\times3\right)\times2+(3+4+5)\times5$

　　　　$=12+60=72(\text{cm}^2)$

(부피)$=\left(\dfrac{1}{2}\times4\times3\right)\times5=30(\text{cm}^3)$

05 답 (1) $160\pi\,\text{cm}^3$　(2) $90\pi\,\text{cm}^3$　(3) $70\pi\,\text{cm}^3$

(1) (큰 원기둥의 부피)$=(\pi\times4^2)\times10=160\pi(\text{cm}^3)$

(2) (작은 원기둥의 부피)$=(\pi\times3^2)\times10=90\pi(\text{cm}^3)$

(3) (가운데에 원기둥 모양의 구멍이 뚫린 입체도형의 부피)

　　$=$(큰 원기둥의 부피)$-$(작은 원기둥의 부피)

　　$=160\pi-90\pi=70\pi(\text{cm}^3)$

06 답 그릇 B, $5\pi\,\text{cm}^3$

(그릇 A의 부피)$=(\pi\times5^2)\times3=75\pi(\text{cm}^3)$

(그릇 B의 부피)$=(\pi\times4^2)\times5=80\pi(\text{cm}^3)$

$\therefore$ (그릇 B의 부피)$-$(그릇 A의 부피)$=80\pi-75\pi$

　　　　　　　　　　　　　　　　$=5\pi(\text{cm}^3)$

따라서 그릇 B에 $5\pi\,\text{cm}^3$만큼의 물을 더 담을 수 있다.

본문 105~107쪽

개념 35 **뿔의 겉넓이**

01 답 $2\pi r$, πrl

02 답 (1) $a=4$, $b=7$　(2) 16　(3) 56　(4) 72

(2) (밑넓이)$=4\times4=16$

(3) (옆넓이)$=\left(\dfrac{1}{2}\times4\times7\right)\times4=56$

(4) (겉넓이)$=16+56=72$

03 답 (1) 105　(2) 297

(1) (밑넓이)$=5\times5=25$

　　(옆넓이)$=\left(\dfrac{1}{2}\times5\times8\right)\times4=80$

　　$\therefore$ (겉넓이)$=25+80=105$

(2) (밑넓이)$=9\times9=81$

　　(옆넓이)$=\left(\dfrac{1}{2}\times9\times12\right)\times4=216$

　　$\therefore$ (겉넓이)$=81+216=297$

04 답 (1) $a=5$, $b=6\pi$, $c=3$
　　　 (2) 9π　(3) 15π　(4) 24π

(1) $b=2\pi \times 3=6\pi$

(2) (밑넓이)$=\pi \times 3^2=9\pi$

(3) (옆넓이)$=\dfrac{1}{2} \times 5 \times 6\pi=15\pi$

(4) (겉넓이)$=9\pi+15\pi=24\pi$

05 답 (1) 70π　(2) 200π

(1) (밑넓이)$=\pi \times 5^2=25\pi$

　　(옆넓이)$=\dfrac{1}{2} \times 9 \times (2\pi \times 5)=45\pi$

　　$\therefore$ (겉넓이)$=25\pi+45\pi=70\pi$

(2) (밑넓이)$=\pi \times 8^2=64\pi$

　　(옆넓이)$=\dfrac{1}{2} \times 17 \times (2\pi \times 8)=136\pi$

　　$\therefore$ (겉넓이)$=64\pi+136\pi=200\pi$

06 답 (1) $a=5$, $b=8$, $c=4$
　　　 (2) 80　(3) 120　(4) 200

(2) (두 밑넓이의 합)$=8 \times 8+4 \times 4=64+16=80$

(3) (옆넓이)$=\left\{ \dfrac{1}{2} \times (4+8) \times 5 \right\} \times 4=120$

(4) (겉넓이)$=80+120=200$

07 답 (1) $a=7$, $b=2$, $c=4$
　　　 (2) 20π　(3) 42π　(4) 62π

(2) (두 밑넓이의 합)$=\pi \times 4^2+\pi \times 2^2=16\pi+4\pi=20\pi$

(3) (옆넓이)$=$(큰 부채꼴의 넓이)$-$(작은 부채꼴의 넓이)
　　　　　$=\dfrac{1}{2} \times 14 \times (2\pi \times 4)-\dfrac{1}{2} \times 7 \times (2\pi \times 2)$
　　　　　$=56\pi-14\pi=42\pi$

(4) (겉넓이)$=20\pi+42\pi=62\pi$

08 답 (1) 117　(2) 66π

(1) (두 밑넓이의 합)$=6 \times 6+3 \times 3=36+9=45$

　　(옆넓이)$=\left\{ \dfrac{1}{2} \times (3+6) \times 4 \right\} \times 4=72$

　　$\therefore$ (겉넓이)$=45+72=117$

(2) (두 밑넓이의 합)$=\pi \times 5^2+\pi \times 3^2=25\pi+9\pi=34\pi$

　　(옆넓이)$=$(큰 부채꼴의 넓이)$-$(작은 부채꼴의 넓이)
　　　　　$=\dfrac{1}{2} \times 10 \times (2\pi \times 5)-\dfrac{1}{2} \times 6 \times (2\pi \times 3)$
　　　　　$=50\pi-18\pi=32\pi$

　　$\therefore$ (겉넓이)$=34\pi+32\pi=66\pi$

09 답 ②

(밑넓이)$=7 \times 7=49\,(\text{cm}^2)$

(옆넓이)$=\left(\dfrac{1}{2} \times 7 \times 10 \right) \times 4=140\,(\text{cm}^2)$

$\therefore$ (겉넓이)$=49+140=189\,(\text{cm}^2)$

10 답 $85\,\text{cm}^2$

(밑넓이)$=5 \times 5=25\,(\text{cm}^2)$

(옆넓이)$=\left(\dfrac{1}{2} \times 5 \times 6 \right) \times 4=60\,(\text{cm}^2)$

$\therefore$ (겉넓이)$=25+60=85\,(\text{cm}^2)$

11 답 ④

(밑넓이)$=\pi \times 6^2=36\pi\,(\text{cm}^2)$

(옆넓이)$=\dfrac{1}{2} \times 10 \times (2\pi \times 6)=60\pi\,(\text{cm}^2)$

$\therefore$ (겉넓이)$=36\pi+60\pi=96\pi\,(\text{cm}^2)$

12 답 ②

원뿔의 모선의 길이를 $l\,\text{cm}$라 하면 겉넓이가 $65\pi\,\text{cm}^2$이므로

$\pi \times 5^2+\dfrac{1}{2} \times l \times (2\pi \times 5)=65\pi$

$25\pi+5l\pi=65\pi$

$5l\pi=40\pi$　$\therefore l=8$

따라서 원뿔의 모선의 길이는 $8\,\text{cm}$이다.

13 답 ③

(두 밑넓이의 합)$=4 \times 4+2 \times 2=16+4=20\,(\text{cm}^2)$

(옆넓이)$=\left\{ \dfrac{1}{2} \times (2+4) \times 3 \right\} \times 4=36\,(\text{cm}^2)$

$\therefore$ (겉넓이)$=20+36=56\,(\text{cm}^2)$

14 답 ⑤

(두 밑넓이의 합)$=\pi \times 6^2+\pi \times 3^2=36\pi+9\pi=45\pi\,(\text{cm}^2)$

(옆넓이)$=\dfrac{1}{2} \times 16 \times (2\pi \times 6)-\dfrac{1}{2} \times 8 \times (2\pi \times 3)$
　　　　$=96\pi-24\pi=72\pi\,(\text{cm}^2)$

$\therefore$ (겉넓이)$=45\pi+72\pi=117\pi\,(\text{cm}^2)$

본문 108~110쪽

 개념 36 **뿔의 부피**

01 답 $\dfrac{1}{3}\pi r^2 h$

02 답 (1) 9　(2) 4　(3) 12

(1) (밑넓이)$=3 \times 3=9$

(3) (부피)$=\dfrac{1}{3} \times 9 \times 4=12$

03 답 (1) 84　(2) 10

(1) (밑넓이)$=6 \times 6=36$, (높이)$=7$

　　$\therefore$ (부피)$=\dfrac{1}{3} \times 36 \times 7=84$

(2) (밑넓이)$=\dfrac{1}{2} \times 5 \times 3=\dfrac{15}{2}$, (높이)$=4$

　　$\therefore$ (부피)$=\dfrac{1}{3} \times \dfrac{15}{2} \times 4=10$

04 답 (1) 16π (2) 6 (3) 32π

(1) (밑넓이)$=\pi \times 4^2 = 16\pi$

(3) (부피)$=\dfrac{1}{3} \times 16\pi \times 6 = 32\pi$

05 답 (1) 147π (2) 100π

(1) (밑넓이)$=\pi \times 7^2 = 49\pi$, (높이)$=9$

∴ (부피)$=\dfrac{1}{3} \times 49\pi \times 9 = 147\pi$

(2) 원뿔의 밑면의 반지름의 길이는 $10 \times \dfrac{1}{2} = 5$이므로

(밑넓이)$=\pi \times 5^2 = 25\pi$, (높이)$=12$

∴ (부피)$=\dfrac{1}{3} \times 25\pi \times 12 = 100\pi$

06 답 (1) 72 (2) 9 (3) 63

(1) (밑넓이)$=6 \times 6 = 36$, (높이)$=6$

∴ (부피)$=\dfrac{1}{3} \times 36 \times 6 = 72$

(2) (밑넓이)$=3 \times 3 = 9$, (높이)$=3$

∴ (부피)$=\dfrac{1}{3} \times 9 \times 3 = 9$

(3) (사각뿔대의 부피)

$=$(큰 사각뿔의 부피)$-$(작은 사각뿔의 부피)

$=72-9=63$

07 답 (1) 500π (2) 108π (3) 392π

(1) (밑넓이)$=\pi \times 10^2 = 100\pi$, (높이)$=15$

∴ (부피)$=\dfrac{1}{3} \times 100\pi \times 15 = 500\pi$

(2) (밑넓이)$=\pi \times 6^2 = 36\pi$, (높이)$=9$

∴ (부피)$=\dfrac{1}{3} \times 36\pi \times 9 = 108\pi$

(3) (원뿔대의 부피)

$=$(큰 원뿔의 부피)$-$(작은 원뿔의 부피)

$=500\pi - 108\pi = 392\pi$

08 답 (1) 420 (2) 78π

(1) (큰 사각뿔의 부피)$=\dfrac{1}{3} \times (12 \times 12) \times 10 = 480$

(작은 사각뿔의 부피)$=\dfrac{1}{3} \times (6 \times 6) \times 5 = 60$

∴ (부피)$=$(큰 사각뿔의 부피)$-$(작은 사각뿔의 부피)

$=480-60=420$

(2) (큰 원뿔의 부피)$=\dfrac{1}{3} \times (\pi \times 5^2) \times 10 = \dfrac{250}{3}\pi$

(작은 원뿔의 부피)$=\dfrac{1}{3} \times (\pi \times 2^2) \times 4 = \dfrac{16}{3}\pi$

∴ (부피)$=$(큰 원뿔의 부피)$-$(작은 원뿔의 부피)

$=\dfrac{250}{3}\pi - \dfrac{16}{3}\pi = 78\pi$

09 답 ②

(부피)$=\dfrac{1}{3} \times (5 \times 4) \times 6 = 40\,(\mathrm{cm}^3)$

10 답 10 cm

사각뿔의 높이를 h cm라 하면 부피가 270 cm³이므로

$\dfrac{1}{3} \times (9 \times 9) \times h = 270$, $27h = 270$ ∴ $h = 10$

따라서 사각뿔의 높이는 10 cm이다.

11 답 ③

(부피)$=\dfrac{1}{3} \times (\pi \times 6^2) \times 8 = 96\pi\,(\mathrm{cm}^3)$

12 답 ①

원뿔의 높이를 h cm라 하면 부피가 50π cm³이므로

$\dfrac{1}{3} \times (\pi \times 5^2) \times h = 50\pi$, $\dfrac{25}{3}\pi h = 50\pi$ ∴ $h = 6$

따라서 원뿔의 높이는 6 cm이다.

13 답 ④

(큰 사각뿔의 부피)$=\dfrac{1}{3} \times (6 \times 6) \times 8 = 96\,(\mathrm{cm}^3)$

(작은 사각뿔의 부피)$=\dfrac{1}{3} \times (3 \times 3) \times 4 = 12\,(\mathrm{cm}^3)$

∴ (부피)$=$(큰 사각뿔의 부피)$-$(작은 사각뿔의 부피)

$=96-12=84\,(\mathrm{cm}^3)$

14 답 $\dfrac{52}{3}\pi\,\mathrm{cm}^3$

주어진 평면도형을 직선 l을 회전축으로 하여 1회전 시킬 때 생기는 입체도형은 오른쪽 그림과 같은 원뿔대이므로 그 부피는

(큰 원뿔의 부피)$=\dfrac{1}{3} \times (\pi \times 3^2) \times 6$

$=18\pi\,(\mathrm{cm}^3)$

(작은 원뿔의 부피)$=\dfrac{1}{3} \times (\pi \times 1^2) \times 2$

$=\dfrac{2}{3}\pi\,(\mathrm{cm}^3)$

∴ (부피)$=$(큰 원뿔의 부피)$-$(작은 원뿔의 부피)

$=18\pi - \dfrac{2}{3}\pi = \dfrac{52}{3}\pi\,(\mathrm{cm}^3)$

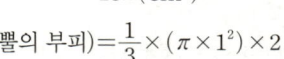

| 개념 35~36 | **한번 더! 기본 문제** | 본문 111쪽 |

| **01** 8 | **02** ③ | **03** 138π cm² |
| **04** (1) 18 cm² (2) 36 cm³ | **05** (1) 144π cm³ (2) 48초 |
| **06** 1 : 7 |

01 답 8

(사각뿔의 겉넓이)$=6\times6+\left(\dfrac{1}{2}\times6\times x\right)\times4$

$\qquad\qquad\qquad=36+12x$

사각뿔의 겉넓이가 $132\,\text{cm}^2$이므로

$36+12x=132$

$12x=96$ $\qquad\therefore\ x=8$

02 답 ③

밑면의 반지름의 길이를 $r\,\text{cm}$라 하면

$2\pi\times6\times\dfrac{120}{360}=2\pi\times r$

$2\pi r=4\pi$ $\qquad\therefore\ r=2$

즉, 원뿔의 밑면의 반지름의 길이는 $2\,\text{cm}$이다.

$\therefore$ (겉넓이)$=\pi\times2^2+\dfrac{1}{2}\times6\times(2\pi\times2)$

$\qquad\qquad=4\pi+12\pi=16\pi\,(\text{cm}^2)$

03 답 $138\pi\,\text{cm}^2$

(겉넓이)$=$(원뿔대의 작은 밑넓이)$+$(원뿔대의 옆넓이)

$\qquad\qquad+$(원기둥의 옆넓이)$+$(원기둥의 밑넓이)

$\quad=\pi\times3^2+\left\{\dfrac{1}{2}\times10\times(2\pi\times6)-\dfrac{1}{2}\times5\times(2\pi\times3)\right\}$

$\qquad+(2\pi\times6)\times4+\pi\times6^2$

$\quad=9\pi+(60\pi-15\pi)+48\pi+36\pi$

$\quad=138\pi\,(\text{cm}^2)$

04 답 (1) $18\,\text{cm}^2$ (2) $36\,\text{cm}^3$

(1) $\triangle\text{BCD}=\dfrac{1}{2}\times6\times6=18\,(\text{cm}^2)$

(2) $\triangle\text{BCD}$를 밑면으로 생각하면 높이는 $\overline{\text{CG}}$의 길이이므로
삼각뿔 $\text{G}-\text{BCD}$의 부피는

$\dfrac{1}{3}\times18\times6=36\,(\text{cm}^3)$

05 답 (1) $144\pi\,\text{cm}^3$ (2) 48초

(1) (그릇의 부피)$=\dfrac{1}{3}\times(\pi\times6^2)\times12$

$\qquad\qquad\qquad=144\pi\,(\text{cm}^3)$

(2) 1초에 $3\pi\,\text{cm}^3$씩 물을 넣으므로 빈 그릇에 물을 가득 채우는 데
걸리는 시간은

$\dfrac{144\pi}{3\pi}=48\,(초)$

06 답 $1:7$

(작은 원뿔의 부피)$=\dfrac{1}{3}\times(\pi\times4^2)\times6=32\pi\,(\text{cm}^3)$

(큰 원뿔의 부피)$=\dfrac{1}{3}\times(\pi\times8^2)\times12=256\pi\,(\text{cm}^3)$

$\therefore$ (원뿔대의 부피)$=256\pi-32\pi=224\pi\,(\text{cm}^3)$

따라서 위쪽 작은 원뿔과 아래쪽 원뿔대의 부피의 비는

$32\pi:224\pi=1:7$

개념 37 구의 겉넓이

01 답 $4\pi r^2$

02 답 (1) 36π (2) 100π (3) 256π

(1) (겉넓이)$=4\pi\times3^2=36\pi$

(2) (겉넓이)$=4\pi\times5^2=100\pi$

(3) 구의 반지름의 길이가 $16\times\dfrac{1}{2}=8$이므로

(겉넓이)$=4\pi\times8^2=256\pi$

03 답 (1) $\dfrac{1}{2}$, $\dfrac{1}{2}$, 6, 6, 108π (2) 27π (3) 12π (4) 147π

(2) (겉넓이)$=\dfrac{1}{2}\times$(구의 겉넓이)$+$(원의 넓이)

$\qquad\qquad=\dfrac{1}{2}\times(4\pi\times3^2)+\pi\times3^2$

$\qquad\qquad=18\pi+9\pi=27\pi$

(3) (겉넓이)$=\dfrac{1}{2}\times$(구의 겉넓이)$+$(원의 넓이)

$\qquad\qquad=\dfrac{1}{2}\times(4\pi\times2^2)+\pi\times2^2$

$\qquad\qquad=8\pi+4\pi=12\pi$

(4) 구의 반지름의 길이가 $14\times\dfrac{1}{2}=7$이므로

(겉넓이)$=\dfrac{1}{2}\times$(구의 겉넓이)$+$(원의 넓이)

$\qquad\qquad=\dfrac{1}{2}\times(4\pi\times7^2)+\pi\times7^2$

$\qquad\qquad=98\pi+49\pi=147\pi$

04 답 ⑤

(겉넓이)$=4\pi\times4^2=64\pi\,(\text{cm}^2)$

05 답 $6\,\text{cm}$

구의 반지름의 길이를 $r\,\text{cm}\,(r>0)$라 하면 겉넓이가 $144\pi\,\text{cm}^2$이
므로 $4\pi\times r^2=144\pi$, $r^2=36$

이때 $36=6\times6$이므로 $r=6$

따라서 구의 반지름의 길이는 $6\,\text{cm}$이다.

06 답 ③

구의 반지름의 길이가 $10\times\dfrac{1}{2}=5\,(\text{cm})$이므로

(겉넓이)$=\dfrac{1}{2}\times(4\pi\times5^2)+\pi\times5^2$

$\qquad\qquad=50\pi+25\pi=75\pi\,(\text{cm}^2)$

07 답 $324\pi\,\text{cm}^2$

주어진 반원을 직선 l을 회전축으로 하여 1회전
시킬 때 생기는 입체도형은 오른쪽 그림과 같이
반지름의 길이가 $9\,\text{cm}$인 구이므로 그 겉넓이는
$4\pi\times9^2=324\pi\,(\text{cm}^2)$

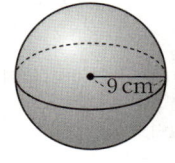

08 답 $64\pi\,\text{cm}^2$

$(\text{겉넓이})=\left(1-\dfrac{1}{4}\right)\times(\text{구의 겉넓이})+(\text{잘라 낸 단면의 넓이의 합})$

$=\dfrac{3}{4}\times(4\pi\times4^2)+\left(\pi\times4^2\times\dfrac{1}{2}\right)\times2$

$=48\pi+16\pi=64\pi\,(\text{cm}^2)$

09 답 $104\pi\,\text{cm}^2$

$(\text{반구의 곡면의 넓이})=\dfrac{1}{2}\times(4\pi\times4^2)=32\pi\,(\text{cm}^2)$

$(\text{원기둥의 옆넓이})=(2\pi\times4)\times5=40\pi\,(\text{cm}^2)$

$\therefore(\text{겉넓이})=32\pi\times2+40\pi=104\pi\,(\text{cm}^2)$

본문 114~115쪽

개념 38 구의 부피

01 답 $\dfrac{4}{3}\pi r^3$

02 답 (1) $\dfrac{500}{3}\pi$ (2) 36π (3) $\dfrac{32}{3}\pi$

(1) $(\text{부피})=\dfrac{4}{3}\pi\times5^3=\dfrac{500}{3}\pi$

(2) $(\text{부피})=\dfrac{4}{3}\pi\times3^3=36\pi$

(3) 구의 반지름의 길이가 $4\times\dfrac{1}{2}=2$이므로

$(\text{부피})=\dfrac{4}{3}\pi\times2^3=\dfrac{32}{3}\pi$

03 답 (1) $\dfrac{1}{2}$, $\dfrac{1}{2}$, 4, $\dfrac{128}{3}\pi$ (2) 144π (3) 486π (4) $\dfrac{2000}{3}\pi$

(2) $(\text{부피})=\dfrac{1}{2}\times(\text{구의 부피})=\dfrac{1}{2}\times\left(\dfrac{4}{3}\pi\times6^3\right)=144\pi$

(3) $(\text{부피})=\dfrac{1}{2}\times(\text{구의 부피})=\dfrac{1}{2}\times\left(\dfrac{4}{3}\pi\times9^3\right)=486\pi$

(4) 구의 반지름의 길이가 $20\times\dfrac{1}{2}=10$이므로

$(\text{부피})=\dfrac{1}{2}\times(\text{구의 부피})=\dfrac{1}{2}\times\left(\dfrac{4}{3}\pi\times10^3\right)=\dfrac{2000}{3}\pi$

04 답 ⑤

구의 반지름의 길이가 $12\times\dfrac{1}{2}=6\,(\text{cm})$이므로

$(\text{부피})=\dfrac{4}{3}\pi\times6^3=288\pi\,(\text{cm}^3)$

05 답 ①

구의 반지름의 길이를 $r\,\text{cm}\,(r>0)$라 하면 겉넓이가 $36\pi\,\text{cm}^2$이므로 $4\pi\times r^2=36\pi$, $r^2=9$

$\therefore r=3$

즉, 구의 반지름의 길이는 $3\,\text{cm}$이다.

따라서 구의 부피는 $\dfrac{4}{3}\pi\times3^3=36\pi\,(\text{cm}^3)$

---

06 답 $\dfrac{125}{3}\pi\,\text{cm}^3$

$(\text{부피})=\dfrac{1}{4}\times(\text{구의 부피})=\dfrac{1}{4}\times\left(\dfrac{4}{3}\pi\times5^3\right)=\dfrac{125}{3}\pi\,(\text{cm}^3)$

07 답 $729\pi\,\text{cm}^3$

$(\text{부피})=\left(1-\dfrac{1}{4}\right)\times(\text{구의 부피})=\dfrac{3}{4}\times\left(\dfrac{4}{3}\pi\times9^3\right)=729\pi\,(\text{cm}^3)$

08 답 ④

$(\text{반구의 부피})=\dfrac{1}{2}\times\left(\dfrac{4}{3}\pi\times6^3\right)=144\pi\,(\text{cm}^3)$

$(\text{원기둥의 부피})=(\pi\times6^2)\times7=252\pi\,(\text{cm}^3)$

$\therefore(\text{부피})=144\pi+252\pi=396\pi\,(\text{cm}^3)$

09 답 $18\pi\,\text{cm}^3$

주어진 부채꼴을 직선 l을 회전축으로 하여 1회전 시킬 때 생기는 입체도형은 오른쪽 그림과 같이 반지름의 길이가 $3\,\text{cm}$인 반구이므로 그 부피는

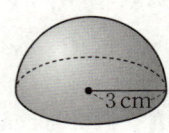
3 cm

$\dfrac{1}{2}\times\left(\dfrac{4}{3}\pi\times3^3\right)=18\pi\,(\text{cm}^3)$

개념 37-38 한번 더! 기본 문제

본문 116쪽

01 ②	**02** $153\pi\,\text{cm}^2$	**03** ③
04 $252\pi\,\text{cm}^3$	**05** ④	**06** 8개

01 답 ②

$(\text{겉넓이})=\dfrac{1}{2}\times(4\pi\times8^2)+(\pi\times8^2)$

$=128\pi+64\pi=192\pi\,(\text{cm}^2)$

02 답 $153\pi\,\text{cm}^2$

$(\text{겉넓이})=\left(1-\dfrac{1}{8}\right)\times(\text{구의 겉넓이})+(\text{잘라 낸 단면의 넓이의 합})$

$=\dfrac{7}{8}\times(4\pi\times6^2)+\left(\pi\times6^2\times\dfrac{90}{360}\right)\times3$

$=126\pi+27\pi=153\pi\,(\text{cm}^2)$

03 답 ③

주어진 평면도형을 직선 l을 회전축으로 하여 1회전 시킬 때 생기는 입체도형은 오른쪽 그림과 같으므로

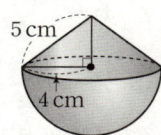
5 cm
4 cm

(겉넓이)

$=(\text{원뿔의 옆넓이})+(\text{반구의 곡면의 넓이})$

$=\dfrac{1}{2}\times5\times(2\pi\times4)+\dfrac{1}{2}\times(4\pi\times4^2)$

$=20\pi+32\pi$

$=52\pi\,(\text{cm}^2)$

04 답 $252\pi\ \mathrm{cm}^3$

주어진 평면도형을 직선 l을 회전축으로 하
여 1회전 시킬 때 생기는 입체도형은 오른쪽
그림과 같이 반지름의 길이가 6 cm인 구 안
에 반지름의 길이가 3 cm인 구 모양의 구
멍이 뚫린 입체도형이므로 그 부피는

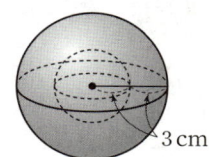
3 cm

$$\frac{4}{3}\pi\times6^3-\frac{4}{3}\pi\times3^3=288\pi-36\pi$$
$$=252\pi(\mathrm{cm}^3)$$

05 답 ④

원기둥 모양의 그릇의 밑면의 반지름의 길이가 6 cm이므로 공의
반지름의 길이는 6 cm이고, 이 공 한 개가 꼭 맞게 들어가므로 원
기둥 모양의 그릇의 높이는 12 cm이다.
따라서 그릇에 남아 있는 물의 양은

$$\pi\times6^2\times12-\frac{4}{3}\pi\times6^3=432\pi-288\pi$$
$$=144\pi(\mathrm{cm}^3)$$

06 답 8개

반지름의 길이가 2 cm인 쇠구슬 한 개의 부피는
$$\frac{4}{3}\pi\times2^3=\frac{32}{3}\pi(\mathrm{cm}^3)$$
반지름의 길이가 4 cm인 쇠구슬 한 개의 부피는
$$\frac{4}{3}\pi\times4^3=\frac{256}{3}\pi(\mathrm{cm}^3)$$
따라서 반지름의 길이가 2 cm인 쇠구슬은 최소
$$\frac{256}{3}\pi\div\frac{32}{3}\pi=8(개)가 필요하다.$$

5. 대푯값 / 자료의 정리와 해석

본문 118~119쪽

개념 39 **대푯값**

01 답 (1) 변량 (2) 중앙값, 최빈값

02 답 (1) 5 (2) 6 (3) 8 (4) 6 (5) 5 (6) 7

(1) (평균)$=\dfrac{3+2+5+9+6}{5}=\dfrac{25}{5}=5$

(2) (평균)$=\dfrac{7+2+4+8+9}{5}=\dfrac{30}{5}=6$

(3) (평균)$=\dfrac{4+7+13+5+11}{5}=\dfrac{40}{5}=8$

(4) (평균)$=\dfrac{6+4+3+5+8+10}{6}=\dfrac{36}{6}=6$

(5) (평균)$=\dfrac{2+5+10+3+6+4}{6}=\dfrac{30}{6}=5$

(6) (평균)$=\dfrac{12+3+4+10+5+8}{6}=\dfrac{42}{6}=7$

03 답 (1) 6 (2) 9 (3) 6 (4) 7 (5) 8 (6) 15

(1) 변량을 작은 값부터 크기순으로 나열하면
 4, 5, 6, 10, 11
 이므로 중앙값은 6이다.

(2) 변량을 작은 값부터 크기순으로 나열하면
 3, 7, 8, 10, 12, 14
 이므로 중앙값은 $\dfrac{8+10}{2}=9$이다.

(3) 변량을 작은 값부터 크기순으로 나열하면
 3, 4, 5, 7, 8, 10
 이므로 중앙값은 $\dfrac{5+7}{2}=6$이다.

(4) 변량을 작은 값부터 크기순으로 나열하면
 2, 4, 6, 7, 8, 10, 11
 이므로 중앙값은 7이다.

(5) 변량을 작은 값부터 크기순으로 나열하면
 5, 7, 8, 8, 8, 9, 11
 이므로 중앙값은 8이다.

(6) 변량을 작은 값부터 크기순으로 나열하면
 11, 12, 13, 14, 16, 18, 19, 20
 이므로 중앙값은 $\dfrac{14+16}{2}=15$이다.

04 답 (1) 4 (2) 3, 5 (3) 없다. (4) 2, 4 (5) 레몬 (6) 노랑

(1) 4가 두 번으로 가장 많이 나타나므로 최빈값은 4이다.

(2) 3, 5가 각각 두 번씩으로 가장 많이 나타나므로 최빈값은 3, 5
 이다.

(3) 모든 변량이 한 번씩 나타나므로, 즉 모든 변량이 나타나는 횟수가
 같으므로 최빈값은 없다.

(4) 2, 4가 각각 세 번씩으로 가장 많이 나타나므로 최빈값은 2, 4
 이다.

(5) 레몬이 두 번으로 가장 많이 나타나므로 최빈값은 레몬이다.
(6) 노랑이 네 번으로 가장 많이 나타나므로 최빈값은 노랑이다.

05 답 (1) 8 (2) 9 (3) 4
(1) 평균이 6이므로

$$\frac{4+5+7+x}{4}=6$$

$16+x=24$ ∴ $x=8$

(2) 중앙값인 11은 x와 13의 평균이므로

$$\frac{x+13}{2}=11$$

$x+13=22$ ∴ $x=9$

(3) 최빈값이 4이므로 $x=4$

06 답 92점

$$(평균)=\frac{92+86+94+96}{4}$$

$$=\frac{368}{4}=92(점)$$

07 답 (1) 64 mm (2) 36 mm (3) 없다. (4) 중앙값
(1) $(평균)=\dfrac{23+20+35+39+37+230}{6}$

$$=\frac{384}{6}=64(mm)$$

(2) 변량을 작은 값부터 크기순으로 나열하면
  20 mm, 23 mm, 35 mm, 37 mm, 39 mm, 230 mm

∴ $(중앙값)=\dfrac{35+37}{2}=36(mm)$

(3) 모든 변량이 한 번씩 나타나므로, 즉 모든 변량이 나타나는 횟수가 같으므로 최빈값은 없다.

(4) 최빈값은 없고, 230 mm와 같이 극단적인 값이 있으므로 중앙값이 평균보다 대푯값으로 더 적절하다.
  따라서 대푯값으로 가장 적절한 것은 중앙값이다.

08 답 13회
평균이 7회이므로

$$\frac{4+6+8+9+a+10+9+4+8+6}{10}=7$$

$64+a=70$ ∴ $a=6$
변량을 작은 값부터 크기순으로 나열하면
4회, 4회, 6회, 6회, 6회, 8회, 8회, 9회, 9회, 10회이므로
중앙값은 $\dfrac{6+8}{2}=7(회)$, 최빈값은 6회이다.

따라서 중앙값과 최빈값의 합은 $7+6=13(회)$이다.

09 답 15
중앙값이 13점이므로 변량을 작은 값부터 크기순으로 나열하면
9점, 11점, x점, 18점
따라서 $\dfrac{11+x}{2}=13$이므로

$11+x=26$ ∴ $x=15$

48 정답 및 해설

01 ⑤ **02** ② **03** ④ **04** ⑤
05 최빈값, 90호 **06** $x=7$, 중앙값: 6.5

01 답 ⑤

$(평균)=\dfrac{12\times1+14\times3+16\times4+18\times9+20\times3}{1+3+4+9+3}$

$$=\frac{12+42+64+162+60}{20}$$

$$=\frac{340}{20}=17(점)$$

02 답 ②
각 자료의 중앙값을 구하면

① 3 ② $\dfrac{5+6}{2}=5.5$ ③ $\dfrac{3+5}{2}=4$

④ 5 ⑤ 5
따라서 중앙값이 가장 큰 것은 ②이다.

03 답 ④
주어진 자료를 정리하면 다음 표와 같다.

점수(점)	4	5	6	7	8	9	10	합계
선수 수(명)	2	3	2	5	4	2	2	20

따라서 구하는 최빈값은 7점이다.

04 답 ⑤
주어진 자료의 평균이 5이므로

$$\frac{4+5+3+7+x+6+3}{7}=5$$

$x+28=35$

∴ $x=7$
따라서 구하는 최빈값은 3, 7이다.

05 답 최빈값, 90호
문구점에서 가장 많이 준비해야 할 체육복의 치수를 정할 때는 3일 동안 판매한 체육복의 치수 중 가장 많이 판매한 것을 선택해야 하므로 최빈값이 이 자료의 대푯값으로 적절하다.
이때 90호가 5벌로 가장 많이 판매되었으므로 가장 많이 준비해야 할 체육복의 치수는 90호이다.

06 답 $x=7$, 중앙값: 6.5
주어진 자료의 최빈값이 7이므로
$x=7$
따라서 변량을 작은 값부터 크기순으로 나열하면
2, 3, 6, 7, 7, 9
따라서 중앙값은 $\dfrac{6+7}{2}=6.5$이다.

개념 40 줄기와 잎 그림

01 답 줄기와 잎 그림, 줄기, 잎

02 답 (1) 풀이 참조 (2) 3, 4 (3) 33세

(1)   (2|5는 25세)

줄기	잎
2	5 6 7 7
3	1 1 2 3 7 8
4	0 6

(2) 잎이 가장 많은 줄기는 잎의 개수가 6개인 줄기 3이고,
잎이 가장 적은 줄기는 잎의 개수가 2개인 줄기 4이다.

(3) 나이가 많은 회원의 나이부터 차례로 나열하면
46세, 40세, 38세, 37세, 33세, …
이므로 나이가 5번째로 많은 회원의 나이는 33세이다.

03 답 (1) 풀이 참조 (2) 4, 5, 7, 7 (3) 46회

(1)   (1|5는 15회)

줄기	잎
1	5 6
2	4 5 7 7
3	2 7 8
4	0 3 6

(3) 2단 뛰기 줄넘기 횟수가 가장 많은 학생의 기록은 줄기가 4이고
잎이 6이므로 46회이다.

04 답 (1) 16명 (2) 35 kg (3) 7명

(1) 전체 학생 수는 잎의 총 개수와 같으므로
2+3+6+5=16(명)

(2) 몸무게가 가장 적게 나가는 학생의 몸무게는 줄기가 3이고
잎이 5이므로 35 kg이다.

(3) 몸무게가 58 kg 이상인 학생은
59 kg, 59 kg, 61 kg, 64 kg, 65 kg, 66 kg, 68 kg의
7명이다.

05 답 (1) 풀이 참조 (2) 4명 (3) 29 cm

(1)   (13|5는 135 cm)

줄기	잎
13	5 6 8 9
14	0 1 2 7 7
15	0 1 6
16	2 4

(2) 승우보다 키가 큰 학생은 151 cm, 156 cm, 162 cm, 164 cm의
4명이다.

(3) 키가 가장 큰 학생의 키는 164 cm, 키가 가장 작은 학생의 키는
135 cm이므로 구하는 키의 차는
164-135=29(cm)

06 답 38

제기차기 횟수가 많은 학생의 횟수부터 차례로 나열하면
57회, 46회, 43회, 38회, 35회, 32회, …
즉, 제기차기 횟수가 6번째로 많은 학생의 제기차기 횟수는 32회
이므로 $a=32$
또 제기차기 횟수가 30회 초과인 학생 수는
32회, 35회, 38회, 43회, 46회, 57회의 6명이므로
$b=6$
∴ $a+b=32+6=38$

07 답 (1) 16명 (2) 4명 (3) 25 %

(1) 전체 참가자 수는 잎의 총 개수와 같으므로
2+5+6+3=16(명)

(2) 나이가 15세 이상 25세 이하인 참가자 수는
15세, 18세, 21세, 25세의 4명이다.

(3) 전체 참가자 수는 16명이고, 나이가 15세 이상 25세 이하인
참가자 수는 4명이므로
전체의 $\dfrac{4}{16}\times100=25(\%)$

08 답 ⑤

① 잎이 가장 많은 줄기는 잎의 개수가 7개인 줄기 8이다.

② 전체 학생 수는 잎의 총 개수와 같으므로
3+6+7+4=20(명)

④ 사회 점수가 90점 이상인 학생 수는
90점, 92점, 95점, 97점의 4명이다.

⑤ 사회 점수가 높은 학생의 점수부터 차례로 나열하면
97점, 95점, 92점, 90점, 89점, 88점, 85점, …
이므로 사회 점수가 7번째로 높은 학생의 점수는 85점이다.
따라서 옳지 않은 것은 ⑤이다.

개념 41 도수분포표

01 답 (1) 계급, 계급의 크기, 도수 (2) 도수분포표

02 답 (1) 61점, 97점 (2) 풀이 참조

(2)

수학 점수(점)		학생 수(명)
60^{이상} ~ 70^{미만}	///	3
70 ~ 80	〃〃 //	7
80 ~ 90	〃〃	5
90 ~ 100	/	1
합계		16

03 답 (1) 풀이 참조 (2) 10분 (3) 4개 (4) 20분 이상 30분 미만
(5) 5명 (6) 12명 (7) 20분 이상 30분 미만

(1)

통학 시간(분)	학생 수(명)	
$0^{이상} \sim 10^{미만}$	//	2
10 ~ 20	////	5
20 ~ 30	//// //	7
30 ~ 40	//	2
합계		16

(2) 계급의 크기는 $10-0=20-10=30-20=40-30=10$(분)

(3) 계급의 개수는 0분 이상 10분 미만, 10분 이상 20분 미만, 20분 이상 30분 미만, 30분 이상 40분 미만의 4개이다.

(4) 도수가 가장 큰 계급은 도수가 7명인 20분 이상 30분 미만이다.

(5) 통학 시간이 17분인 학생이 속하는 계급은
10분 이상 20분 미만이므로 구하는 계급의 도수는 5명이다.

(6) 통학 시간이 10분 이상 20분 미만인 학생 수는 5명이고, 20분 이상 30분 미만인 학생 수는 7명이므로 통학 시간이 10분 이상 30분 미만인 학생 수는
$5+7=12$(명)

(7) 통학 시간이 30분 이상인 학생 수는 2명이고, 20분 이상인 학생 수는 $7+2=9$(명)이므로 통학 시간이 4번째로 긴 학생이 속하는 계급은 20분 이상 30분 미만이다.

04 답 9

$3+4+11+A+3=30$이므로
$A+21=30$ ∴ $A=9$

05 답 (1) 12 (2) 18명 (3) 8명 (4) 8명

(1) $2+6+A+8+2=30$이므로
$A+18=30$ ∴ $A=12$

(2) 오래 매달리기 기록이 10초 이상 20초 미만인 학생 수는 6명이고, 20초 이상 30초 미만인 학생 수는 12명이므로 오래 매달리기 기록이 10초 이상 30초 미만인 학생 수는 $6+12=18$(명)

(3) 오래 매달리기 기록이 37초인 학생이 속하는 계급은
30초 이상 40초 미만이므로 구하는 계급의 도수는 8명이다.

(4) 오래 매달리기 기록이 0초 이상 10초 미만인 학생 수는 2명이고, 10초 이상 20초 미만인 학생 수는 6명이므로 오래 매달리기 기록이 20초 미만인 학생 수는 $2+6=8$(명)

06 답 (1) 8명 (2) 7명 (3) 28% (4) 11명 (5) 44%

(1) 120분 이상 150분 미만인 계급의 도수는
$25-(2+5+7+3)=25-17=8$(명)

(2) TV 시청 시간이 30분 이상 60분 미만인 학생 수는 2명이고, 60분 이상 90분 미만인 학생 수는 5명이므로 TV 시청 시간이 30분 이상 90분 미만인 학생 수는
$2+5=7$(명)

(3) 전체 학생 수는 25명이고, TV 시청 시간이 30분 이상 90분 미만인 학생 수는 7명이므로
전체의 $\frac{7}{25}\times100=28$(%)

(4) TV 시청 시간이 120분 이상 150분 미만인 학생 수는 8명이고, 150분 이상 180분 미만인 학생 수는 3명이므로 TV 시청 시간이 120분 이상인 학생 수는
$8+3=11$(명)

(5) 전체 학생 수는 25명이고, TV 시청 시간이 120분 이상인 학생 수는 11명이므로
전체의 $\frac{11}{25}\times100=44$(%)

07 답 ㄴ, ㄷ

ㄱ. 계급의 크기는 계급의 양 끝 값의 차이다.
따라서 옳은 것은 ㄴ, ㄷ이다.

08 답 5분 이상 10분 미만, 15분 이상 20분 미만

도수가 가장 작은 계급은 도수가 2명인
5분 이상 10분 미만이다.
도수가 가장 큰 계급은 도수가 11명인
15분 이상 20분 미만이다.

09 답 23

계급의 개수는
0점 이상 10점 미만, 10점 이상 20점 미만,
20점 이상 30점 미만, 30점 이상 40점 미만,
40점 이상 50점 미만의 5개이므로
$a=5$
계급의 크기는
$10-0=20-10=30-20=40-30=50-40=10$(점)이므로
$b=10$
실기 점수가 36점인 학생이 속하는 계급은
30점 이상 40점 미만이고, 이 계급의 도수는 8명이므로
$c=8$
∴ $a+b+c=5+10+8=23$

10 답 ③

① $4+8+A+8+3=35$이므로
$A+23=35$ ∴ $A=12$

② 계급의 크기는
$30-0=60-30=90-60=120-90=150-120=30$(회)

③ 줄넘기 횟수가 90회 이상 120회 미만인 학생 수는 8명이고, 120회 이상 150회 미만인 학생 수는 3명이므로 줄넘기 횟수가 90회 이상인 학생 수는
$8+3=11$(명)

④ 도수가 가장 큰 계급은 도수가 12명인 60회 이상 90회 미만이다.

⑤ 줄넘기 횟수가 30회 미만인 학생 수는 4명, 60회 미만인 학생 수는 $4+8=12$(명), 90회 미만인 학생 수는 $4+8+12=24$(명)이므로 줄넘기 횟수가 13번째로 적은 학생이 속한 계급은 60회 이상 90회 미만이다.

따라서 옳지 않은 것은 ③이다.

11 답 32 %

전체 학생 수는 25명이고, 방문 횟수가 15회 이상 20회 미만인 학생
수는 $25-(5+10+2)=25-17=8$(명)이므로

전체의 $\dfrac{8}{25}\times100=32(\%)$

12 답 (1) 10명 (2) 7명

(1) 수학 점수가 60점 이상 70점 미만인 학생 수를 x명이라 하면 수
학 점수가 60점 이상 70점 미만인 학생이 전체의 25 %이므로

$\dfrac{x}{40}\times100=25$ ∴ $x=10$

따라서 수학 점수가 60점 이상 70점 미만인 학생 수는 10명이다.

(2) 수학 점수가 80점 이상 90점 미만인 학생 수는

$40-(3+10+16+4)=40-33=7$(명)

개념 40~41 **한번 더! 기본 문제** 본문 126쪽

01 ③, ⑤ **02** (1) 13명 (2) 현우, 3분
03 $A=2$, $B=7$, $C=8$, $D=3$, $E=20$
04 ㄷ, ㄹ **05** 8명

---

01 답 ③, ⑤

③ 공 던지기 기록이 37 m 이상인 학생 수는

37 m, 38 m, 38 m, 39 m, 40 m, 44 m, 46 m, 47 m, 49 m의
9명이다.

④ 전체 학생 수는 잎의 총 개수와 같으므로

$4+6+7+5=22$(명)

⑤ 공 던지기 기록이 짧은 학생의 기록부터 차례로 나열하면

10 m, 12 m, 14 m, 18 m, 21 m, …

이므로 공 던지기 기록이 5번째로 짧은 학생의 기록은 21 m이다.

따라서 옳지 않은 것은 ③, ⑤이다.

02 답 (1) 13명 (2) 현우, 3분

(1) 독서 시간이 15분 이상 32분 이하인 남학생 수는

16분, 20분, 22분, 24분, 24분, 29분, 32분의 7명이고,

독서 시간이 15분 이상 32분 이하인 여학생 수는

16분, 17분, 22분, 22분, 23분, 29분의 6명이다.

따라서 구하는 학생 수는 $7+6=13$(명)이다.

(2) 독서 시간이 긴 남학생의 시간부터 차례로 나열하면

36분, 34분, 32분, …

이므로 독서 시간이 3번째로 긴 현우의 독서 시간은 32분이다.

독서 시간이 긴 여학생의 시간부터 차례로 나열하면

38분, 35분, 29분, …

이므로 독서 시간이 3번째로 긴 연희의 독서 시간은 29분이다.

따라서 현우가 연희보다 독서 시간이 $32-29=3$(분) 더 길다.

---

03 답 $A=2$, $B=7$, $C=8$, $D=3$, $E=20$

주어진 자료를 도수분포표로 나타내면 다음과 같다.

방문 횟수(회)	사람 수(명)	
0^{이상} ~ 5^{미만}	//	2
5 ~ 10	乃 //	7
10 ~ 15	乃 ///	8
15 ~ 20	///	3
합계		20

∴ $A=2$, $B=7$, $C=8$, $D=3$, $E=20$

04 답 ㄷ, ㄹ

ㄱ. 계급의 개수는 50점 이상 60점 미만, 60점 이상 70점 미만,
70점 이상 80점 미만, 80점 이상 90점 미만, 90점 이상 100점
미만의 5개이다.

ㄴ. 가장 작은 변량은 알 수 없다.

ㄷ. 점수가 80점 이상 90점 미만인 학생 수는 6명이고, 90점 이상
100점 미만인 학생 수는 4명이므로 점수가 80점 이상인 학생
수는

$6+4=10$(명)

따라서 옳은 것은 ㄷ, ㄹ이다.

05 답 8명

전체 학생 수를 x명이라 하면 가슴 둘레가 80 cm 이상인 학생이
전체의 50 %이므로

$\dfrac{13+2}{x}\times100=50$

$50x=1500$ ∴ $x=30$

따라서 전체 학생 수가 30명이므로 가슴 둘레가 75 cm 이상 80 cm
미만인 학생 수는

$30-(2+5+13+2)=30-22=8$(명)

본문 127~129쪽

개념 42 **히스토그램**

01 답 (1) 히스토그램 (2) 도수

02 답

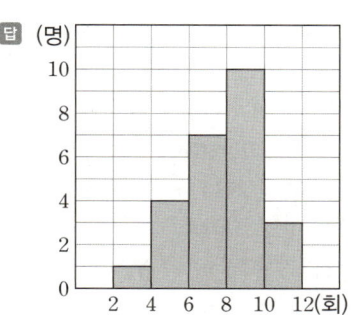

03 탑

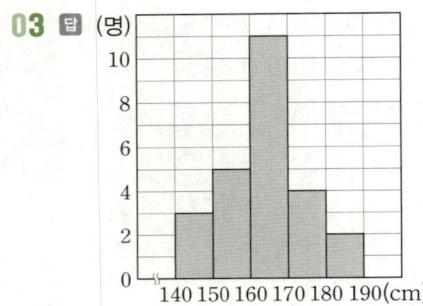

04 탑 (1) 10점 (2) 6개 (3) 35명 (4) 40점 이상 50점 미만
     (5) 80점 이상 90점 미만

(1) 계급의 크기는
  $50-40=60-50=70-60=\cdots=100-90=10$(점)
(2) 계급의 개수는 40점 이상 50점 미만, 50점 이상 60점 미만,
  60점 이상 70점 미만, 70점 이상 80점 미만,
  80점 이상 90점 미만, 90점 이상 100점 미만의 6개이다.
(3) 전체 학생 수는 $2+3+6+8+11+5=35$(명)이다.
(4) 도수가 가장 작은 계급은 도수가 2명인 40점 이상 50점 미만이다.
(5) 도수가 가장 큰 계급은 도수가 11명인 80점 이상 90점 미만이다.

05 탑 (1) 2초, 5개 (2) 16초 이상 18초 미만 (3) 30명
     (4) 18명 (5) 60 %

(1) 계급의 크기는
  $14-12=16-14=18-16=20-18=22-20=2$(초)이고
  계급의 개수는 12초 이상 14초 미만, 14초 이상 16초 미만,
  16초 이상 18초 미만, 18초 이상 20초 미만,
  20초 이상 22초 미만의 5개이다.
(2) 도수가 가장 큰 계급은 도수가 12명인 16초 이상 18초 미만이다.
(3) 전체 학생 수는 $3+7+12+6+2=30$(명)이다.
(4) 달리기 기록이 16초 이상 18초 미만인 학생 수는 12명이고,
  18초 이상 20초 미만인 학생 수는 6명이므로 달리기 기록이
  16초 이상 20초 미만인 학생 수는 $12+6=18$(명)이다.
(5) 전체 학생 수는 30명이고, 달리기 기록이 16초 이상 20초 미만
  인 학생 수는 18명이므로
  전체의 $\dfrac{18}{30}\times100=60$(%)

06 탑 (1) 30회 이상 40회 미만 (2) 10회 이상 20회 미만
     (3) 6명 (4) 7명 (5) 25 %

(2) 도수가 가장 작은 계급은 도수가 2명인 10회 이상 20회 미만이다.
(3) 윗몸일으키기 횟수가 20회 미만인 학생 수는 2명이고, 30회 미만
  인 학생 수는 $2+6=8$(명)이므로 윗몸일으키기 횟수가 7번째로
  적은 학생이 속하는 계급은 20회 이상 30회 미만이다.
  따라서 구하는 계급의 도수는 6명이다.
(4) 윗몸일으키기 횟수가 60회 이상인 학생 수는 3명이고, 50회 이
  상인 학생 수는 $7+3=10$(명)이므로 윗몸일으키기 횟수가 5번
  째로 많은 학생이 속하는 계급은 50회 이상 60회 미만이다.
  따라서 구하는 계급의 도수는 7명이다.

(5) 전체 학생 수는 $2+6+10+12+7+3=40$(명)이고, 윗몸일으
  키기 횟수가 50회 이상인 학생 수는 $7+3=10$(명)이므로
  전체의 $\dfrac{10}{40}\times100=25$(%)

07 탑 18

도수가 가장 큰 계급은 도수가 11명인 6회 이상 8회 미만이므로
$a=11$
계급의 크기는 $4-2=6-4=\cdots=12-10=2$(회)이므로
$b=2$
계급의 계수는 2회 이상 4회 미만, 4회 이상 6회 미만,
6회 이상 8회 미만, 8회 이상 10회 미만, 10회 이상 12회 미만의
5개이므로
$c=5$
$\therefore a+b+c=11+2+5=18$

08 탑 50분 이상 55분 미만

걷는 시간이 55분 이상인 학생 수는 3명이고, 50분 이상인 학생 수
는 $9+3=12$(명)이므로 걷는 시간이 10번째로 긴 학생이 속하는
계급은 50분 이상 55분 미만이다.

09 탑 ⑤

① 도수가 가장 큰 계급은 도수가 10명인 20회 이상 25회 미만이다.
② 전체 학생 수는 $4+7+10+5+2=28$(명)이다.
③ 팔굽혀펴기를 29회 한 학생이 속하는 계급은
  25회 이상 30회 미만이다.
④ 팔굽혀펴기 횟수가 15회 미만인 학생 수는 4명이고,
  20회 미만인 학생 수는 $4+7=11$(회)이므로 팔굽혀펴기 횟수가
  5번째로 적은 학생이 속하는 계급은 15회 이상 20회 미만이다.
⑤ 팔굽혀펴기를 가장 적게 한 학생의 팔굽혀펴기 횟수는 알 수 있
  없다.
따라서 주어진 히스토그램을 통해 알 수 없는 것은 ⑤이다.

10 탑 250

계급의 크기는
$10-0=20-10=30-20=40-30=50-40=10$(점)이고,
도수의 총합은 $2+6+9+7+1=25$(명)이므로
(직사각형의 넓이의 합)$=$(계급의 크기)$\times$(도수의 총합)
                            $=10\times25=250$

참고 (직사각형의 넓이의 합)
    $=\{$(각 계급의 크기)$\times$(그 계급의 도수)$\}$의 총합
    $=$(계급의 크기)$\times$(도수의 총합)

11 탑 32.5 %

파프리카의 전체 개수는 40개이고, 무게가 140 g 이상 150 g 미만
인 파프리카의 개수는
$40-(6+7+9+4+1)=40-27=13$(개)이므로
전체의 $\dfrac{13}{40}\times100=32.5$(%)

개념 43 도수분포다각형

01 답 (1) 도수분포다각형 (2) 히스토그램

02 답 (1)

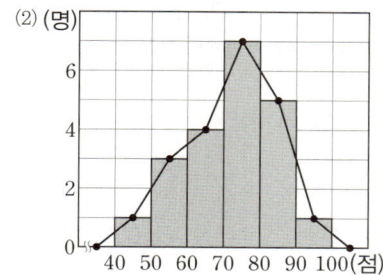

03 답 (1) 4회 (2) 6개 (3) 27명 (4) 14회 이상 18회 미만
(5) 4명

(1) 계급의 크기는 $14-10=18-14=\cdots=34-30=4$(회)
(2) 계급의 개수는 10회 이상 14회 미만, 14회 이상 18회 미만,
18회 이상 22회 미만, 22회 이상 26회 미만,
26회 이상 30회 미만, 30회 이상 34회 미만의 6개이다.
(3) 전체 학생 수는 $6+9+5+4+2+1=27$(명)이다.
(4) 도수가 가장 큰 계급은 도수가 9명인 14회 이상 18회 미만이다.
(5) SNS 접속 횟수가 25회인 학생이 속한 계급은
22회 이상 26회 미만이므로 구하는 계급의 도수는 4명이다.

04 답 5, 1, 120

05 답 (1) 1초 (2) 5개 (3) 25명 (4) 15초 이상 16초 미만
(5) 14초 이상 15초 미만 (6) 8명

(1) 계급의 크기는 $15-14=16-15=\cdots=19-18=1$(초)
(2) 계급의 개수는 14초 이상 15초 미만, 15초 이상 16초 미만,
16초 이상 17초 미만, 17초 이상 18초 미만,
18초 이상 19초 미만의 5개이다.
(3) 전체 학생 수는 $2+6+10+4+3=25$(명)이다.
(5) 도수가 가장 작은 계급은 도수가 2명인 14초 이상 15초 미만이다.
(6) 달리기 기록이 14초 이상 15초 미만인 학생 수는 2명이고,
15초 이상 16초 미만인 학생 수는 6명이므로 달리기 기록이
16초 미만인 학생 수는 $2+6=8$(명)이다.

06 답 (1) 4회, 7개 (2) 20회 이상 24회 미만 (3) 40명
(4) 12회 이상 16회 미만 (5) 24회 이상 28회 미만
(6) 20 %

(1) 계급의 크기는
$8-4=12-8=16-12=\cdots=32-28=4$(회)이고
계급의 개수는 4회 이상 8회 미만, 8회 이상 12회 미만,
12회 이상 16회 미만, 16회 이상 20회 미만,
20회 이상 24회 미만, 24회 이상 28회 미만,
28회 이상 32회 미만의 7개이다.
(2) 도수가 가장 큰 계급은 도수가 11명인 20회 이상 24회 미만이다.
(3) 전체 참가자 수는 $1+4+9+7+11+6+2=40$(명)이다.
(5) 제기차기 횟수가 28회 이상인 참가자 수는 2명이고, 24회 이상
인 참가자 수는 $6+2=8$(명)이므로 제기차기 횟수가 8번째로
많은 참가자가 속하는 계급은 24회 이상 28회 미만이다.
(6) 전체 참가자 수는 40명이고, 제기차기 횟수가 24회 이상인 참
가자 수는 $6+2=8$(명)이므로
전체의 $\dfrac{8}{40}\times100=20$(%)

07 답 60점 이상 70점 미만
과학 점수가 60점 미만인 학생 수는 4명이고, 70점 미만인 학생 수
는 $4+7=11$(명)이므로 과학 점수가 6번째로 낮은 학생이 속하는
계급은 60점 이상 70점 미만이다.

08 답 (1) $A=13$, $B=15$, $C=60$ (2) 9명 (3) 13명

(1) 주어진 도수분포다각형에서 $A=13$, $B=15$
∴ $C=5+13+18+15+9=60$
(2) 1500 m 달리기 기록이 8분 45초인 학생이 속하는 계급은
8분 이상 9분 미만이므로 구하는 계급의 도수는 9명이다.
(3) 1500 m 달리기 기록이 5분 미만인 학생 수는 5명이고, 6분 미만
인 학생 수는 $5+13=18$(명)이므로 1500 m 달리기 기록이 15번
째로 빠른 학생이 속하는 계급은 5분 이상 6분 미만이다.
따라서 구하는 계급의 도수는 13명이다.

09 답 25 %
전체 학생 수는 $1+3+6+11+4+3=28$(명)이고,
자란 키가 10 cm 이상인 학생 수는 $4+3=7$(명)이므로
전체의 $\dfrac{7}{28}\times100=25$(%)

10 답 140
계급의 크기는 $45-40=50-45=\cdots=65-60=5$(kg)이고
도수분포다각형과 가로축으로 둘러싸인 부분의 넓이는 히스토그램
의 각 직사각형의 넓이의 합과 같으므로
$5\times(3+7+8+6+4)=5\times28=140$

11 답 24명
동아리 전체 학생 수가 45명이고, 댄스 연습 시간이 25시간 이상
30시간 미만인 학생 수는
$45-(2+3+5+7+9+4)=45-30=15$(명)
따라서 댄스 연습 시간이 25시간 이상 35시간 미만인 학생 수는
$15+9=24$(명)

개념 **42-43** **한번 더! 기본 문제** 본문 133쪽

01 ⑤　　　　　**02** 2 : 11
03 (1) 40명　(2) 12명　(3) 30 %　　　**04** ③, ⑤
05 ③　　　　　**06** 30 %

01 답 ⑤
① 계급의 크기는
　$5-4=6-5=7-6=\cdots=10-9=1$(시간)
② 전체 회원 수는 $3+7+14+8+2+2=36$(명)이다.
③ 전체 회원 수는 36명이고, 평균 수면 시간이 7시간 이상 8시간 미만인 회원 수는 8명, 8시간 이상 9시간 미만인 회원 수는 2명, 9시간 이상 10시간 미만인 회원 수는 2명이므로 평균 수면 시간이 7시간 이상인 회원 수는
　$8+2+2=12$(명)
　즉, 평균 수면 시간이 7시간 이상인 회원은
　전체의 $\dfrac{12}{36}\times100=33.333\cdots(\%)$
④ 평균 수면 시간이 7시간 이상 8시간 미만인 회원 수는 8명이다.
⑤ 평균 수면 시간이 5시간 미만인 회원 수는 3명이고, 6시간 미만인 회원 수는 $3+7=10$(명)이므로 수면 시간이 5번째로 적은 회원이 속하는 계급은 5시간 이상 6시간 미만이다.
　즉, 평균 수면 시간이 5번째로 적은 회원이 속하는 계급의 도수는 7명이다.
따라서 옳은 것은 ⑤이다.

02 답 2 : 11
도수가 가장 작은 계급은 도수가 2명인 245 mm 이상 250 mm 미만이고, 도수가 가장 큰 계급은 도수가 11명인 235 mm 이상 240 mm 미만이다.
이때 히스토그램에서 각 직사각형의 넓이는 각 계급의 도수에 정비례하므로 구하는 넓이의 비는
2 : 11

03 답 (1) 40명　(2) 12명　(3) 30 %
(1) 전체 회원 수를 x명라 하면 운동 시간이 7시간 이상 8시간 미만인 회원이 전체의 20 %이므로
　$\dfrac{8}{x}\times100=20$
　$20x=800$　∴ $x=40$
　따라서 전체 회원 수는 40명이다.
(2) 운동 시간이 6시간 이상 7시간 미만인 회원 수는
　$40-(4+9+8+6+1)=40-28=12$(명)
(3) 전체 회원 수는 40명이고, 운동 시간이 6시간 이상 7시간 미만인 회원 수는 12명이므로
　전체의 $\dfrac{12}{40}\times100=30(\%)$

04 답 ③, ⑤
① 계급의 개수는 50점 이상 60점 미만, 60점 이상 70점 미만, 70점 이상 80점 미만, 80점 이상 90점 미만, 90점 이상 100점 미만의 5개이다.
② 전체 학생 수는 $3+6+15+10+6=40$(명)이다.
③ 전체 학생 수는 40명이고, 점수가 80점 이상 90점 미만인 학생 수는 10명, 90점 이상 100점 미만인 학생 수는 6명이므로 점수가 80점 이상인 학생 수는 $10+6=16$(명)이다.
　즉, 점수가 80점 이상인 학생은
　전체의 $\dfrac{16}{40}\times100=40(\%)$
④ 도수가 가장 큰 계급은 도수가 15명인 70점 이상 80점 미만이다.
⑤ 점수가 60점 미만인 학생 수는 3명이고, 70점 미만인 학생 수는 $3+6=9$(명)이므로 점수가 4번째로 낮은 학생이 속하는 계급은 60점 이상 70점 미만이다.
따라서 옳은 것은 ③, ⑤이다.

05 답 ③
주어진 도수분포다각형에서 삼각형 A, B, C, D, E, F의 밑변의 길이와 높이가 모두 같은 삼각형끼리 짝 지으면 된다.
따라서 넓이가 같은 삼각형끼리 짝 지으면 A와 B, C와 D, E와 F이다.

06 답 30 %
전체 참가자 수는 30명이고, 기록이 30 m 이상 35 m 미만인 참가자 수는 $30-(2+6+8+5)=30-21=9$(명)이므로
전체의 $\dfrac{9}{30}\times100=30(\%)$

본문 134~136쪽

 개념 **44** **상대도수**

01 답 (1) 상대도수, 도수의 총합
　　　(2) 1, 0, 1, 도수

02 답 (1) 풀이 참조
　　　(2) 15권 이상 20권 미만

(1)
책의 수(권)	도수(명)	상대도수
5^{이상} ~ 10^{미만}	2	$\dfrac{2}{20}=0.1$
10　~ 15	4	$\dfrac{4}{20}=0.2$
15　~ 20	9	$\dfrac{9}{20}=0.45$
20　~ 25	3	$\dfrac{3}{20}=0.15$
25　~ 30	2	$\dfrac{2}{20}=0.1$
합계	20	1

(2) 상대도수가 가장 큰 계급은 상대도수가 0.45인
15권 이상 20권 미만이다.

03 답 (1) 풀이 참조
(2) 80점 이상 90점 미만

(1)
영어 점수(점)	도수(명)	상대도수
$50^{이상} \sim 60^{미만}$	13	$\frac{13}{50}=0.26$
60 ~ 70	17	$\frac{17}{50}=0.34$
70 ~ 80	9	$\frac{9}{50}=0.18$
80 ~ 90	4	$\frac{4}{50}=0.08$
90 ~ 100	7	$\frac{7}{50}=0.14$
합계	50	1

(2) 상대도수가 가장 작은 계급은 상대도수가 0.08인
80점 이상 90점 미만이다.

04 답 (1) 0.25, 5 (2) 60 (3) 0.3, 50 (4) 200
(2) (어떤 계급의 도수)=(도수의 총합)×(그 계급의 상대도수)
$=400×0.15=60$
(4) (도수의 총합)=$\frac{(그 계급의 도수)}{(어떤 계급의 상대도수)}=\frac{12}{0.06}=200$

05 답 (1) 풀이 참조 (2) 8 % (3) 26 %
(1) 1시간 이상 1.5시간 미만인 계급의 상대도수는
$1-(0.1+0.16+0.26+0.08)=1-0.6=0.4$
따라서 상대도수의 분포표를 완성하면 다음과 같다.

인터넷 사용 시간(시간)	도수(명)	상대도수
$0^{이상} \sim 0.5^{미만}$	$50×0.1=5$	0.1
0.5 ~ 1	$50×0.16=8$	0.16
1 ~ 1.5	$50×0.4=20$	0.4
1.5 ~ 2	$50×0.26=13$	0.26
2 ~ 2.5	$50×0.08=4$	0.08
합계	50	1

(2) 2시간 이상 2.5시간 미만인 계급의 상대도수는 0.08이므로
인터넷 사용 시간이 2시간 이상 2.5시간 미만인 학생은
전체의 $0.08×100=8(\%)$
(3) 1시간 미만인 계급의 상대도수의 합은 $0.1+0.16=0.26$이므로
인터넷 사용 시간이 1시간 미만인 학생은
전체의 $0.26×100=26(\%)$

06 답 (1) $A=8$, $B=0.3$, $C=0.25$, $D=1$
(2) 25 % (3) 15 % (4) 0.25
(1) 10초 이상 20초 미만인 계급의 상대도수가 0.2이므로
$A=40×0.2=8$
20초 이상 30초 미만인 계급의 도수가 12명이므로
$B=\frac{12}{40}=0.3$

30초 이상 40초 미만인 계급의 도수가 10명이므로
$C=\frac{10}{40}=0.25$
상대도수의 총합은 항상 1이므로 $D=1$
(2) 30초 이상 40초 미만인 계급의 상대도수가 0.25이므로 오래 매
달리기 기록이 30초 이상 40초 미만인 학생은
전체의 $0.25×100=25(\%)$
(3) 40초 이상인 계급의 상대도수가 0.15이므로 오래 매달리기 기록
이 40초 이상인 학생은
전체의 $0.15×100=15(\%)$
(4) 오래 매달리기 기록이 40초 이상인 학생 수는 6명이고, 30초 이
상인 학생 수는 $10+6=16(명)$이므로 오래 매달리기 기록이 9번
째로 긴 학생이 속하는 계급은 30초 이상 40초 미만이다.
따라서 구하는 계급의 상대도수는 0.25이다.

07 답 (1) $A=11$, $B=0.22$, $C=50$, $D=1$
(2) 38 % (3) 0.22
(1) 상대도수의 총합은 항상 1이므로
$D=1$
60점 이상 70점 미만인 계급의 상대도수는
$1-(0.16+0.3+0.2+0.12)=1-0.78=0.22$이므로
$B=0.22$
50점 이상 60점 미만인 계급에서
$(도수의 총합)=\frac{8}{0.16}=50(명)$이므로
$C=50$
60점 이상 70점 미만인 계급의 상대도수가 0.22이므로
$A=50×0.22=11$
(2) 50점 이상 70점 미만인 계급의 상대도수의 합은
$0.16+0.22=0.38$
따라서 과학 점수가 50점 이상 70점 미만인 학생은
전체의 $0.38×100=38(\%)$
(3) 과학 점수가 60점 미만인 학생 수는 8명이고, 70점 미만인 학생
수는 $8+11=19(명)$이므로 과학 점수가 10번째로 낮은 학생이
속하는 계급은 60점 이상 70점 미만이다.
따라서 구하는 계급의 상대도수는 0.22이다.

08 답 ②

도수의 총합이 다른 두 자료의 분포 상태를 비교할 때 가장 편리한
것은 상대도수이다.

09 답 ②

도수의 총합은 $5+7+10+8+6+4=40(명)$이고,
도수가 가장 큰 계급은 도수가 10명인 70회 이상 75회 미만이다.
따라서 구하는 계급의 상대도수는
$\frac{10}{40}=0.25$

10 답 0.2

도수의 총합은 30개이고, 60 g 이상 65 g 미만인 계급의 도수는
$30-(1+5+10+6+2)=30-24=6$(개)
따라서 구하는 계급의 상대도수는
$$\frac{6}{30}=0.2$$

11 답 24명

도수의 총합은 200명이고, 45 kg 이상 50 kg 미만인 계급의 상대
도수는 0.12이므로 몸무게가 45 kg 이상 50 kg 미만인 학생 수는
$200\times0.12=24$(명)

12 답 (1) $A=0.2$, $B=14$, $C=0.25$, $D=2$, $E=1$
(2) 55 %

(1) 60점 이상 70점 미만인 계급의 도수가 8명이므로
$$A=\frac{8}{40}=0.2$$
70점 이상 80점 미만인 계급의 상대도수가 0.35이므로
$B=40\times0.35=14$
80점 이상 90점 미만인 계급의 도수가 10명이므로
$$C=\frac{10}{40}=0.25$$
90점 이상 100점 미만인 계급의 상대도수가 0.05이므로
$D=40\times0.05=2$
상대도수의 총합은 항상 1이므로 $E=1$
(2) 60점 이상 80점 미만인 계급의 상대도수의 합은
$0.2+0.35=0.55$
따라서 국어 점수가 60점 이상 80점 미만인 학생은
전체의 $0.55\times100=55$(%)

13 답 9명

전체 학생 수는 20명이고,
6시간 미만인 계급의 상대도수의 합은 $0.2+0.25=0.45$이다.
따라서 독서 시간이 6시간 미만인 학생 수는
$20\times0.45=9$(명)

본문 137~139쪽

개념 45 상대도수의 분포를 나타낸 그래프

01 답 상대도수

02 답

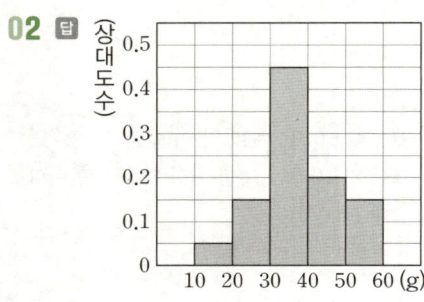

03 답

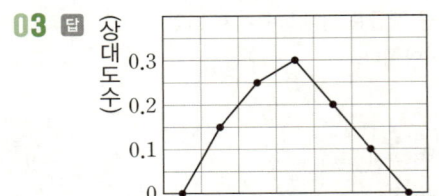

04 답 (1) 3명 (2) 6명 (3) 15 %

(1) 25개 이상 30개 미만인 계급의 상대도수가 0.15이므로 구하는
계급의 도수는
$20\times0.15=3$(명)
(2) 상대도수가 가장 큰 계급은 상대도수가 0.3인 35개 이상 40개
미만이므로 구하는 계급의 도수는
$20\times0.3=6$(명)
(3) 45개 이상인 계급의 상대도수의 합은 $0.1+0.05=0.15$
따라서 설치된 앱의 개수가 45개 이상인 학생은
전체의 $0.15\times100=15$(%)

05 답 (1) 풀이 참조 (2) 풀이 참조 (3) 0.3, 0.28, 1학년

(1) 1학년의 80점 이상 90점 미만인 계급의 도수가 60명이므로 이
계급의 상대도수는 $\frac{60}{200}=0.3$
1학년의 90점 이상 100점 미만인 계급의 상대도수가 0.1이므로
이 계급의 도수는 $200\times0.1=20$(명)
1학년의 70점 이상 80점 미만인 계급의 도수는
$200-(30+40+60+20)=200-150=50$(명)
이고, 이 계급의 상대도수는 $\frac{50}{200}=0.25$
2학년의 50점 이상 60점 미만인 계급에서
(도수의 총합)$=\frac{30}{0.12}=250$(명)
2학년의 60점 이상 70점 미만인 계급의 상대도수가 0.24이므로
이 계급의 도수는 $250\times0.24=60$(명)
2학년의 70점 이상 80점 미만인 계급의 도수는
$250-(30+60+70+10)=250-170=80$(명)
이고, 이 계급의 상대도수는 $\frac{80}{250}=0.32$
2학년의 80점 이상 90점 미만인 계급의 도수는 70명이므로 이
계급의 상대도수는 $\frac{70}{250}=0.28$
따라서 상대도수의 분포표를 완성하면 다음과 같다.

수학 점수(점)	1학년		2학년	
	도수(명)	상대도수	도수(명)	상대도수
50^{이상} ~ 60^{미만}	30	0.15	30	0.12
60 ~ 70	40	0.2	60	0.24
70 ~ 80	50	0.25	80	0.32
80 ~ 90	60	0.3	70	0.28
90 ~ 100	20	0.1	10	0.04
합계	200	1	250	1

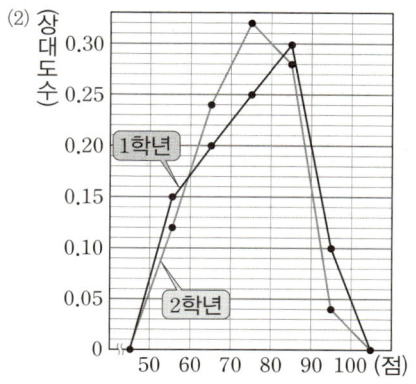

(2) 상대도수 그래프

06 답 (1) 80명 (2) 8명 (3) 25 %

(1) 상대도수가 가장 큰 계급은 상대도수가 0.35인 30세 이상 40세 미만이고, 이 계급의 도수가 28명이므로 전체 관람객 수는

$\dfrac{28}{0.35}=80$(명)

(2) 50세 이상 60세 미만 계급의 상대도수는 0.1이므로 나이가 50세 이상 60세 미만인 관람객 수는

$80 \times 0.1 = 8$(명)

(3) 30세 미만인 계급의 상대도수의 합은

$0.1 + 0.15 = 0.25$

따라서 나이가 30세 미만인 관람객은

전체의 $0.25 \times 100 = 25$(%)

07 답 (1) 3회 이상 6회 미만, 6회 이상 9회 미만

(2) B반 (3) B반

(2) 12회 이상 15회 미만인 계급의 상대도수는

A반: 0.2, B반: 0.35

따라서 등산 횟수가 12회 이상 15회 미만인 학생의 비율은 B반이 더 높다.

(3) B반의 그래프가 A반의 그래프보다 전체적으로 오른쪽으로 치우쳐 있으므로 B반이 A반보다 등산 횟수가 대체적으로 더 많다고 할 수 있다.

08 답 12명

전체 이용객 수는 40명이고,

40분 이상 50분 미만 계급의 상대도수는 0.3이므로

대기 시간이 40분 이상 50분 미만인 이용객 수는

$40 \times 0.3 = 12$(명)

09 답 9일

상대도수가 가장 큰 계급은 상대도수 0.4인 20 ℃ 이상 22 ℃ 미만이고, 이 계급의 도수가 12일이므로 전체 날수는

$\dfrac{12}{0.4}=30$(일)

따라서 22 ℃ 이상 24 ℃ 미만인 계급의 상대도수는 0.3이므로 이 계급의 도수는

$30 \times 0.3 = 9$(일)

10 답 0.14

175 cm 이상 180 cm 미만인 계급의 도수는

$50 \times 0.12 = 6$(명)

170 cm 이상 175 cm 미만인 계급의 도수는

$50 \times 0.14 = 7$(명)

즉, 키가 175 cm 이상인 학생 수는 6명이고, 170 cm 이상인 학생 수는 $7+6=13$(명)이므로 키가 10번째로 큰 학생이 속하는 계급은 170 cm 이상 175 cm 미만이다.

따라서 구하는 계급의 상대도수는 0.14이다.

11 답 ④

① 계급의 크기는

$10-5=15-10=20-15=25-20=30-25=5$(분)

② 15분 미만인 계급의 상대도수의 합은

$0.04 + 0.28 = 0.32$

즉, 통학 시간이 15분 미만인 학생 수는

$50 \times 0.32 = 16$(명)

③ 도수가 가장 작은 계급은 상대도수가 가장 작은 계급이다.

즉, 도수가 가장 작은 계급은 상대도수가 0.04인 5분 이상 10분 미만이므로 이 계급의 도수는

$50 \times 0.04 = 2$(명)

④ 20분 이상 30분 미만인 계급의 상대도수의 합은

$0.16 + 0.12 = 0.28$

즉, 통학 시간이 20분 이상 30분 미만인 학생은

전체의 $0.28 \times 100 = 28$(%)

⑤ 통학 시간이 10분 미만인 학생 수는 2명이고, 15분 미만인 학생 수는 16명이므로 통학 시간이 15번째로 짧은 학생이 속하는 계급은 10분 이상 15분 미만이다.

따라서 옳지 않은 것은 ④이다.

12 답 ①, ④

① 남학생의 그래프가 여학생의 그래프보다 전체적으로 왼쪽으로 치우쳐 있으므로 남학생의 기록이 여학생의 기록보다 더 좋은 편이다.

② 기록이 12.5초 미만인 남학생 수는 알 수 없으므로 그 비율도 알 수 없다.

③ 여학생의 기록 중 13초 이상 14초 미만인 계급의 상대도수는 0.08이므로 기록이 13초 이상 14초 미만인 여학생 수는

$50 \times 0.08 = 4$(명)

④ 남학생의 기록 중 도수가 가장 큰 계급은 상대도수가 가장 큰 계급과 같으므로 구하는 계급은 14초 이상 15초 미만이다.

⑤ 12초 이상 13초 미만인 계급의 상대도수는 남학생이 0.12, 여학생이 0.04이므로 그 비율은 남학생이 여학생보다 더 높다.

따라서 옳은 것은 ①, ④이다.

01 0.32　　**02** 4명　　**03** 100개
04 (1) 40명　(2) 0.25　(3) 10명　　**05** ⑤

01 답 0.32

전체 환자 수는 $1+2+4+5+8+3+1+1=25$(명)이고,
대기 시간이 30분 이상 35분 미만인 환자 수는 8명이므로
구하는 계급의 상대도수는

$$\frac{8}{25}=0.32$$

02 답 4명

전체 학생 수는 40명이고,
30회 이상 40회 미만인 계급의 상대도수는
$1-(0.4+0.2+0.25+0.05)=1-0.9=0.1$
이므로 기록이 30회 이상 40회 미만인 학생 수는
$40\times0.1=4$(명)

03 답 100개

60 kcal 이상인 계급의 상대도수의 합은 $0.2+0.1=0.3$
따라서 열량이 60 kcal 이상인 과일의 개수가 30개이므로
조사한 과일의 전체 개수는

$$\frac{30}{0.3}=100(개)$$

04 답 (1) 40명　(2) 0.25　(3) 10명

(1) 8편 이상 10편 미만인 계급의 상대도수가 0.45이고, 이 계급의
　도수가 18명이므로 전체 학생 수는

$$\frac{18}{0.45}=40(명)$$

(2) 6편 이상 8편 미만인 계급의 상대도수는
　$1-(0.05+0.1+0.45+0.15)=1-0.75=0.25$

(3) 전체 학생 수는 40명이고, 6편 이상 8편 미만인 계급의 상대도
　수는 0.25이므로 관람한 영화 편수가 6편 이상 8편 미만인 학생
　수는
　$40\times0.25=10$(명)

05 답 ⑤

ㄱ. 2학년의 그래프가 1학년의 그래프보다 전체적으로 오른쪽으로
　치우쳐 있으므로 2학년이 1학년보다 봉사 활동 시간이 대체적
　으로 더 긴 편이다.

ㄴ. 1학년과 2학년 각각의 그래프에서 계급의 크기가 같고, 상대도
　수의 총합도 1로 같으므로 1학년과 2학년 각각의 그래프와 가
　로축으로 둘러싸인 부분의 넓이는 $2\times1=2$로 서로 같다.

ㄷ. 1학년 전체 학생 수는 200명이고, 7시간 이상 9시간 미만인
　계급의 상대도수는 0.2이므로 1학년 중 봉사 활동 시간이 7시
　간 이상 9시간 미만인 학생 수는
　$200\times0.2=40$(명)

2학년 전체 학생 수는 150명이고, 7시간 이상 9시간 미만인
계급의 상대도수는 0.24이므로 2학년 중 봉사 활동 시간이 7시
간 이상 9시간 미만인 학생 수는
$150\times0.24=36$(명)
즉, 봉사 활동 시간이 7시간 이상 9시간 미만인 학생 수는 1학년
이 2학년보다 $40-36=4$(명) 더 많다.
따라서 옳은 것은 ㄱ, ㄴ, ㄷ이다.

PART 2

단원 테스트

1. 기본 도형 [1회]			본문 142~144쪽
01 14	**02** 12개	**03** 12 cm	**04** ⑤
05 ④	**06** ③	**07** ②	**08** ④
09 8	**10** ③, ④	**11** ②, ④	**12** ②
13 ④	**14** ③	**15** 4	**16** 40

01 답 14

교점의 개수는 꼭짓점의 개수와 같으므로 4개이다.

∴ $a=4$

교선의 개수는 모서리의 개수와 같으므로 6개이다.

∴ $b=6$

면의 개수는 4개이므로 $c=4$

∴ $a+b+c=4+6+4=14$

02 답 12개

$\overline{AB}$, $\overline{AC}$, $\overline{AD}$, $\overline{BA}$, $\overline{BC}$, $\overline{BD}$, $\overline{CA}$, $\overline{CB}$, $\overline{CD}$, $\overline{DA}$, $\overline{DB}$, $\overline{DC}$
의 12개이다.

03 답 12 cm

$\overline{AM}=\overline{MB}$이므로 $\overline{MB}=\frac{1}{2}\overline{AB}=\frac{1}{2}\times16=8(cm)$

$\overline{AN}=\overline{NM}$이므로 $\overline{NM}=\frac{1}{2}\overline{AM}=\frac{1}{2}\times8=4(cm)$

∴ $\overline{NB}=\overline{NM}+\overline{MB}=4+8=12(cm)$

04 답 ⑤

∠AOC+∠COE=180°에서

∠AOC+∠COE=∠AOB+∠BOC+∠COD+∠DOE

　　　　　　=2∠BOC+∠BOC+∠COD+2∠DOE

　　　　　　=3∠BOC+3∠COD=3(∠BOC+∠COD)

　　　　　　=3∠BOD=180°

∴ ∠BOD=60°

05 답 ④

맞꼭지각의 크기는 서로 같으므로 오른쪽 그림에서

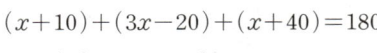

$(x+10)+(3x-20)+(x+40)=180$

$5x=150$　∴ $x=30$

∴ $y=x+40=30+40=70$ (맞꼭지각)

∴ $x+y=30+70=100$

06 답 ③

③ 점 B와 $\overline{CD}$ 사이의 거리는 $\overline{BC}$의 길이와 같으므로 3 cm이다.

07 답 ②

② 점 C는 직선 l 위에 있다.

08 답 ④

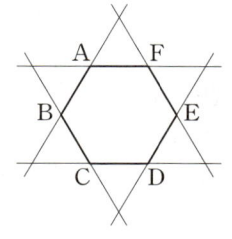

② $\overleftrightarrow{AB}$와 $\overleftrightarrow{DE}$는 평행하므로 만나지 않는다.

③ $\overleftrightarrow{DE}$와 $\overleftrightarrow{EF}$는 한 점 E에서 만난다.

④ $\overleftrightarrow{AF}$와 $\overleftrightarrow{DE}$는 한 점에서 만난다.

⑤ $\overleftrightarrow{BC}$와 한 점에서 만나는 직선은 $\overleftrightarrow{AB}$, $\overleftrightarrow{AF}$, $\overleftrightarrow{CD}$, $\overleftrightarrow{DE}$의 4개이다.

따라서 옳지 않은 것은 ④이다.

09 답 8

$\overline{AC}$와 평행한 모서리는 $\overline{DF}$의 1개이므로 $a=1$

$\overline{BE}$와 수직으로 만나는 모서리는

$\overline{AB}$, $\overline{DE}$, $\overline{BC}$, $\overline{EF}$의 4개이므로 $b=4$

$\overline{DF}$와 꼬인 위치에 있는 모서리는

$\overline{AB}$, $\overline{BC}$, $\overline{BE}$의 3개이므로 $c=3$

∴ $a+b+c=1+4+3=8$

10 답 ③, ④

③ $\overline{AC}$와 $\overline{BE}$는 꼬인 위치에 있다.

④ $\overline{DE}$와 면 ABC는 평행하다.

11 답 ②, ④

① 모서리 EF와 평행한 면은 면 ABC, 면 ADGC의 2개이다.

② 면 ADGC와 수직인 면은
　　면 ABC, 면 ABED, 면 DEFG, 면 CFG의 4개이다.

③ 모서리 FG를 포함하는 면은 면 CFG, 면 DEFG의 2개이다.

④ 모서리 BC와 평행한 모서리는 없다.

⑤ 모서리 BF와 한 점에서 만나는 면은
　　면 ABC, 면 ABED, 면 CFG, 면 DEFG의 4개이다.

따라서 옳지 않은 것은 ②, ④이다.

12 답 ②

① ∠a의 동위각은 ∠d이다.

③ ∠d의 엇각은 ∠c이고, ∠$c=180°-60°=120°$

④ ∠b의 동위각은 ∠f이고, ∠$f=180°-110°=70°$

⑤ ∠c의 맞꼭지각은 ∠a이고, ∠$a=180°-60°=120°$

따라서 옳은 것은 ②이다.

13 답 ④

④ 오른쪽 그림과 같이 동위각의 크기가 같지 않으므로 두 직선 l, m은 평행하지 않다.

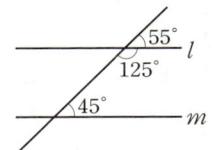

14 답 ③

오른쪽 그림과 같이 두 직선 l, m에
평행한 두 직선 p, q를 각각 그으면
$\angle x = 35° + 80° = 115°$

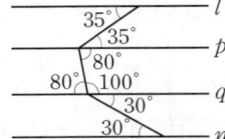

15 답 4

모서리 AC 위에 있는 꼭짓점은
점 A, 점 C의 2개이므로
$a = 2$ ··· ❶
면 ABD 위에 있지 않은 꼭짓점은
점 C의 1개이므로
$b = 1$ ··· ❷
모서리 BD와 꼬인 위치에 있는 모서리는
$\overline{AC}$의 1개이므로
$c = 1$ ··· ❸
$\therefore a + b + c = 2 + 1 + 1 = 4$ ··· ❹

채점 기준	배점
❶ a의 값을 구한 경우	30 %
❷ b의 값을 구한 경우	30 %
❸ c의 값을 구한 경우	30 %
❹ $a+b+c$의 값을 구한 경우	10 %

16 답 40

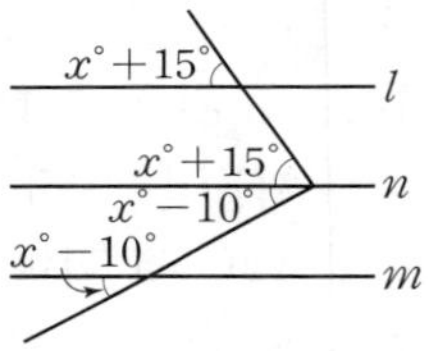

오른쪽 그림과 같이 두 직선 l, m에 평행
한 직선 n을 그으면 ··· ❶
$(x+15) + (x-10) = 85$ ··· ❷
$2x = 80$
$\therefore x = 40$ ··· ❸

채점 기준	배점
❶ 두 직선 l, m에 평행한 직선 n을 그은 경우	30 %
❷ 평행선의 성질을 이용하여 식을 세운 경우	40 %
❸ x의 값을 구한 경우	30 %

---

1. 기본 도형 [2회]
본문 145~147쪽

01 ④	02 20	03 ③	04 ③
05 ⑤	06 ②	07 8	08 ㄴ, ㄷ
09 17	10 ⑤	11 ②	12 ⑤
13 ①	14 ①	15 5.6	16 10°

---

01 답 ④

④ 각기둥에서 교선의 개수는 모서리의 개수와 같다.

02 답 20

서로 다른 직선은 $\overleftrightarrow{AB}$, $\overleftrightarrow{AD}$, $\overleftrightarrow{BD}$, $\overleftrightarrow{CD}$의 4개이므로
$a = 4$
서로 다른 반직선은 $\overrightarrow{AB}$, $\overrightarrow{AD}$, $\overrightarrow{BA}$, $\overrightarrow{BC}$, $\overrightarrow{BD}$, $\overrightarrow{CB}$, $\overrightarrow{CD}$, $\overrightarrow{DA}$,
$\overrightarrow{DB}$, $\overrightarrow{DC}$의 10개이므로
$b = 10$
서로 다른 선분은 $\overline{AB}$, $\overline{AC}$, $\overline{AD}$, $\overline{BC}$, $\overline{BD}$, $\overline{CD}$의 6개이므로
$c = 6$
$\therefore a + b + c = 4 + 10 + 6 = 20$

03 답 ③

$\overline{AB} : \overline{AC} = 2 : 3$에서 $2\overline{AC} = 3\overline{AB}$이므로
$\overline{AC} = \dfrac{3}{2}\overline{AB} = \dfrac{3}{2} \times 20 = 30\,(\text{cm})$
$\therefore \overline{BC} = \overline{AC} - \overline{AB} = 30 - 20 = 10\,(\text{cm})$
이때 $\overline{AM} = \overline{MB}$이므로 $\overline{MB} = \dfrac{1}{2}\overline{AB} = \dfrac{1}{2} \times 20 = 10\,(\text{cm})$
$\overline{BN} = \overline{NC}$이므로 $\overline{BN} = \dfrac{1}{2}\overline{BC} = \dfrac{1}{2} \times 10 = 5\,(\text{cm})$
$\therefore \overline{MN} = \overline{MB} + \overline{BN} = 10 + 5 = 15\,(\text{cm})$

04 답 ③

$50° + \angle BOC = 90°$이므로 $\angle BOC = 40°$
$\angle BOC + \angle x = 90°$이므로
$40° + \angle x = 90°$ $\therefore \angle x = 50°$

다른 풀이

$\angle AOB + \angle BOC = \angle BOC + \angle COD$이므로
$\angle COD = \angle AOB = 50°$ $\therefore \angle x = 50°$

05 답 ⑤

맞꼭지각의 크기는 서로 같으므로
$(x - 15) + 90 = 2x + 20$ $\therefore x = 55$
$(x - 15) + 90 + (3y - 10) = 180$에서
$40 + 90 + (3y - 10) = 180$, $3y = 60$ $\therefore y = 20$
$\therefore x + y = 55 + 20 = 75$

06 답 ②

② $\overline{AO}$와 수직으로 만나는 선분은 $\overline{BO}$, $\overline{DO}$, $\overline{BD}$의 3개이다.

07 답 8

모서리 AB 위에 있지 않은 꼭짓점은
점 C, 점 D, 점 E, 점 F의 4개이므로 $a = 4$
면 BEFC 위에 있는 꼭짓점은
점 B, 점 E, 점 F, 점 C의 4개이므로 $b = 4$
$\therefore a + b = 4 + 4 = 8$

08 답 ㄴ, ㄷ

ㄱ. $\overrightarrow{AB}$와 $\overrightarrow{AD}$는 한 점 A에서 만난다.

ㄹ. $\overrightarrow{BC}$와 $\overrightarrow{CD}$의 교점은 점 C이다.

따라서 옳은 것은 ㄴ, ㄷ이다.

09 답 17

직선 AF와 한 점에서 만나는 직선은 직선 AB, 직선 BC, 직선 DE, 직선 EF, 직선 AG, 직선 FL의 6개이므로

$a=6$

직선 AF와 평행한 직선은 직선 CD, 직선 IJ, 직선 GL의 3개이므로

$b=3$

직선 AF와 꼬인 위치에 있는 직선은 직선 BH, 직선 CI, 직선 DJ, 직선 EK, 직선 GH, 직선 HI, 직선 JK, 직선 KL의 8개이므로

$c=8$

$\therefore a+b+c=6+3+8=17$

10 답 ⑤

주어진 전개도로 만든 정육면체는 오른쪽 그림과 같다.

이때 $\overline{CE}$와 $\overline{NF}$는 만나지도 않고 평행하지도 않으므로 꼬인 위치에 있다.

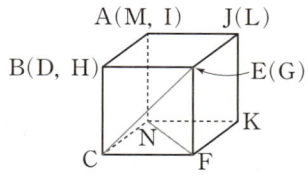

11 답 ②

① 면 BFHD에 수직인 모서리는 없다.

③ 선분 BD는 면 AEHD와 한 점 D에서 만난다.

④ 면 BFHD와 평행한 모서리는 모서리 AE, 모서리 CG의 2개이다.

⑤ 면 CGHD와 면 EFGH의 교선은 $\overline{GH}$이다.

따라서 옳은 것은 ②이다.

12 답 ⑤

⑤ $\angle h$의 엇각은 $\angle b$와 $\angle j$이다.

13 답 ①

오른쪽 그림과 같이 두 직선 l, m에 평행한 두 직선 p, q를 각각 그으면

$30°+\angle x=50°$ (엇각)

$\therefore \angle x=20°$

14 답 ①

오른쪽 그림에서

$\angle x=180°-130°=50°$

삼각형의 세 각의 크기의 합은 180°이므로

$\angle y+50°+50°=180°$　$\therefore \angle y=80°$

$\therefore \angle y-\angle x=80°-50°=30°$

15 답 5.6

점 A와 $\overline{BC}$ 사이의 거리는 $\overline{AB}$의 길이와 같으므로 12 cm이다.

$\therefore a=12$ ⋯❶

점 B와 $\overline{AC}$ 사이의 거리는 $\overline{BD}$의 길이와 같으므로 9.6 cm이다.

$\therefore b=9.6$ ⋯❷

점 C와 $\overline{AB}$ 사이의 거리는 $\overline{BC}$의 길이와 같으므로 16 cm이다.

$\therefore c=16$ ⋯❸

$\therefore a+b-c=12+9.6-16=5.6$ ⋯❹

채점 기준	배점
❶ a의 값을 구한 경우	30 %
❷ b의 값을 구한 경우	30 %
❸ c의 값을 구한 경우	30 %
❹ $a+b-c$의 값을 구한 경우	10 %

16 답 10°

$l \parallel m$이므로 오른쪽 그림에서

$\angle a=180°-60°=120°$ ⋯❶

삼각형의 세 각의 크기의 합은 180°이므로

$50°+60°+(180°-\angle b)=180°$

$\therefore \angle b=110°$ ⋯❷

$\therefore \angle a-\angle b=120°-110°=10°$ ⋯❸

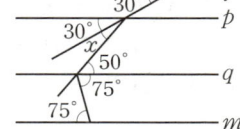

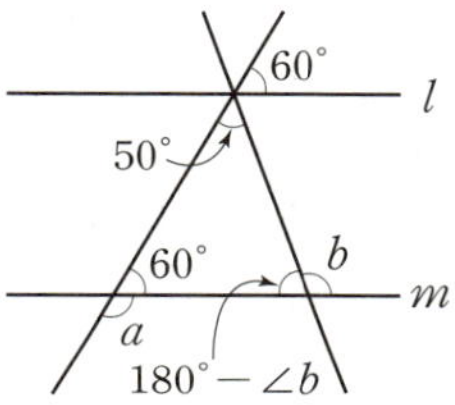

채점 기준	배점
❶ $\angle a$의 크기를 구한 경우	40 %
❷ $\angle b$의 크기를 구한 경우	40 %
❸ $\angle a-\angle b$의 값을 구한 경우	20 %

---

2. 작도와 합동 [1회]　　　본문 148~150쪽

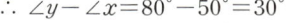
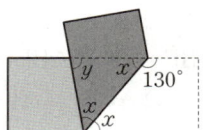

01 ㄱ, ㄴ	02 ②	03 ②, ⑤	04 ㄱ, ㄷ
05 ㄷ, ㅂ	06 ①	07 ③, ⑤	08 ④
09 ①, ④	10 ②	11 ㄱ, ㄹ	12 ②, ⑤
13 2개	14 ④	15 3개	
16 △DCE, SAS 합동			

01 답 ㄱ, ㄴ

ㄷ. 두 선분의 길이를 비교할 때는 컴퍼스를 사용한다.

ㄹ. 선분을 연장할 때는 눈금 없는 자를 사용한다.

따라서 옳은 것은 ㄱ, ㄴ이다.

02 답 ②

03 답 ②, ⑤

①, ③, ④ $\overline{OC}=\overline{OD}=\overline{PE}=\overline{PF}$

②, ⑤ $\overline{CD}=\overline{EF}$

따라서 $\overline{OC}$와 길이가 같은 선분이 아닌 것은 ②, ⑤이다.

04 답 ㄱ, ㄷ

ㄴ. ㉠ 점 P를 지나는 직선을 그어 직선 l과의 교점을 Q라 한다.

㉲ 점 Q를 중심으로 원을 그려 $\overline{PQ}$, 직선 l과의 교점을 각각 A, B라 한다.

㉡ 점 P를 중심으로 반지름의 길이가 $\overline{QA}$인 원을 그려 $\overline{PQ}$와의 교점을 C라 한다.

㉮ 컴퍼스로 $\overline{AB}$의 길이를 잰다.

㉣ 점 C를 중심으로 반지름의 길이가 $\overline{AB}$인 원을 그려 ㉡의 원과의 교점을 D라 한다.

㉢ $\overrightarrow{PD}$를 그으면 직선 l과 $\overrightarrow{PD}$는 평행하다.

즉, 작도 순서는 ㉠ → ㉲ → ㉡ → ㉮ → ㉣ → ㉢이다.

따라서 옳은 것은 ㄱ, ㄷ이다.

05 답 ㄷ, ㅂ

ㄱ. 2<1+2　　　ㄴ. 5<2+4　　　ㄷ. 8=3+5

ㄹ. 6<4+5　　　ㅁ. 7<5+6　　　ㅂ. 13>6+6

따라서 삼각형의 세 변의 길이가 될 수 없는 것은 ㄷ, ㅂ이다.

06 답 ①

① 5+5=10　　② 5+6>10　　③ 5+7>10

④ 5+8>10　　⑤ 5+9>10

따라서 x의 값이 될 수 없는 것은 ①이다.

07 답 ③, ⑤

㉡ 직선 l 위에 점 B를 중심으로 반지름의 길이가 a인 원을 그려 그 교점을 C라 한다.

㉠, ㉢ 두 점 B, C를 중심으로 반지름의 길이가 c, b인 원을 각각 그린다.

㉣ 두 점 B, C를 각각 중심으로 하는 두 원의 교점을 A라 하고 $\overline{AB}$, $\overline{AC}$를 긋는다.

따라서 작도 순서로 옳은 것은 ③, ⑤이다.

08 답 ④

① 세 각의 크기가 주어지면 무수히 많은 삼각형이 그려지므로 △ABC가 하나로 정해지지 않는다.

② ∠A는 $\overline{AB}$와 $\overline{BC}$의 끼인각이 아니므로 △ABC가 하나로 정해지지 않는다.

③ ∠A+∠B=80°+100°=180°이므로 △ABC를 만들 수 없다.

④ 두 변의 길이와 그 끼인각의 크기가 주어졌으므로 △ABC가 하나로 정해진다.

⑤ 세 변의 길이가 주어졌지만 3+4=7이므로 △ABC를 만들 수 없다.

따라서 △ABC가 하나로 정해지는 것은 ④이다.

09 답 ①, ④

① 두 변의 길이와 그 끼인각의 크기가 주어졌으므로 △ABC가 하나로 정해진다.

②, ③ 두 변의 길이는 주어졌으나 각이 그 끼인각이 아니므로 △ABC가 하나로 정해지지 않는다.

④ 한 변의 길이와 그 양 끝 각의 크기가 주어졌으므로 △ABC가 하나로 정해진다.

⑤ 세 각의 크기가 주어지면 무수히 많은 삼각형이 그려지므로 △ABC가 하나로 정해지지 않는다.

따라서 △ABC가 하나로 정해지는 것은 ①, ④이다.

10 답 ②

① ∠B=∠F=130°, ∠C=∠G=80°이므로

　∠A=360°−(130°+80°+70°)=80°

② $\overline{AB}=\overline{EF}=4\,\text{cm}$

③ ∠B의 대응각은 ∠F이다.

④ 변 AD의 대응변은 변 EH이다.

⑤ $\overline{BC}=\overline{FG}=5\,\text{cm}$

따라서 옳은 것은 ②이다.

11 답 ㄱ, ㄹ

ㄱ. 오른쪽 그림의 두 직사각형은 넓이가 같지만 합동이 아니다.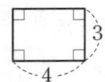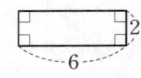

ㄹ. 오른쪽 그림의 두 삼각형은 세 각의 크기가 각각 같지만 합동이 아니다.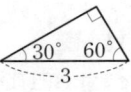

12 답 ②, ⑤

②, ⑤ △ABC와 △DEF가 SSS 합동이려면 대응하는 세 변의 길이가 각각 같아야 한다.

13 답 2개

△ABC와 △HGI에서

$\overline{AB}=\overline{HG}$, ∠A=∠H, ∠B=∠G이므로

△ABC≡△HGI (ASA 합동)

또 △ABC와 △MON에서

$\overline{AB}=\overline{MO}$, $\overline{BC}=\overline{ON}$, $\overline{AC}=\overline{MN}$이므로

△ABC≡△MON (SSS 합동)

따라서 △ABC와 합동인 삼각형은 △HGI, △MON의 2개이다.

14 답 ④

△ABE와 △BCF에서

사각형 ABCD는 정사각형이므로 $\overline{AB}=\overline{BC}$ (①),

$\overline{BE}=\overline{CF}$, ∠ABE=∠BCF=90°

즉, △ABE≡△BCF (SAS 합동)이므로

$\overline{AE}=\overline{BF}$ (②), ∠AEB=∠BFC (③), ∠BAE=∠CBF (⑤)

따라서 옳지 않은 것은 ④이다.

15 답 3개

3개의 선분을 골라 삼각형을 만들 때, 가장 긴 변의 길이가 나머지 두 변의 길이의 합보다 작아야 한다.

3 cm, 7 cm, 9 cm인 경우는 $9 < 3+7$ ($\bigcirc$)

3 cm, 7 cm, 10 cm인 경우는 $10 = 3+7$ ($\times$)

3 cm, 9 cm, 10 cm인 경우는 $10 < 3+9$ ($\bigcirc$)

7 cm, 9 cm, 10 cm인 경우는 $10 < 7+9$ ($\bigcirc$) ⋯ ❶

따라서 만들 수 있는 서로 다른 삼각형의 개수는 3개이다. ⋯ ❷

채점 기준	배점
❶ 세 변을 골라 가장 긴 변의 길이와 나머지 두 변의 길이의 합의 대소를 비교한 경우	80 %
❷ 만들 수 있는 서로 다른 삼각형의 개수를 구한 경우	20 %

16 답 △DCE, SAS 합동

△ABE와 △DCE에서

사각형 ABCD는 정사각형이므로

$\overline{AB} = \overline{DC}$ ⋯ ㉠

△EBC는 정삼각형이므로

$\overline{BE} = \overline{CE}$ ⋯ ㉡

$\angle ABE = \angle ABC - \angle EBC = 90° - 60° = 30°$,

$\angle DCE = \angle DCB - \angle ECB = 90° - 60° = 30°$이므로

$\angle ABE = \angle DCE$ ⋯ ㉢ ⋯ ❶

따라서 ㉠, ㉡, ㉢에서 △ABE와 △DCE는 대응하는 두 변의 길이가 각각 같고 그 끼인각의 크기가 같으므로

△ABE ≡ △DCE (SAS 합동) ⋯ ❷

채점 기준	배점
❶ △ABE와 △DCE가 합동인 이유를 설명한 경우	60 %
❷ △ABE와 △DCE의 합동 조건을 말한 경우	40 %

---

2. 작도와 합동 [2회] 본문 151~153쪽

01 ②, ④	**02** ④	**03** ②	**04** ③, ⑤
05 2개	**06** ③	**07** ㄴ, ㄷ	**08** ㄱ
09 ④	**10** ⑤	**11** ③	**12** ②, ⑤
13 ㄱ, ㄷ, ㄹ		**14** ①, ③	
15 △ACD, SAS 합동		**16** 800 m	

01 답 ②, ④

② 선분을 연장할 때는 눈금 없는 자를 사용한다.

④ 컴퍼스로 각의 크기를 측정할 수 없다.

02 답 ④

㉢ $\overline{AB}$의 길이를 잰다.

㉠ 두 점 A, B를 각각 중심으로 하고 반지름의 길이가 $\overline{AB}$인 원을 그려 두 원의 교점을 C라 한다.

㉡ $\overline{AC}$, $\overline{BC}$를 그으면 △ABC는 한 변의 길이가 $\overline{AB}$인 정삼각형이다.

따라서 작도 순서는 ㉢ → ㉠ → ㉡이다.

03 답 ②

② $\overline{OA} = \overline{OB} = \overline{PC} = \overline{PD}$, $\overline{AB} = \overline{CD}$이고,

$\overline{OA}$와 $\overline{AB}$의 길이가 같은지는 알 수 없다.

04 답 ③, ⑤

① 두 점 B, C는 점 A를 중심으로 하는 한 원 위에 있고, 두 점 Q, R는 점 P를 중심으로 하고 반지름의 길이가 $\overline{AB}$인 원 위에 있으므로 $\overline{AB} = \overline{AC} = \overline{PQ} = \overline{PR}$

② 점 R는 점 Q를 중심으로 하고 반지름의 길이가 $\overline{BC}$인 원 위에 있으므로 $\overline{BC} = \overline{QR}$

④ 동위각의 크기가 같으면 두 직선이 평행함을 이용하여 작도한 것이므로 $\angle BAC = \angle QPR$

따라서 옳지 않은 것은 ③, ⑤이다.

05 답 2개

3개의 선분을 골라 삼각형을 만들 때, 가장 긴 변의 길이가 나머지 두 변의 길이의 합보다 작아야 한다.

2, 3, 5인 경우는 $5 = 2+3$ ($\times$)

2, 3, 6인 경우는 $6 > 2+3$ ($\times$)

2, 5, 6인 경우는 $6 < 2+5$ ($\bigcirc$)

3, 5, 6인 경우는 $6 < 3+5$ ($\bigcirc$)

따라서 만들 수 있는 서로 다른 삼각형의 개수는 2개이다.

06 답 ③

(i) 가장 긴 변의 길이가 x cm일 때, 즉 $x \geq 13$인 경우

$x < 6+13$, 즉 $x < 19$이므로 x의 값이 될 수 있는 자연수는

13, 14, 15, 16, 17, 18

(ii) 가장 긴 변의 길이가 13 cm일 때, 즉 $x < 13$인 경우

$x+6 > 13$, 즉 $x > 7$이므로 x의 값이 될 수 있는 자연수는

8, 9, 10, 11, 12

따라서 (i), (ii)에서 x의 값이 될 수 있는 자연수는 8, 9, 10, ⋯, 18의 11개이다.

07 답 ㄴ, ㄷ

ㄴ. 길이가 a인 선분을 한 변으로 하고, 그 양 끝 각이 $\angle A$와 $180° - (70° + 60°) = 50° = \angle B$인 삼각형이다.

ㄷ. 길이가 a, b인 선분을 두 변으로 하고, 그 끼인각이 $180° - (60° + 70°) = 50° = \angle B$인 삼각형이다.

08 답 ㄱ

ㄱ. 세 각의 크기가 주어지면 무수히 많은 삼각형이 그려지므로
$\triangle ABC$가 하나로 정해지지 않는다.

ㄴ, ㄷ. $\angle A$, $\angle C$의 크기를 알면 $\angle B$의 크기도 알 수 있다.
즉, 한 변의 길이와 그 양 끝 각의 크기가 주어진 경우이므로
$\triangle ABC$가 하나로 정해진다.

ㄹ. 한 변의 길이와 그 양 끝 각의 크기가 주어진 경우이므로
$\triangle ABC$가 하나로 정해진다.

따라서 필요한 나머지 한 조건이 될 수 없는 것은 ㄱ이다.

09 답 ④

④ 오른쪽 그림과 같은 두 직사각형은 둘레의 길이가 같지만 합동이 아니다.

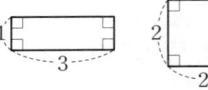

10 답 ⑤

① 점 A의 대응점은 점 E이다.

② $\overline{BC}$의 대응변은 $\overline{FD}$이다.

③ $\angle B$의 대응각은 $\angle F$이다.

④ $\overline{AB}$의 대각은 $\angle C$이고, $\overline{DF}$의 대각은 $\angle E$이다.
이때 $\angle C$와 $\angle E$의 크기가 같은지는 알 수 없다.

⑤ $\angle C$의 대변은 $\overline{AB}$이고, $\angle D$의 대변은 $\overline{EF}$이다.
이때 $\overline{AB}$의 대응변이 $\overline{EF}$이므로 $\overline{AB}=\overline{EF}$이다.

따라서 옳은 것은 ⑤이다.

11 답 ③

① $\overline{SR}=\overline{AB}=3\,cm$

② $\angle C=\angle Q=80°$

③ $\angle B=\angle R=65°$

④ $\overline{QR}=\overline{CB}=6\,cm$

⑤ $\angle A=\angle S=360°-(75°+80°+65°)=140°$

따라서 옳은 것은 ③이다.

12 답 ②, ⑤

② $\angle B=\angle E$이면 대응하는 두 변의 길이가 각각 같고, 그 끼인각의 크기가 같으므로 합동이다. (SAS 합동)

⑤ $\overline{AC}=\overline{DF}$이면 대응하는 세 변의 길이가 각각 같으므로 합동이다. (SSS 합동)

13 답 ㄱ, ㄷ, ㄹ

$\triangle ABC$와 $\triangle ADE$에서

$\overline{AB}=\overline{AD}$, $\angle ABC=\angle ADE$, $\angle A$는 공통

즉, $\triangle ABC\equiv\triangle ADE$ (ASA 합동)이므로

$\overline{AC}=\overline{AE}$ (ㄱ), $\overline{BC}=\overline{DE}$ (ㄷ), $\angle ACB=\angle AED$ (ㄹ)

따라서 옳은 것은 ㄱ, ㄷ, ㄹ이다.

14 답 ①, ③

$\triangle GBC$와 $\triangle EDC$에서

사각형 ABCD와 사각형 GCEF는 정사각형이므로

$\overline{BC}=\overline{DC}$, $\overline{CG}=\overline{CE}$, $\angle BCG=\angle DCE=90°$

즉, $\triangle GBC\equiv\triangle EDC$ (SAS 합동)이므로

$\overline{GB}=\overline{ED}$ (②), $\angle BGC=\angle DEC$ (④),

$\angle GBC=\angle EDC$ (⑤)

따라서 옳지 않은 것은 ①, ③이다.

15 답 △ACD, SAS 합동

$\triangle ABE$와 $\triangle ACD$에서

$\overline{AB}=\overline{AC}$, $\overline{AE}=\overline{AD}$, $\angle A$는 공통 ⋯ ❶

따라서 $\triangle ABE$와 $\triangle ACD$는 대응하는 두 변의 길이가 각각 같고 그 끼인각의 크기가 같으므로

$\triangle ABE\equiv\triangle ACD$ (SAS 합동) ⋯ ❷

채점 기준	배점
❶ $\triangle ABE$와 $\triangle ACD$가 합동인 이유를 설명한 경우	60 %
❷ $\triangle ABE$와 $\triangle ACD$의 합동 조건을 말한 경우	40 %

16 답 800 m

$\triangle ABO$와 $\triangle CDO$에서

$\overline{BO}=\overline{DO}=1000\,m$,

$\angle ABO=\angle CDO=55°$,

$\angle AOB=\angle COD$ (맞꼭지각)

$\therefore \triangle ABO\equiv\triangle CDO$ (ASA 합동) ⋯ ❶

합동인 두 삼각형에서 대응변의 길이는 서로 같으므로

$\overline{AB}=\overline{CD}=800\,m$

따라서 두 지점 A, B 사이의 거리는 800 m이다. ⋯ ❷

채점 기준	배점
❶ $\triangle ABO\equiv\triangle CDO$임을 설명한 경우	60 %
❷ 두 지점 A, B 사이의 거리를 구한 경우	40 %

---

3. 평면도형의 성질 [1회]　　본문 154~156쪽

01 ④	02 ②	03 54개	04 18개
05 ②	06 ①	07 ⑤	08 57
09 ⑤	10 ㄷ, ㄹ	11 20	12 12 cm
13 ⑤	14 ③	15 ⑤	16 60°
17 68°			

01 답 ④

다각형은 직각삼각형, 마름모, 직사각형, 사다리꼴의 4개이다.

02 답 ②

$\angle x = 180° - 50° = 130°$

$\angle y = 180° - 115° = 65°$

$\therefore \angle x - \angle y = 130° - 65° = 65°$

03 답 54개

주어진 다각형을 n각형이라 하면 한 꼭짓점에서 그을 수 있는 대각선의 개수가 9개이므로

$n - 3 = 9$ ∴ $n = 12$

따라서 주어진 다각형은 십이각형이므로 십이각형의 대각선의 개수는

$\dfrac{12 \times (12 - 3)}{2} = 54$(개)

04 답 18개

주어진 다각형을 n각형이라 하면 대각선의 개수가 135개이므로

$\dfrac{n(n-3)}{2} = 135$

$n(n-3) = 270 = 18 \times 15$ ∴ $n = 18$

따라서 주어진 다각형은 십팔각형이므로 십팔각형의 변의 개수는 18개이다.

05 답 ②

$x + (2x - 30) + 90 = 180$이므로

$3x = 120$ ∴ $x = 40$

06 답 ①

$\triangle BAC$에서 $\overline{AB} = \overline{BC}$이므로

$\angle BCA = \angle BAC = 23°$

$\therefore \angle DBC = 23° + 23° = 46°$

$\triangle BCD$에서 $\overline{BC} = \overline{CD}$이므로

$\angle CDB = \angle CBD = 46°$

따라서 $\triangle ACD$에서 $\angle x = 23° + 46° = 69°$

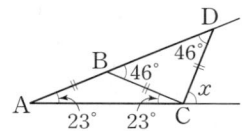

07 답 ⑤

다각형의 외각의 크기의 합은 360°이므로

$80° + 75° + 70° + (180° - \angle x) + 55° = 360°$

$460° - \angle x = 360°$ ∴ $\angle x = 100°$

08 답 57

오각형의 내각의 크기의 합은 $180° \times (5 - 2) = 540°$이므로

$2x + 120 + 2x + 135 + x = 540$

$5x = 285$ ∴ $x = 57$

09 답 ⑤

구하는 정다각형을 정n각형이라 하면

$\dfrac{180° \times (n-2)}{n} = 162°$

$180° \times n - 360° = 162° \times n$

$18° \times n = 360°$ ∴ $n = 20$

따라서 구하는 정다각형은 정이십각형이다.

다른 풀이

구하는 정다각형을 정n각형이라 하면 한 외각의 크기는

$180° - 162° = 18°$이므로

$\dfrac{360°}{n} = 18°$ ∴ $n = 20$

10 답 ㄷ, ㄹ

ㄷ. (한 외각의 크기) $= \dfrac{360°}{15} = 24°$

ㄹ. (내각의 크기의 합) $= 180° \times (15 - 2) = 2340°$

11 답 20

부채꼴의 넓이는 중심각의 크기에 정비례하므로

$(6x + 5) : (x + 5) = 180 : 36$

$(6x + 5) : (x + 5) = 5 : 1$

$6x + 5 = 5(x + 5)$

$\therefore x = 20$

12 답 12 cm

$\overline{AC} /\!/ \overline{OD}$이므로

$\angle BOD = \angle OAC$ (동위각)

오른쪽 그림과 같이 $\overline{OC}$를 그으면

$\triangle AOC$는 $\overline{OA} = \overline{OC}$인 이등변삼각형이므로

$\angle OCA = \angle OAC$

또 $\overline{AC} /\!/ \overline{OD}$이므로

$\angle COD = \angle OCA$ (엇각)

따라서 $\angle COD = \angle BOD$이므로

$\overline{CD} = \overline{BD} = 12$ cm

13 답 ⑤

부채꼴의 반지름의 길이를 r cm라 하면

$\dfrac{1}{2} \times r \times 2\pi = 10\pi$

$\therefore r = 10$(cm)

부채꼴의 중심각의 크기를 $x°$라 하면

$2\pi \times 10 \times \dfrac{x}{360} = 2\pi$

$\therefore x = 36$

따라서 구하는 중심각의 크기는 36°이다.

14 답 ③

오른쪽 그림에서 4개의 호 ㉠, ㉡, ㉢, ㉣의 길이의 합은 반지름의 길이가 4 cm인 원의 둘레의 길이와 같으므로 색칠한 부분의 둘레의 길이는 반지름의 길이가 4 cm인 원 2개의 둘레의 길이의 합과 같다.

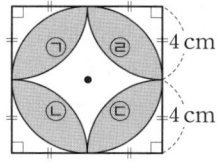

$\therefore$ (색칠한 부분의 둘레의 길이) $= (2\pi \times 4) \times 2 = 16\pi$(cm)

15 답 ⑤

$\overline{BE}=\overline{EC}=\overline{BC}=6$ cm이므로 △EBC는 정삼각형이다.

즉, ∠EBC=∠ECB=60°이므로

∠ABE=∠ECD=90°−60°=30°

따라서 부채꼴 ABE의 넓이와 부채꼴 ECD의 넓이가 같으므로

(색칠한 부분의 넓이)

=(정사각형 ABCD의 넓이)−(부채꼴 ABE의 넓이)×2

$=6\times6-\left(\pi\times6^2\times\dfrac{30}{360}\right)\times2$

$=36-6\pi\,(\text{cm}^2)$

16 답 60°

△DBC에서 ∠DBC+∠DCB+120°=180°이므로

∠DBC+∠DCB=60°　　　　　　　　　　… ❶

△ABC에서 ∠x+2∠DBC+2∠DCB=180°이므로

∠x+2(∠DBC+∠DCB)=180°

∠x+2×60°=180°　　∴ ∠x=60°　　… ❷

채점 기준	배점
❶ ∠DBC+∠DCB의 값을 구한 경우	50 %
❷ ∠x의 크기를 구한 경우	50 %

17 답 68°

∠AOB+∠COD=180°−78°=102°　　　　… ❶

∠AOB : ∠COD=$\overset{\frown}{AB}$: $\overset{\frown}{CD}$=1 : 2이므로

∠COD$=102°\times\dfrac{2}{1+2}=102°\times\dfrac{2}{3}=68°$　… ❷

채점 기준	배점
❶ ∠AOB+∠COD의 값을 구한 경우	30 %
❷ ∠COD의 크기를 구한 경우	70 %

---

3. 평면도형의 성질 [2회]　　　본문 157~159쪽

01 정십이각형		**02** 145		**03** 76	
04 ②	**05** ④	**06** 125°	**07** 110°		
08 ④	**09** ②	**10** ④	**11** ③		
12 ②	**13** ①, ④	**14** ②	**15** ②		
16 27°	**17** 24 cm²				

01 답 정십이각형

조건 ㈎, ㈏를 모두 만족시키는 다각형은 정다각형이다.

다각형의 꼭짓점의 개수와 변의 개수는 같으므로 조건 ㈐에서 꼭짓점의 개수와 변의 개수는 각각

$\dfrac{24}{2}=12$(개)

따라서 구하는 다각형은 정십이각형이다.

02 답 145

$x=180-120=60$

$(x+35)+y=180$에서 $95+y=180$　　∴ $y=85$

∴ $x+y=60+85=145$

03 답 76

십사각형의 한 꼭짓점에서 그을 수 있는 대각선의 개수는

$14-3=11$(개)이므로 $a=11$

십삼각형의 대각선의 개수는 $\dfrac{13\times(13-3)}{2}=65$(개)이므로

$b=65$

∴ $a+b=11+65=76$

04 답 ②

주어진 다각형을 n각형이라 하면 한 꼭짓점에서 그을 수 있는 대각선의 개수가 8개이므로 $n-3=8$　　∴ $n=11$

따라서 주어진 다각형은 십일각형이므로 십일각형의 대각선의 개수는

$\dfrac{11\times(11-3)}{2}=44$(개)

05 답 ④

△ABE에서 ∠AEB=180°−(70°+40°)=70°

∠DEC=∠AEB=70° (맞꼭지각)이므로

△DCE에서 ∠x+70°+54°=180°　　∴ ∠x=56°

다른 풀이

맞꼭지각의 크기는 서로 같으므로

$70°+40°=∠x+54°$　　∴ ∠x=56°

06 답 125°

△ABD에서 ∠ABD=100°−75°=25°

∴ ∠ABC=2∠ABD=2×25°=50°

따라서 △ABC에서 ∠x=75°+50°=125°

07 답 110°

다각형의 외각의 크기의 합은 360°이므로

$40°+40°+30°+45°+75°+60°+(180°−∠x)=360°$

$470°−∠x=360°$　　∴ ∠x=110°

08 답 ④

오른쪽 그림과 같이 보조선을 그으면

∠g+∠h=35°+50°=85°

이고, 육각형의 내각의 크기의 합은

$180°\times(6-2)=720°$이므로

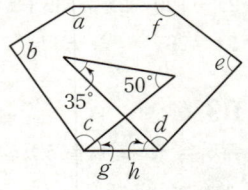

∠a+∠b+∠c+∠g+∠h+∠d

+∠e+∠f

=720°

∴ ∠a+∠b+∠c+∠d+∠e+∠f=720°−(∠g+∠h)

$=720°−85°=635°$

09 답 ②

한 내각의 크기와 한 외각의 크기의 합은 $180°$이므로

(한 외각의 크기)$=180°\times\dfrac{2}{3+2}=72°$

구하는 정다각형을 정n각형이라 하면

$\dfrac{360°}{n}=72°$ ∴ $n=5$

따라서 구하는 정다각형은 정오각형이다.

10 답 ④

① 정사각형의 한 외각의 크기는 $\dfrac{360°}{4}=90°$

② 정십이각형의 한 외각의 크기는 $\dfrac{360°}{12}=30°$

③ 정삼각형의 한 내각의 크기는 $60°$,

정사각형의 한 내각의 크기는 $90°$,

정오각형의 한 내각의 크기는 $\dfrac{180°\times(5-2)}{5}=108°$, $\cdots$

이므로 한 내각의 크기가 $100°$ 이하인 정다각형은 정삼각형, 정사각형의 2가지이다.

④ 주어진 정다각형을 정n각형이라 하면

$\dfrac{180°\times(n-2)}{n}=135°$

$180°\times n-360°=135°\times n$

$45°\times n=360°$ ∴ $n=8$

즉, 주어진 정다각형은 정팔각형이므로 정팔각형의 한 꼭짓점에서 그을 수 있는 대각선의 개수는

$8-3=5$(개)

⑤ 십각형의 내각의 크기의 합은

$180°\times(10-2)=1440°$

따라서 옳은 것은 ④이다.

11 답 ③

$\angle BOC=180°-150°=30°$

부채꼴의 호의 길이는 중심각의 크기에 정비례하므로

$20:\overset{\frown}{BC}=150:30$

$20:\overset{\frown}{BC}=5:1$

$5\overset{\frown}{BC}=20$ ∴ $\overset{\frown}{BC}=4$(cm)

12 답 ②

$\overline{AC}\parallel\overline{OD}$이므로 $\angle CAO=\angle DOB=30°$ (동위각)

오른쪽 그림과 같이 $\overline{OC}$를 그으면

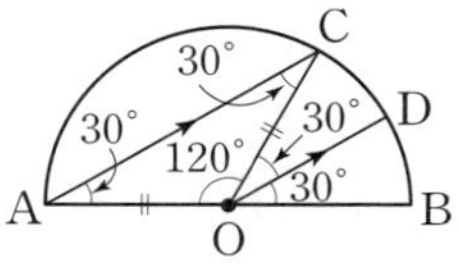

$\triangle AOC$에서 $\overline{OA}=\overline{OC}$이므로

$\angle ACO=\angle CAO=30°$

∴ $\angle AOC=180°-(30°+30°)=120°$

또 $\overline{AC}\parallel\overline{OD}$이므로 $\angle COD=\angle ACO=30°$ (엇각)

∴ $\overset{\frown}{AC}:\overset{\frown}{CD}:\overset{\frown}{DB}=\angle AOC:\angle COD:\angle DOB$

$=120:30:30$

$=4:1:1$

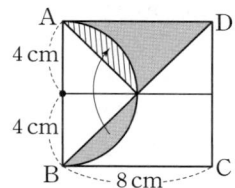

13 답 ①, ④

① 현의 길이와 중심각의 크기는 정비례하지 않으므로

$\overline{AB}\neq2\overline{CD}$

④ ($\triangle AOB$의 넓이)$<2\times(\triangle COD$의 넓이$)$

14 답 ②

색칠한 부분의 둘레의 길이는

$\left(2\pi\times9\times\dfrac{1}{2}\right)+18+\left(2\pi\times18\times\dfrac{40}{360}\right)=9\pi+18+4\pi$

$=13\pi+18$(cm)

15 답 ②

위의 그림과 같이 도형을 이동시키면

(색칠한 부분의 넓이)$=\dfrac{1}{2}\times8\times4=16$(cm²)

16 답 $27°$

$\triangle BDJ$에서

$\angle EJI=33°+45°=78°$ $\cdots$ ❶

$\triangle ACI$에서

$\angle EIJ=47°+28°=75°$ $\cdots$ ❷

따라서 $\triangle EJI$에서

$\angle x=180°-(\angle EJI+\angle EIJ)$

$=180°-(78°+75°)=27°$ $\cdots$ ❸

채점 기준	배점
❶ $\angle EJI$의 크기를 구한 경우	40%
❷ $\angle EIJ$의 크기를 구한 경우	40%
❸ $\angle x$의 크기를 구한 경우	20%

17 답 24 cm²

(색칠한 부분의 넓이)

$=(\overline{AB}$가 지름인 반원의 넓이$)+(\overline{AC}$가 지름인 반원의 넓이$)$

$+(\triangle ABC$의 넓이$)-(\overline{BC}$가 지름인 반원의 넓이$)$

$=(\pi\times4^2)\times\dfrac{1}{2}+(\pi\times3^2)\times\dfrac{1}{2}+\dfrac{1}{2}\times8\times6-(\pi\times5^2)\times\dfrac{1}{2}$

$\cdots$ ❶

$=8\pi+\dfrac{9}{2}\pi+24-\dfrac{25}{2}\pi$

$=24$(cm²) $\cdots$ ❷

채점 기준	배점
❶ 색칠한 부분의 넓이를 구하는 식을 세운 경우	70%
❷ 색칠한 부분의 넓이를 구한 경우	30%

01 ②	**02** 28	**03** ④	**04** ⑤
05 ㅁ, ㄱ	**06** ②	**07** ③, ④	**08** $64\pi \text{ cm}^2$
09 ⑤	**10** ⑤	**11** ③	**12** ④
13 ②	**14** ③	**15** ④	**16** 42 cm^2
17 $210\pi \text{ cm}^2$			

01 답 ②

다면체는 직육면체, 오각뿔대, 육각뿔, 삼각기둥의 4개이다.

02 답 28

주어진 각뿔을 n각뿔이라 하면 면의 개수가 10개이므로
$n+1=10$　∴ $n=9$
즉, 주어진 각뿔은 구각뿔이므로
모서리의 개수는 $9 \times 2 = 18$(개)　∴ $a=18$
꼭짓점의 개수는 $9+1=10$(개)　∴ $b=10$
∴ $a+b=18+10=28$

03 답 ④

	다면체	밑면의 모양	옆면의 모양
①	삼각기둥	삼각형	직사각형
②	사각기둥	사각형	직사각형
③	사각뿔	사각형	삼각형
⑤	오각뿔대	오각형	사다리꼴

따라서 옳은 것은 ④이다.

04 답 ⑤

⑤ 정팔면체의 한 면의 모양은 정삼각형이고, 정십이면체의 한 면의
　모양은 정오각형이다.

05 답 ㅁ, ㄱ

각 개수를 구하면
ㄱ. 6개　　ㄴ. 8개　　ㄷ. 12개　　ㄹ. 20개　　ㅁ. 30개
따라서 그 값이 가장 큰 것과 가장 작은 것을 차례로 나열하면
ㅁ, ㄱ이다.

06 답 ②

07 답 ③, ④

③ 원기둥 – 직사각형　　　　④ 원뿔대 – 사다리꼴

08 답 $64\pi \text{ cm}^2$

구를 구의 중심을 지나는 평면으로 자를 때 생기는 단면의 크기가
가장 크다.
이때 단면은 반지름의 길이가 8 cm인 원이므로 그 넓이는
$\pi \times 8^2 = 64\pi (\text{cm}^2)$

09 답 ⑤

주어진 원뿔대의 전개도는 오른쪽 그
림과 같으므로 옆면의 둘레의 길이는
$2\pi \times 3 + 2\pi \times 5 + 6 \times 2$
$= 16\pi + 12 (\text{cm})$

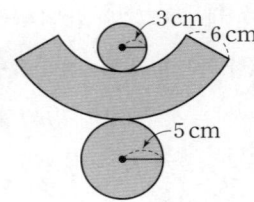

10 답 ⑤

⑤ 회전축을 포함하는 평면으로 자른 단면이 항상 원이 되는 회전체
　는 구이다.

11 답 ③

$(\text{부피}) = \left(\pi \times 3^2 \times \dfrac{150}{360} \right) \times 4 = 15\pi (\text{cm}^3)$

12 답 ④

원뿔의 모선의 길이를 l cm라 하면 겉넓이가 $96\pi \text{ cm}^2$이므로
$\pi \times 6^2 + \dfrac{1}{2} \times l \times 12\pi = 96\pi$
$36\pi + 6\pi l = 96\pi$
$6\pi l = 60\pi$　∴ $l=10$
따라서 원뿔의 모선의 길이는 10 cm이다.

13 답 ②

$(\text{부피}) = \dfrac{1}{3} \times (\pi \times 4^2) \times 12 - \dfrac{1}{3} \times (\pi \times 2^2) \times 6$
$= 64\pi - 8\pi = 56\pi (\text{cm}^3)$

14 답 ③

$(\text{겉넓이}) = \dfrac{3}{4} \times (4\pi \times 3^2) + \left(\pi \times 3^2 \times \dfrac{1}{2} \right) \times 2$
$= 27\pi + 9\pi = 36\pi (\text{cm}^2)$

15 답 ④

$(\text{부피}) = \dfrac{1}{3} \times (\pi \times 3^2) \times 8 + \dfrac{1}{2} \times \left(\dfrac{4}{3}\pi \times 3^3 \right)$
$= 24\pi + 18\pi = 42\pi (\text{cm}^3)$

16 답 42 cm^2

회전체를 회전축을 포함하는 평면으로 자른
단면은 오른쪽 그림과 같다.　　… ❶
∴ (단면의 넓이)
$= \dfrac{1}{2} \times (6+10) \times 4 + \dfrac{1}{2} \times 10 \times 2$
$= 32 + 10 = 42 (\text{cm}^2)$　　… ❷

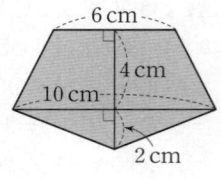

채점 기준	배점
❶ 단면의 모양을 그린 경우	50 %
❷ 단면의 넓이를 구한 경우	50 %

17 탑 $210\pi \text{ cm}^2$

(밑넓이)$=\pi \times 5^2 - \pi \times 2^2 = 21\pi(\text{cm}^2)$ ··· ❶

(옆넓이)$=(2\pi \times 5) \times 12 + (2\pi \times 2) \times 12$
$\qquad\quad =120\pi + 48\pi = 168\pi(\text{cm}^2)$ ··· ❷

∴ (겉넓이)$=21\pi \times 2 + 168\pi = 210\pi(\text{cm}^2)$ ··· ❸

채점 기준	배점
❶ 입체도형의 밑넓이를 구한 경우	40 %
❷ 입체도형의 옆넓이를 구한 경우	40 %
❸ 입체도형의 겉넓이를 구한 경우	20 %

---

4. 입체도형의 성질 [2회] · 본문 163~165쪽

01 4개	**02** ③	**03** 5	**04** 34
05 ③	**06** ⑤	**07** ②	**08** ②
09 ①, ⑤	**10** $360\pi \text{ cm}^2$		**11** 8
12 ④	**13** 12 cm	**14** ①	**15** 8 cm
16 6π cm, $135°$		**17** $104\pi \text{ cm}^2$	

01 탑 4개

다각형인 면으로만 둘러싸인 입체도형은 다면체이므로
다면체는 ㄴ, ㄷ, ㄹ, ㅂ의 4개이다.

02 탑 ③

주어진 다면체의 면의 개수는 7개이고, 보기의 다면체의 면의
개수를 각각 구하면 다음과 같다.
① 6개 ② 6개 ③ 7개 ④ 8개 ⑤ 8개
따라서 주어진 다면체와 면의 개수가 같은 것은 ③이다.

03 탑 5

조건 ㈎, ㈏를 모두 만족시키는 다면체는 각기둥이고,
조건 ㈐에서 밑면의 모양이 오각형이므로 주어진 다면체는 오각기둥이다.
오각기둥의 꼭짓점의 개수는
$5 \times 2 = 10$(개) ∴ $a = 10$
오각기둥의 모서리의 개수는
$5 \times 3 = 15$(개) ∴ $b = 15$
∴ $b - a = 15 - 10 = 5$

04 탑 34

꼭짓점의 개수가 가장 많은 정다면체는 정십이면체이고, 정십이
면체의 모서리의 개수는 30개이므로 $a = 30$
모서리의 개수가 가장 적은 정다면체는 정사면체이고, 정사면체
의 꼭짓점의 개수는 4개이므로 $b = 4$
∴ $a + b = 30 + 4 = 34$

05 탑 ③

주어진 전개도로 만들어지는 정다면체는 정팔면체이다.
③ 정팔면체의 꼭짓점의 개수는 6개이다.

06 탑 ⑤

07 탑 ②

각 단면의 모양이 나오도록 하는 평면의 방향은 오른쪽 그림과 같다.
따라서 단면의 모양이 될 수 없는 것은 ②이다.

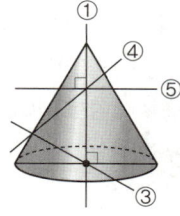

08 탑 ②

② 구의 회전축은 무수히 많다.

09 탑 ①, ⑤

주어진 평면도형을 직선 l을 회전축으로 하여 1회전 시킬 때 생기는 회전체는 오른쪽 그림과 같은 원뿔대이다.

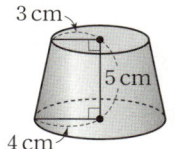

② 회전체의 두 밑면은 평행하지만 그 크기가 다르므로 서로 합동인 것은 아니다.

③ 회전체의 전개도는 오른쪽 그림과 같으므로 옆면의 모양은 사다리꼴이 아니다.

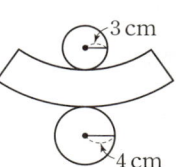

④ 회전체를 밑면에 평행한 평면으로 자른 단면의 모양은 원이다.

⑤ 회전체를 회전축을 포함하는 평면으로 자른 단면은 오른쪽 그림과 같으므로 그 넓이는
$\frac{1}{2} \times (6 + 8) \times 5 = 35(\text{cm}^2)$

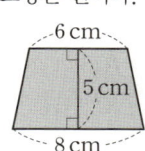

따라서 옳은 것은 ①, ⑤이다.

10 탑 $360\pi \text{ cm}^2$

롤러를 한 바퀴 굴렸으므로 페인트가 칠해지는 부분은 반지름의
길이가 6 cm, 높이가 30 cm인 원기둥의 전개도에서 옆면인 직사
각형과 같다.
따라서 구하는 넓이는
$(2\pi \times 6) \times 30 = 360\pi(\text{cm}^2)$

11 탑 8

(겉넓이)$=\left\{\frac{1}{2} \times (5 + 9) \times 3\right\} \times 2 + (5 + 5 + 9 + 3) \times h$
$\qquad\quad = 42 + 22h(\text{cm}^2)$
따라서 $42 + 22h = 218$이므로
$22h = 176$ ∴ $h = 8$

12 답 ④

$$(밑넓이)=\frac{1}{2}\times6\times3+\frac{1}{2}\times(6+3)\times4$$
$$=9+18=27(cm^2)$$
$$\therefore (부피)=27\times5=135(cm^3)$$

13 답 12 cm

$\overline{CD}=x\,cm$라 하면
삼각뿔 G-MCD의 부피가 60 cm³이므로
$$\frac{1}{3}\times(삼각형\,MCD의\,넓이)\times\overline{CG}=60$$
$$\frac{1}{3}\times\left(\frac{1}{2}\times\frac{10}{2}\times x\right)\times6=60$$
$$5x=60 \quad \therefore x=12(cm)$$
$$\therefore \overline{AB}=\overline{CD}=12\,cm$$

14 답 ①

$$(가죽\,한\,조각의\,넓이)=(구의\,겉넓이)\times\frac{1}{2}$$
$$=\left\{4\pi\times\left(\frac{7}{2}\right)^2\right\}\times\frac{1}{2}$$
$$=\frac{49}{2}\pi(cm^2)$$

15 답 8 cm

원뿔의 높이를 $h\,cm$라 하면
$$\frac{4}{3}\pi\times2^3=\frac{1}{3}\times(\pi\times2^2)\times h$$
$$\frac{32}{3}\pi=\frac{4}{3}\pi h$$
$$\therefore h=8$$
따라서 원뿔의 높이는 8 cm이다.

16 답 6π cm, 135°

주어진 원뿔의 전개도는 오른쪽 그림과 같다.
옆면인 부채꼴의 호의 길이는 밑면인 원의 둘레의
길이와 같으므로
$$2\pi\times3=6\pi(cm)$$
즉, 부채꼴의 호의 길이는 6π cm이다. … ❶
이때 부채꼴의 중심각의 크기를 $x°$라 하면
$$2\pi\times8\times\frac{x}{360}=6\pi$$
$$\therefore x=135$$
따라서 부채꼴의 중심각의 크기는 135°이다. … ❷

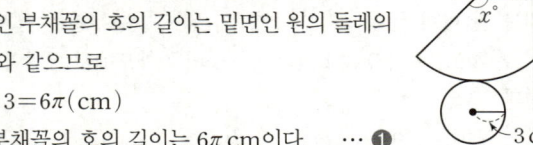

채점 기준	배점
❶ 부채꼴의 호의 길이를 구한 경우	50 %
❷ 부채꼴의 중심각의 크기를 구한 경우	50 %

17 답 104π cm²

주어진 평면도형을 직선 l을 회전축으로 하여
1회전 시킬 때 생기는 입체도형은 오른쪽 그림과
같다. … ❶
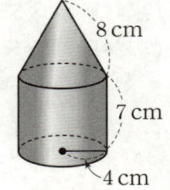
$$\therefore (겉넓이)=\pi\times4^2+(2\pi\times4)\times7$$
$$+\frac{1}{2}\times8\times(2\pi\times4)$$
$$=16\pi+56\pi+32\pi=104\pi(cm^2)$$ … ❷

채점 기준	배점
❶ 입체도형의 겨냥도를 그린 경우	40 %
❷ 입체도형의 겉넓이를 구한 경우	60 %

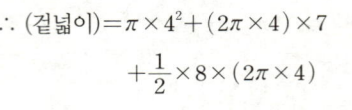
5. 대푯값 / 자료의 정리와 해석 [1회] 본문 166~169쪽

01 ④, ⑤	**02** 7	**03** 22	**04** 50 %
05 81회	**06** 25	**07** 40 %	**08** ④
09 10	**10** 5명	**11** 25 %	**12** 20 %
13 ⑤	**14** 450	**15** 12.3	**16** 55 %
17 ⑤	**18** $A=9$, $B=14$	**19** 8명	

01 답 ④, ⑤

진희의 점수를 작은 값부터 크기순으로 나열하면
7점, 7점, 8점, 9점, 10점이므로
중앙값은 8점, 최빈값은 7점이고,
$$(평균)=\frac{7+7+8+9+10}{5}=\frac{41}{5}=8.2(점)$$
윤희의 점수를 작은 값부터 크기순으로 나열하면
6점, 7점, 8점, 8점, 9점이므로
중앙값은 8점, 최빈값은 8점이고,
$$(평균)=\frac{6+7+8+8+9}{5}=\frac{38}{5}=7.6(점)$$
④ 진희의 점수의 최빈값은 평균보다 작다.
⑤ 진희의 점수의 중앙값과 윤희의 점수의 중앙값은 같다.

02 답 7

a, b, c의 평균이 6이므로
$$\frac{a+b+c}{3}=6 \quad \therefore a+b+c=18$$
따라서 5, a, b, c, 12의 평균은
$$\frac{5+a+b+c+12}{5}=\frac{5+18+12}{5}=\frac{35}{5}=7$$

03 답 22

중앙값인 20은 18과 x의 평균이므로
$$\frac{18+x}{2}=20,\ x+18=40 \quad \therefore x=22$$

04 답 50 %

65분 이하인 회는 54분, 56분, 59분, 60분, 63분, 63분, 64분, 65분의 8회이므로 전체의

$\dfrac{8}{16} \times 100 = 50 \,(\%)$

05 답 81회

줄넘기 횟수가 가장 많은 학생이 넘은 줄넘기 횟수는 54회, 가장 적은 학생이 넘은 줄넘기 횟수는 27회이므로 구하는 합은

$54 + 27 = 81 \,(\text{회})$

06 답 25

전체 학생 수가 20명이므로 $B = 20$

$\therefore A = 20 - (1 + 3 + 6 + 3 + 2) = 5$

$\therefore A + B = 5 + 20 = 25$

07 답 40 %

전체 회원 수는 $5 + 13 + 16 + 6 = 40 \,(\text{명})$이고,

나이가 35세 이상 40세 미만인 회원 수는 16명이다.

따라서 나이가 35세 이상 40세 미만인 회원은 전체의

$\dfrac{16}{40} \times 100 = 40 \,(\%)$

08 답 ④

② 몸무게가 50 kg 미만인 학생 수는 $5 + 8 + 10 = 23 \,(\text{명})$

④ 전체 학생 수는 50명이고, 몸무게가 40 kg 이상 55 kg 미만인
   학생 수는 $8 + 10 + 14 = 32 \,(\text{명})$

   즉, 몸무게가 40 kg 이상 55 kg 미만인 학생은 전체의

   $\dfrac{32}{50} \times 100 = 64 \,(\%)$

⑤ 몸무게가 60 kg 이상인 학생 수는 4명,

   55 kg 이상인 학생 수는 $9 + 4 = 13 \,(\text{명})$

   즉, 몸무게가 7번째로 무거운 학생이 속하는 계급은

   55 kg 이상 60 kg 미만이므로 그 계급의 도수는 9명이다.

따라서 옳지 않은 것은 ④이다.

09 답 10

계급의 크기는 $34 - 30 = 38 - 34 = \cdots = 54 - 50 = 4 \,(\text{m})$이므로

$a = 4$

계급의 개수는 30 m 이상 34 m 미만, 34 m 이상 38 m 미만,

38 m 이상 42 m 미만, 42 m 이상 46 m 미만,

46 m 이상 50 m 미만, 50 m 이상 54 m 미만

의 6개이므로 $b = 6$

$\therefore a + b = 4 + 6 = 10$

10 답 5명

받은 이메일의 개수가 16개인 학생이 속하는 계급은

14개 이상 19개 미만이다.

따라서 구하는 계급의 도수는 5명이다.

11 답 25 %

필기구의 개수가 8개 이상 10개 미만인 학생 수는

$32 - (3 + 6 + 11 + 4) = 8 \,(\text{명})$

따라서 필기구의 개수가 8개 이상 10개 미만인 학생은 전체의

$\dfrac{8}{32} \times 100 = 25 \,(\%)$

12 답 20 %

전체 학생 수는 $1 + 3 + 4 + 6 + 9 + 4 + 2 + 1 = 30 \,(\text{명})$이고,

윗몸일으키기 횟수가 35회 이상 40회 미만인 학생 수는 4명,

40회 이상 45회 미만인 학생 수는 2명이므로

35회 이상 45회 미만인 학생 수는 $4 + 2 = 6 \,(\text{명})$이다.

따라서 윗몸일으키기 횟수가 35회 이상 45회 미만인 학생은 전체의

$\dfrac{6}{30} \times 100 = 20 \,(\%)$

13 답 ⑤

① 전체 학생 수는 $2 + 3 + 10 + 12 + 8 + 4 + 1 = 40 \,(\text{명})$

④ 키가 150 cm 미만인 학생 수는 $2 + 3 = 5 \,(\text{명})$

⑤ 키가 168 cm인 학생이 속하는 계급은 165 cm 이상 170 cm
   미만이므로 그 계급의 도수는 4명이다.

따라서 옳지 않은 것은 ⑤이다.

14 답 450

$A = 5 \times (3 + 4 + 8 + 9 + 11 + 6 + 4)$

   $= 5 \times 45 = 225$

히스토그램의 각 직사각형의 넓이의 합과 도수분포다각형과 가로축으로 둘러싸인 부분의 넓이는 같으므로

$B = A = 225$

$\therefore A + B = 225 + 225 = 450$

15 답 12.3

8 ℃ 이상 10 ℃ 미만인 계급에서

$(\text{전체 날수}) = \dfrac{6}{0.2} = 30 \,(\text{일})$이므로

$A = 30 \times 0.4 = 12$,

$B = \dfrac{9}{30} = 0.3$

$\therefore A + B = 12 + 0.3 = 12.3$

16 답 55 %

80 cm 이상인 계급의 상대도수의 합은 $0.4 + 0.15 = 0.55$

따라서 앉은키가 80 cm 이상인 학생은 전체의

$0.55 \times 100 = 55 \,(\%)$

17 답 ⑤

① 전체 남학생 수와 전체 여학생 수는 알 수 없다.

② 남학생 중에서 도수가 가장 큰 계급은 상대도수가 가장 큰 계급인 3권 이상 4권 미만이므로 이 계급의 상대도수는 0.4이다.

③ 여학생의 그래프가 남학생의 그래프보다 전체적으로 오른쪽으로 치우쳐 있으므로 여학생이 남학생보다 책을 대체적으로 더 많이 읽은 편이다.

④ 전체 남학생 수와 전체 여학생 수를 알 수 없으므로 읽은 책의 수가 3권 이상 4권 미만인 남학생 수와 여학생 수도 알 수 없다.

⑤ 여학생 중 3권 미만인 계급의 상대도수의 합은

$0.05+0.15=0.2$이므로 전체 여학생 수는 $\dfrac{4}{0.2}=20$(명)이다.

따라서 옳은 것은 ⑤이다.

18 답 $A=9$, $B=14$

4권 미만의 공책을 사용한 학생 수는 $40\times\dfrac{30}{100}=12$(명)

즉, 2권 이상 4권 미만의 공책을 사용한 학생 수는

$12-3=9$(명)이므로 $A=9$ ··· ❶

또 4권 이상 6권 미만의 공책을 사용한 학생 수는

$40-(3+9+12+2)=14$(명)이므로 $B=14$ ··· ❷

채점 기준	배점
❶ A의 값을 구한 경우	60 %
❷ B의 값을 구한 경우	40 %

19 답 8명

130 cm 이상 140 cm 미만인 계급에서 전체 학생 수는

$\dfrac{6}{0.15}=40$(명) ··· ❶

따라서 140 cm 이상 150 cm 미만인 계급의 상대도수가 0.2이므로 멀리뛰기 기록이 140 cm 이상 150 cm 미만인 학생 수는

$40\times0.2=8$(명) ··· ❷

채점 기준	배점
❶ 전체 학생 수를 구한 경우	50 %
❷ 멀리뛰기 기록이 140 cm 이상 150 cm 미만인 학생 수를 구한 경우	50 %

---

5. 대푯값 / 자료의 정리와 해석 [2회]　　본문 170~173쪽

01 평균: 16.5시간, 중앙값: 15시간, 최빈값: 15시간			
02 ②	**03** 84	**04** 82점	**05** ④
06 16	**07** ㄷ, ㄹ	**08** 5명	**09** 4
10 20 %	**11** ②, ③	**12** ④	**13** 36
14 7명	**15** 0.2	**16** 10명	**17** ①, ③
18 25권	**19** 12명		

01 답 평균: 16.5시간, 중앙값: 15시간, 최빈값: 15시간

$(평균)=\dfrac{6+8+10+11+15+15+20+22+24+34}{10}$

$=\dfrac{165}{10}=16.5$(시간)

변량을 작은 값부터 크기순으로 나열하면

6시간, 8시간, 10시간, 11시간, 15시간,

15시간, 20시간, 22시간, 24시간, 34시간

이므로 중앙값은 15시간과 15시간의 평균이다.

$\therefore$ (중앙값)$=\dfrac{15+15}{2}=15$(시간)

또 15시간이 두 번으로 가장 많이 나타나므로

최빈값은 15시간이다.

02 답 ②

두 선수의 점수를 작은 값부터 크기순으로 나열하면

선수 A(점) : 4, 5, 5, 6, 7, 8, 8, 10, 10, 10

선수 B(점) : 2, 3, 3, 6, 6, 7, 8, 9, 10, 10

따라서 선수 A의 점수의 중앙값은

$\dfrac{7+8}{2}=7.5$(점)　　$\therefore a=7.5$

선수 B의 점수의 중앙값은

$\dfrac{6+7}{2}=6.5$(점)　　$\therefore b=6.5$

$\therefore a+b=7.5+6.5=14$

03 답 84

84, 92, 77, 83, x에서 최빈값이 존재하려면 x의 값이 84, 92, 77, 83, x 중 하나와 같아야 하므로 최빈값은 x이다.

이때 평균과 최빈값이 같으므로

$\dfrac{84+92+77+83+x}{5}=x$

$336+x=5x$, $4x=336$　　$\therefore x=84$

04 답 82점

국어 점수가 높은 학생의 점수부터 차례로 나열하면

95점, 93점, 91점, 91점, 88점, 86점, 84점, 84점, 84점, 82점, …이므로 국어 점수가 10번째로 높은 학생의 점수는 82점이다.

05 답 ④

③ 키가 140 cm 이상 157 cm 이하인 학생은

141 cm, 142 cm, 147 cm, 148 cm, 152 cm, 155 cm, 156 cm, 157 cm의 8명이다.

④ 키가 큰 학생의 키부터 차례로 나열하면

169 cm, 168 cm, 166 cm, 165 cm, 164 cm, …

이므로 키가 5번째로 큰 학생의 키는 164 cm이다.

따라서 옳지 않은 것은 ④이다.

06 답 16

계급의 크기는

$10-0=20-10=30-20=40-30=10$(점)이므로 $a=10$

20점 이상 30점 미만인 계급의 도수는 6명이므로 $b=6$
∴ $a+b=10+6=16$

07 답 ㄷ, ㄹ

ㄱ. 계급의 개수는 50점 이상 60점 미만, 60점 이상 70점 미만, 70점 이상 80점 미만, 80점 이상 90점 미만, 90점 이상 100점 미만의 5개이다.
ㄴ. 가장 작은 변량은 알 수 없다.
ㄷ. 점수가 80점 이상인 학생 수는 $6+4=10$(명)
따라서 옳은 것은 ㄷ, ㄹ이다.

08 답 5명

35세 이상 40세 미만인 계급의 도수는
$28-(2+8+9+5)=4$(명)
이때 나이가 35세 이상인 손님 수는 4명, 30세 이상 손님 수는 $5+4=9$(명)이다.
따라서 나이가 7번째로 많은 손님이 속하는 계급은 30세 이상 35세 미만이므로 이 계급의 도수는 5명이다.

09 답 4

물을 12 L 이상 마신 학생 수는 $(B+1)$명이고, 물을 12 L 이상 마신 학생이 전체의 20 %이므로
$\frac{B+1}{20}\times100=20$, $5(B+1)=20$
$B+1=4$ ∴ $B=3$
∴ $A=20-(3+6+3+1)=7$
∴ $A-B=7-3=4$

10 답 20 %

전체 학생 수는 $2+4+11+8+3+2=30$(명)이고,
발의 크기가 225 mm 이상 235 mm 미만인 학생 수는 $2+4=6$(명)이다.
따라서 발의 크기가 225 mm 이상 235 mm 미만인 학생은 전체의
$\frac{6}{30}\times100=20$(%)

11 답 ②, ③

① 전체 학생 수는 $4+7+8+10+7+3+1=40$(명)
② 키가 160 cm 미만인 학생 수는 $4+7+8=19$(명)
③ 키가 가장 큰 학생의 키는 알 수 없다.
④ 도수가 가장 작은 계급은 도수가 1명인 175 cm 이상 180 cm 미만이다.
⑤ 키가 175 cm 이상인 학생 수는 1명, 170 cm 이상인 학생 수는 $3+1=4$(명), 165 cm 이상인 학생 수는 $7+3+1=11$(명)이므로 키가 10번째로 큰 학생이 속하는 계급은 165 cm 이상 170 cm 미만이다.
따라서 옳지 않은 것은 ②, ③이다.

12 답 ④

③ 전체 학생 수는 $1+3+7+10+4=25$(명)
④ 도수가 가장 큰 계급은 도수가 10명인 7시간 이상 8시간 미만이다.
⑤ 하루 평균 수면 시간이 6시간 미만인 학생 수는 $1+3=4$(명)
따라서 옳지 않은 것은 ④이다.

13 답 36

계급의 크기는
$50-40=60-50=70-60=\cdots=100-90=10$(점)이고,
도수분포다각형과 가로축으로 둘러싸인 부분의 넓이가 360이므로
$10\times(a+b+c+d+e+f)=360$
∴ $a+b+c+d+e+f=36$

14 답 7명

기록이 18초 이상인 학생 수는 $8+4+2=14$(명)
전체 학생 수를 x명이라 하면 기록이 18초 이상인 학생이 전체의 35 %이므로
$\frac{14}{x}\times100=35$, $35x=1400$ ∴ $x=40$
따라서 기록이 16초 이상 17초 미만인 학생 수는
$40-(3+6+10+8+4+2)=7$(명)

15 답 0.2

통화 시간이 20분 이상 25분 미만인 학생 수는
$40\times\frac{35}{100}=14$(명)
통화 시간이 10분 이상 15분 미만인 학생 수는
$40-(2+12+14+4)=8$(명)
따라서 구하는 상대도수는 $\frac{8}{40}=0.2$

16 답 10명

30분 미만인 계급의 상대도수의 합은 $0.04+0.16=0.2$
따라서 운동 시간이 30분 미만인 학생 수는
$50\times0.2=10$(명)

17 답 ①, ③

① 남학생의 그래프가 여학생의 그래프보다 전체적으로 오른쪽으로 치우쳐 있으므로 남학생이 여학생보다 턱걸이 횟수가 대체적으로 더 많은 편이다.
② 여학생 중 도수가 가장 큰 계급은 상대도수가 0.4인 30회 이상 40회 미만이고, 이 계급의 도수는 $50\times0.4=20$(명)이다.
③ 남학생 중 30회 미만인 계급의 상대도수의 합은 $0.02+0.08=0.1$이므로 남학생 전체의 $0.1\times100=10$(%)
④ 턱걸이 횟수가 10회 이상 20회 미만인 여학생 수는 $50\times0.04=2$(명)
⑤ 남학생 중 기록이 가장 좋은 학생의 턱걸이 횟수는 알 수 없다.
따라서 옳은 것은 ①, ③이다.

18 답 25권

전체 학생 수는
$3+5+12+7+2+1=30$(명) ··· ❶
상위 10 % 이내에 속하는 학생 수는
$30 \times \dfrac{10}{100}=3$(명) ··· ❷
읽은 책의 수가 많은 계급부터 학생 수를 차례로 나열하면
읽은 책의 수가 30권 이상 35권 미만인 학생 수는 1명,
읽은 책의 수가 25권 이상 30권 미만인 학생 수는 2명이다.
따라서 읽은 책의 수가 3번째로 많은 학생이 속하는 계급은 25권
이상 30권 미만이므로 상위 10 % 이내에 속하려면 최소 25권 이상
의 책을 읽어야 한다. ··· ❸

채점 기준	배점
❶ 전체 학생 수를 구한 경우	30 %
❷ 상위 10 % 이내에 속하는 학생 수를 구한 경우	30 %
❸ 상위 10 % 이내에 속하려면 최소 몇 권 이상의 책을 읽어야 하는지 구한 경우	40 %

19 답 12명

60점 이상 70점 미만인 계급의 상대도수는
$\dfrac{48}{200}=0.24$ ··· ❶
90점 이상 100점 미만인 계급의 상대도수는
$1-(0.18+0.14+0.24+0.22+0.16)=0.06$ ··· ❷
따라서 국어 점수가 90점 이상인 학생 수는
$200 \times 0.06 = 12$(명) ··· ❸

채점 기준	배점
❶ 60점 이상 70점 미만인 계급의 상대도수를 구한 경우	30 %
❷ 90점 이상 100점 미만인 계급의 상대도수를 구한 경우	30 %
❸ 국어 점수가 90점 이상인 학생 수를 구한 경우	40 %

1. 기본 도형 · 본문 174~175쪽

1 1	**2** (1) 23 cm	(2) $\dfrac{7}{2}$ cm
3 (1) 30 (2) 100°	**4** 160	**5** 2
6 3	**7** (1) 풀이 참조 (2) 240°	**8** 27°

1 답 1

서로 다른 직선은 $\overleftrightarrow{AB}$의 1개이므로 $x=1$ ··· ❶
서로 다른 반직선은 $\overrightarrow{AB}$, $\overrightarrow{BA}$, $\overrightarrow{BC}$, $\overrightarrow{CB}$, $\overrightarrow{CD}$, $\overrightarrow{DC}$의 6개이므로
$y=6$ ··· ❷
서로 다른 선분은 $\overline{AB}$, $\overline{AC}$, $\overline{AD}$, $\overline{BC}$, $\overline{BD}$, $\overline{CD}$의 6개이므로
$z=6$ ··· ❸
$\therefore x+y-z=1+6-6=1$ ··· ❹

채점 기준	배점
❶ x의 값을 구한 경우	30 %
❷ y의 값을 구한 경우	30 %
❸ z의 값을 구한 경우	30 %
❹ $x+y-z$의 값을 구한 경우	10 %

2 답 (1) 23 cm (2) $\dfrac{7}{2}$ cm

(1) $\overline{AL}=\overline{LB}$이므로 $\overline{LB}=\dfrac{1}{2}\overline{AB}=\dfrac{1}{2}\times16=8$(cm)

$\overline{BM}=\overline{MC}$이므로 $\overline{BM}=\dfrac{1}{2}\overline{BC}=\dfrac{1}{2}\times30=15$(cm)

$\therefore \overline{LM}=\overline{LB}+\overline{BM}=8+15=23$(cm) ··· ❶

(2) $\overline{LN}=\overline{NM}$이므로 $\overline{LN}=\dfrac{1}{2}\overline{LM}=\dfrac{1}{2}\times23=\dfrac{23}{2}$(cm)

$\therefore \overline{BN}=\overline{LN}-\overline{LB}=\dfrac{23}{2}-8=\dfrac{7}{2}$(cm) ··· ❷

채점 기준	배점
❶ $\overline{LM}$의 길이를 구한 경우	50 %
❷ $\overline{BN}$의 길이를 구한 경우	50 %

3 답 (1) 30 (2) 100°

(1) $(x+5)+(4x-20)+(2x-15)=180$
$7x=210$ $\therefore x=30$ ··· ❶
(2) $\angle BOC=4\times30°-20°=100°$ ··· ❷

채점 기준	배점
❶ x의 값을 구한 경우	60 %
❷ $\angle BOC$의 크기를 구한 경우	40 %

4 답 160

$30+(x+20)+(2x-35)=180$
$3x=165$ $\therefore x=55$ ··· ❶

맞꼭지각의 크기는 서로 같으므로

$y=30+(x+20)=30+75=105$ ··· **❷**

$\therefore x+y=55+105=160$ ··· **❸**

채점 기준	배점
❶ x의 값을 구한 경우	40 %
❷ y의 값을 구한 경우	40 %
❸ $x+y$의 값을 구한 경우	20 %

5 답 2

직선 AB와 꼬인 위치에 있는 직선은

$\overleftrightarrow{CH}$, $\overleftrightarrow{DI}$, $\overleftrightarrow{EJ}$, $\overleftrightarrow{GH}$, $\overleftrightarrow{HI}$, $\overleftrightarrow{IJ}$, $\overleftrightarrow{JF}$의 7개이므로

$a=7$ ··· **❶**

면 ABCDE와 수직인 직선은

$\overleftrightarrow{AF}$, $\overleftrightarrow{BG}$, $\overleftrightarrow{CH}$, $\overleftrightarrow{DI}$, $\overleftrightarrow{EJ}$의 5개이므로

$b=5$ ··· **❷**

$\therefore a-b=7-5=2$ ··· **❸**

채점 기준	배점
❶ a의 값을 구한 경우	40 %
❷ b의 값을 구한 경우	40 %
❸ $a-b$의 값을 구한 경우	20 %

6 답 3

면 ABEF와 수직인 면은

면 ACF, 면 BDE의 2개이므로

$a=2$ ··· **❶**

면 ACF와 평행한 면은

면 BDE의 1개이므로

$b=1$ ··· **❷**

$\therefore a+b=2+1=3$ ··· **❸**

채점 기준	배점
❶ a의 값을 구한 경우	40 %
❷ b의 값을 구한 경우	40 %
❸ $a+b$의 값을 구한 경우	20 %

7 답 (1) 풀이 참조 (2) 240°

(1) $\angle x$의 동위각은 오른쪽 그림에서

$\angle a$, $\angle b$이다. ··· **❶**

(2) $\angle a=180°-62°=118°$,

$\angle b=180°-58°=122°$ ··· **❷**

이므로 $\angle x$의 모든 동위각의 크기의 합은

$\angle a+\angle b=118°+122°=240°$ ··· **❸**

채점 기준	배점
❶ $\angle x$의 모든 동위각을 그림에 표시한 경우	50 %
❷ $\angle x$의 모든 동위각의 크기를 구한 경우	40 %
❸ $\angle x$의 모든 동위각의 크기의 합을 구한 경우	10 %

8 답 27°

오른쪽 그림과 같이 두 직선 l, m에 평행
한 직선 n을 그으면 ··· **❶**

$\angle x+45°=72°$ ··· **❷**

$\therefore \angle x=27°$ ··· **❸**

채점 기준	배점
❶ 두 직선 l, m에 평행한 직선 n을 그은 경우	30 %
❷ 평행선의 성질을 이용하여 식을 세운 경우	40 %
❸ $\angle x$의 크기를 구한 경우	30 %

---

2. 작도와 합동 본문 176~177쪽

1 (1) ㉡, ㉤, ㉠, ㉣, ㉢, ㉥ (2) 풀이 참조 **2** 1개

3 $\overline{AC}$의 길이, ∠B의 크기, ∠C의 크기

4 (1) 7 cm (2) 60° **5** ㄷ과 ㅂ, ASA 합동

6 $\overline{AC}=\overline{DF}$, ∠B=∠E **7** △DCB, SAS 합동

8 (1) △BCE≡△DCF (2) 10 cm

---

1 답 (1) ㉡, ㉤, ㉠, ㉣, ㉢, ㉥

(2) 풀이 참조

(1) 작도 순서를 나열하면

㉡, ㉤, ㉠, ㉣, ㉢, ㉥ ··· **❶**

(2) '서로 다른 두 직선이 다른 한 직선과 만날 때, 동위각의 크기가
같으면 두 직선은 평행하다.'는 성질을 이용한 것이다. ··· **❷**

채점 기준	배점
❶ 작도 순서를 나열한 경우	50 %
❷ 작도에 이용된 평행선의 성질을 말한 경우	50 %

2 답 1개

3개의 막대를 골라 삼각형을 만들 때, 가장 긴 변의 길이가 나머지
두 변의 길이의 합보다 작아야 한다.

3 cm, 5 cm, 8 cm인 경우는 $8=3+5$ (×)

3 cm, 5 cm, 11 cm인 경우는 $11>3+5$ (×)

3 cm, 8 cm, 11 cm인 경우는 $11=3+8$ (×)

5 cm, 8 cm, 11 cm인 경우는 $11<5+8$ (○) ··· **❶**

따라서 만들 수 있는 서로 다른 삼각형의 개수는 1개이다. ··· **❷**

채점 기준	배점
❶ 세 변을 골라 가장 긴 변의 길이와 나머지 두 변의 길이의 합의 대소를 비교한 경우	80 %
❷ 만들 수 있는 서로 다른 삼각형의 개수를 구한 경우	20 %

3 답 $\overline{AC}$의 길이, ∠B의 크기, ∠C의 크기

$\overline{AC}$의 길이를 추가하면 두 변의 길이와 그 끼인각의 크기가 주어진 경우가 되므로 △ABC가 하나로 정해진다. ⋯ ❶

∠B의 크기를 추가하면 한 변의 길이와 그 양 끝 각의 크기가 주어진 경우가 되므로 △ABC가 하나로 정해지고,

∠C의 크기를 추가하면 ∠B=180°−(∠A+∠C)에서 ∠B의 크기를 알 수 있으므로 이 경우에도 △ABC가 하나로 정해진다. ⋯ ❷

따라서 추가할 수 있는 조건으로 가능한 것은 $\overline{AC}$의 길이 또는 ∠B의 크기 또는 ∠C의 크기이다. ⋯ ❸

채점 기준	배점
❶ 변의 길이에 대한 조건을 구한 경우	30 %
❷ 각의 크기에 대한 조건을 구한 경우	60 %
❸ 추가할 수 있는 조건을 모두 구한 경우	10 %

4 답 ⑴ 7 cm ⑵ 60°

⑴ $\overline{DF}$의 대응변은 $\overline{AC}$이므로
$\overline{DF}=\overline{AC}=7$ cm ⋯ ❶

⑵ ∠E의 대응각은 ∠B이므로
∠E=∠B=180°−(70°+50°)=60° ⋯ ❷

채점 기준	배점
❶ $\overline{DF}$의 길이를 구한 경우	50 %
❷ ∠E의 크기를 구한 경우	50 %

5 답 ㄷ과 ㅂ, ASA 합동

ㅂ의 삼각형에서 나머지 한 각의 크기는
180°−(45°+85°)=50° ⋯ ❶

따라서 ㄷ과 ㅂ의 삼각형은 한 변의 길이가 12로 같고, 그 양 끝 각의 크기가 각각 45°, 50°로 같으므로 ASA 합동이다. ⋯ ❷

채점 기준	배점
❶ ㅂ의 삼각형에서 나머지 한 각의 크기를 구한 경우	30 %
❷ 서로 합동인 두 삼각형을 찾아 짝 짓고, 합동 조건을 말한 경우	70 %

6 답 $\overline{AC}=\overline{DF}$, ∠B=∠E

$\overline{AC}=\overline{DF}$를 추가하면 대응하는 세 변의 길이가 각각 같으므로
△ABC≡△DEF (SSS 합동) ⋯ ❶

∠B=∠E를 추가하면 대응하는 두 변의 길이가 각각 같고, 그 끼인각의 크기가 같으므로
△ABC≡△DEF (SAS 합동) ⋯ ❷

따라서 추가할 수 있는 조건으로 가능한 것은 $\overline{AC}=\overline{DF}$ 또는 ∠B=∠E이다. ⋯ ❸

채점 기준	배점
❶ SSS 합동이 되는 조건을 구한 경우	45 %
❷ SAS 합동이 되는 조건을 구한 경우	45 %
❸ 추가할 수 있는 조건을 모두 구한 경우	10 %

7 답 △DCB, SAS 합동

△ABC와 △DCB에서
$\overline{AB}=\overline{DC}$, ∠ABC=∠DCB, $\overline{BC}$는 공통 ⋯ ❶

따라서 △ABC와 △DCB는 대응하는 두 변의 길이가 각각 같고, 그 끼인각의 크기가 같으므로
△ABC≡△DCB (SAS 합동) ⋯ ❷

채점 기준	배점
❶ △ABC와 △DCB가 합동인 이유를 설명한 경우	60 %
❷ △ABC와 △DCB의 합동 조건을 말한 경우	40 %

8 답 ⑴ △BCE≡△DCF ⑵ 10 cm

⑴ △BCE와 △DCF에서
사각형 ABCD와 사각형 ECFG는 정사각형이므로
$\overline{BC}=\overline{DC}$, $\overline{CE}=\overline{CF}$, ∠BCE=∠DCF=90°
∴ △BCE≡△DCF (SAS 합동) ⋯ ❶

⑵ $\overline{BE}$의 대응변은 $\overline{DF}$이므로 $\overline{BE}=\overline{DF}=10$ cm ⋯ ❷

채점 기준	배점
❶ 서로 합동인 두 삼각형을 찾아 기호로 나타낸 경우	50 %
❷ $\overline{BE}$의 길이를 구한 경우	50 %

---

3. 평면도형의 성질   본문 178~179쪽

1 ⑴ 구각형 ⑵ 27개   **2** 136°   **3** 80
4 120°   **5** 150°   **6** 70 cm   **7** 121π cm^2
8 ⑴ $(4\pi+16)$ cm ⑵ 16π cm^2

---

1 답 ⑴ 구각형 ⑵ 27개

⑴ 구하는 다각형을 n각형이라 하면 한 꼭짓점에서 그을 수 있는 대각선의 개수가 6개이므로
$n-3=6$ ∴ $n=9$
따라서 구하는 다각형은 구각형이다. ⋯ ❶

⑵ 구각형의 대각선의 개수는
$\dfrac{9\times(9-3)}{2}=27$(개) ⋯ ❷

채점 기준	배점
❶ 다각형의 이름을 말한 경우	50 %
❷ 다각형의 대각선의 개수를 구한 경우	50 %

2 답 136°

△ABC에서 ∠ACD=18°+53°=71° ⋯ ❶
△ECD에서 ∠x=71°+65°=136° ⋯ ❷

채점 기준	배점
❶ ∠ACD의 크기를 구한 경우	50 %
❷ ∠x의 크기를 구한 경우	50 %

3 답 80

육각형의 내각의 크기의 합은

$180° \times (6-2) = 720°$ ··· ❶

따라서 $2x+95+130+140+x+115=720$이므로

$3x=240$ ∴ $x=80$ ··· ❷

채점 기준	배점
❶ 육각형의 내각의 크기의 합을 구한 경우	50 %
❷ x의 값을 구한 경우	50 %

4 답 120°

정십이각형의 한 내각의 크기는 $\dfrac{180° \times (12-2)}{12}=150°$

∴ $\angle a=150°$ ··· ❶

정십이각형의 한 외각의 크기는 $\dfrac{360°}{12}=30°$

∴ $\angle b=30°$ ··· ❷

∴ $\angle a - \angle b = 150° - 30° = 120°$ ··· ❸

채점 기준	배점
❶ $\angle a$의 크기를 구한 경우	40 %
❷ $\angle b$의 크기를 구한 경우	40 %
❸ $\angle a - \angle b$의 값을 구한 경우	20 %

5 답 150°

부채꼴의 호의 길이는 중심각의 크기에 정비례하고

$\overarc{AB} : \overarc{BC} : \overarc{CA} = 3 : 4 : 5$이므로

$\angle AOB : \angle BOC : \angle COA = 3 : 4 : 5$ ··· ❶

∴ $\angle AOC = 360° \times \dfrac{5}{3+4+5}$

$= 360° \times \dfrac{5}{12} = 150°$ ··· ❷

채점 기준	배점
❶ $\angle AOB : \angle BOC : \angle COA$를 구한 경우	50 %
❷ $\angle AOC$의 크기를 구한 경우	50 %

6 답 70 cm

$\overline{AC} \parallel \overline{OD}$이므로 $\angle OAC = \angle BOD = 20°$ (동위각) ··· ❶

오른쪽 그림과 같이 $\overline{OC}$를 그으면

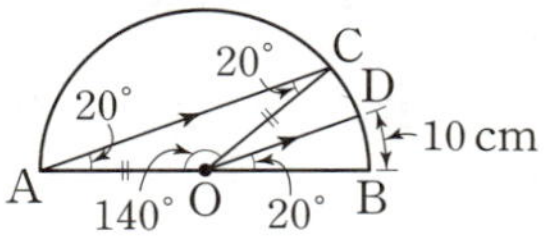

△OCA에서 $\overline{OA}=\overline{OC}$이므로

$\angle OCA = \angle OAC = 20°$

∴ $\angle AOC = 180° - (20° + 20°)$

$= 140°$ ··· ❷

따라서 $140 : 20 = \overarc{AC} : 10$이므로

$7 : 1 = \overarc{AC} : 10$ ∴ $\overarc{AC} = 70(\text{cm})$ ··· ❸

채점 기준	배점
❶ $\angle OAC$의 크기를 구한 경우	20 %
❷ $\angle AOC$의 크기를 구한 경우	40 %
❸ $\overarc{AC}$의 길이를 구한 경우	40 %

7 답 $121\pi \text{ cm}^2$

원의 반지름의 길이를 r cm라 하면 둘레의 길이가 22π cm이므로

$2\pi \times r = 22\pi$ ∴ $r=11$

즉, 원의 반지름의 길이는 11 cm이다. ··· ❶

따라서 구하는 원의 넓이는

$\pi \times 11^2 = 121\pi (\text{cm}^2)$ ··· ❷

채점 기준	배점
❶ 원의 반지름의 길이를 구한 경우	50 %
❷ 원의 넓이를 구한 경우	50 %

8 답 ⑴ $(4\pi+16)$ cm ⑵ $16\pi \text{ cm}^2$

⑴ (색칠한 부분의 둘레의 길이)

$= \overarc{AB} + \overarc{CD} + \overline{AC} + \overline{BD}$

$= 2\pi \times 4 \times \dfrac{45}{360} + 2\pi \times 12 \times \dfrac{45}{360} + 8 + 8$

$= \pi + 3\pi + 16 = 4\pi + 16 (\text{cm})$ ··· ❶

⑵ (색칠한 부분의 넓이)

$= \pi \times 12^2 \times \dfrac{45}{360} - \pi \times 4^2 \times \dfrac{45}{360}$

$= 18\pi - 2\pi = 16\pi (\text{cm}^2)$ ··· ❷

채점 기준	배점
❶ 색칠한 부분의 둘레의 길이를 구한 경우	50 %
❷ 색칠한 부분의 넓이를 구한 경우	50 %

4. 입체도형의 성질

본문 180~181쪽

1 22 **2** 정다면체가 아니다., 이유는 풀이 참조

3 그림은 풀이 참조, $21\pi \text{ cm}^2$

4 ⑴ 4π cm ⑵ 120° **5** 231 cm^3 **6** 7

7 9 cm **8** 8개

1 답 22

꼭짓점의 개수가 10개인 각기둥을 n각기둥이라 하면

$2n=10$ ∴ $n=5$

즉, 주어진 각기둥은 오각기둥이다. ··· ❶

오각기둥의 면의 개수는 $5+2=7$(개)이므로

$a=7$ ··· ❷

오각기둥의 모서리의 개수는 $5 \times 3 = 15$(개)이므로

$b=15$ ··· ❸

∴ $a+b = 7+15 = 22$ ··· ❹

채점 기준	배점
❶ 주어진 조건을 만족시키는 각기둥을 구한 경우	30 %
❷ a의 값을 구한 경우	30 %
❸ b의 값을 구한 경우	30 %
❹ $a+b$의 값을 구한 경우	10 %

2 답 정다면체가 아니다., 이유는 풀이 참조

정다면체는 모든 면이 합동인 정다각형이고, 각 꼭짓점에 모인 면의 개수가 같아야 한다. ··· ❶

주어진 입체도형은 모든 면이 합동인 정삼각형이지만 각 꼭짓점에 모인 면의 개수가 4개 또는 5개이므로 정다면체가 아니다. ··· ❷

채점 기준	배점
❶ 정다면체의 조건을 설명한 경우	40 %
❷ 주어진 입체도형이 정다면체가 아닌 이유를 설명한 경우	60 %

3 답 그림은 풀이 참조, $21\pi \, cm^2$

회전체를 회전축에 수직인 평면으로 자른 단면의 모양은 오른쪽 그림과 같다. ··· ❶

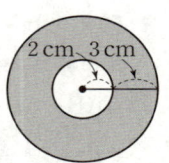

따라서 구하는 단면의 넓이는

$\pi \times 5^2 - \pi \times 2^2 = 25\pi - 4\pi$
$\qquad = 21\pi(cm^2)$ ··· ❷

채점 기준	배점
❶ 회전축에 수직인 평면으로 자른 단면의 모양을 그린 경우	50 %
❷ 단면의 넓이를 구한 경우	50 %

4 답 (1) $4\pi \, cm$ (2) $120°$

(1) 원뿔의 전개도에서 부채꼴의 호의 길이는 밑면인 원의 둘레의 길이와 같으므로

$2\pi \times 2 = 4\pi(cm)$ ··· ❶

(2) 부채꼴의 중심각의 크기를 $x°$라 하면

$2\pi \times 6 \times \dfrac{x}{360} = 4\pi$ ∴ $x = 120$

따라서 구하는 중심각의 크기는 $120°$이다. ··· ❷

채점 기준	배점
❶ 부채꼴의 호의 길이를 구한 경우	50 %
❷ 부채꼴의 중심각의 크기를 구한 경우	50 %

5 답 $231 \, cm^3$

(큰 사각기둥의 부피)$=(7 \times 7) \times 7 = 343(cm^3)$ ··· ❶

(작은 사각기둥의 부피)$=(4 \times 4) \times 7 = 112(cm^3)$ ··· ❷

∴ (입체도형의 부피)
$\quad =$ (큰 사각기둥의 부피)$-$(작은 사각기둥의 부피)
$\quad = 343 - 112 = 231(cm^3)$ ··· ❸

채점 기준	배점
❶ 큰 사각기둥의 부피를 구한 경우	40 %
❷ 작은 사각기둥의 부피를 구한 경우	40 %
❸ 입체도형의 부피를 구한 경우	20 %

6 답 7

주어진 사각뿔의 겉넓이가 $120 \, cm^2$이므로

$6 \times 6 + \left(\dfrac{1}{2} \times 6 \times h\right) \times 4 = 120$ ··· ❶

$36 + 12h = 120$

$12h = 84$ ∴ $h = 7$ ··· ❷

채점 기준	배점
❶ 사각뿔의 겉넓이에 대한 식을 세운 경우	50 %
❷ h의 값을 구한 경우	50 %

7 답 $9 \, cm$

원뿔의 부피는 $\dfrac{1}{3} \times (\pi \times 9^2) \times 12 = 324\pi(cm^3)$ ··· ❶

원기둥의 높이를 $h \, cm$라 하면 원기둥의 부피는

$(\pi \times 6^2) \times h = 36\pi h(cm^3)$ ··· ❷

따라서 $36\pi h = 324\pi$이므로 $h = 9$

즉, 원기둥의 높이는 $9 \, cm$이다. ··· ❸

채점 기준	배점
❶ 원뿔의 부피를 구한 경우	30 %
❷ 원기둥의 부피를 식으로 나타낸 경우	40 %
❸ 원기둥의 높이를 구한 경우	30 %

8 답 8개

반지름의 길이가 $2 \, cm$인 구의 부피는

$\dfrac{4}{3}\pi \times 2^3 = \dfrac{32}{3}\pi(cm^3)$ ··· ❶

반지름의 길이가 $1 \, cm$인 구의 부피는

$\dfrac{4}{3}\pi \times 1^3 = \dfrac{4}{3}\pi(cm^3)$ ··· ❷

따라서 $\dfrac{32}{3}\pi \div \dfrac{4}{3}\pi = 8$이므로 반지름의 길이가 $1 \, cm$인 구 모양의 초콜릿을 최대 8개 만들 수 있다. ··· ❸

채점 기준	배점
❶ 반지름의 길이가 $2 \, cm$인 구의 부피를 구한 경우	30 %
❷ 반지름의 길이가 $1 \, cm$인 구의 부피를 구한 경우	30 %
❸ 초콜릿을 최대 몇 개 만들 수 있는지 구한 경우	40 %

---

5. 대푯값 / 자료의 정리와 해석   본문 182~183쪽

1 27   **2** (1) 6 (2) 25개 (3) 5개   **3** 8명

4 (1) 55 % (2) 70점 이상 80점 미만   **5** 20회

6 $A = 0.04$, $B = 21$, $C = 50$

7 (1) 9명 (2) 65 %

8 (1) 2개 (2) 남학생, 이유는 풀이 참조

1 답 27

(평균)$=\dfrac{7+4+11+9+8+6+11}{7} = \dfrac{56}{7} = 8$(회)

∴ $a = 8$ ··· ❶

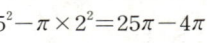

주어진 자료를 작은 값부터 크기순으로 나열하면

4회, 6회, 7회, 8회, 9회, 11회, 11회

이므로 중앙값은 8회이다. $\therefore b=8$ ······ ❷

11회가 두 번으로 가장 많이 나타나므로 최빈값은 11회이다.

$\therefore c=11$ ······ ❸

$\therefore a+b+c=8+8+11=27$ ······ ❹

채점 기준	배점
❶ a의 값을 구한 경우	30 %
❷ b의 값을 구한 경우	30 %
❸ c의 값을 구한 경우	30 %
❹ $a+b+c$의 값을 구한 경우	10 %

2 답 (1) 6 (2) 25개 (3) 5개

(1) 잎이 가장 적은 줄기는 잎의 개수가 3개인 줄기 6이다. ······ ❶

(2) 조사한 귤의 전체 개수는 잎의 총 개수와 같으므로

$3+9+8+5=25$(개) ······ ❷

(3) 무게가 76 g 이상 85 g 미만인 귤의 개수는

76 g, 79 g, 80 g, 81 g, 83 g의 5개이다. ······ ❸

채점 기준	배점
❶ 잎이 가장 적은 줄기를 구한 경우	30 %
❷ 전체 귤의 개수를 구한 경우	30 %
❸ 무게가 76 g 이상 85 g 미만인 귤의 개수를 구한 경우	40 %

3 답 8명

점수가 12점 이상 16점 미만인 학생 수는

$20-(2+3+7+2)=6$(명) ······ ❶

따라서 점수가 12점 이상인 학생 수는

$6+2=8$(명) ······ ❷

채점 기준	배점
❶ 점수가 12점 이상 16점 미만인 학생 수를 구한 경우	50 %
❷ 점수가 12점 이상인 학생 수를 구한 경우	50 %

4 답 (1) 55 % (2) 70점 이상 80점 미만

(1) 전체 학생 수는 $2+7+10+12+6+3=40$(명)이고,

점수가 60점 이상 80점 미만인 학생 수는 $10+12=22$(명)이므로

전체의 $\frac{22}{40}\times100=55$(%)이다. ······ ❶

(2) 점수가 90점 이상인 학생 수는 3명, 80점 이상인 학생 수는

$6+3=9$(명), 70점 이상인 학생 수는 $12+6+3=21$(명)이므로

점수가 10번째로 높은 학생이 속하는 계급은 70점 이상 80점

미만이다. ······ ❷

채점 기준	배점
❶ 점수가 60점 이상 80점 미만인 학생은 전체의 몇 %인지 구한 경우	50 %
❷ 점수가 10번째로 높은 학생이 속하는 계급을 구한 경우	50 %

5 답 20회

전체 학생 수는 $2+10+12+6=30$(명)이므로 ······ ❶

상위 20 % 이내에 속하는 학생 수는

$30\times\frac{20}{100}=6$(명) ······ ❷

기록이 20회 이상 25회 미만인 학생이 6명이므로 윗몸일으키기를

6번째로 많이 한 학생이 속하는 계급은 20회 이상 25회 미만이다.

따라서 이 반에서 상위 20 % 이내에 속하려면 기록이 최소 20회

이상이어야 한다. ······ ❸

채점 기준	배점
❶ 전체 학생 수를 구한 경우	30 %
❷ 상위 20 % 이내에 속하는 학생 수를 구한 경우	30 %
❸ 상위 20 % 이내에 속하려면 기록이 최소 몇 회 이상이어야 하는지 구한 경우	40 %

6 답 $A=0.04$, $B=21$, $C=50$

130 cm 이상 140 cm 미만인 계급에서

(전체 학생 수)$=\frac{9}{0.18}=50$(명)이므로

$C=50$ ······ ❶

110 cm 이상 120 cm 미만인 계급의 도수가 2명이므로

$A=\frac{2}{50}=0.04$ ······ ❷

140 cm 이상 150 cm 미만인 계급의 상대도수가 0.42이므로

$B=50\times0.42=21$ ······ ❸

채점 기준	배점
❶ C의 값을 구한 경우	40 %
❷ A의 값을 구한 경우	30 %
❸ B의 값을 구한 경우	30 %

7 답 (1) 9명 (2) 65 %

(1) 흥민이네 반 전체 학생 수는 30명이고,

2.5 L 이상인 계급의 상대도수의 합은

$0.2+0.1=0.3$

따라서 마신 물의 양이 2.5 L 이상인 학생 수는

$0.3\times30=9$(명) ······ ❶

(2) 1.5 L 이상 2.5 L 미만인 계급의 상대도수의 합은

$0.25+0.4=0.65$

따라서 마신 물의 양이 1.5 L 이상 2.5 L 미만인 학생은 전체의

$0.65\times100=65$(%) ······ ❷

채점 기준	배점
❶ 마신 물의 양이 2.5 L 이상인 학생 수를 구한 경우	50 %
❷ 마신 물의 양이 1.5 L 이상 2.5 L 미만인 학생은 전체의 몇 %인지 구한 경우	50 %

8 답 (1) 2개   (2) 남학생, 이유는 풀이 참조

(1) 여학생이 남학생보다 상대도수가 더 큰 계급은
   20회 이상 25회 미만, 25회 이상 30회 미만의 2개이다. … ❶

(2) 남학생의 그래프가 여학생의 그래프보다 전체적으로 왼쪽으로
   치우쳐 있으므로 남학생이 여학생보다 서점 방문 횟수가 대체
   적으로 더 적다고 할 수 있다. … ❷

채점 기준	배점
❶ 여학생이 남학생보다 상대도수가 더 큰 계급의 개수를 구한 경우	50 %
❷ 서점 방문 횟수가 대체적으로 더 적은 것은 남학생임을 말하고, 그 이유를 설명한 경우	50 %